山东城市规划

论文集（2015—2016）

山东省城市规划研究会
山东省城乡规划设计研究院　编

U0383304

中国建筑工业出版社

图书在版编目（CIP）数据

山东城市规划　论文集（2015—2016）／山东省城市规划研究
会，山东省城乡规划设计研究院编．—北京：中国建筑工业出版
社，2017.2
　　ISBN 978-7-112-20409-0

Ⅰ.①山… Ⅱ.①山… ②山… Ⅲ.①城市规划－山东－文集 Ⅳ.
①TU984.252-53

　　中国版本图书馆CIP数据核字（2017）第027519号

　　本书收录2015～2016年山东省城市规划研究会主办、山东省城乡规划
设计研究院协办的《山东城市规划》会刊中刊登的60余篇论文。内容涉
及城市规划的各个方面，可供城市规划等相关专业师生、从业者参考。

责任编辑：唐　旭　李东禧　杨　晓
责任校对：王宇枢　姜小莲

山东城市规划　论文集（2015—2016）
山东省城市规划研究会
山东省城乡规划设计研究院　编
*
中国建筑工业出版社出版、发行（北京海淀三里河路9号）
各地新华书店、建筑书店经销
北京锋尚制版有限公司制版
北京鹏润伟业印刷有限公司印刷
*
开本：880×1230毫米　1/16　印张：18¾　字数：660千字
2017年3月第一版　2017年3月第一次印刷
定价：70.00元
ISBN 978-7-112-20409-0
（29658）

编委会

前 言
PREFACE

  随着城镇化进程的加速，城市愈来愈成为人类社会和经济生活的主要载体，城市的空间分布和功能组织正在发生重大调整，城市群将成为未来推进城镇化的主体形态。在城镇化的快速发展和转型过程中，如何秉承"创新、协调、绿色、开放、共享"的理念，研究城市发展条件、科学规划城市空间布局、提高城市竞争力、延续城市文脉、保证城市可持续发展，值得每一位城市规划从业者去深入探讨。

  《山东城市规划》是山东省城市规划研究会主办的会刊，也是山东省内唯一的以宣传城市规划政策、研究城市规划问题为主的学术性期刊。作为山东省规划界重要的宣传阵地，自1988年创刊以来，会刊在坚持为行业服务，为会员服务的宗旨下，及时宣传党和国家以及主管部门的有关方针、政策、法律、法规，介绍城市规划方面的新技术、新思路，传播规划管理和设计的先进经验，报道国内外城市规划新动态，已经成为山东省内城市规划方面重要的交流平台。

  本论文集收录了《山东城市规划》期刊2015年全年和2016年上半年共6期62篇论文，涉及城镇化、城市总体规划、区域规划、城市规划、公共设施与基础设施、历史文化保护等多个方面，研究领域广泛，成果丰富，质量较高。这些学术成果，凝结着省内广大城市规划工作者经年累月、笔耕不辍的研究心血，为进一步提高我省城市规划理论水平、营造全省规划行业学术研究和理论创新的浓厚氛围、推动山东城市规划行业的健康发展做出了重要贡献。希望借出版此论文集的契机，推动更多的行业同仁积极地参与到理论研究工作中来，以更高质量的研究成果为我省的城市规划事业服务。

  由于时间和水平有限，文中错漏之处，敬请批评指正。

《山东城市规划》编辑部

2017年1月18日

目 录
CONTENTS

第一篇 | 理论探讨

新型城镇化背景下山东省资源承载力研究

丁爱芳 张东升 朱旻

摘 要：资源承载力是一个国家或地区资源的数量和质量对该空间内人口的基本生存和发展的支撑能力。目前，一定区域内人类的生活和生产对区域内已有自然资源存量的依赖性将越来越低，而且在特定时段内，影响区域内人地相互作用过程的自然因子是有限的，因此，本研究将自然资源和经济资源作为主要的承载资源。从全国来看，在沿海北京、天津、河北、辽宁、上海、江苏、浙江、福建、山东、广东10省市中，山东省土地资源和经济基础在沿海省份中具有明显优势，在水资源承载力方面，处于明显超载状态，水资源成为制约山东省经济社会发展的短板。从全省来看，经济增长方式较粗放，结构性矛盾依然突出，资源环境压力较大。由此导致，相对水资源、相对土地资源承载力处于超载状态，粗放利用状况较为突出；相对资源承载力省内差异明显，并呈拉大的趋势。

关键词：山东省；资源承载力；生态规划

　　按照建设中国特色社会主义五位一体总体布局要求，顺应发展规律，因势利导，趋利避害，积极稳妥扎实有序推进新型城镇化，是促进我省经济社会持续健康发展的迫切需要；推进新型城镇化是在资源承载能力下的可持续发展，根据资源禀赋推进新型城镇化发展是新时期可持续发展的重要内涵。

　　水和土地资源是人口承载力方面的主要制约因素，在城镇化发展进程中，经济发展水平可以作为重要的资源支撑城镇化的发展。传统资源承载力一定程度上将研究区域作为一个比较封闭和孤立的系统，并且从单一的自然资源角度考察区域内人口的承载情况。与之相比，相对资源承载力扩大了人口承载资源的范围，强调了自然资源与经济资源之间的互补性。

1 研究区域概况

　　本研究范围为山东省行政辖区范围，山东是人口大省，2012年总人口9684.87万，在全国各省市中仅次于广东，现状城镇化水平52.43%。全省陆域面积15.7万平方公里。山东省现辖济南、青岛、淄博、枣庄、东营、烟台、潍坊、济宁、泰安、威海、日照、莱芜、临沂、德州、聊城、滨州、菏泽17个设区市，共138个县级行政单元，其中48个市辖区、30个县级市、60个县；根据《山东统计年鉴2013》全省现有1207个乡镇单元，其中建制镇1094个，乡113个。

2 研究方法

　　根据山东省的具体情况，本研究选用耕地面积、水资源量和国内生产总值（分别代表自然资源和经济资源）作为主要分析对象。在分析方法上，与传统承载力研究中注重食物（或粮食）绝对量计算不同的是，相对资源承载力以比研究区更大的一个或数个参照区作为对比标准，根据参照区人均资源的拥有量或消费量、研究区域的资源存量，计算出研究区域的各类相对资源承载力。

　　相对自然资源（水资源）承载力$C_w=I_w*Q_w$；$I_w=Q_{po}/$

Q_{wo}，I_w为水资源承载指数，Q_w为研究区水资源总量，Q_{po}为参照区人口数量，Q_{wo}为参照区水资源总量。

相对自然资源（土地资源）承载力$C_g=I_g\times Q_g$；$I_g=Q_{po}/Q_{go}$，I_g为土地资源承载指数，Q_g为研究区耕地面积，Q_{po}为参照区人口数量，Q_{go}为参照区耕地面积。

相对经济资源承载力$C_e=I_e\times Q_e$；$I_e=Q_{po}/Q_{eo}$，I_e为经济资源承载指数，Q_e为研究区国内生产总值，Q_{po}为参照区人口数量，Q_{eo}为参照区国内生产总值。

综合承载力$C_s=W_1C_w+W_2C_g+W_3C_e$，W_1，W_2，W_3分别为相对自然资源和相对经济资源承载力的权重，考虑到山东省的具体情况，仅仅作为参考和比较，假设$W_1=W_2=W_3$，则$C_s=（C_w+C_g+C_e）/3$。

承载状态有以下3种类型：超载，实际人口数量（P）>可承载人口数量（C_s）；富余，P<C_s；临界，P=C_s。

3　全省相对资源承载力分析

3.1　山东省相对资源承载力与全国对比

同样的水资源量、耕地资源量需要承载的人口数量不断增加；经济资源承载人口指数不断减小，说明人均经济指标占有量不断增加，经济资源承载人口指数的减小程度若能抵消水、耕地等自然资源承载人口指数的增加，则该区域的经济处于可持续发展状态，反之即不可持续发展。

从表1可以看出山东省相对资源承载力具有三个特点。（1）经济资源对山东省人口综合承载力的贡献超过了自然资源的贡献，但是不足以补齐自然资源承载力超载所造成的空缺，相对资源超载量不断减少。改革开放以来，山东省经济的高速发展以及由此带来的经济资源的快速积累和不断丰富，是促进人口承载超载量不断减少的根本因素。（2）水资源承载力处于严重超载状态，而且超载量逐步增加，是制约山东发展的首要资源因素。（3）土地资源处于相对超载状态，超载量有减小的趋势，相较于全国平均水平，也是制约经济发展的资源因素之一。

表1　2004～2012年山东省相对于全国的资源承载力

单位：万人

年份	Cw	Cw富余量	Cg	Cg富余量	Ce	Ce富余量	Cs	总富余量
2004	2326	-6715	7547	-1494	10702	1661	6858	-2183
2005	2226	-6856	7596	-1486	10969	1887	6930	-2152
2006	2304	-6821	7641	-1484	11492	2367	7146	-1979
2007	1883	-7297	7686	-1494	12213	3033	7261	-1919
2008	1938	-7310	7560	-1688	12986	3738	7495	-1753
2009	1037	-8272	7586	-1723	13308	3999	7310	-1999
2010	2025	-7342	8148	-1219	12813	3446	7662	-1705
2011	1591	-7826	8195	-1222	13081	3664	7622	-1795
2012	1573	-7897	8241	-1229	13287	3817	7700	-1770

3.2　山东省相对资源承载力与沿海省市对比

以我国沿海经济发达省（市）为参照标准，以2012年为参照年份，计算出山东省相对于我国东部发达地区的资源承载力（表2）。在沿海北京、天津、河北、辽宁、上海、江苏、浙江、福建、山东、广东10省市中，在水资源承载力方面，山东省处于明显超载状态。山东省相对土地资源承载力对综合承载力的贡献较高，土地资源承载力存在明显富余，在沿海省市中位居第二，说明山东省的土地资源量要好于东部沿海发达省（市）；经济资源承载力方面，山东省在东部沿海发达省（市）中位于第二位。因此，山东省土地资源和经济基础在沿海省份中具有明显优势，水资源成为制约山东省经济社会发展的短板。

表2　山东省在沿海省市中相对资源承载力位次

单位：万人

省市自治区	Cw富余量	Cw排序	Cg富余量	Cg排序	Ce富余量	Ce排序	总富余量	Cs排序
河北	-5378	9	4012	1	-2790	1	-1385	10
山东	-6126	10	3671	2	-1020	2	-1158	9
辽宁	-2313	7	2824	3	-563	3	-17	4
江苏	-3027	8	605	4	766	4	-552	6
天津	-1049	4	-457	5	642	5	-288	5
福建	5772	2	-1301	6	-648	6	1274	3
北京	-1499	6	-1350	7	1203	7	-548	7
上海	-1433	5	-1494	8	1794	8	-378	6
浙江	5751	3	-1821	9	512	9	1481	2
广东	9301	1	-4688	10	105	10	1573	1

3.3　山东省各地市相对资源承载力与全省对比

相对资源承载力与自然条件和自然资源的分布及其变化有密切关系，因此，一定区域的相对资源承载力除了时间上表现出很大差异外，在空间上也表现出很大的差异，而了解这种差异对理解该区域的可持续发展有很重要的作用。山东省相对资源承载力在空间分布上有较大的差异（表3）。

（1）水资源承载力富余地区，包括临沂市、德州市、烟台市、威海市、莱芜市、滨州市、日照市和济南市8个地市；水资源承载力相对较弱地区包括枣庄市、东营市、淄博市、菏泽市、聊城市、济宁市、泰安市、潍坊市和青岛市9个地市。（2）土地资源承载力较富余地区，包括德州市、菏泽市、滨州市、聊城市、潍坊市、东营市、临沂市和日照市8个地市；土地资源承载力相对较弱地区包括威海市、莱芜市、济宁市、枣庄市、泰安市、烟台市、淄博市、青岛市和济南市9个地市。（3）经济资源承载力富余地区包括青岛市、东营市、烟台市、济南市、淄博市、威海市、滨州市和莱芜市8个地市；经济资源承载力相对较弱地区，包括枣庄市、日照市、泰安市、德州市、潍坊市、聊城市、济宁市、临沂市和菏泽市9个地市。

表3　2009年各地市相对于山东省的资源承载力

单位：万人

地区	Ce 富余量	Ce 排序	Cw 富余量	Cw 排序	Cg 富余量	Cg 排序	总富余量	Cs 排序
东营市	362	2	-14	10	76	6	141	1
烟台市	311	3	196	3	-141	14	122	2
临沂市	-422	16	671	1	74	7	108	3
德州市	-149	12	202	2	227	1	93	4
威海市	193	6	109	4	-40	9	87	5
滨州市	1	7	44	6	194	3	80	6
济南市	248	4	0	8	-213	17	12	7
淄博市	219	5	-16	11	-190	15	4	8
莱芜市	1	8	52	5	-41	10	4	9
日照市	-39	10	29	7	14	8	1	10
枣庄市	-39	9	-9	9	-63	12	-37	11
聊城市	-183	14	-80	13	152	4	-37	12
青岛市	480	1	-541	17	-203	16	-88	13
泰安市	-78	11	-107	15	-115	13	-100	14
济宁市	-190	15	-89	14	-46	11	-108	15
菏泽市	-562	17	-39	12	223	2	-126	16
潍坊市	-153	13	-409	16	93	5	-156	17

4　从相对资源承载力看山东省可持续发展问题

可持续发展的核心是自然（主要是自然资源和生态环境）——经济——社会三个子系统的协调发展。从人口、资源和经济的角度分析，山东省可持续发展中存在以下几个方面的问题。

4.1　经济增长方式较粗放，结构性矛盾依然突出，对资源环境压力较大

20世纪90年代以来，山东省的社会经济获得了持续、高速增长。但毋庸置疑，山东经济的增长是以大量自然资源的投入为代价而实现的，是一种粗放型的增长。主要表现在：虽然经济增长很快，但经济效益不高，经济的高速增长主要是靠资源、劳动力、资本的投入推动的。"十一五"期间，全社会固定资产投资年均增长22.5%，高出GDP增长率9.6个百分点。同时采用美国学者索洛提出的总量生产函数方程，从资本积累、劳动力增加或素质提高以及技术进步等三个方面计算出各自对经济增长的贡献率，分别为55%、5%和40%，也反映了山东经济的增长对投资的增长具有很大的依赖性，而科技贡献率较低，远低于发达国家50%～70%的水平。目前山东产业结构层次依

然不高，资源消耗型产业占很大的比重，在工业内部，产值比重较高的依然是食品制造、纺织、电器机械及器材制造、石油加工及炼焦业。在这种情况下，经济的快速增长必然加大资源消耗，影响经济增长方式的转变，同时也加剧了全省生态环境的破坏，影响到山东省的可持续发展。

4.2　相对水资源、土地资源承载力处于超载状态，粗放利用状况较为突出

从上述山东省综合承载力的分析中可以看出，山东省水资源承载力超载现象越来越严重，尽管相对土地承载力和相对经济承载力虽然表现出同步上升的态势，但年均增长率低于相对经济资源的增长率，并且始终处于超载状态，其对综合承载力的贡献率也呈下降趋势。这反映了近年来山东相对经济承载力的快速增长是建立在相对水资源、土地承载力降低的基础之上的，经济资源总量的增加是以自然资源存量的减少和质量的下降为代价实现的。

不可持续的开发利用方式是造成水资源短缺的直接原因。在开发利用过程中水资源短缺与污染、浪费并存，造成局部地区出现水质型缺水现象，大量的污水既污染环境又浪费资源。山东省耕地转化幅度与经济增长速度呈正相关，经济增长方式依然是资源消耗型的，追求经济上的高速增长是山东省耕地面积减少的主要驱动力。改革开放以来，伴随着人口的增长，城市化、工业化进程的加速，建设用地面积不断扩大，山东省耕地面积锐减，耕地面积由2001年的7689300公顷，减少到2009年的7515300公顷，平均每年减少2万公顷，高于全国平均水平。因此，人们往往是千方百计地提高复种指数，并增加施肥、农药，以提高单位面积产量来增加粮食总产量，土地利用强度加大，致使部分地区的土地肥力严重下降，导致土地资源退化严重。

4.3　相对资源承载力省内差异明显，并呈拉大的趋势

地区发展不平衡是山东可持续发展中的一个显著特点。改革开放以来，山东省各地市经济都有不同程度的发展，但在发展速度和水平上存在较大的差异。总体上西部地区发展相对缓慢，和东部地区存在较大差距，而且差距还在不断拉大。经济重心呈明显的向东北方向移动。东部地区各城市相对经济资源承载力的增长速度明显高于其他城市。西北部、西南部地区各城市相对资源承载力较弱，青岛、潍坊、泰安三市资源承载力偏弱主要是由于水资源短缺，青岛、泰安耕地资源也比较有限。沿海、胶济沿线地区是山东省经济发展的主轴线，经济发展活力充足，但这部分地区水、土地资源压力较大。这部分压力主要来自于政策上对水、土地资源的管制，而生态瓶颈的要求来看则尚有一定的发展空间。

5　小结

综上所述，山东省资源承载力在我国沿海地区不具优势。从省内地区差异来看，资源承载力对城镇空间的支

撑也存在明显的区别。从相对资源承载力来看，东营、烟台、临沂、德州、威海和滨州6个地市在发展上受资源环境的制约相对较小，若其他发展要素如技术、资金、劳动力等配置得当，其发展潜力较大。济南、淄博、莱芜和日照4个地市资源限制因素位于山东省中等水平，均以重工业为主，对水资源、土地资源的需水量较大，因此处理好资源的可持续利用问题显得尤为关键。枣庄、聊城、青岛、泰安、济宁、菏泽和潍坊7个地市资源限制因素表现得较为突出，应积极采取措施，如区域调水、土地的集约利用等缓解人口与资源的矛盾。

作者简介

丁爱芳（1980-），女，硕士研究生，山东省城乡规划设计研究院规划师，注册规划师，工程师，E-mail：chinaqdgl@126.com。

张东升（1980-），男，硕士研究生，山东省城乡规划设计研究院规划师，注册规划师，高级工程师，E-mail：chinalwby@163.com。

朱旻（1979-），男，大学本科，山东省城乡规划设计研究院科技处副主任、规划师，高级工程师，E-mail：urbanzm@163.com。

关于当前城镇化中几个问题的思考
——基于相关文献的梳理

于兰军 张学强 陈栋

摘 要：在梳理有关文献基础上提出城镇化是人们生产生活方式、聚居形式由乡村型向城镇型转化的过程，具有时空双重属性。时间上，城镇化刻画了某一时段人口、产业等要素和空间现象在城乡间的运动过程；空间上，城镇化描述了各种要素和空间现象的分布状态。从一段时期看，城镇化是受某种客观规律支配的自然历史过程；从某一时间切面看，城镇化又是经济社会运行的结果。论文认为城镇化本质上是个体选择行为的群体响应过程，其最根本的动力来自于农民作为一个经济人对于城镇收益大于农村的心理预期，并重新建构了"新四化"背景下城镇化的动力机制。论文指出今后10~20年内我国城镇化增速相比目前将有所减缓，但仍将保持较快速度，年均增速可能在0.8~0.9个百分点，城镇化饱和值约为80~87%。论文将城镇化质量归结于四个维度，即城镇化发展与区域经济社会发展及生态环境的契合度，城乡区域发展的协调度，城乡人居环境的舒适度，转移人口的公共服务满意度。论文最后指出我国城镇化是"信息化时期农业人口高密度分布条件下政府主导的城镇化"，具有时空特殊性，在分析借鉴发达国家和地区城镇化经验时应更为理性。

关键词：城镇化；动力机制；速度；质量；路径

改革开放以来，伴随着工业化进程的推进，我国城镇化水平迅速提升，尤其是在20世纪90年代中期进入诺瑟姆曲线的加速阶段[1-3]以后，城镇化年均增长高达1.37个百分点，并于2011年首次突破50%，城市型社会已然来临[4-6]。这期间，关于城镇化的讨论从未间断，且随着国家战略层面的关注，有愈为热烈的趋势，2013年CNKI检索中标题含"城镇化"或"城市化"的文献达14228篇，而此前最多年份也仅有6008篇，由此可见一斑。目前关于城镇化的已有文献中，既有对我国城镇化总体目标和路径的宏观思考，也有对具体地区城镇化机制和规律的细致把握，同时也不乏对国内外经验的总结和反思。本文拟结合这些已有研究，从城镇化的内涵、新时期城镇化的动力机制、城镇化速度、数量和质量以及城镇化发展路径等方面提出一些

个人看法，聊抛数砖，只为引玉。

1 关于城镇化内涵的理解

城镇化是综合概念，不同学科、不同学者有不同理解，至今尚未形成完全共识[7-13]。笔者认为，城镇化是人们生产生活方式、聚居形式由乡村型向城镇型转化的过程，是人口转移、产业集聚、空间景观变化以及生活方式变迁等一系列现象的总和。城镇化具有时空双重属性，时间上，城镇化刻画了某一时段人口、产业等要素和空间现象在城乡间的运动过程；空间上，城镇化描述了各种要素和空间现象的分布状态。从一段时期看，城镇化是受某种客观规律支配的自然历史过程；从某一时间切面看，城镇化又是经济社会运行的结果。

根据城镇化的具体表现，可以将其分为人口城镇化、

产业城镇化和空间城镇化以及社会城镇化。前三者与弗里德曼所提的城镇化Ⅰ①基本一致，是有形的、客观的城镇化。其中人口城镇化是人口从乡村地区向城镇聚集的过程[14]，也就是通常意义上的狭义城镇化，是城镇化的核心内容；产业城镇化是非农产业规模不断扩大，比重不断提升的过程，是城镇化的主要动力；空间城镇化表现为地域景观的变化，是城镇化过程中人口和产业变动的空间反馈，而当地域景观具体到土地时，其从非城镇状态向城镇状态转变的过程又被称为土地城镇化[15]。社会城镇化则与弗里德曼所提的城镇化Ⅱ基本一致，主要反映城镇化过程中人们精神领域的变化，是无形的、主观的。由于城镇化是个复合过程，这一过程中，人口、产业、空间的城镇化往往并不一定同时进行，而且这些城镇化要素间某种意义上存在因果关系，也不可能同步，于是就出现了不完全城镇化现象，这就是所谓的"半城镇化"。从这一角度分析，"半城镇化"现象的出现存在必然性，并且从逻辑上看，空间城镇化应滞后于人口和产业的城镇化。

事实上，改革开放以来我国空间城镇化，尤其是土地城镇化却明显快于人口城镇化[16-20]，空城、鬼城现象屡见报端，造成了土地资源的严重浪费，并引起各界的广泛关注。有鉴于此，有学者提出了有别于传统城镇化模式的"新型城镇化"[21-25]，并为官方所接受②。其实无论是"传统城镇化"还是"新型城镇化"都是城镇化的一种形式，在人口集聚、非农产业扩大、城镇空间扩张和城镇观念意识转化等方面并无显著差异[26]，只是相比于更为关注"量"的扩张的传统城镇化，新型城镇化更为关注"质"的提升。一般来说，在城镇化前期，更为倾向于传统城镇化主导，并以此完成原始积累；而在城镇化中后期，前期片面追求各种量化扩张所造成的负面影响，如城乡区域差距扩大、生态破坏、资源浪费、环境污染等逐渐显现，并成为影响发展的关键性因素，为消化这些负面作用，保障发展的可持续性，城镇化方式转型就成为必然选择。从逻辑上看，新型城镇化核心是"人"的城镇化，试图从人的需求出发引导各种资源要素在城乡间合理流动和优化配置。当前，我国城镇化总体上已经进入中期阶段[27、28]，新型城镇化过程中理应更多地关注发展的公平性、生态的友好性、资源的集约性、服务的均好性。

2　关于城镇化动力机制

所谓城镇化动力机制是指推动城镇化发生和发展所必需的动力产生机理以及维持和改善这种机理的各种经济关系和组织制度所构成的综合系统的总和[29]。关于城镇化动力机制的解释众说纷纭，主要有农业推动说、工业拉动说、推拉说、外资拉动说、二元结构模式说或双轨论、设施拉动说、综合机制说等[30-35]，不一而足。总体来看，随着对城镇化认识的加深，关于其动力的研究有微观化、多元化的趋势。

笔者认为，城镇化本质上是一种个体选择行为的群体响应过程，其最根本的动力来自于农民作为一个经济人对于城镇收益大于农村的心理预期。古希腊哲学家亚里士多德在两千多年前就说过："人们为了生活来到城市，为了生活得更好留在城市"[36]，这是对城镇化动力最为生动的描述。现代科学技术的发展，一方面大幅提升了农业生产效率，加速了农村地区传统小农经济的瓦解，促使农业人口大量析出；另一方面，也极大地缩短了城乡间的时空距离，使得农村居民比以往任何一个时期都更容易接受城市文明的洗礼，这在客观上加快了城镇化进程。

当前，新型城镇化动力机制可以从两个层面来理解，一是基本动力，包括农业现代化的推力、新型工业化的拉力、信息化（技术因素）的催化作用，通常由政府、企业和个人协同推进，是渐进式发展过程；二是地方化动力，包括政策导向、区域重大事件以及区划调整等，以政府和企业主导为主，是时空压缩的跳跃式发展过程。可以看出，在基本动力作用下，城镇化是一个相对完整的系统，表现为自组织的自然过程；当介入地方化动力之后，自下而上的群体相应机制趋于弱化，城镇化更容易受到外力影响而发生波动，因此，应更为关注个体的发展诉求，防止"被城镇化"现象的发生。

需要特别注意的是，现阶段在城镇化动力系统中，农业现代化对于城镇化的作用还需要作进一步思考。客观来说，当前城镇化并不缺乏来自农村的推力，甚至一定程度上，农业现代化的发展已经倒逼城镇化提速，目前2.69亿农民工[37]的存在很好地说明了这一点。现在问题的核心在于城镇的承载能力有限，无法有效地吸收农业现代化所导致的农业剩余人口析出，这反过来又制约了农业现代化水平的提高。因此，如何提高城镇非农产业的就业吸纳能力，增强城镇公共服务的供给能力是促进新型城镇化健康发展的关键，也是推动"四化同步"的主要着力点。

① 美国学者弗里德曼将城市化过程区分为城市化Ⅰ和城市化Ⅱ。前者包括人口和非农业活动在不同规模城市环境中的地域集中过程、非城市型景观转化为城市型景观的地域推进过程，即物化了的或实体化的过程；后者包括城市文化、城市生活方式和价值观在农村的地域扩散过程，即抽象的、精神上的过程。
② 2012年12月15~16日举行的中央经济工作会议中首次正式明确"新型城镇化"道路，提出要"把生态文明理念和原则全面融入城镇化全过程，走集约、智能、绿色、低碳的新型城镇化道路"。

3　关于城镇化速度

关于城镇化速度的探讨历来是城镇化相关研究的热点，普遍认为我国目前已经处于城镇化的快速发展时期[38~42]，但对未来变化趋势的判断不尽相同。周一星认为我国的城镇化进程在20世纪后20年的基础上仍会以较快速度推进，一年提高0.6~0.8个百分点是比较正常的、有把握实现的[43]；陆大道、姚士谋认为，城镇化率每年增长0.6~0.7个百分点是比较稳妥的[44]，陆大道还指出中国未来长远的城镇化目标不一定要追求70%~80%的城镇化率[45]；顾朝林、于涛方等认为每年增长不超过一个百分点，仅0.8~0.9个百分点[46]，顾文选同样认为这一速度与工业化的规模速度及资源环境的承受力较为相适应[47]；王凯、陈明认为未来30年我国城镇化仍将保持适当速度的城镇化，并且在2020年前年增长幅度宜控制在0.8~1个百分点[48]；周干峙认为城镇化速度年均增长1~1.2个百分点是比较合适的，并认为城镇化水平能达到和保持在70%左右是符合实际的[49]；李善同认为未来可能只会保持每年0.7~0.9个百分点的速度增长，预计到2030年城镇化率将达到65%左右[50]；吴建楠等认为今后我国城镇化水平每年增长的速度比例不会太高，特别是到了工业化中期、后期，不可能出现1996~2005年城市化速度虚高、不稳定发展的局面[51]；赵民、陈晨则认为未来城镇化发展的成本将不断增大，除了一些特定地区，总体增长速度很可能会放缓，不大可能长期保持年均1个百分点以上的增长率[39]；张占斌、黄锟在比较日本和德国城镇化变化规律的基础上认为，中国至少在未来10多年的时间内，城镇化仍将保持较快发展的趋势[52]；丁成日、谭善勇指出中国的城镇化在未来的20~30年还将高速发展，将有2~3亿农村人口进入城镇，如此规模的人口移动意味着中国所面临的挑战将史无前例，或是空前绝后的[53]。

总体来看，学者们多从数理分析以及对既有规律和历史经验的分析入手，普遍认为年均增幅基本在0.6~1.2个百分点区间，具体结论因出发点和分析方式的不同而有所差异，一般从需求角度出发分析得出的结论常偏于激进；而从现实供给的角度分析得出的结论则较为保守。笔者认为，今后10~20年内我国城镇化增速相比目前将有所减缓，但仍将保持较快速度。"增速有所减缓"主要是考虑到我国城镇化已经超过50%，总体上已经进入了减速阶段；并且随着对国家新型城镇化战略的实施，将有相当比例投入用来消化目前城镇中尚未完全城镇化的人口，提升其市民化水平，这势必将压缩城镇化增长的空间。"仍将

保持较快速度"则是基于以下理由：其一，从动力系统看，无论城镇地区是否已经做好充分准备，农业现代化都将带来大量的剩余劳动力，即使维持目前的耕作水平和耕作模式，也至少有2.69亿的农民工，尚不包括滞留于农村的隐性失业人口。农村作为在缓解就业压力中发挥了重要作用的"蓄水池"，已经在不断适应农业人口转移就业过程中形成了新的机制，难以容纳很多业已脱离农村多年的农民工回流，更不用说已经失去农业生产基本技能的新生代农民工；即使是在农村长大的新一代农民，随着知识水平的提升，其在城镇地区就业的能力也要比其父辈们更强，对城市文化和生活方式也更为向往和容易接受，因此，城镇化的压力将持续存在。其二，学者们研究城镇化速度时往往习惯于与其他已经基本实现城镇化的国家作比较，但所处的发展环境存在较大差异，当前全球化更为深入，技术更为发达，文化传播更为迅速，经历相同城镇化历史阶段所需时间必然远远缩短。具体来看，城镇化速度快慢更多的与城镇所能提供的就业岗位直接相关。未来一段时期内，我国经济增长仍将维持在7%左右[50、54、55]，按经济每增长1个百分点带动就业130~150万个计算③，年均新增就业岗位约1000万个左右，其中城镇自身新增劳动力需要就业岗位200~300万个，可为农村转移劳动力提供就业岗位700~800万个，考虑带眷系数④，可带动农村人口转移1050~1200万，也就是说年均提升城镇化水平约0.8~0.9个百分点。城镇所能提供的就业岗位可以看作城镇化发展的硬约束。除此以外，未来城镇化发展速度还与公共财政所能提供的公共服务数量有关，但由于这些公共服务一般不具有排他性，可以看成是一种软约束，需要在发展过程中不断地改进和提升。

4　关于城镇化数量

城镇化数量通常用城镇人口占区域总人口的比例表示。对城镇化饱和值的判断是城镇化数量研究的一个重要方面。陈彦光、罗静分析认为2005年前后中国城镇化速度达到峰值，并由此判断中国的城镇化水平饱和值为80%左右，2005年之后，中国的城镇化水平增长速度在理论上应该减缓，在实际工作中不宜继续推动加速过程[56]；王建从城镇化创造内需和提高农民家庭迁入角度分析，中国要走向现代化，城镇化率还应继续提升到90%[57]；张妍、黄志龙估计，到2025年将达到60%左右，此后城镇化速度显著减缓，2040年城市化水平将超过65%，2050年达到70%左右[58]；陈明星认为，我国城镇化水平饱和值难以达到90%以上的高点，应该已经迈过城镇化速度的拐

---

③　李克强总理在中国工会第十六次全国代表大会上的经济形势报告中指出："过去，我国GDP每增长1个百分点，就会拉动大约100万人就业。经过这几年经济结构的调整，尤其是随着服务业的加快发展，目前大概GDP增长1个百分点，能够拉动130万、甚至150万人就业"。
④　2009年农民工带眷系数仅为0.22，考虑到未来城镇化发展导向将有利于家庭迁移，带眷系数将大为提升，按0.5计。

点，从"加速"向"减速"转变，这是客观规律的必然要求[59]；万广华从提高经济增长效率，改善社会公平，减轻就业压力的角度出发，分析认为我国城镇化至2030年可达80%[60]；施建刚、王哲认为中国城市化与经济发展进程是沿着一条低水平路径在发展，而且到最终均衡时，中国的城市化水平要比国际一般饱和值要低12.31%，可能不足67.7%[61]；武廷海、张城国等指出未来30～40年内，中国城镇化率有可能达到峰值75%[62]；杨爽运用SPSS软件对1978～2010年中国城市化水平进行非线性回归分析，认为中国城镇化水平的饱和值是79.121%[63]。

可以看出，学者们基本认为我国城镇化发展的饱和值应该在70%～90%之间。其中，认为未来城镇化饱和值偏低的观点一个重要理由往往是我国人口基数大的基本国情[8、50-51、59、64]，笔者以为并不十分贴切。没有证据表明人口多与城镇化水平的提高具有直接联系，城镇化作为自组织过程，无论是其定义和内涵，还是动力机制，均未涉及区域人口规模的基数问题。反而施建刚、王哲通过对44个国家1970～2009年40年的数据的回归分析，证明并不存在"人口总量越大城镇化水平越低"规律[61]。片面的将人口总量与城镇化水平直接关联容易造成在研究人口总量较小的小尺度区域城镇化问题时形成误判。

笔者认为，城镇化饱和值是城乡人口流动趋于平衡时的城镇人口占区域总人口的比重。对于某一确定区域，其总人口增长可以看成既定条件，假设在城镇化饱和状态下，农村地区的人口完全为农业人口，则城镇人口的多寡可通过区域土地资源能承载的农业人口推算。而土地资源能承载的农业人口与农业生产方式密切相关，在城镇化饱和状态下，农业实现适度规模经营是基本要求。这里的适度规模不同学者有不同认识，笔者较为认同贺雪峰的观点，即在小农经济为主的经营条件下，农户的适度经营规模为20～30亩[65]，而目前农户户均土地经营规模尚不足9亩，假设保持18亿亩耕地面积不变，农村户均人口按3.34人（六普农村户均人口数）计，则可承载农业人口2～3亿人。根据有关学者对全国总人口发展趋势的预测，峰值约为15亿左右[66]，据此可以推算饱和值为80～87%。

5　关于城镇化质量

伴随着我国城镇化快速发展，农民工玻璃门、生态破坏、环境污染、土地资源浪费、文化传承断裂、各种城市病等问题不断涌现，城镇化质量引起广泛关注。现有研究通常建立相应的指标体系来定量予以描述。如叶裕民从经济现代化、基础设施现代化、人的现代化以及城乡一体化四个方面建立了城镇化质量指标体系，得出中国当前的城镇化质量还比较低的结论[67]。国家城调总队福建省城调队课题组从经济发展质量、生活质量、社会发展质量、基础设施质量、生态环境质量以及区域发展质量等六个方面建

立了指标体系，认为从总体看，我国华东地区城镇化质量达到较高水平，具有明显层级性特征；经济发展质量与城镇化质量呈密切正相关联；城镇化各个领域发展不平衡，均衡性明显不足[68]。李明秋、郎学彬认为城镇化质量的具体涵义应包括城市自身的发展质量、城镇化推进的效率以及实现城乡一体化程度三个方面内容，并以此为基础构建了一套城镇化质量评价的指标体系[69]。魏后凯等认为城镇化质量包括在城镇化进程中各组成要素的发展质量、推进效率和协调程度，是城镇化各构成要素和所涉及领域质量的集合，并据此选取34项指标建立了评价指标体系[70]。杨惠珍以经济发展与"以人为本"作为主要指标选取的依据，探讨了新型城镇化背景下城镇化质量评价指标体系建立方法，得出我国当前城镇化质量大致呈现从东向西递减的结论[71]。这些城镇化质量评价指标体系基本都涵盖了经济发展水平、公共服务水平以及设施配套水平等方面，尽管各有侧重，具有一定针对性，但仍以孤立的静态指标为主，并不足以刻画城镇化作为一个动态的自然历史过程的质量特征。甚至其中部分指标体系将城镇化水平也纳入其中，隐含的逻辑则是在城镇化初期或者经济发展水平较低的历史阶段城镇化质量必然较低，这显然并不全面。

笔者认为，城镇化作为一个动态过程，存在阶段性特征，其质量评价应从城镇化的基本内涵和外在表现出发，并与阶段性特征相对应。应重点考察城镇化与工业化进程是否大致同步，是否带来了各种城市问题，是否与生态环境承载力相适应，是否实现了人口的充分就业，是否造成了城乡区域的不平衡，是否为转移人口提供了高质量的公共服务，是否保证了文化的传承。于是，可以将城镇化质量归结为四个维度来评价，即城镇化发展与区域经济社会发展及生态环境的契合度，城乡区域发展的协调度，城乡人居环境的舒适度，农业转移人口的公共服务满意度。

6　关于城镇化路径

关于城镇化路径的讨论由来已久，从早期优先发展大城市[72-74]，还是小城市或小城镇[75、76]，抑或是中等城市[77-79]的争论；再到对传统城镇化的反思[80-83]和新型城镇化的提出[21-26]；期间，不乏对具体地区城镇化路径的分析[84-87]，但对于到底什么是"城镇化路径"却尚无明确定义。笔者认为城镇化路径是区域城镇化过程中，在一系列驱动因素共同作用下，人口转移、产业发展和空间重构所遵循的模式。城镇化路径即可以是对特定区域曾经经历的城镇化过程的总结和提炼，也可以是对未来城镇化模式的设想。

需要注意的是，城镇化是普遍规律，同时也是地方化过程，城镇化路径具有不可复制性，任何两个国家和地区其城镇化的具体路径都不可能完全一样。我国的城镇化是在全球进入信息爆炸的时代完成了积累，从而进入快速增

长期，是在农业人口高密度分布条件下和"时空压缩"背景下进行的城镇化[88]，政府在其中发挥着重要作用，可以认为是"信息化时期农业人口高密度分布条件下政府主导的城镇化"，具有时空特殊性，面临的问题也更为复杂，因此，在分析借鉴发达国家和地区城镇化经验时应更为理性。

就目前已经为各界广泛接受的"新型城镇化"路径来看，更大程度上是建立在生态和粮食安全、城乡区域公平发展、资源集约节约利用等一系列底线基础上的多元化路径。各地区应在"新型城镇化"的底线框架内，结合自身的发展基础及条件、文化背景等，因地制宜、因势利导，探索具有各自特色的城镇化道路。

7 结语

城镇化是一个自然历史过程，是经济社会运行的结果。我国城镇化在经历了长达20余年的快速增长后，已经进入中期阶段，未来10～20年增速虽将有所减缓，但仍将维持较快地增长速度。这一过程中，我们的目光不应仅仅停留在"城镇化"概念本身上，而应更多地去关注并化解各种已经出现的和可能出现的矛盾和问题，不断满足城乡居民日益增长的各种现实需求，使城镇化真正成为水到渠成的过程，这才是城镇化健康发展的应有之义。

参考文献

[1] 邹德慈. 中国城镇化发展要求与挑战[J]. 城市规划学刊，2010，04：1-4.
[2] 李浩，王婷琳. 新中国城镇化发展的历史分期问题研究[J]. 城市规划学刊，2012，06：4-13.
[3] 方创琳，刘晓丽，蔺雪芹. 中国城市化发展阶段的修正及规律性分析[J]. 干旱区地理，2008，04：512-523.
[4] 吕园，刘科伟，牛俊蜻，刘林，赵丹. 城市型社会内涵视角下城镇化发展问题及应对策略—以陕西省为例[J]. 经济地理，2013，07：59-66.
[5] 赵培红. 城市型社会：挑战与应对[J]. 城市发展研究，2012，06：24-31.
[6] 魏后凯. 关于城市型社会的若干理论思考[J]. 城市发展研究，2013，05：24-29.
[7] 万艳华，罗丹，余思雨. 湖北省城镇化发展政策实施评估研究[J]. 城市规划学刊，2011，05.
[8] 姚士谋，王辰，张落成，等. 我国资源环境对城镇化问题的影响因素[J]. 地理科学进展，2008，03：94-100.
[9] 周加来. 城市化·城镇化·农村城市化·城乡一体化——城市化概念辨析[J]. 中国农村经济，2001，05：40-44.
[10] 胡序威. 论城镇化的概念内涵和规律性[J]. 城市与区域规划研究，2008，02：26-42.
[11] 崔功豪. 城市地理学[M]. 南京：江苏教育出版社，1992.
[12] （美）赫希（Hirsch，W. Z.）著，刘世庆等译. 城市经济学[M]. 北京：中国社会科学出版社，1990.
[13] 张占斌. 新型城镇化的战略意义和改革难题[J]. 国家行政学院学报，2013，01：48-54.
[14] 王伟，吴志强. 基于制度分析的我国人口城镇化演变与城乡关系转型[J]. 城市规划学刊，2007，04：39-46.
[15] 李昕，文婧，林坚. 土地城镇化及相关问题研究综述[J]. 地理科学进展，2012，08：1042-1049.
[16] 陆大道. 我国的城镇化进程与空间扩张[J]. 城市规划学刊，2007，04：47-52.
[17] 尹宏玲，徐腾. 我国城市人口城镇化与土地城镇化失调特征及差异研究[J]. 城市规划学刊，2013，02：10-15.
[18] 李子联. 人口城镇化滞后于土地城镇化之谜——来自中国省际面板数据的解释[J]. 中国人口. 资源与环境，2013，11：97-104.
[19] 陈凤桂，张虹鸥，吴旗韬等. 我国人口城镇化与土地城镇化协调发展研究[J]. 人文地理，2010，05：53-58.
[20] 田莉. 处于十字路口的中国土地城镇化——土地有偿使用制度建立以来的历程回顾及转型展望[J]. 城市规划，2013，05：22-28.
[21] 卢科. 集约式城镇化——开创有中国特色的新型城镇化模式[J]. 小城镇建设，2005，12：68-69.
[22] 魏饴. 城头山遗址对我国新型城镇化的启示[J]. 城市发展研究，2010，02：163-165.
[23] 仇保兴. 科学规划，认真践行新型城镇化战略[J]. 规划师，2010，07：7-12.
[24] 彭红碧，杨峰. 新型城镇化道路的科学内涵[J]. 理论探索，2010，04：75-78.
[25] 王成吉. 加快城镇化进程 走中国特色的新型城镇化道路[J]. 经济研究导刊，2011，03：156-158.
[26] 单卓然，黄亚平. "新型城镇化"概念内涵、目标内容、规划策略及认知误区解析[J]. 城市规划学刊，2013，02：16-22.
[27] 方创琳. 改革开放30年来中国的城市化与城镇发展[J]. 经济地理，2009，01：19-25.
[28] 仇保兴. 城市转型与重构进程中的规划调控纲要[J]. 城市规划，2012，01：13-21.
[29] 张泰城，张小青. 中部地区城镇化的动力机制及路径选择研究[J]. 经济问题，2007，02：47-49.

[30] 沈建法，冯志强，黄钧尧．珠江三角洲的双轨城市化[J]．城市规划，2006，03：39-44.

[31] 胡杰，李庆云，韦颜秋．我国新型城镇化存在的问题与演进动力研究综述[J]．城市发展研究，2014，01：25-30.

[32] 罗震东，王旭，耿磊．二元城镇化机制与模式研究——以东营市为例[J]．地域研究与开发，2012，05：55-60+66.

[33] 顾朝林，吴莉娅．中国城市化问题研究综述（Ⅱ）[J]．城市与区域规划研究，2008，03：100-163.

[34] 李世泰，孙峰华．农村城镇化发展动力机制的探讨[J]．经济地理，2006，05：815-818.

[35] 宁越敏．新城市化进程——90年代中国城市化动力机制和特点探讨[J]．地理学报，1998，05.

[36] （古希腊）亚里士多德著，高书文译．政治学[M]．北京：中国社会科学出版社，2009.

[37] 国家统计局，2013年国民经济和社会发展统计公报[EB/OL]．（2014-02-24）[2014-05-24]．http://www.stats.gov.cn/tjsj/zxfb/201402/t20140224_514970.html.

[38] 周伟林．中国城市化：内生机制和深层挑战[J]．城市发展研究，2012，11：16-21+28.

[39] 赵民，陈晨．我国城镇化的现实情景、理论诠释及政策思考[J]．城市规划，2013，12：9-21.

[40] 陈明，王凯．我国城镇化速度和趋势分析——基于面板数据的跨国比较研究[J]．城市规划，2013，05：16-21+60.

[41] 陈浩，张京祥，周晓路．发展模式、供求机制与中国城市化的转轨[J]．城市与区域规划研究，2012，02：80-97.

[42] 王洋，方创琳，王振波．中国县域城镇化水平的综合评价及类型区划分[J]．地理研究，2012，07：1305-1316.

[43] 周一星．关于中国城镇化速度的思考[J]．城市规划，2006，S1：32-35+40.

[44] 陆大道，姚士谋．中国城镇化进程的科学思辨[J]．人文地理，2007，04：1-5+26.

[45] 陆大道．地理学关于城镇化领域的研究内容框架[J]．地理科学，2013，08：897-901.

[46] 顾朝林，于涛方，李王鸣等．中国城市化格局、过程、机理．北京：科学出版社，2008.

[47] 顾文选．中国城镇化的速度与目标问题[J]．城市问题，2008，01：5-6.

[48] 王凯，陈明．近30年快速城镇化背景下城市规划理念的变迁[J]．城市规划学刊，2009，01：9-13.

[49] 周干峙．探索中国特色的城市化之路[J]．国际城市规划，2009，S1：6-8.

[50] 李善同．"十二五"时期至2030年我国经济增长前景展望[J]．经济研究参考，2010，43：2-27.

[51] 吴建楠，姚士谋，朱天明等．中国城市化发展速度界定的初步探索[J]．长江流域资源与环境，2010，05：487-492.

[52] 张占斌，黄锟．叠加期城镇化速度与质量协调发展研究[J]．理论研究，2013，05：2-8+14.

[53] 丁成日，谭善勇．中国城镇化发展特点、问题和政策误区[J]．城市发展研究，2013，10：28-34.

[54] 国家发改委经济研究所课题组，刘树杰，宋立等．总报告：面向2020年的中国经济发展战略研究[J]．经济研究参考，2012，43：4-34.

[55] 姚景．"十二五"至2030年我国经济增长前景展望（二）[J]．经济，2011，03：16-17.

[56] 陈彦光，罗静．城市化水平与城市化速度的关系探讨——中国城市化速度和城市化水平饱和值的初步推断[J]．地理研究，2006，06.

[57] 王建．用城市化创造中国经济增长新动力[J]．中国经贸导刊，2010，02：11-14.

[58] 张妍，黄志龙．中国城市化水平和速度的再考察[J]．城市发展研究，2010，11：1-6.

[59] 陈明星．"加速城市化"不应为中国"十二五"规划的重大战略抉择——与陈玉和教授等商榷[J]．中国软科学，2011，03：1-9.

[60] 万广华．2030年：中国城镇化率达到80%[J]．国际经济评论，2011，06：99-111+5.

[61] 施建刚，王哲．中国城市化与经济发展水平关系研究[J]．中国人口科学，2012，02：36-46+111.

[62] 武廷海，张城国，张能等．中国快速城镇化的资本逻辑及其走向[J]．城市与区域规划研究，2012，02：1-23.

[63] 杨爽．当前中国城市化水平的判断——基于人口转变的角度[J]．中国经贸导刊，2012，26.

[64] 陈光庭．中国国情与中国的城镇化道路[J]．城市问题，2008，01：2-3.

[65] 贺雪峰．组织起来[M]．济南：山东人民出版社，2012.

[66] 国家人口发展战略研究课题组．国家人口发展战略研究报告[J]．人口与计划生育，2007，03.

[67] 叶裕民．中国城市化质量研究[J]．中国软科学，2001，07：28-32.

[68] 国家城调总队福建省城调队课题组．建立中国城市化质量评价体系及应用研究[J]．统计研究，2005，07：15-19.

[69] 李明秋，郎学彬. 城市化质量的内涵及其评价指标体系的构建[J]. 中国软科学，2010，12.

[70] 魏后凯，王业强，苏红键等. 中国城镇化质量综合评价报告[J]. 经济研究参考，2013，31：3-32.

[71] 杨惠珍. 我国新型城镇化形势下城镇化质量评价指标体系的构建[J]. 经济研究导刊，2013，20：65-67+78.

[72] 李迎生. 关于现阶段我国城市化模式的探讨[J]. 社会学研究，1988，02：36-44.

[73] 石玲. 我国现阶段应选择以大城市为主体的城市化模式[J]. 人口研究，1989，02：64.

[74] 张善余. 论我国大城市人口仍需要较大发展——兼论现行城市化方针应重新认识[J]. 人口研究，1993，02：22-27.

[75] 魏后凯. 区域承载力·城市化·城市发展政策[J]. 学术界，1989，06：77-80+76.

[76] 费孝通. 论中国小城镇的发展[J]. 中国农村经济，1996，03：3-5+10.

[77] 马庚存. 论新时期的中国城市化进程[J]. 城市问题，1989，02：19-23.

[78] 李金来. 我国城市化应走优先发展中等城市的道路[J]. 城市问题，1990，02：32-35.

[79] 王文元. 中等城市在现代社会发展中的战略地位理论讨论会综述[J]. 城市问题，1990，02.

[80] 黄志华，仇荀. 中国城市化：路径检讨与路径选择[J]. 理论探讨，2013，06：75-78.

[81] 张红利. 我国传统城镇化的反思和新型城镇化的内涵要求[J]. 生态经济，2013，11：83-86.

[82] 张松. 短缺还是过剩——有关中国城市化问题的探讨[J]. 城市规划学刊，2011，01：8-17.

[83] 姚士谋，陆大道，陈振光等. 顺应我国国情条件的城镇化问题的严峻思考[J]. 经济地理，2012，05：1-6.

[84] 石如根. 粮食主产区新型城镇化道路研究——基于河南省的实证分析[J]. 地域研究与开发，2012，05：29-32.

[85] 罗震东. 基于真实意愿的差异化、宽谱系城镇化道路[J]. 国际城市规划，2013，03：45.

[86] 黄亚平，林小如. 欠发达山区县域新型城镇化路径模式探讨——以湖北省为例[J]. 城市规划，2013，07：17-22.

[87] 崔曙平，赵青宇. 苏南就地城镇化模式的启示与思考[J]. 城市发展研究，2013，10：47-51.

[88] 张京祥，陈浩. 中国的"压缩"城市化环境与规划应对[J]. 城市规划学刊，2010，06：10-21.

作者简介

于兰军（1980-），男，江苏响水人，硕士研究生，山东省城乡规划设计研究院高级规划师，国家注册城市规划师。主要研究方向为城市与区域规划，GIS应用等，E-mail：yulanjun@sina.com。

张学强（1970-），男，山东省城乡规划设计研究院教授级高级规划师，国家注册城市规划师。

陈栋（1973-），男，山东省城乡规划设计研究院教授级高级规划师，国家注册城市规划师。

基于县域尺度的城乡统筹发展水平评价研究
——以山东省为例

朱旻

摘 要：统筹城乡发展是当前的热点问题，系统评价并客观认识当前城乡统筹发展水平是基本要求。论文从经济发展、生活质量以及公共服务三个方面选取城镇化水平、财政支农占农业总产值比例、城乡收入比、农村居民恩格尔系数、城乡高端耐用品百户拥有率比等18项指标建立评价指标体系，基于县域尺度，对山东省目前城乡统筹发展状况进行系统评价，揭示空间分异规律，并就下一步发展提出建议，希望对新时期山东省统筹城乡协调发展有所裨益。

关键词：县域；城乡统筹发展水平；评价；指标体系

城乡统筹是全面建设小康社会的基本要求，历来是各界关注热点。党的十八大明确指出"解决好农业农村农民问题是全党工作重中之重，城乡发展一体化是解决'三农'问题的根本途径。要加大统筹城乡发展力度，促进城乡共同繁荣。"十八届三中全会再次强调："城乡二元结构是制约城乡发展一体化的主要障碍。必须健全体制机制，形成以工促农、以城带乡、工农互惠、城乡一体的新型工农城乡关系，让广大农民平等参与现代化进程、共同分享现代化成果"。

山东省作为东部沿海的经济大省，现状总人口9733万，其中有近半数（4502万）生活在广大农村，城乡收入比2.66:1，城乡差距仍然较大，统筹城乡协调发展尤显重要；而建立科学的评价体系，系统评价并客观认识当前城乡统筹发展状况则是重要环节。

1 既有研究评述

当前有关城乡统筹发展水平评价的成果已经相当丰富，既有定量的，也有定性的；有模型方法探讨，也有实证应用研究；有基于省域甚至全国尺度的宏观评价，也有面向特定区域的中微观分析。如陈鸿彬提出应基于四个"有利于"构建城乡统筹发展质量评价指标体系，即有利于解决"三农问题"，有利于加快城镇化进程和提升城镇化质量，有利于体制创新，以及有利于政府宏观决策[1]；吴永生从经济、社会、空间、环境角度，高珊、徐元明、徐志明从经济、社会、生活角度分别构建了城乡统筹评价指标体系，并总结了空间分布规律，分析比较了江苏省13个地市的城乡统筹程度[2, 3]；吴殿廷、王丽华等从效率与公平的辩证角度建构了城乡统筹评价体系，比较分析了我国各地区城乡协调发展的现状，并就未来发展趋势展开了预测[4]；李勤、张元红、张军等在总结2009年以前城乡统筹发展评价体系有关研究基础上，将城乡统筹评价指标分为显性指标、分析性指标以及传导性指标三类，并从发展导向、市场一体化、经济生活、社会结构、社会事业发展等5个方面入手构建了指标体系[5]；马珂从城乡统筹发展评价体系指标的选取、理想和目标值的设置、权重的确定等方面总结梳理了既有研究，提出应针对不同的受众（比如政府及相关部门、民众等）以及不同的功能要求，建立更加专门、更有针对性的评价指标体系[6]；曹扬、于峰、康艺凡等基于AHP方法构建了统筹城乡发展的评估框架，通过城乡统筹条件指数与水平指数对我国各省区进行了评价和排序，揭示了我国城乡统筹发展的空间分异规律，并基于超效率DEA模型研究了各省区的城乡统筹效率及改进路径[7]；龚健勇、欧名豪构建了包含城乡经济、社会、生活及生态的城乡统筹发展水平评价指标体系，并以安徽省为研究对象，对各县城乡统筹发展水平进行分析，认为2012年安徽省城乡统筹发展水平已经进入整体协调阶段，但地区发展差异较大，生态环境和民生领域的发展潜力较大[8]；曹雄远、王国力、李静等则从经济发展、社会发展、居民生活以及设施环境四个方面选取20项指标建立指标体系，对大连市域边缘区城乡统筹发展进行了系统评价[9]。

就山东省而言，早在2003年，战金艳、鲁奇、邓祥征等就以县市为单位，从交通、信息、生态、市场、财政、人口、服务等角度出发，构建系统评价模型，并采用主成分分析方法，探讨山东省各区域城乡关联发展水平[10]；笔者曾于2009年在总结关于城乡统筹相关研究进展的基础上，采用增长型指标和协调型指标相结合的方式，从经济发展、生活质量、社会服务以及基础设施等四个方面出发，通过层次分析法构建相应的评价指标体系，对山东省各地市的城乡统筹发展水平进行了定量评估[11]；吴先华、王志燕、雷刚等基于"城乡统筹是城镇化发展到一定阶段的产物"这一基本观点，从经济发展、基础设施、居民生活和环境质量角度入手，构建了统筹发展基础条件和综合评价双重指标体系，对全省17个地市的城乡统筹发展水平进行了系统评价[12]；周新秀和刘岩从城乡经济、人口、社会、空间及生态环境融合角度切入，建立城乡融合发展评价指标体系，对各地市统筹发展水平进行综合评价[13]。

由于这些评价体系的侧重点不同、方法不同，评价单元和时间点也不一样，结论差异颇大。考虑到近年来随着相关"三农"和城乡统筹政策的密集出台并发挥作用，城乡发展状况出现了一些新的变化；同时随着行政体制改革，地市功能将趋于削弱，论文拟以县域为基本单元，重新梳理并试图建立一个可持续监控的城乡统筹发展水平评价指标体系，并对山东省目前城乡统筹发展状况进行系统评价，揭示空间分异规律，以期对新时期全省统筹城乡发展有所裨益。

2 评价体系构建

2.1 指标选取

考虑到城乡统筹不仅反映了城乡发展的协调程度，同时也是城乡社会经济发展到一定阶段的必然要求，单纯靠反映经济发展水平的地区生产总值、农民人均收入等绝对指标或反映城乡差距的城乡人均纯收入比、城乡就业比等相对指标均不足以客观全面地评价城乡统筹发展程度，这里采用绝对和相对指标结合的方式，构建指标体系。

参考相关研究，同时考虑数据可获取性，论文从经济发展、生活质量以及公共服务三个方面选取人均GDP、人均财政收入、一产劳动生产率、非农产业从业人员比例、非农产业增加值占GDP比例、城镇化水平、财政支农占农业总产值比例、农民人均纯收入、城乡收入比、农村居民恩格尔系数、农村日常耐用品百户拥有率、农村高端耐用品百户拥有率、城乡高端耐用品百户拥有率比、万人拥有卫生技术人员数、医院（卫生院）床位数千人比率、农村自来水覆盖率、万人拥有互联网用户数、初中毕业生高中升学率等18项指标构建城乡统筹综合评价指标体系（图1）。

相比以往的评价体系，论文选择指标时有意识的向直接反映城乡居民目前生活水平的耐用消费品进行倾斜，将其分为高端耐用品和日常耐用品两类，其中高端耐用品主要指电脑，日常耐用品指空调、冰箱和洗衣机，两者同时

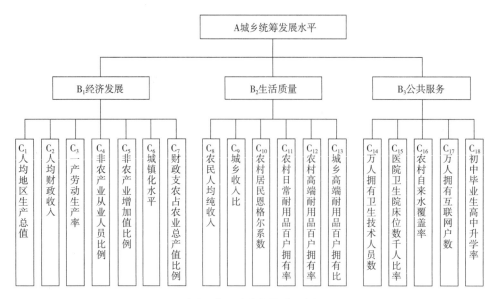

图1 城乡统筹评价指标体系层次结构图

纳入评价指标体系；而"城乡收入比"由于县一级"城镇居民人均可支配收入"数据缺乏统计而用"城镇在岗职工平均工资"与"农村居民人均纯收入"比值代替。乡村通汽车率及新农合参合率在全省范围内基本已达100％，未纳入本指标体系。

2.2　权重确定

本评价指标体系中各指标的权重通过层次分析法（AHP）计算得出，其一致性指数CI=0.0794，RI=1.26，一致性比率CR=0.0631<0.1，满足一致性要求。

具体权重如表1所示。

3　研究区城乡统筹发展水平评价

3.1　数据准备

评价原始数据主要来源于《山东省城镇化发展报告2011》、《中国统计年鉴2010》、《中国城市统计年鉴2011》、《中国农村统计年鉴2011》、《中国县（市）社会经济统计年鉴2011》、《山东省统计年鉴2011》、《山东农村统计年鉴2011》、《山东调查年鉴2011》，以及各地市统计年鉴（表1）。经整理后根据各指标参考值按公式（1）进一步进行标准化处理，标准化后超过1的按1记。

$$X_i = x_i / x_{标准} \quad (1)$$

其中农村恩格尔系数和城乡收入比与城乡统筹水平负相关，考虑到农村恩格尔系数的实际数值特征，运用公式（2）进行标准化；城乡收入比用其倒数进行标准化。

$$X_i = (75\%-x_i)/50\% \quad (2)$$

表1　城乡统筹发展水平评价指标体系

目标层	控制层	指标层		参考值	单位
	指标名称	指标名称	权重		
城乡统筹发展水平（A）	经济发展（B₁）	人均地区生产总值（C₁）	0.0290	100000	元
		人均地方财政收入（C₂）	0.0379	8000	元
		一产劳动生产率（C₃）	0.1080	40000	元
		非农产业从业人员比例（C₄）	0.0254	——	
		非农产业增加值比例（C₅）	0.0339	——	
		城镇化水平（C₆）	0.0470	——	
		财政支农占农业总产值比例（C₇）	0.1242	25	％
	生活质量（B₂）	农村人均纯收入（C₈）	0.1432	10000	元
		城乡收入比（C₉）	0.1519	——	
		农村居民恩格尔系数（C₁₀）	0.0749	25	％
		农村日常耐用品百户拥有率（C₁₁）	0.0198	——	
		农村高端耐用品百户拥有率（C₁₂）	0.0448	——	
		城乡高端耐用品百户拥有比（C₁₃）	0.0448	——	
	公共服务（B₃）	万人拥有卫生技术人员数（C₁₄）	0.0162	60	人
		医院卫生院床位数千人比率（C₁₅）	0.0268	6	个
		农村自来水覆盖率（C₁₆）	0.0379	——	
		万人拥有互联网用户数（C₁₇）	0.0068	2000	户
		初中毕业生高中升学率（C₁₈）	0.0272	——	

3.2　评价结果

将标准化后的数据输入评价指标体系，可以得到山东省各县（市）、设区市市区的城乡统筹发展水平评价结果（表2）；同时计算该指标体系下全国、山东省以及各设区市市域的城乡统筹发展水平以作参考（表3）。

表2　山东省各县及设区市市区城乡统筹发展水平评价综合得分表

序号	评价单元	综合得分	序号	评价单元	综合得分	序号	评价单元	综合得分
1	青岛市市区	0.7742	37	莱芜市区	0.4739	73	临沭县	0.3884
2	威海市区	0.6513	38	平度市	0.4714	74	鱼台县	0.3862
3	荣成市	0.6316	39	泰安市区	0.4683	75	武城县	0.3851
4	淄博市区	0.6174	40	利津县	0.4658	76	汶上县	0.3847
5	济南市区	0.6025	41	海阳市	0.4556	77	栖霞市	0.3821
6	龙口市	0.6005	42	日照市区	0.4548	78	单县	0.3805
7	烟台市区	0.5897	43	曲阜市	0.4467	79	阳信县	0.3756
8	文登市	0.5739	44	宁阳县	0.4429	80	东平县	0.3750
9	长岛县	0.5697	45	滕州市	0.4415	81	临邑县	0.3749
10	胶州市	0.5639	46	无棣县	0.4397	82	东明县	0.3730
11	桓台县	0.5571	47	平阴县	0.4387	83	蒙阴县	0.3721
12	章丘市	0.5539	48	博兴县	0.4375	84	费县	0.3712
13	胶南市	0.5535	49	高青县	0.4367	85	郓城县	0.3712
14	兖州市	0.5517	50	莱阳市	0.4362	86	陵县	0.3707
15	招远市	0.5495	51	临沂市区	0.4341	87	平邑县	0.3704
16	济宁市区	0.5470	52	沾化县	0.4339	88	莒南县	0.3690
17	垦利县	0.5444	53	茌平县	0.4297	89	嘉祥县	0.3680
18	莱州市	0.5442	54	禹城市	0.4284	90	梁山县	0.3669
19	东营市区	0.5425	55	高唐县	0.4272	91	郯城县	0.3634
20	新泰市	0.5415	56	沂源县	0.4268	92	莒县	0.3627
21	肥城市	0.5399	57	邹城市	0.4232	93	泗水县	0.3587
22	广饶县	0.5338	58	枣庄市区	0.4195	94	成武县	0.3583
23	即墨市	0.5241	59	聊城市区	0.4098	95	齐河县	0.3575
24	莱西市	0.5230	60	宁津县	0.4097	96	苍山县	0.3559
25	蓬莱市	0.5199	61	济阳县	0.4047	97	沂南县	0.3535
26	邹平县	0.5188	62	阳谷县	0.4044	98	沂水县	0.3515
27	诸城市	0.5183	63	金乡县	0.4029	99	东阿县	0.3503
28	寿光市	0.5151	64	五莲县	0.3998	100	巨野县	0.3497
29	昌邑市	0.5068	65	临朐县	0.3996	101	庆云县	0.3468
30	潍坊市区	0.4969	66	安丘市	0.3990	102	夏津县	0.3422
31	青州市	0.4952	67	商河县	0.3984	103	乐陵市	0.3421
32	高密市	0.4884	68	平原县	0.3966	104	冠县	0.3311
33	乳山市	0.4826	69	微山县	0.3936	105	鄄城县	0.3296
34	昌乐县	0.4817	70	惠民县	0.3907	106	定陶县	0.3218
35	德州市区	0.4791	71	临清市	0.3900	107	曹县	0.3217
36	滨州市区	0.4754	72	菏泽市区	0.3886	108	莘县	0.3178

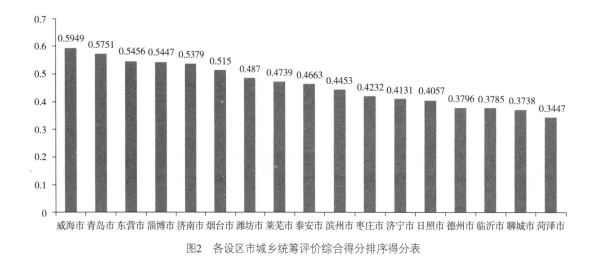

图2　各设区市城乡统筹评价综合得分排序得分表

表3　全国、山东省及各设区市市域城乡统筹发展水平评价综合得分表

序号	评价单元	综合得分	序号	评价单元	综合得分	序号	评价单元	综合得分
1-1	全国	0.3954	—	—	—	—	—	—
2-1	山东省	0.4340	—	—	—	—	—	—
3-1	威海市	0.5949	3-7	潍坊市	0.4870	3-13	日照市	0.4057
3-2	青岛市	0.5751	3-8	莱芜市	0.4739	3-14	德州市	0.3796
3-3	东营市	0.5456	3-9	泰安市	0.4663	3-15	临沂市	0.3785
3-4	淄博市	0.5447	3-10	滨州市	0.4453	3-16	聊城市	0.3738
3-5	济南市	0.5379	3-11	枣庄市	0.4232	3-17	菏泽市	0.3447
3-6	烟台市	0.5150	3-12	济宁市	0.4131			

4 结果分析与主要建议

4.1 结果分析

从评价结果可以看出，山东省的综合得分为0.4340，高于全国平均水平（0.3954）。17个设区市中，威海、青岛、东营、淄博、济南、烟台、潍坊、莱芜、泰安、滨州等综合得分在全省平均水平之上。其中威海市综合得分最高，达0.5949；其次是青岛和东营，分别为0.5751和0.5456。德州、临沂、聊城、菏泽综合得分仍在全国平均水平之下。

以县（市）为基本单元看，综合得分最高的为青岛市区、威海市区、荣成市、淄博市区、济南市区，得分均在0.6以上。108个评价单元（91个县（市）和17个设区市区）中有51个在全省平均水平以上，40个仍处于全国平均水平以下。

从空间分析看，沿海地区和济青沿线城乡统筹发展水平明显高于其他地区，其次是泰安、莱芜、济宁、枣庄等京沪高速济南以南区域，其余区域统筹水平整体较低，表现为明显的由沿海向内陆梯度分布的特征，与省内区域城

镇化和经济发展水平基本一致。

相比于设区市市域城乡统筹评价结果，以县域为基本单元呈现出更多细节。一方面，设区市市区统筹发展水平总体上要明显高于市域其他单元；另一方面，即使在经济较为发达的东部地区仍出现了统筹发展的谷地，烟台南部、青岛西北部、潍坊南部低山丘陵地区县（市）城乡统筹水平要略低于东部沿海其他地区；而鲁西地区的菏泽、德州、聊城以及鲁南的临沂所辖县市城乡统筹发展水平普遍较低，鲁中济南-淄博-泰安-莱芜以及鲁南微山湖东侧的济宁-枣庄一线则形成区域性凸起。

4.2 主要建议

4.2.1 东部沿海及济青沿线地区城乡统筹重点

（1）以蓝色经济和战略性新兴产业为导向，积极引导中心城市产业结构调整和升级，优化县域经济发展模式，重点发展小城镇，不断加大城市支持乡村、工业反哺农业力度，激发乡村地区发展活力；

（2）以县（市）域为主体，开展城乡统筹规划编制工作，统筹配置县（市）域各类要素和资源，优化城乡居民点布局，再造已经失却的城乡生态环境，形成与城镇合理分布、功能有别、紧密联系的城乡空间布局；

（3）划定严格地控制建设区域，保护乡村地区环境空间、绿色空间、生态空间，协调保护与发展的关系；

（4）培育壮大小城镇服务功能，构建以小城镇为核心的乡村地区公共服务圈，在实现城乡基本公共服务均等化基础上，进一步提升农村地区公共服务供给质量，使农村居民享受与城市居民相同标准、相同质量的公共服务；

（5）积极引导农村生活方式向城市生活方式过渡，农业生产向特色化、规模化、标准化转变。

4.2.2 京沪沿线济南以南地区城乡统筹重点

（1）以高效生态经济为核心，继续强化中心城市发展，全面振兴县域经济，不断提升城镇综合承载能力，引

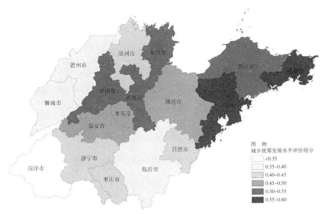

图3　设区市市域城乡统筹发展水平分异

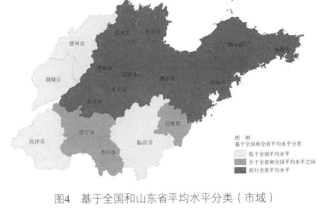

图4　基于全国和山东省平均水平分类（市域）

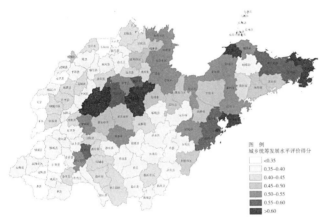

图5　县（市）域城乡统筹发展水平分异

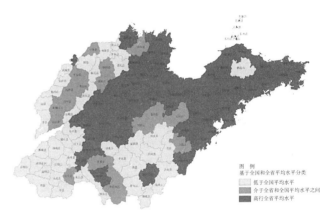

图6　基于全国和山东省平均水平分类（县域）

导非农产业和农村人口有序向城镇地区集聚，促进城镇化和新农村建设良性互动；

（2）继续加大农村地区财政投入力度，逐步推动发展重心向农村地区转移；

（3）加快推进城市公共服务设施和基础设施向农村地区延伸，实现城乡基本公共服务均等化；

（4）积极引导农业经营方式转变，有效提高农民收入水平，减小城乡差距。

4.2.3 其他地区城乡统筹重点

（1）利用好本区域人力资源、矿产资源、土地资源等优势，加强与发达地区的交流和合作，以资源深加工和新能源产业为重点，主动承接产业转移，提升整体发展水平，缩小区域差距；

（2）极化中心城市发展，培育壮大县域经济，增强"城市支持农村，工业反哺农业"能力；

（3）加大政策倾斜，创新管理体制，完善财政转移支付制度；

（4）提升农村地区基本公共服务的供给能力与供给质量，完善农村社会保障体系，防止片面追求经济发展而

导致城乡差距的进一步扩大；

（5）推动农业现代化与工业化、城镇化协调发展，鼓励返乡农民工创业，有效提升农民收入水平。

参考文献

[1] 陈鸿彬. 城乡统筹发展定量评价指标体系的构建[J]. 地域研究与开发，2007，（2）：62-65.

[2] 吴永生. 区域性城乡统筹的空间特征及其形成机制——以江苏省市域城乡为例[J]. 经济地理，2006，（5）：810-814.

[3] 高珊，徐元明，徐志明. 城乡统筹的评估体系探讨——以江苏省为例[J]. 农业现代化研究，2006，（4）：262-265.

[4] 吴殿廷，王丽华等. 我国各地区城乡协调发展的初步评价及预测[J]. 中国软科学，2007，（10）：111-118.

[5] 李勤，张元红，张军等. 城乡统筹发展评价体系：研究综述和构想[J]. 中国农村观察，2009，（5）：2-10，22.

[6] 马珂. 城乡统筹发展评价体系的构建及应用[J]. 城市问题，2011，（8）：10-17.

[7]　曹扬，于峰，康艺凡. 基于整合AHP/DEA方法的城乡统筹评价[J]. 统计与决策，2011，（24）：58-60.

[8]　龚健勇，欧名豪. 安徽省城乡统筹发展水平评价研究[J]. 安徽农业科学，2012，40（36）：17861-17863，17866.

[9]　曹雄远，王国力，李静. 大连市域边缘区城乡统筹发展水平评价[J]. 经济研究导刊，2013，（04）：174-176.

[10]　战金艳，鲁奇，邓祥征. 城乡关联发展评价模型系统构建——以山东省为例[J]. 地理研究，2003，（04）：495-502.

[11]　于兰军. 城乡统筹发展水平评价研究——以山东省为

例[A]. 城市规划和科学发展——2009中国城市规划年会论文集[C]. 天津：天津科学技术出版社，2009.

[12]　吴先华，王志燕，雷刚. 城乡统筹发展水平评价——以山东省为例[J]. 经济地理，2010，（04）：596-601.

[13]　周新秀，刘岩. 城乡融合发展评价指标体系的构建与应用——以山东省为例[J]. 山东财政学院学报，2010（01）：87-89，86.

作者简介

朱旻（1979- ），男，大学本科，山东省城乡规划设计研究院科技处副主任、规划师，高级工程师。

济南土地混合利用用地性质引导研究

于小洋 畅通 娄淑娟

摘 要：本文拟从土地混合利用基础研究入手，通过对混合用地、土地相容性和用地兼容性三者概念的辨析，明确混合用地概念，并为下一步用地性质引导控制提供原则依据。通过国内外实例的归纳研究，寻找适合济南的混合用地性质控制模式，在参照引导原则的基础上，以居住用地为例，构架混合用地用地性质引导表形式，并为下一步工作提出研究方向。

关键词：土地混合利用；混合用地；济南

城市是一个复杂有机体，需要各方面的有机融合和发展才能正常运行。近年来，随着城市开发建设的高速发展，许多大尺度、单一功能地块的形成和城市用地功能之间的割裂，带来了诸如城市空间结构失调、城市交通等基础设施承载压力过大、城市资源配置浪费等一系列城市问题，无法适应社会经济发展的需求，不利于城市的可持续发展。要解决上述城市问题，提高城市发展的持续性，就需要进行相关应对变化的土地混合利用研究，混合用地研究应运而生。

1 土地混合利用基础研究

1.1 混合用地概念

明确混合用地的定义需要区分常常混淆的三个概念：混合用地与土地相容性、用地兼容性。而借助三者概念的辨析，可以使土地混合利用研究的技术路线更加清晰。

混合用地是实现城市规划弹性控制理念的手段之一，具体表现为同一地块具有两种及以上使用性质，且各性质的建筑面积占总量之比均超过10%，强调各功能之间共生和互相提升。

土地相容性是指不同使用功能的土地之间可以共处、互换的程度，强调不同性质土地使用之间的相互关系。

用地兼容性，即城市用地与建筑的适建性，表现为在地块使用性质影响下，以对环境有无干扰作为依据，一些性质的建筑允许建设，另一些性质的建筑设定条件才被允许建设。

综上所述，混合用地是以规划为主导因素，而相容性、兼容性则是在规划限制的条件下由开发主导，三者的强制性及作用根本不同。就实际规划设计及管理工作而言，前者更加具有实施性，而后两者则可充当参照标准使混合用地最大限度地实现。

1.2 土地混合利用研究的必要性

土地混合利用通过混合用地形式，可以为城市开拓更广阔的发展空间，实现更大的公共目标。

1.2.1 稳定有效地增加地方税收

混合用地能提高土地使用效率，在同一地块不同空间布置多种功能（图1），相应提高零售业和其他商业收入带来的附加税收，提高城市经济的持续性。

1.2.2 有利于合理的配置社会资源并解决城市交通等问题

混合用地用有机集聚的复合用地代替功能分离的单一用地（图2），使得城市公共设施配置更为公平、有效、合理，另外它趋于全天候分散的交通需求更有利于解决高

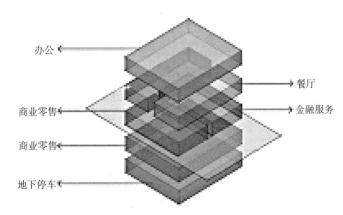

图1　混合用地各空间层面性质示意图

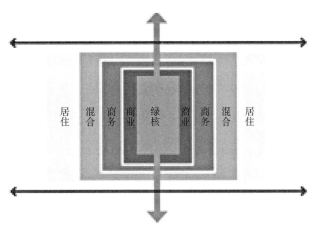

图2　城市规划平面示意图

峰交通问题。

1.2.3 实现城市二次更新

混合用地通过有效、合理注入新的用地性质，带动衰败地区复兴、"死城"复苏，在城市二次更新活动中起到关键带动作用。

1.3 组织城市精明增长

在城市发展过程中，通过高强度、高复合的土地利用和"插入"式开发，混合用地模式为城市创造新的增长极，进而有效地组织城市有序发展。

2　土地混合利用实例研究

2.1　国外实例研究

2.1.1 美国

美国的区划法是控制土地使用的地方法规和进行规划管理的技术手段。分区规划可以规定在某一地块上进行混合土地开发，也即所谓的"混合利用分区规划"。例如，授权在底层进行商业性质开发，楼上设计为住房；或在某一地段混合商店、办公楼以及轻工业的土地利用。

以纽约的区划法案为例。根据区划，纽约市的土地划分为三种基本类别：居住用地、商业用地和工业用地；每

类用地均采用功能组的形式对土地用途实行弹性控制。功能组是指具有类似功能特性和影响，通常可以彼此间相互兼容的功能组合（表1）。这种规定的灵活性和广泛性给城市建设开发提供了很大的可能性,也有利于形成功能混合的开发形态，从而给市场足够大的发挥作用的空间。

表1　美国用地分类和功能组弹性控制示意图

土地基本类别	商业地块	工业地块	…
功能组	居住功能、社区设施	零售和服务功能组、区域商业中心、娱乐设施组功能组	…

2.1.2 英国

英国的《城乡规划（用地类别）条例》将土地和建筑物按基本用途划分为4大类别，并规定土地和建筑物的用途在同一类别中变动不需要申请规划许可（表2）。

表2　英国《城乡规划（用地类别）条例》土地使用分类规则

大类编码	中类编码	土地性质
A 类	A1	商店（包括零售、网吧、邮局、旅行社等11项）
	A2	金融和专业服务设施
	A3	餐馆和咖啡馆
	A4	饮品店
	A5	外卖热食店
B 类	B1	商务设施
	B2	一般工业
	B3-B7	特殊工业
	B8	仓储和物流
C 类	C1	旅馆
	C2	有居住的机构（例如医院的病房、学校校舍）
	C3	住宅
D 类	D1	无居住设施的机构
	D2	集会和休闲
	其他	

2.1.3 新加坡

新加坡将土地划分为居住、商住、商业、白地、商务园、商务园-白地、商务1、商务2、城市和社区机构、储备等31种区划类型，引入"白地"概念，具体每块白地的用地性质和用途比例由发展商根据未来市场需求，在一定的规划许可范围内灵活决定。每类区划类型均附有用途、开发类型示例和注释。混合用地主要是通过注释来实现（表3）。

区划类型	用途	开发类型示例	注释
商住	主要用途是商业和居住的混合，旅馆用途需得到规划主管部门的许可。	商业居住混合、办公居住混合、旅馆。	规定商业不允许布置在居住上面；商业及相关设施的建筑面积需根据地区具体情况由规划主管部门决定；除了获得规划主管部门的特殊许可，商业用途成分不能超过规划允许建筑面积的40%

2.1.4 国外实例小结

其他先进国家的用地分类模式发展已比较完善，部分国家已将用地混合理论写入技术规定，可以进一步指导规划管理工作，用地大部分采用"大分类细注释"的模式，在一定范围内明确混合功能，在更严格的层面对需要申请才可混合的功能进行控制。上述部分做法对我们的规划实践有一定指导作用，但具体做法在国内实施较有难度，还需参考国内先进城市的案例。

2.2 国内实例研究

2.2.1 北京

北京市的城市用地分类中新增F多功能用地（图3）和X待深入研究用地，用以解决城市用地分类中混合功能和将来城市发展的机动需求。X在中心城区既可以是城市二次更新用地，也可以是暂时没有明确使用功能的地块，进一步增加用地分类的科学性和灵活性。

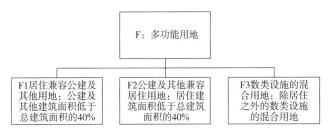

图3　区划类型附件及其作用示意

2.2.2 上海

控规编制中明确提出混合用地概念，从宜、鼓励、严禁三个层次对用地混合提出设置条件（表4），并根据《上海各类建设用地适建范围表》（表5）进行用地之间混合引导。

宜设置	鼓励设置	严禁设置
功能用途互利、环境要求相似且相互之间没有不利影响的用地	鼓励公共活动中心区、历史风貌地区、客运交通枢纽地区、重要滨水区内的用地混合	严禁三类工业用地、危险品仓储用地、卫生防疫用地与其他任何用地混合
		严禁特殊用地与其他任何用地混合
		严禁二类工业用地与居住用地、公共设施用地混合

混合用地是指一个地块中有两类或两类以上使用性质的建筑，且每类性质的地上建筑面积占地上总建筑面积的比例均超过10%的用地。

2.2.3 深圳

根据深规土[2010]567号《深圳市法定图则土地混合使用指引》，未出让的城市建设用地按照两种方法进行规划编制和规划控制，第一种符合适建范围和控制比例要求的，仅需表达单一用地性质，参照《常用用地性质适建范围表》进行规划需满足相关技术和政策条件，并经城市规划主管部门审批；第二种若确有不同用地兼容要求，或超出《常用用地性质适建范围表》的，应增加相应的用地性质，作为混合用地，参考《常用土地混合使用引导表》进行规划。

《常用用地性质适建范围表》（表6）在《深标》规定的适建范围的基础上，适当增加部分适建用地性质和控制要求，如占总建筑面积比例、容积率要求等。

《常用土地混合使用引导表》（表7）将混合使用的用地性质分为鼓励混合使用用地性质和可混合使用用地性质，其中鼓励混合使用用地性质，是指在一般情况下此类用地的混合可以提高土地使用效率；可混合使用用地性质，是指此类用地可以混合使用，可视情况来确定。

2.2.4 国内实例小结

对土地混合利用这方面的研究我国起步较晚，近几年才逐步引入到规划编制和规划管理的体制中，目前已经出现大量用地混合出让的实例。从现阶段掌握的资料显示，各地在用地混合标准、比例关系等方面均存在一定差异。在用地分类层面上，有的城市在控规编制阶段明确多功能混合用地分类，并根据该混合用地性质在规划和土地出让过程中建立相应的配套原则，以保证其得以实施；有的城市则通过用地适建性或土地混合使用引导表进行引导，在规划和土地出让过程中，土地分类可以不只是一个，相应的根据同一地块不同用地性质出具规划控制指标、出让年限等指标，比较具有灵活性和实践性，较为适合实际情况。

3　济南土地混合利用用地性质引导研究

3.1 土地混合利用用地性质分类形式和研究对象

通过上面的研究，结合济南用地分类和实际工作，确定土地混合利用用地性质分类采用大类、中类结合形式。根据使用频率和现实工作中遇到的问题，本次选取的研究对象为居住用地。

3.2 土地混合利用引导原则

根据国内外先进城市成熟经验，结合济南实际，确定济南土地混合利用引导原则为以下三点：

3.2.1 适应性原则

基本决定性原则，相互之间没有不利影响或影响较

表5　上海各类建设用地适建范围表

用地性质	住宅组团用地			社区级公共服务设施用地		行政办公用地	商业服务业用地	文化/体育用地	科研设计用地	商务办公用地	一类工业用地	二类工业用地	工业研发用地	普通仓库/堆场用地	物流用地	轨道交通用地	社会停车场用地	综合交通枢纽用地
	一类住宅组团用地	二类/三类住宅组团用地	四类住宅组团用地	福利院，医疗设施用地	其他	行政办公用地	商业服务业用地	文化/体育用地	科研设计用地	商务办公用地	一类工业用地	二类工业用地	工业研发用地	普通仓库/堆场用地	物流用地	轨道交通用地	社会停车场用地	综合交通枢纽用地
一类住宅组团用地																		
二类住宅组团用地	✓																	
三类住宅组团用地	×																	
四类住宅组团用地	×	✓																
社区级福利，医疗设施用地	×	○	×															
其他社区级公共服务设施用地	×	✓	✓	○														
行政办公用地	×	×	×	○	○													
商业服务业用地	×	○	✓	○	✓	○												
文化/体育用地	×	×	✓	○	✓	○	✓											
科研设计用地	×	×	✓	×	✓	✓	✓	✓										
商务办公用地	×	○	✓	×	✓	✓	○	○	○									
一类工业用地	×	×	×	×	○	×	×	×	✓	×								
二类工业用地	×	×	○	×	○	×	○	×	×	✓	✓							
工业研发用地	×	✓	×	×	×	×	×	×	✓	×	✓	✓						
普通仓库/堆场用地	×	○	○	×	✓	×	×	✓	×	✓	✓	✓	✓					
物流用地	×	×	✓	×	×	×	×	×	×	×	×	×	✓	✓				
轨道交通用地	×	✓	○	×	✓	○	✓	✓	✓	✓	○	○	○	✓	✓			
社会停车场用地	×	×	○	×	○	×	✓	✓	✓	✓	×	×	○	×	×	✓		
综合交通枢纽用地	×	✓	✓	○	✓	○	✓	✓	✓	✓	×	×	○	×	×	✓	✓	

注：① "✓"表示宜混合，"○"表示有条件可混合，"×"表示不宜混合。②表中未列用地一般不宜混合。

表6 深圳常用用地性质适建范围表

用地类别		《深标》规定的适建范围	本指引增加的适建范围与控制要求	
大类	中类			
C 商业服务设施用地	R2 二类居住用地	单元式住宅 幼儿园托儿所 社区体育设施 社区其他设施 (社区管理、文化活动、医疗卫生、商业、会所等设施)	小型社会福利设施 一般道路交通设施 一般市政环卫设施	
			商业 服务业 商业性办公	不超过总建筑规模的30%
	C1 商业用地	商业	商业性办公 服务业 旅馆业	不超过总建筑规模的50%
			管理与服务设施 小型医疗设施 小型社会福利设施 社区文体活动设施 一般道路交通设施 一般市政环卫设施	
	C2 商业性办公用地	商业性办公 商务公寓 附属设施	其中商务公寓所占比例不得超过总建筑规模的30%(专门注明的除外)	
			商业 服务业 旅馆业	不超过总建筑规模的50%
			管理与服务设施 小型医疗设施 社区文体活动设施 一般道路交通设施 一般市政环卫设施	
	C3 服务业用地	餐饮业 娱乐休闲 其他服务业	商业 商业性办公 旅馆业	不超过总建筑规模的50%
			管理与服务设施 小型医疗设施 社区文体活动设施 一般道路交通设施 一般市政环卫设施	
	C4 旅馆业用地	旅馆 附属设施	商业 服务业 商业性办公	不超过总建筑规模的50%
			一般道路交通设施 一般市政环卫设施	
	C5 游乐设施用地	游乐设施	小型商业服务设施 配套办公 服务业 旅馆业	不超过总用地规模的7%
			一般道路交通设施 一般市政环卫设施	

低。根据短板效应,包括噪音、光线、震动、废气等环境、心理上的和社会习俗意义上的不协调这些不利影响,往往给用地功能运作带来负面因素,在实际工作中,这些明显存在隐患的用地都应避免混合利用。

3.2.2相似性原则

对环境的要求和影响,同一地块内的各类用地功能均一致或相似。

3.2.3高效原则

高效原则要求混合用地内的各个功能均能互利、共

表7 深圳常用土地混合使用引导表

用地性质		鼓励混合使用的用地性质	可混合使用的用地性质
大类	中类		
R 居住用地	R1 一类居住用地	—	C4
	R2 二类居住用地	C1,C2,C3	C4
	R3 三类居住用地	C1,C3	C4,M1,W1
	R4 四类居住用地	C1,C3	C4,
C 商业服务业用地	C1 商业用地	C2,C3,C4	R2,W1
	C2 商业性办公用地	C1,C3,C4	—
	C3 服务业用地	C1,C2,C4	R2
	C4 旅馆业用地	C1,C2,C3	—
	C5 游乐设施用地	C1,C3,C4	—
M 工业用地	M1 一类工业用地	W1,C2,	C1,C3
	M2 二类工业用地	W1	—
	M3 三类工业用地	W1	—
W 仓储用地	W1 普通仓库用地	M1	C1,C2,C3,C4
	W2 特种仓库用地		
	W3 堆场用地		

生、循环,通过合理的配置和引导使得各功能获得更大利益。

原则中的前两条为"可"混合条件,第三条为"宜"混合条件。除三大原则,对于少部分需要独立建设的重要设施(包括特殊用地、双高工业仓储用地和卫生防疫用地等),不统一混合利用。

3.3 用地混合引导表

根据上述原则,针对济南市用地分类实际,以居住用地为例,确定居住用地混合利用引导表(表8)。

表8 济南居住用地混合利用引导表

用地性质		可混合使用的用地性质	宜混合使用的用地性质
大类	中类		
R 居住用地		A5 医疗卫生用地, A6 社会福利用地, B1 商业用地, B3 娱乐康体用地	A1 行政办公用地, A2 文化设施用地, A4 体育用地, B4 公用设施营业网点用地, B9 其他服务设施用地, G 绿地与广场用地

4 下一步工作设想

上述工作只是对前期工作的一个总结概括,下一步将侧重于土地混合利用区位研究,完善城市建设用地混合利用引导表,在实践中进一步检验成果,有效地引导规划实施和管理。

参考文献

[1] 海道清信. 紧凑型城市的规划与设计：欧盟. 美国. 日本的最新动向与事例[M]. 苏丽英，译. 北京：中国建筑工业出版社，2011，3.

[2] 深规土[2010]567号. 关于试行《深圳市法定图则土地混合使用指引》的通知[S]. 深圳市规划和国土资源委员会. 2010，8. 6.

[3] 于子彦，城市混合用地的城市设计研究[R]. 2006，2.

作者简介

于小洋（1982.2- ），女，硕士，济南市规划局。

畅通（1983.7- ），男，硕士，山东省产品质量监督检验研究院，助理工程师。

娄淑娟（1982.5- ），女，硕士，济南市规划局，副主任科员。

浅析后现代主义建筑思潮

武栋　方健　李嵩

摘　要：后现代主义建筑思潮是在对现代主义建筑思潮的反思和批判中逐渐发展壮大的，并反映了时代的背景与特色。后现代主义建筑思潮实践过程中，虽然存在许多值得人们深思的问题，但是其以人为本的价值体系、多元共存的设计理念以及对历史、文脉、地方特色的重视等都给了我们许多启示，本文对以上内容进行了概括，并对隐喻等手法在历史保护中的运用进行了例证分析。

关键词：后现代主义建筑；以人为本；多元共存；文脉；隐喻

背景

任何建筑理论的产生、发展和消亡都离不开其所处的历史环境和时代背景。20世纪初，以科学与理性作为原则的现代主义建筑蓬勃发展，推动了建筑业乃至整个社会的发展，同时也将建筑推向了技术至上的道路。现代主义建筑风格带有浓郁的工业色彩，功能至上，形式单一，缺乏人性和人文关怀，忽略文化传统和历史文脉，给人以工业化社会的冷漠。20世纪60年代后期，社会与建筑发展都进入了一个全新的历史阶段，后现代主义建筑思潮以崭新的面貌来到世人面前。

1　后现代主义建筑思潮的发展

1.1　后现代主义发展历程

后现代主义真正成为被广泛关注的思潮是在20世纪70年代后期，这与大量理论著作的出现和一系列对现代主义原则离经叛道的建筑作品的出现密不可分，到20世纪80年代，后现代主义的作品更多地被用来描述一种乐于吸收各种历史建筑元素、并运用讽喻手法的折衷风格，因此，它后来也被称作后现代古典主义或后现代形式主义。

后现代主义衍生于现代主义，是在对现代主义的反思和反叛中不断发展壮大的。20世纪初发展起来的现代主义经过半个多世纪的完善已经形成其固有的、令人生厌的精简风格，但是随着时代经济的发展，现代主义必然要淡出这个热闹纷繁的历史舞台，由下一个新鲜的、不同的角色走入人们的视野。当人们已经不再满足只是单一的使用功能形式时，后现代主义以其对人性的关怀、多样化的形式为世人接受。曾获得美国建筑师协会嘉奖的现代主义国际风格的帕鲁伊特伊戈公寓群，在建成不到二十年的时间就被"炸毁"，从而宣告现代主义的衰竭。同时，后现代主义也在文丘里所写的令世人瞠目结舌的《建筑的复杂性和矛盾性》一文中，以强势姿态登上建筑历史舞台，他抛弃了现代主义的一元性、物质性和排他性，强调人们的不同需求和社会生活的多样化。有人说它是"大杂烩"，有人说它是"骡子风格"，我们暂且不论这些词语是否准确地形容出了后现代主义，但是无论如何它都从一个侧面反映出后现代主义的某种特点，那就是杂糅嫁接了许多风格的艺术形式。后现代主义摆脱"功能第一"的理念，开始从人类自身的精神发展需要，从历史中汲取营养，借鉴各种文化，用外在的形式语言表达人们思想的多样化，丰富着人类艺术发展的内容。

1.2 后现代主义建筑特征

美国后现代主义代表人文罗伯特斯特恩将后现代主义概括为文脉主义、隐喻主义和装饰主义三个特征。虽然，这些所谓的后现代主义建筑师大多数并不乐意别人给自己贴上后现代主义的标签，但他们的实践确实呈现出了这样一些基本的共同特征：首先是回归历史，喜用古典建筑元素；其次是追求隐喻的设计手法，以各种符号的广泛使用和装饰手段来强调建筑形式的含义及象征作用；再就是走向大众与通俗文化，戏谑地使用古典元素，如商业环境中的现成品、卡通形象以及儿童喜爱的鲜亮色彩可以一并出现在建筑中；最终，后现代主义的开放性使其并不排斥似乎也将成为历史的现代建筑，因此，詹克斯把后现代归纳为激进的折衷主义。

1.3 后现代主义建筑思潮的一些反思

的确，后现代主义重新确立了历史传统的价值，承认建筑形式有其技术与功能逻辑之外独立存在的联想及象征的含义，恢复了装饰在建筑中的合理地位，并树立起了兼容并蓄的多元文化价值观，这从根本上弥补了现代建筑的一些不足。但其本身也存在许多争议和反思的地方。一方面，众多现象清楚地表明，后现代主义建筑思潮在实践中基本停留在形式的层面上而没有更为深刻的内容，越来越趋向于与一种风格画上等号。另一方面，在建筑创作过程中充斥着形式主义和拼贴手法，许多设计把建筑这个复杂问题简化到只考虑在外观和材质上玩些花样，是流于表层肤浅的思考，也是近十几年来影响建筑师创作的症结所在。第三，后现代主义极少谈到社会生产和科学技术对建筑的影响，他们回避国计民生的问题，而把注意力集中在形式、装饰、象征、语言等方面。第四，后现代主义建筑设计缺乏正确的、理性的评判标准和创造思想，宣扬主观随意性，代以杂乱、怪诞和暧昧为美，建筑作品实际上是对古典建筑的戏弄。第五，部分后现代主义建筑刺激了商业古迹开展，削弱了历史文化真实性、整体性和延续性。

2 后现代主义建筑思潮的启示

尽管后现代主义思潮的发展壮大过程中存在许多不尽如人意的地方，但它代表了时代的潮流，反映了时代的特色，并为我们开启了智慧的大门，指明了前进的方向。对后现代主义建筑思潮，我们应该吸收其精华，抛弃其糟粕，进行批判式的借鉴。

2.1 "以人为本"的价值观

现代主义的核心之一是"功能主义"，正如现代主义大师勒·柯布西埃所讲的："住房是居住的机器"。功能主义即使提到人，也是物理的"人"，而不是一个活生生的、有血有肉的、有感情的人。功能主义在人们不能满足住房等物质需求的时代具有积极的历史意义，但随着经济

社会的发展，"一切设计以功能为主，忽视行为的主体以及其多样化的需求"是对人性光辉的一种抹杀。因此，如果真正的讲究功能，就要切实地从人真正的需求出发，充分考虑到人所有的需求，才是真正意义上的功能主义。人是一个社会动物，在他（她）身上可以折射一个时代所有的特征，一个人的需求也必然从单纯的生理需求扩展到相应的心理需求。所以，不应该仅仅解决物理的或物质的问题，还应该解决人的更多层面的需求。从这个角度讲，就可以解释后现代设计的多元化倾向了。后现代设计对于情感的、文脉的重视正好是对现代主义的一个补充。

此外，后现代主义设计的通俗化特征将轻松愉快带入日常生活，后现代主义设计强调个人与他人内在的、本质的、构成性的关系，倡导对过去和未来的关心，重新建构起人与自然、人与人的关系和整个世界的形象，主张建立关于生活世界的生命哲学，真正关心人，教化人，后现代主义设计使每天的行动不再像举行宗教仪式般严肃刻板。现代主义让人生活在空洞的"理想"之中，而后现代主义则强调人们生活在实在的"现在"中。好的生活比好的形式更重要，与严肃冷漠的现代主义"黑匣子"相比，后现代设计中大量运用夸张的色彩和造型，甚至是卡通形象，唤起人们关于童年的美好记忆，让人们再次感受童真和无拘无束的快乐。这种设计表面上看起来好像是一种简单的借用，或者是奇思怪想的任意组合，没有章法，不考虑实用，是设计师的一些很主观的设计。但透过这种现象，我们看到这样做给现代主义或我们目前的生活带来了有价值的东西，那就是真实而感性的生活，不是高尚的品位、优雅的举止，而是光着脚在沙发上吃着爆米花看电视，和孩子在地板上嬉戏。从这方面来看，后现代设计将人们从简单、机械的枯燥生活中解救出来，重新回到真实的生活中，使人这一概念变得更加感性和人性化，而不是机器。

2.2 注重兼容并蓄的多元共存设计理念

文化的多元化直接导致社会生活的多元化，各个阶层、不同的人群对市场的不同诉求打破了设计上现代主义一统天下的局面，极少主义的"黑匣子"自然不能满足如此众多的市场诉求，"现代主义之后"设计的多元化时代来临了，后现代主义鼓励多元的思维风格，从多个方面考虑问题，重构了世界的多样性。

以多元化来对抗现代主义的"纯粹"，以现实的复杂性来对抗乌托邦式的"理想"，以历史的延续性来对抗先锋派的"断裂"，是贯穿在后现代主义建筑思潮中的一条主线。美国建筑师、批评家詹克斯（Charles A. Jencks）是较早用"后现代"来命名这一新动向的关键人物。1977年，他在《后现代建筑的语言》一书中把后现代风格概括为"折衷调和"，或是对各种现代主义风格进行混合，或是把这些风格与更早的样式混合在一起，一批建筑师以一

种探索性的方式超越了现代建筑。后现代主义对折衷主义的一致偏好，来自他们对现代主义纯而又纯的口味的一致拒绝。文丘里用"少即是无聊"来挑战现代主义"少即是多"的信条。后现代设计中大量地引用矛盾修饰法、讽刺和隐喻的手法来进行设计，桌子不再是桌子，更是一种概念，一种符号，甚至是一种政治态度。这种多样化风格现象的出现是对现代主义的最大挑战，它抹杀了现代主义设计的纯洁性和至上性，将设计带入到一种可以是"很多"的状态。

2.3 考虑历史文脉的延续与传承

后现代主义主张恢复被遗忘的古典主义传统，并用来表现当代社会的文化需求，使建筑具有更丰富的传统文化底蕴。抑或是从各个古典建筑风格和民间传统特色中发掘灵感，将古典与当代文化结合表现。文丘里是这一倾向的权威，比如他的长岛双亲住宅，颇有希腊神庙的感觉。

后现代主义也将文脉主义注入城市建筑中，"文脉主义追求新建筑融合于环境，强调个性建筑是群体建筑的一部分。同时，还要使建筑能成为建筑史的注释。"文脉主义强调文化历史的连贯性和一致性，从这一点来讲备受建筑师的关注是必然的。而在文脉当中隐喻的使用是基本的方法，通过明显参照以及暗示的手法，使新建筑和历史构成文脉，获得延续和人们的亲切感，它有时是明显的"引用"，有时是隐蔽的象征。例如斯特琳的斯图加特州立美术馆新馆，就混合了多种隐喻。它以符号象征暗示含义，让人产生联想。

2.4 注重乡土风格与地方特色的保护

新乡土风格也是后现代主义的重要特征，它也有着相当广泛的影响。建筑师摈弃考古式的借鉴历史，开始着眼身边的建筑设计，从中寻找灵感。新乡土风格是易于识辨的，比如英国达帮尼和达克建筑事务所在1961～1971年设计建成的伦敦皮姆里克居住区，采用红砖结构为主要因素，坡屋顶、如画的轮廓、矮胖的细部以及各种当地传统质朴、厚重的砖石建筑用材，这种风格以它易于亲近的特色打动众人。

3 后现代主义建筑思潮在历史保护中的应用

3.1 隐喻法

后现代主义的隐喻法是历史文化保护的重要手法之一，隐喻法并不试图用建筑实体恢复被毁的历史建筑，而是在新的建筑设计中，通过运用象征手段达到保留对历史建筑环境的记忆的目的。由于这种方法通常采用在地面上运用铺地变换来展示历史建筑的平面，需要借助想象来实现对历史建筑实体的怀念，所以称之为隐喻法。美国富兰克林纪念馆设计是典型的代表，设计没有采用人们惯用的恢复名人故居原貌的做法，而是将纪念馆建在地下，地面上开拓了一片绿地，以改善周围环境。为了保留人们对故

图1 "幽灵构架"

居的记忆，设计师文丘里采取了两项措施，其一是用一个不锈钢的架子勾勒出简化的故居轮廓，文丘里戏称之为"幽灵构架"，这是高度抽象的隐喻做法（图1）。其二是用铺地显示故居建筑平面布局，并将故居部分基础进行显露，显露的办法是运用展窗直接展现给观众，并配合平面布置图及文字说明，介绍基础在故居中的位置及功能，这种方式同样可以使观众对故居的原貌有个比较全面的了解。更精彩的则是展示基础的展窗同时也成为绿地中不可缺少的现代雕塑，它的大小、方向与"幽灵构架"共同组成一幅完美的构图，这个设计极具创造性，展示的基础是真古董，颇有些考古发现的味道，更加引人入胜。"幽灵构架"是符号式的隐喻，甚至有些明喻。而纪念馆埋入地下，地上用于绿化的做法则是兼顾历史与环境的绝妙构思。

3.2 立面嫁接法

立面嫁接法指的是历史建筑的立面被加固，部分保留，在其内部建造新的建筑物，新建筑的造型仿佛是从被保留的历史建筑的立面嫁接出来的方法。"嫁接"在植物学中的概念之一，是利用某种植物的枝或芽来繁殖一些适应性较差的植物。嫁接能保持原有植物的某些特性，是常用的改良品种的方法。在建筑设计中的形式嫁接也运用了相同的原理，在此，历史建筑的立面或者是立面的片断被作为新建筑造型的营养丰富的"枝"，它能很好地和周围的历史环境相融合，新的造型有了这样的根基，成为某种改良的品种而更具历史意义。法国南特医学院贝尔利埃梯形教室改建中成功地运用了这一方法，建筑的场地原先是一个老的车库，新建筑只保留了原建筑沿街立面的片断，作为与其相邻建筑的联系和过渡，从而保持了街道立面的延续性。历史建筑的元素以布景的方式被组织到城市建筑群中，并且在现代的、虚透的玻璃墙面的衬托下向城市的历史中心延续。

3.3 协调法

任何一种建筑形式的表现都跟环境有关，且必须同这些环境妥善地取得协调，否则形式的表现不仅将丧失其优点，还会产生破坏环境的效果。"相互协调"是建筑形式创作的基本原则，在历史街区中新建筑的植入，也必须尊

重相互协调的原则，使其与历史环境取得某种协调。一般在历史街区中的新建筑要从形式、体量、材料、色彩等方面取得与历史建筑环境的协调而获得统一感。由于建筑设计本身必然地存在着多样性和复杂性，建筑物的形式和空间必须要考虑功能、建筑类型、要表达的目的和意义，并且要考虑和周围环境的关系。文丘里认为，历史主义是新象征主义的主要表现形式，是"后现代主义"运动的主要特征。并且提倡一种以装饰传达明确的符号和象征的历史主义，即所谓历史现代装饰。

伦敦国家美术馆新馆（图2、图3）设计过程中，文丘里认为，位于城市历史中心区的国家美术馆扩建设计应该强调对广场原有气氛的烘托，使新建筑融入特拉法加广场有统一感的新古典主义建筑群的环境特色中。设计师运用历史主义复杂的和矛盾的手法，体现其"古中求新"的思想。在新馆面临特拉法加广场一侧即新馆的正面入口处，采用老馆古典主义的设计方法，重复一定的古典壁柱与柱式，形成韵律，以保持与老馆在造型上的连续性。新馆设计采用了与老馆相同的许多重要的建筑部件，新馆被当成老馆的一个片断，在形状、比例、韵律等方面均体现出某种从属关系，一旦老馆不存在，新馆就会显得不完整，新馆力求当好老馆的配角。然而，文丘里对历史建筑的模仿是如此的成功，新馆的柱式、壁柱与檐部的做法，包括柱头、柱身的比例全然因袭老馆，各部分的标高一致，因此各层线角均能交圈，是地道的模仿做法。其唯一的新意在于改变了柱与柱之间的等距的节拍，采用略带有随机性的节拍，形成一些变化，以至于令人难以察觉新馆和老馆的区别，这种保守求稳的设计方法，在当代的改建设计中已不多见。虽然，新馆的主立面部分的设计过于沉闷，缺乏创意，但是，其他各个立面的处理方法及室内空间的创造，显示出建筑师处理历史与现代关系娴熟的能力和创造性。其注重城市历史文化的保护、把自身恰当地结合在历史文脉中的精神，具有时代的先进性。

图2　伦敦国家美术馆新馆

图3　伦敦国家美术馆新馆

4　结语

现在人们对于后现代主义的认识并不相同。有人认为后现代主义只是在复古或者是形式上的变化，甚至是不知所云的拼凑；也有人认为后现代主义拥有强大的生命力和鲜活性，我们直到今天的设计仍然是在延续后现代主义。可是无论人们怎么认为，后现代主义在反对现代主义的基础上重视了人性的发扬、促进了多元化的发展，让人们的思维扩展到从古至今乃至对未来的幻想。

参考文献

[1] 张凡. 城市发展中的历史文化保护对策[M]. 南京：东南大学出版社，2006.

[2] 于秀军. 关于后现代主义建筑[J]. 宜春学院学报，2003. 10.

[3] 马文斌，曹国华. 回顾与展望：对现代主义和后现代主义建筑的思考[J]. 河南社会科学，2002. 11.

[4] 孟聪龄，高方方. 浅析后现代主义建筑[J]. 山西建筑，2008. 04.

[5] 栗冬红. 概述后现代主义建筑特征[J]. 河南机电高等专科学校学报，2007. 01.

[6] 罗小未. 外国近现代建筑师（第二版）[M]. 北京：中国建筑工业出版社，2004.

[7] 胡思润，王力. 走向现代新建筑——后现代主义在中国的批判与反思[J]. 工业建筑，2005. 02.

作者简介

武栋（1982-），男，本科，山东省城乡规划设计研究院，规划三所，工程师。

方健（1971-），男，本科，山东省城乡规划设计研究院，经营管理处副主任，高级工程师。

李嵩（1982-），男，本科，山东省城乡规划设计研究院，信息中心副主任，工程师。

基于空间尺度的就地城镇化模式研究

——以山东省为例

夏鸣晓

摘 要：就地城镇化是改变我国大规模异地城镇化模式，创新城镇化路径的重要途径之一。山东省以流动人口进出平衡的特点，成为我国就地城镇化的典范。本文从空间尺度的视角出发，深入分析山东省就地城镇化的特征和形成机制，指出省域层面上虽然具有显著的就地城镇化特征；但微观层面上就地城镇化仅适应于少数地区，多数地区呈现异地城镇化特征。因此，各地区必须立足经济和人口发展规律，因地制宜制定城镇化空间政策，避免就地城镇化模式在所有地区的简单套用。

关键词：就地城镇化；空间尺度；适应性

1 前言

改革开放以来，我国经历了1978~1990年代中期短距离迁移为主、小城镇为主导的农村城镇化和1990年代中期至今长距离迁移为主、大城市为主导的异地城镇化三个阶段[1]，经济社会迅速发展的同时，也带来区域发展失衡、大城市过度集聚、农村"留守"等问题。当前，流动人口逐渐老化，新生代农民工成为流动人口的主体，老一代农民工逐步回流，出现独特的"40岁现象（指农民工40岁之前在城市务工，40岁之后由于难以在城市稳定工作生活，只好返回乡村。根据六普数据，小于40岁各年龄段人口比重流动人口高于常住人口，大于40岁各年龄段人口比重流动人口小于常住人口。）"；区域经济进入相对均衡发展时期[2]，传统上大幅度跨区域流动的异地城镇化模式受到很大挑战。不仅北京、上海、广东、浙江、江苏等省市和中山[3]、苏南[4]、北京高碑店[5]、成都温江区[6]等较为发达、人口净流入地区，甚至广西[7]、吉林[8]等人口净流出地区也提出就地城镇化的发展思路。

就地城镇化的概念最早由朱宇提出，指乡村人口没有经过大规模的空间转移而实现向城镇转化[9、10]，其基本要义是城乡一体化、人的城镇化和工农协调发展[11]，基本特点是本地人口实现就地转移，且吸纳较多外来人口。崔曙平、赵青宇（2013）指出就地城镇化要求小城镇宜居宜业并重，小城镇和新农村建设同步[4]。胡宝荣、李强（2014）指出，就地城镇化有依托中心城的城乡接合部的就地城镇化、依托县城的县域范围的就地城镇化、中心集镇的就地城镇化和新型农村社区的就地城镇化四种形式[5]。成都市温江区以土地管理和利用制度调整为基点，在不变动农地产权关系的基础上充分发挥农民的主体作用，实现就地城镇化[6]。北京高碑店探索了"产业先行"的推进模式和"协商民主"的治理机制[5]。宣超、陈甬军（2014）通过分析市场主导型的鄢陵县、政策主导型的中牟县和民众主导型的商水县，指出因地制宜、坚实的经济基础是基本前提[11]。

为落实国家"以人为核心"的新型城镇化精神，山东省积极推动新型城镇化工作，立足省情提出就地城镇化是山东省的一大特色，把县域作为就地城镇化的组织单元，把县城、小城镇和农村新型社区作为就地城镇化的基础性空间载体。在这一背景下，本文从空间尺度的视角，对山东省就地城镇化模式进行剖析，深入分析该模式的特征、适应性，为正确认识山东省城镇化特点，制定科学的城镇化政策提供依据。

2　省域尺度上，山东省就地城镇化特征显著

2.1　跨省流动人口规模较小，进出基本平衡

长期以来，由于区域位置、自然资源、交通联系、经济基础、文化传统等因素，山东省形成一个相对独立的地理单元；虽是沿海发达地区，但对周边地区带动作用不明显，经济社会联系不够密切。与沿海其他发达省份相比，山东省跨省流动人口规模较小。2010年山东省跨省流入人口和流出人口之和为391.78万人，占常住人口的比重为4.09%，在全国31个省市自治区中，仅高于河北、山西、黑龙江和吉林，远低于京（36.76%）、津（23.48%）、沪（39.62%）、江（14.06%）、浙（30.41%）、粤（22.72%）、闽（19.26%）等流动人口活跃的地区。山东省省外流入人口211.6万人，流出省外人口309.6万人，净流出人口98.0万人，占常住人口的比重仅为1.02%，流入流出人口近于平衡。

2.2　以省内流动为主，外来人口影响较小

据山东省"六普"数据，按照来源地构成比较，来自省内的流动人口占总流动人口的比重为84.56%，居于绝对主导地位，远高于全国67.09%的平均水平，也高于江苏（59.51%）、浙江（40.59%）、福建（61.05%）、广东（41.59%）等省份。与2000年相比，省外流动人口略有上升，但幅度不大。全省城镇人口4761.88万人，其中26.3%为非本地户籍的常住人口，这一比例也显著低于全国32.89%的水平，更低于广东（48.9%）、浙江（47.5%）、江苏（31.0%）等经济发达省份。总体而言，山东省城镇化扩展以本地化增长为主，人口就地就近流动特征非常显著。

2.3　"大而不强"是省域就地城镇化的决定因素

"大而不强"是山东省的重要特征之一。山东省经济总量虽居全国第二，但2013年人均GDP仅为全国第十。尤其是偏重的工业体系和水平较低的服务业，对非农就业吸纳力不足，而这是外来人口就业的主要方向。2010年，山东省第二产业和第三产业就业人员比重分别为22.89%和22.60%，低于全国平均水平24.16%和27.51%，而江苏、浙江、福建、广东等省二、三产业就业比重均高于30%。2010年，山东省非农就业比重为45.49%，城镇化水平为49.71%，两者之差为-4.22个百分点，显著低于全国平均水平1.29个百分点，更远低于京津沪、江苏、浙江、福建、广东这些全国主要的跨省人口流入地的水平。正是"大而不强"的特征，使得相对于沿海其他发达地区，山东省不仅城镇化水平不高，而且跨省流入人口也较少。

表1　2010年山东省和相关地区产业结构与城镇化偏差比较

地区	三次产业人口占行业人口比重（%）			城镇化水平（%）	N-U
	第一产业	第二产业	第三产业		
中国	48.34	24.16	27.51	50.27	1.39
北京市	5.45	23.64	70.90	85.96	8.59
天津市	20.43	38.63	40.94	79.44	0.13
上海市	2.94	42.55	54.51	89.30	7.76
江苏省	22.78	44.03	33.20	60.22	17.00
浙江省	14.75	51.81	33.44	61.64	23.61
福建省	28.28	37.34	34.38	57.09	14.63
山东省	54.51	22.89	22.60	49.71	-4.22
广东省	24.58	43.60	31.82	66.17	9.25

数据来源：《中国2010年人口普查资料》。

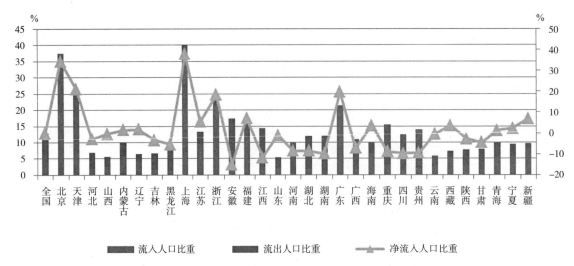

图1　2010年全国31个省市自治区人口跨省流动情况
数据来源：《中国2010年人口普查资料》

3 县域尺度上，人口流动跨度增大，城镇化模式分异显著

3.1 人口流动跨度增大，县域集聚作用略有下降

山东省虽然就近转移特征较为突出，但省内人口流动的空间跨度有所增加。2010年，全省1369.83万流动人口中，县内乡外的流动人口规模达到657.48万，占总量的48.00%；与2000的"五普"数据相比，这一比重下降了16.02个百分点。与此同时，省内跨县市的流动人口比重达到36.56%，相对于2000年提高了14.41个百分点。这表明过去10年出现了人口迁移空间尺度放大的过程，由早期以县内迁移占绝对优势，逐步转入县内迁移和跨县迁移并重的阶段，下一步有可能出现更大尺度的人口迁移和集聚。

表2 2000和2010年山东省和相关地区流动人口户籍登记地构成情况（单位：%）

地区	2000年			2010年		
	县内乡外	省内县外	省外	县内乡外	省内县外	省外
全国	45.46	25.17	29.38	34.63	32.46	32.91
北京	43.86	3.03	53.11	15.07	17.82	67.10
天津	63.75	2.56	33.69	22.12	17.48	60.41
上海	19.03	22.75	58.22	13.16	16.07	70.77
江苏	44.97	27.15	27.88	24.94	34.58	40.49
浙江	36.89	20.21	42.90	23.25	17.34	59.41
福建	35.60	28.11	36.29	28.55	32.50	38.95
山东	64.02	22.15	13.84	48.00	36.56	15.44
广东	16.80	23.67	59.53	14.72	26.88	58.41

数据来源：《中国2000年人口普查资料》、《中国2010年人口普查资料》。

3.2 流动人口趋于集中，县域城镇化模式分化显著

近年来，山东省城镇化快速发展，人口流动非常频繁。发达地区和其他重要经济中心城市由于经济发展基础好、就业机会多，保持着极强的人口集聚能力，是全省流动人口的主要聚集地。从而，全省层面形成大青岛地区、济南-淄博-泰安-莱芜地区、烟台-威海地区、潍坊北部-东营地区四个大的面状人口净流入地区，其余地级市市区形成点状的人口净流入区，这些地区是就地城镇化模式的主要适合区域。欠发达地区虽然发展加快，但与发达地区仍有一定差距，人口多处于净流出状态；尤其是鲁西南、鲁西、鲁西北地区，设区市市区以外的县市普遍呈现人口净流出状态，部分县市净流出人口高达户籍人口的10%[13]，甚至菏泽市的牡丹区都处于净流出状态。除县城具有人口集聚能力外，乡镇人口普遍净流出，从而呈现出就地、异地城镇化并行的发展特征。

3.3 经济基础是影响县域城镇化模式的主要因素

经济基础对城镇化模式的影响主要表现在提供就业的能力。总体而言，人均经济水平越高，越能满足本地就业需求，对外地人口的吸引力也越大，就地城镇化的条件良好，如济南、青岛、东营、威海等，表现为显著的人口净流入状态。反之，对外地人口的吸引力较小，人口以净流出，异地城镇特征显著，就地城镇化动力则不足，如菏泽、聊城、德州等城市。由于人口流动具有空间和时间成本，因此人口流动不仅与绝对经济水平相关，与相对经济水平和经济区位也密切相关。以2010年人均GDP来衡量，平度（38123元）、招远（79328元）、莱阳（35752元）、海阳（33749元）、乳山（54642元）等县市，绝对经济水平并不低，但由于周边是山东最发达的胶东地区，相对经济水平较低，导致人口净流出。聊城市区（22633元）、曲阜（36908元）、滨城区（42719元）等地区，绝对经济优势虽不显著，但相对周边具有显著经济优势，人口净流入，反而呈现就地城镇化的发展特征。

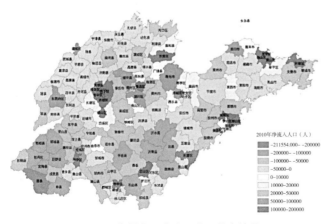

图2 2010年县市区净流入人口分布情况

表3 2010年山东省人口基本情况

地区	按户口登记地流动人口比重（%）			户籍人口（万人）	常住人口（万人）	净流入人口（万人）	人均GDP（元）
	县内乡外	省内县外	省外				
山东省	48.00	36.56	15.44	9587.87	9536.19	51.68	41106
济南市	29.82	55.82	14.36	681.83	604.08	77.75	57947
青岛市	27.60	48.40	24.00	871.9	763.64	108.26	65812
淄博市	53.21	35.99	10.80	453.25	422.36	30.89	63384
枣庄市	76.40	19.21	4.38	373.38	391.04	-17.66	36817
东营市	38.13	46.34	15.53	203.69	184.87	18.82	116404
烟台市	43.22	34.26	22.52	696.82	651.14	45.68	62254
潍坊市	59.40	28.02	12.58	909.23	873.78	35.45	34260
济宁市	58.28	35.69	6.03	809.18	843.03	-33.85	31541
泰安市	61.53	33.23	5.24	549.84	557.01	-7.17	37376
威海市	34.26	28.87	36.87	280.46	253.61	26.85	69187

续表

地区	按户口登记地流动人口比重（%）			户籍人口（万人）	常住人口（万人）	净流入人口（万人）	人均GDP（元）
	县内乡外	省内县外	省外				
日照市	53.74	30.32	15.93	280.3	287.92	-7.62	36870
莱芜市	77.70	18.17	4.13	129.89	126.69	3.2	42392
临沂市	56.22	33.20	10.58	1005.56	1072.59	-67.03	24067
德州市	71.21	16.46	12.33	557.42	570.18	-12.76	29858
聊城市	77.04	16.21	6.75	579.77	597.53	-17.76	28444
滨州市	63.20	27.03	9.77	375.17	377.92	-2.75	41643
菏泽市	81.02	12.22	6.76	830.18	958.8	-128.62	14829

数据来源：《山东省2010年人口普查资料》。

4 乡镇尺度上，县级以上城市优势显著，多数小城镇集聚能力不足

4.1 县级城市成为人口集聚的核心，多数小城镇集聚能力不足

随着经济社会发展，寻求更好的发展机会、条件和公共服务，成为乡村居民的普遍需求。在此背景下，县城由于发展机会相对集中，比其他乡镇更具有显著优势，基本上形成县城主导或"县城+重点镇"主导的就地城镇化模式。根据"六普"数据，山东省县域内流动人口主要分布在县城（基本在60%以上）。只有极少数经济强镇，如广饶大王镇、莱州沙河镇、邹平魏桥镇等，经济实力雄厚，具有较强的人口集聚能力；多数乡镇凝聚力不足，镇区仅表现为辖区的行政管理职能，更多表现出异地城镇化为主的特点。尤其是伴随着城乡基本公共服务均等化的推进，城镇和乡村普通公共服务差距缩小，县级以上城市才具有显著的公共服务优势。由于交通便捷，乡村地区可方便地享受到县城的公共服务，人口外流成本也较低，从而乡镇人口集聚能力下降。如青州市中心城区迅速发展的同时，外围乡镇发展趋缓，国家重点镇谭坊镇2000～2010年常住人口甚至下降了近0.4万人[14]。

4.2 产业类型对乡镇尺度上城镇化模式影响显著

产业类型的影响主要体现在两个方面，一是提供就业的能力，二是收入水平。从农业来说，蔬菜、水果等集约型农业，用工和用时比较多，农业收入比较高，劳动力外出较少，比较适合就地城镇化模式；典型如寿光市化龙镇，作为一个纯农业乡镇，2000～2010年常住人口仍增加约0.1万人。而适合规模化种植的大田农业，用工和用时比较少，农业劳动力可用于外出务工的时间较长，则异地城镇化模式更为合适，一般欠发达的地区均属于此种类型；即使如工业和商贸较为发达的利津县陈庄镇，由于大田农业为主，2000～2010年常住人口仍减少约0.3万人。从非农

产业来说，劳动密集型产业发达的地区，能提供更多的就业，就地城镇化条件较好；相反，资本密集型产业为主导的地区，同样的经济发展水平，仍可能由于吸纳就业能力不足而呈现人口净流出态势，如新泰市、邹城市、肥城市等地区乡镇这一特征显著。

4.3 乡村吸引力增强，城乡通勤而非离乡进城成为重要趋势

21世纪以来，国家在"三农"问题上频频出台扶持政策，城乡统筹力度不断增大，以提升公共服务水平和改善人居环境为重点的新农村建设取得了较好效果，日常性的公共服务，乡村自身就能就近满足。而较高等级的公共服务，则由于交通改善可便捷地进城获得，而不必离乡进城。从而，留在现住地的可能性增大。当前，耕地、宅基地、国家扶持政策等与乡村身份密切相关的利益有了很大提高，进城则意味着乡村利益的丧失；城乡通勤则可兼得城乡利益——城市的就业和服务、乡村的权益。从而，城乡通勤而非离乡进城成为就地城镇化的重要趋势。时间上，县域内形成季节性人口流动、当日往返等形式。空间上，存在以县城为核心的单中心模式、以乡镇为核心的多中心模式和县城与乡镇相对均衡的模式[15]。

5 结语

本文从空间尺度的视角，深入分析了山东省就地城镇化的特征和形成机制，指出省域层面上虽然具有显著的就地城镇化特征；但微观层面上，就地城镇化仅适应于少数地区，多数地区呈现异地城镇化特征。绝对经济水平、相对经济水平、经济区位、产业类型等因素在不同空间尺度上影响着城镇化模式的形成。

由于自然条件、经济基础的差异，就地城镇化并不适宜于所有地区。各地必须因地而异，选择合适的城镇化道路，避免简单套用就地城镇化模式和发展对策。当前，山东省正在如火如荼地展开示范镇和农村新型社区建设。在传统增长主义的思维下，部分地方政府盲目推动"就地"城镇化，不切实际地助推示范镇和农村新型社区建设，强调规模扩张，忽视经济和人口发展规律，既不符合城镇化和国民经济发展规律，又造成大量不必要的浪费。

参考文献

[1] 殷江滨，李郇. 中国人口流动与城镇化进程的回顾与展望[J]. 城市问题，2012，209（12）：23-29.

[2] 年猛，孙久文. 中国区域经济空间结构变化研究[J]. 经济理论与经济管理，2012，（2）：89-96.

[3] 翁计传，闫小培. 中山市农村就地城市化特征和动力机制研究[J]. 世界地理研究，2011，20（6）：76-83.

[4] 崔曙平，赵青宇. 苏南就地城镇化模式的启示与思考[J]. 城市发展研究，2013，20（10）：47-51.

[5] 胡宝荣、李强. 城乡接合部与就地城镇化：推进模式和治理机制——基于北京高碑店村的分析[J]. 人文杂志，2014，（10）：105-114.

[6] 郭晓鸣，廖祖君. 中国城郊农村新型城市化模式探析——来自成都市温江区的个案[J]. 中国农村经济，2012，（6）：40-47.

[7] 宁国用. 广西就近就地城镇化[EB/OL]. http://www.chinadaily.com.cn/hqgj/jryw/2014-02-11/content_11188463.html.

[8] 吉林省人民政府. 吉林省新型城镇化规划[S].（2014-2020年）[R].

[9] Zhu Yu. New Paths to Urbanization in China：Seeking More Balanced Patterns[M]. New York：Nova Science Publishers，1999.

[10] 朱宇. 超越城乡二分法：对中国城乡人口划分的若干思考[J]. 中国人口科学，2002，（4）：34-39.

[11] 焦晓云. 新型城镇化进程中农村就地城镇化的困境、重点与对策探析——"城市病"治理的另一种思路[J]. 城市发展研究，2015，22（1）：108-105.

[12] 宣超，陈甬军. "后危机时代"农村就地城镇化模式分析——以河南省为例[J]. 经济问题探索，2014，（1）：122-126.

[13] 杨明俊，尹茂林，陈笛. 人口流动趋势与山东省城镇化战略的思考[J]. 城市发展研究，2014，21（6）：64-72.

[14] 张永波，朱力. 宏观背景下的县域城镇化发展考察——基于青州市和金寨县的实证研究[J]. 国际城市规划，2014，29（3）：49-54.

[15] 王继峰，陈莎，姚伟奇，岳阳. 县域农民工职住关系及通勤交通特征研究[J]. 国际城市规划，2015，30（1）：8-13.

作者简介

夏鸣晓，男，硕士研究生，山东省城乡规划设计研究院，规划师，高级工程师。

基于村民意愿的山东省改善农村人居环境研究

摘　要：随着国务院办公厅发布《关于改善农村人居环境的指导意见》，改善农村人居环境、建设美丽村庄成为当前农村发展的主要任务。本研究通过问卷和统计资料分析山东省现有村庄的人居环境，着重反映调查村民对改善农村人居环境的意愿和需求，提出改善农村人居环境的建议。本研究对于落实国家相关要求、改善山东省农村居民的生产和生活条件，推进山东省新型城镇化、建设山东美丽乡村具有重要意义。

关键词：村民意愿；农村人居环境；满意度；山东省

1　研究背景

2014年5月，国务院办公厅发布《关于改善农村人居环境的指导意见》（国办发〔2014〕25号），提出按照全面建成小康社会和建设社会主义新农村的总体要求，到2020年，全国农村居民住房、饮水和出行等基本生活条件明显改善，人居环境基本实现干净、整洁、便捷，建成一批各具特色的美丽宜居村庄。随着城镇化的快速推进，山东农村地区的社会、经济各方面发生了巨大变化，乡村发展取得了一定成就，同时也产生了诸如乡村生活垃圾污染加重、乡村地下水污染严重、乡村空置房屋增多、乡村基础设施不能满足群众需求等问题，如何解决这一系列乡村人居环境问题，实现乡村人与自然、人与人的和谐统一，是当前乡村首要解决的问题。

本研究以山东省内的行政村为研究对象，基于山东省的民意调查，结合住建部、山东省改善人居环境的要求及山东省大力推进"生态文明乡村"行动，对于摸清山东省农村人居环境现状、存在问题及未来期望具有重要的现实意义。本研究对于改善农村居民的生产和生活条件，推进山东省新型城镇化，全面建成小康社会，推进山东美丽乡村建设也具有重要意义，也为山东省正在进行的乡村人居环境改善工作提供一定的策略和建议。

2　国内外研究述评

2.1　国外研究述评

19世纪以来，国外关于乡村人居环境的研究大致包括乡村聚落研究、乡村发展研究、城乡一体化研究、乡村转型研究等几个方面。国外人居环境研究一直蕴含在城市规划学的内容里，直至20世纪50年代，道萨迪亚斯（C.A.Doxiadis）创立人类聚居学后才开始了系统的研究。乡村人居环境研究始终与城市或城市化紧密相连，紧密结合城市化发展的历程，乡村人居环境研究经历了乡村地理—乡村发展—乡村转型等几个研究阶段，研究趋势也由单一学科向综合学科发展。国外乡村人居环境研究中除了积极借鉴系统学、生态学、地理学研究方法外，注重引进遥感、GIS等技术，研究内容多样化、更加关注以人为本，关注与维护社会公平，重视弱势群体的权益保护,这些方面均值得我们吸收和借鉴。

2.2　国内研究述评

1995年"人聚环境与建筑创作理论"青年学者学术研

讨会上，"人类聚居环境"作为学术术语在我国正式被提出。国内关于村民人居环境改善意愿研究相对其他方面较薄弱。陈倩在《农户参与农村居民点整理意愿研究》一文中，对村民的居民点整理意愿进行了研究。邹彦研究了农户对生活垃圾处理的支付意愿，认为受教育水平、年收入等因素对支付意愿产生显著影响。白南生等对村民的基础设施需求强度和融资意愿进行研究，认为村民对生产性设施的需求高于生活型设施的需求，除道路以外需求与融资意愿的联系并不密切。国内关于乡村人居环境在当今城市化背景下如何实现成功转型、乡村人居环境评价、乡村环境研究等方面研究取得了一定的成果。

3　研究方法
3.1　问卷调查法
本研究主要以问卷调查的方式进行，问卷名称为"山东省改善农村人居环境规划问卷调查"。采取街头问卷、入户问卷等多种问卷组织形式进行问卷调查，并对有效问卷编码后进行统计分析。
3.2　实地访谈法
除了发放问卷之外，为了更好地了解各地改善农村人居环境的具体做法，吸取目前已有的经验，项目组分别参加17地市的城乡建设委（局）组织的座谈会，并选取不同类型的村庄，深入村庄实地调查，进行入户访谈，了解村民实际的想法。
3.3　文献资料法
查阅相关专家、学者关于改善农村人居环境的研究，借鉴江苏、浙江等地的发展经验和相关研究，结合山东省关于山东省美丽乡村建设相关文件，以求掌握足够的资料参考分析。
3.4　定量分析法
在对村民人居环境认知及意愿定性分析的基础上，运用社会统计软件SPSS以及Excel对相关数据进行统计、相关性分析和假设检验等分析方法，并对问卷统计结果进行综合分析。

4　研究对象与数据来源
4.1　研究对象的基本情况
山东省现辖17个设区市，全省城市建成区外共有89个乡、6.5万个行政村、8.6万个自然村，行政村村庄密度为5.87个/平方公里，自然村村庄密度为7.93个/平方公里。本次研究的范围为山东省的农村地区，以山东省境内的行政村为研究对象。
4.2　问卷设置
问卷设计的主要目的在于收集样本村民的个人特征、家庭特征和村民对乡村人居环境的满意度、村民改善意愿等相关信息。在咨询当地有关部门、广泛争取相关意见之后，设计了问卷，主要包括调查者基本概况、农村人居环

境的总体评价、对住房和设施评价、发展期望这四部分内容。本研究所采用的数据是对山东省17个县（市）区随机选取村庄进行调研时，每个县（市）区选取50～100位村民进行问卷调查。问卷总数为1500份，有效问卷为1280份，有效问卷回收率达到85.3%。为了研究山东省东中西部农村发展的差异性，统计数据将青岛、潍坊、烟台和威海四个地级市内的问卷作为东部地区进行统计，济南、淄博、临沂地级市的问卷作为中部地区进行统计，德州、菏泽、济宁、枣庄、滨州作为西部地区进行统计。

5　调查数据分析与结果
5.1　有效问卷统计
5.2　受访村民基本情况
全部受访村民中年龄31～45岁的村民占大多数，占总数的38.4%，这部分人是目前农村地区的主要劳动力，具有一定的文化水平，其收入水平也具有相当的代表性，能够保证所填问卷的质量。通过对调查对象家庭特征分析得出，东部地区家庭年收入为5～10万元的占受访家庭总数的35.4%，所占比重最高；中部地区受访者的家庭收入占比重最高的是3～5万元，占了51.1%。东中西受访者家庭年收入的差异，在一定程度上反映了东中西经济发展水平的差异。从收入来源的差异看，东部地区的工业较发达，村民外出务工的机会相对较多。
5.3　改善农村人居环境的问卷分析
5.3.1　对居住环境的评价
通过对全部受访者对本村的居住环境满意度调查可以看出，有50.6%的受访者表示对本村的居住环境满意，仍有5.9%的居民对居住环境表示不满意。对于农村人居环境的总体评价，西部地区对本村的居住环境满意程度明显低于东部、中部地区，满意度仅为31.4%，反映了东中西居住环境存在一定差距。通过对受访者所居住地方的主要环境问题进行调查，东部地区有35%的受访者认为空气污染是主要的环境问题，中部地区、西部地区则认为垃圾污染是主要的环境问题。

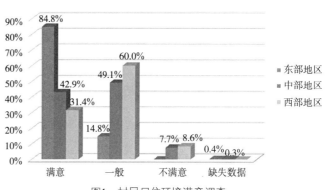
图1　村民居住环境满意调查

5.3.2对住房条件的评价

（1）现有住房质量方面

现有住房质量，总体上来说，有42.7%的受访者表示对现有住房质量满意，有13.5%的受访者认为现有的住房亟待重建。东中西地区在住房条件方面差异较大，东部地区有70.7%的受访者对现有房屋的总体质量评价好，仅有1.9%的受访者表示自己的住房亟待重建，可见，东部地区农村基本都对住房进行了翻盖，现有的住房基本能满足村民的需求，中西部地区建房需求显著高于东部地区。

（2）村民期望的新建住宅形式

山东省传统农村住房为单层、独院住房，已建设的农村新型社区的建筑形式为联排、多层、小高层。通过对全部受访者期望的新建住宅形式的调查可以看出，有40.2%的受访者选择低层院落式楼房（2~3层），占的比重最高，其次受访者喜欢的住宅形式为平房（35.4%），仅有23.7%的村民选择多层楼房。但在实际调研中发现，从节约集约用地角度出发，农村新型社区还是以多层楼房为主，村民也反映考虑经济承受能力、居住安全等因素，实际上购买多层楼房的较多。

5.3.3对市政设施的评价

通过对山东省农村地区的市政设施的调查显示，在农村电力、电信、环卫等方面发展较快，但全省农村的污水设施建设不足，已建的后期缺乏维护和管理，农村厕所改造、"三大堆"清理是农村人居环境改善的重点和难点。

（1）供水设施

东中西在供水满意度方面差异不大，在供水稳定性、供水质量及有无自来水方面表现一定的差异。东部地区受访者对现状供水很满意的比例达到67.3%，中部地区受访者对现状供水很满意的比例达到46%，西部地区受访者对现状供水很满意的比例达到67.4%，可见，未来除推行村村通自来水工程外，主要应提高供水稳定性和供水的水质。

（2）生活污水的处理方式

农村地区的排水设施建设尚处于起步阶段，大部分村庄建有排雨水的沟渠，没有集中处理污水设施，有些村庄采取挖坑沉淀污水、生态自循环的模式。在实际调研中也发现，农村生活污水的主要来源是厨房炊事用水、沐浴、洗涤用水以及冲洗厕所用水，全部受访者中建议生活污水处理方式使用集中处理设施的比例仅为65.6%。调研中也发现一些农村垃圾污水处理设施存在因后续管理资金不到位，垃圾污水治理效果并不显著，甚至一些垃圾污水处理设施形同虚设。

（3）环卫设施

近几年来，山东省推行"户集、村收、镇运、县（市）处理"的城乡环卫一体化模式，城乡环卫一体化工作得到了持续健康发展，如"统一收集、统一清运、集中处理、资源化利用、管干分离、政府花钱购买服务"的"昌邑模式"，就被中央电视台等各大媒体进行了专题报道；昌乐县是县环卫局统一配备环卫车、环卫工人，在乡镇设环卫所，县随机抽取村庄进行考核。根据问卷统计数据显示，东中西环卫方面基本上差距不大，但随意倾倒垃圾的情况仍然存在。通过实际访谈和问卷调查，许多受访者普遍反映农村环境不如城市，厕所和三大堆是主要方面。对受访者家的厕所类型进行调查显示，厕所类型是旱厕的比例为49.3%，类型为水冲厕的占总数的42.1%，而相对来说，厕所类型采用三格化厕所的比重仅占4.1%，访谈时了解到主要是政府补贴资金不够，村民推行三格化厕所改造的积极性并不高。

5.3.4对道路状况的评价

关于村内道路和村庄周边道路的调查，大部分受访者认为村内道路状况好，占到总数的52.9%，这与实行山东省实施"村村通"工程密切相关，对大多数村庄实现了村内道路的硬化。通过对东、中、西的调查数据进行对比，可以看出，东部地区村民对道路的评价高于中西部地区，东部地区仅有0.4%的受访者认为村内道路状况差，中部地区有2.6%的受访者认为村内道路状况差，西部地区有6.2%的受访者认为村内道路状况差。对村子周边的路况进行分析，可以看出东部分地区村庄的对外交通明显优于中西部地区，这与东部经济发展水平密切相关。

5.3.5对生活用能方面的评价

村庄生活用能方面，通过对全部问卷进行分析，可以看出村民家里做饭主要的燃料为液化气、煤、秸秆木材，其中选择液化气的占总数的60.3%，选择煤的占总数的18.6%，选择秸秆木材的占总数的18.3%，另外还有少数村民选择沼气等其他方式。对于村民来说，低成本、方便、适合农村发展是选择的燃料方式的主要原因，调查发现一般年轻人基本都使用液化气，老人用秸秆木材的较多；夏季采用液化气、电磁炉的较多，冬季也用煤、秸秆木材的较多。

山东省大部分村庄还是以分散式供暖为主，仅是城镇地区能够覆盖或者离企业较近的部分村庄能够实现集中式供暖，也有少数村庄冬季没有条件取暖。由于山东地域文化和居住风俗差异很大，东中西供暖方式也不一样，东部地区受访者家的冬季取暖方式占比重最高的为暖气，占了总数的41.3%；中部、西部地区受访者家的冬季取暖方式占比重最高的为取暖炉，各占了总数的50.9%、40.3%。

5.4 对改善人居环境的期望调查

通过对全部受访者关于改善人居环境意愿的调查，受访者认为未来应重点改善的公共设施依次为养老设施、文体活动场地、卫生室、幼儿园、红白喜事场所（礼事堂），分别占总数的43.6%、23.5%、15.1%、9%、7.7%。通过对比，可以发现养老设施和文体活动场地的改善明显高于其他设施，考虑农村风俗习惯的需求，也有一些村民选择改善红白喜事场所（礼事堂）。

通过对"您认为未来村庄环境整治应重点改善的方面"这一问题进行分析，东部地区受访者认为未来村庄环境整治应重点改善的方面排前三位的依次是污水设施建设（31.9%）、垃圾粪便处理（33.1%）、加强绿化改造环境（42.2%）；中部地区受访者认为排前三位的依次是新建农房（46.9%）、垃圾粪便处理（25.9%）、加强绿化改造环境（40.1%）；西部地区受访者认为排前三位的依次是污水设施建设（33.5%）、垃圾粪便处理（37.8%）、加强绿化改造环境（36%）。总体上来说，受访者认为未来村庄环境整治应重点改善的方面主要是污水设施建设、垃圾粪便处理、加强绿化改造环境、生活能源的开发这四个方面。

6　改善农村人居环境的建议

6.1　加大农村的社会保障

根据马斯洛需求理论，只有在满足了衣、食、住、行等基本的需求以后，人们才会有更高层次的需求。山东省农村人口偏多，人均耕地仅1.21亩，村民耕地被租用以后，单纯的地租收益满足不了村民的社会保障需要。研究发现村民对于以后的生活保障存在很大的顾虑，对于未来的生活存在不确定性。村民对于自己花钱改善的意愿不强烈，部分村民特别是年老村民还处在低层次的需求阶段，在满足低层次需要之后才会愿意花钱改善环境。因此，政府首先应建立健全农村社会保障，根本上解决村民的后顾之忧，才能增加村民改善农村人居环境的积极性。

6.2　加强规划编制，科学改善农村环境

关注并帮助解决农民最关心的问题，考虑农村特色的长远发展是农村科学合理建设规划必须要考虑的问题，政府要根据农民的意愿科学编制村庄规划，确定村庄的未来发展趋势。同时要统筹考虑土地集约利用、文化传承保护、村容村貌改善、社会事业发展等内容，结合实施重大产业发展、城镇化建设、农村环境连片整治等项目，增强规划的全面性和可操作性。

6.3　加大资金投入、拓宽资金来源

通过调查研究发现，村民呼吁最大的还是资金投入，认为对农村设施的投入太少，村民愿意参与农村环境改善的主要方式是出力和参与维护管理，很少有村民愿意出钱。全省农村人居环境的改善必须先解决资金的问题：首先应该通过财政专项拨款办法，确定农村人居环境改善的重点方面，作为财政支付比例的参考依据。其次，现行的城乡建设用地增减挂钩政策中增加的指标所产生的收益应该按比例返还给农村，成为农村人居环境改善经费。另外，有条件的地方可以考虑吸引民间资本的方法来对农村环境进行改善。

6.4　突出农民主体，充分尊重农民意愿

从解决老百姓最关心、最急需改善的等方面入手，以政府帮助和农民自主参与相结合的形式，对农村人居环境进行有序改善。农村设施的建设要本着低成本、易维护、适合农村发展水平、便于接受的原则。改善村庄环境的具体方案要征求村民意见，引导农民全面参与村庄环境的改善，将群众的满意度作为工作考核的重要内容。同时，村庄环境的改善不仅要立足于改变当前村庄的落后面貌，更重要的是通过新农村建设，建立起一套持续改善农村人居环境的长效机制。

参考文献

[1] 吴良镛．人居环境科学导论[M]．北京：中国建筑工业出版社，2001.

[2] 叶齐茂等．村庄人居环境调查[D]．建设部村镇建设办公室，2005.

[3] 高恺等．青岛市村镇居民环境意识调查[J]．青岛理工大学学报，2009，30（6）.

[4] [英]埃比尼泽·霍华德．明日的田园城市[M]．北京：商务印书馆，2000.

[5] 江苏省住房和城乡建设厅．乡村规划建设[M]．北京：商务印书馆，2014.

[6] 陈勇．国内外乡村聚落生态研究[J]．农村生态环境．2005（03）.

[7] 周岚．人居环境改善与美丽乡村建设的江苏实践[J]．小城镇建设，2014（12）.

作者简介

丁爱芳，女，硕士，山东省城乡规划设计研究院，注册城市规划师，工程师。

张卫国，男，硕士，山东省城乡规划设计研究院，注册城市规划师。

新常态中小城市居民出行方式结构预测研究

张郭艳　吴建　墨建亮

摘　要：新常态下经济增速放缓，城市发展模式改变，交通模式随之变化。针对中小城市而言，大多数处在交通拥堵的萌芽阶段，如何减缓拥堵，构建安全、低碳、畅通、公平、高效的城市交通系统，是一个重要的问题。居民出行方式预测采用传统方法不能适应当前形势，本文在对各类交通方式发展趋势分析后，提出了优化后的技术路线，并进行了实例分析，为类似城市居民出行结构预测提供了一种思路。

关键词：新常态；出行方式；预测

1 引言

自2014年5月习近平在河南考察时首次提及"新常态"，这一状态已经从经济领域扩展到其他领域，包括城市交通的规划建设。在城市规划告别"摊大饼"的发展模式，走向集约发展、内涵式规划新趋势下，如何构建安全、低碳、畅通、公平、高效的城市交通系统，成为一个重要的话题。据有关部门调查全国2/3的城市在高峰时间已经出现交通拥堵问题，甚至东莞东部几个镇也出现类似问题，也就是说交通拥堵已成为一个突出的城市病，但是在各类城市所处的发展阶段是不同的，在大多数中小城市，仅处在萌芽阶段。对于这类城市，在规划中，制定合理发展目标、策略后，"四阶段法"是交通预测普遍采用的一种方法，交通发生、交通分布、交通分配均有比较成熟的方法，出行方式划分受经济、产业、政策多方便因素影响，新常态下不能单纯地采用既有方法，故本文对这一问题进行探讨，旨在为类似城市出行方式结构预测提供一种思路。

2 居民出行方式预测方法综述

国内外对客运交通方式结构形成机理和个人出行方式选择行为的研究已有很长的历史。按照研究方法可以分为集计和非集计两种思路。

集计方法运用主要是针对城市形态、人口规模、土地利用布局和经济水平等对客运方式结构影响的宏观定性分析。

自20世纪70年代以来，随着非集计模型理论的逐步成熟，非集计方法成为该研究领域的主导。许多学者对个体出行方式选择行为的多样性，运用非集计方法进行建模，得出了大量微观详尽的研究成果，包括对不同目的出行方式选择的研究，对居住地、经济收入和出行方式选择关系的研究，对个人习惯对方式选择的影响研究等。

目前这两种思路在交通规划中都得到了很好的应用，但是在新常态的发展中，尤其是针对中小城市，人口、社会、经济特征还在发展过程中，城市交通特征还处于不稳定，尤其是机动化处于快速发展的初期阶段，公共交通发展严重滞后（表1），仅单纯地采用传统方法不能实现未来交通向着低碳、绿色、集约的发展方向，故必须要和当前国家政策的紧密结合，采取先给后要的策略，以此推动城市交通健康、可持续发展。

表1 部分中小城市居民出行方式结构一览表

(单位:%)

城市		步行	自行车	公交车	摩托车	助力车	出租车	私家车	单位车	其他
临沂	2004	24.30	36.0	12.06	14.07	–	1.20	6.89	3.14	2.27
广饶	2008	14.79	43.75	5.45	2.66	18.22	1.34	8.46	4.82	0.50
蓬莱	2006	20.54	38.92	6.68	27.36	–	1.08	2.28	1.71	1.42
平度	2007	25.87	34.34	7.78	20.22	0.6	0.52	6.08	1.58	–
商河	2007	13.62	46.17	1.13	11.03	16.77	0.62	2.99	7.51	0.11
胶州	2007	22.70	20.54	9.36	14.11	18.22	0.75	8.01	2.96	3.35
单县	2011	21.95	28.24	5.43	4.15	25.51	2.49	7.07	3.28	1.87
单县	2014	14.30	25.61	1.46	0.69	38.27	0.19	15.93	0.55	3.0

3 新常态各类交通方式发展趋势分析

3.1 小汽车增长不可避免

自20世纪80年代中国开始出现私人汽车,到2003年社会保有量达到1219万辆,私人汽车突破千万辆用了近20年,而突破2000万辆仅仅用了3年时间。2010年,我国汽车的保有量达到了7000万辆。截至2011年8月底,全国机动车保有量达到2.19亿辆。其中,汽车保有量首次突破1亿辆大关,占机动车总量的45.88%。2014年我国机动车保有量达2.64亿辆,其中汽车保有量将近1.4亿,就2013全国汽车保有量已达到1.37亿辆,从2400万辆增长到1.37亿辆,近十年汽车年均增加1100多万辆,是2003年汽车数量的5.7倍,占全部机动车比率达到54.9%,比十年前提高了29.9%。2015年6月,我国汽车保有量已经突破了1.63亿辆,保有量已经仅次于美国,成为全球第二。

目前关于中国小汽车保有量极限值的预测,众说纷纭。如工信部装备工业司副司长王富昌预计2020年中国汽车保有量将超两亿辆。在《大裂变:汽车工业新未来》论坛中,国务院发展研究中心企业研究所副所长张文魁认为,在人均GDP到一万美元的时候,日本、韩国这样的国家,千人汽车保有量大概在200辆左右,中国现在千人汽车保有量110多辆,还是有比较大的增长空间。从而可以推断,尽管小汽车的快速发展带来了交通拥堵、环境恶化等突出问题,未来小汽车保有量仍将维持增长的趋势,只是增速减缓。针对中小城市而言,机动化发展还有较大空间,如何引导居民实现对小汽车的拥有有序、合理使用,使居民优先选择公共交通、步行和自行车交通,使其在出行比例中的比重处于合理的区间,是进行出行方式预测的一个重要问题。

3.2 公共交通予以大力发展

《国务院关于城市优先发展公共交通的指导意见》(国发〔2012〕64号)明确提出:城市公共交通具有集约

高效、节能环保等优点,优先发展公共交通是缓解交通拥堵、转变城市交通发展方式、提升人民群众生活品质、提高政府基本公共服务水平的必然要求,是构建资源节约型、环境友好型社会的战略选择。

《关于贯彻落实〈国务院关于城市优先发展公共交通的指导意见〉的实施意见》(交通运输部交运发[2013]368号)指出:

——城市公共交通发展的总体目标。到2020年,基本确立城市公共交通在城市交通中的主体地位,安全可靠、经济适用、便捷高效的公共交通服务系统基本形成,较好满足公众基本出行需求。

——公共交通服务质量显著提升。到2020年,市区人口100万以上的城市,实现中心城区公共交通站点500米全覆盖,万人公共交通车辆拥有量达到16标台以上,城市公共汽(电)车进场率达到70%以上,公共交通占机动化出行比例达到60%左右。市区人口100万以下的城市,参照上述指标和地方实际,确定城市公共交通发展目标。

目前中小城市公共交通发展严重滞后,很多城市处在亏损→缩减规模→亏损加剧的恶性循环中。为此,需采取规划、建设、管理、政策多管齐下的方案,树立公交优先的发展理念,大力提升公交服务水平,唯有这样才能控制小汽车的快速发展,打赢与小汽车争抢"客源"的攻坚战,使公共交通占机动化出行比例逐步上升。个人认为,到2020年公共交通占机动化出行比例应达到30%~50%这一范围,才能称之为"确立城市公共交通在城市交通中的主体地位"。

3.3 步行和自行车交通予以重点发展

《住房和城乡建设部 发展改革委 财政部关于加强城市步行和自行车交通系统建设的指导意见》提出:

——大城市、特大城市发展步行和自行车交通,重点是解决中短距离出行和与公共交通的接驳换乘;中小城市要将步行和自行车交通作为主要交通方式予以重点发展。

——到2015年,城市步行和自行车出行环境明显改善,步行和自行车出行分担率逐步提高。市区人口在1000万以上的城市,步行和自行车出行分担率达到45%以上;市区人口在500万以上、建成区面积在320平方公里以上或人口在200万以上、建成区面积在500平方公里以上的城市,步行和自行车出行分担率达到50%以上;市区人口在200万以上、建成区面积在120平方公里以上的城市,步行和自行车出行分担率达到55%以上;市区人口在100万以上的城市,步行和自行车出行分担率达到65%以上;其余城市,步行和自行车出行分担率达到70%以上。

《江苏省城市步行和自行车交通规划导则》(江苏省住房和城乡建设厅2012年)提出:根据步行与自行车交通规划总体目标,结合城市交通发展现状、城市总体规划、城市综合交通规划等，分析步行和自行车交通的不同结构模式对城市运行和环境的影响，确定步行和自行车方式占总出行的比例。

在城市居民出行总量中，步行和自行车方式占总出行的比例（表2）。

表2　城市步行和自行车方式占总出行的参考比例

城市规模与常住人口（万人）		步行和自行车方式占总出行的比例
		远期（2030年）
特大城市	≥200	≥40%
	100~200	≥45%
大城市	50~100	≥50%
中等城市	20~50	≥55%
小城市	<20	≥60%

注：各城市可根据实际情况，研究确定步行和自行车在城市交通出行方式总体结构中的合适比例。

从以上资料可以看出，步行和自行车交通作为一种典型的绿色交通方式，必须予以大力发展。目前中小城市城市步行和自行车方式占总出行的比例约为50%~70%，这一比例与指导意见要求比较接近，规划重点是如何提升慢行出行质量，构建更加良好的出行环境，同时将长距离非机动车出行转移至公共交通，短距离机动车出行转移至步行和自行车交通。

4　新常态居民出行方式预测技术路线

新常态居民出行方式预测技术路线与传统居民出行方式技术路线区别之处在于：通过对最新政策、发展理念的

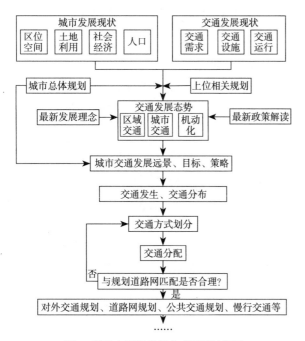

图1　新常态居民出行方式预测流程图

解读，结合各地城市的具体情况，不拘泥现状出行模式，需对未来出行模式进行各类发展方式合理区间规划。同时考虑该交通模式实施的可能性、可行性。

5　案例分析

5.1　单县城市发展现状

单县地处山东省西南隅、鲁、豫、皖、苏四省结合部，县域总面积1702平方公里。目前县域常住人口为118.84万人，暂住人口为2万人。中心城区人口25万人。建成区面积：35.4平方公里。目前单县辖4个街道办事处、16个镇、2个乡。2014年，完成地区生产总值260.6亿元，增长10%；城镇居民可支配收入20409元，农民人均纯收入10390元，分别增长9.5%和12%。

5.2　2014年单县居民出行概况

（1）人均出行次数

城市居民人均出行次数为3.22次/人·日；总量约为80.5万人次/日。

（2）居民出行方式结构

步行和自行车交通是主体，其中体力出行（步行、自行车）39.91%，助力车：38.27%；私人机动化出行16.62%，较2011年的12.84%有了较大的增长；公交出行比例为1.65%，明显较低。

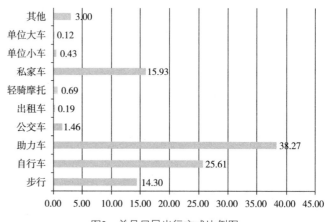

图2　单县居民出行方式比例图

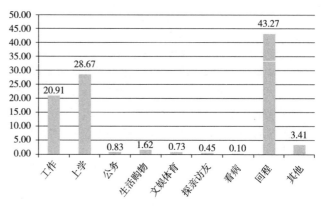

图3　单县居民出行目的比例图

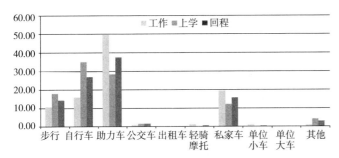

图4　单县主要出行目的的出行方式

（3）居民出行目的

出行目的中，上学、上班、回程占92.85%，也就是说解决好通勤交通是关键。弹性出行仅有2.9%，即城市休闲娱乐出行比例较低，未来随着经济的发展，将有所增加。

5.3　城市总体规划概况

5.3.1 城市性质

苏、鲁、豫、皖四省八县交界地区的经济先发城市和综合服务中心，环境优美，宜居宜商的生态园林城市。

5.3.2 城市职能

鲁西南地区重要的新能源及化工产业基地；苏、鲁、豫、皖交界地区重要的商贸物流中心；县域政治、经济和文化中心；菏泽市对外衔接陇海城镇带的门户城市；黄河故道以北的生态旅游服务中心。

5.3.3 城市人口

2020年规划人口为38万人，2030年规划人口为50万人。

5.4　城市交通发展目标

以"人本、和谐、绿色、宜居"为指导思想，建设一个符合单县城市特色以及社会经济发展要求的高效可达、畅通有序、安全环保、绿色和谐的生态型城市综合交通体系。

5.5　交通方式划分

（1）小汽车

目前单县居民的机动化出行主要依靠小汽车，历年小汽车保有量见下表。通过传统计算方法：一元线性回归法、多元线性回归、收入与小汽车保有量弹性系数法等，确定2030年小汽车保有量为10万辆；结合居民对小汽车购买意愿调查，到2030年约有50%的居民有拥有意愿，由此推断7.5万辆；最终确定未来小汽车保有量为8万辆，折合160辆/千人（表3）。

表3　单县历年小汽车保有量

年份	小型汽车（小客车、小货车）（辆）	城区小汽车保有量（辆）
2002	2788	2230.4
2003	3432	2779.92
2004	4283	3512.06
2005	5267	4371.61

续表

年份	小型汽车（小客车、小货车）（辆）	城区小汽车保有量（辆）
2006	6440	5409.6
2007	7808	6636.8
2008	9399	8083.14
2009	13144	11435.28
2010	19521	17178.48
2011	23533	20944.37
2012	28577	25719.3
2013	34387	30948.3

注：交警公安信息网无法区分小客车、小货车，统称小型汽车。故城区小汽车保有量为经验推断值。

2030规划年人均出行次数取2.9次/人·日，则出行总量为145万人次。小汽车日出行计算按照3次估算，每次出行人数计1.5人，按照90%车辆均有出行测算，小汽车出行总量为25万次，占总比例的20%。

（2）公交交通

为确立公共交通在城市交通中的主体地位，大力提升公共交通出行比例，考虑现状助力车中约有50%出力距离超过4公里，故规划其占机动化出行比例的50%，即为20%。

（3）步行和自行车交通

步行和自行车交通占总比例的60%，较现在的79%有所下降，主要是规划部分助力车出行转移至公共交通。

5.6　交通分配

交通分配结果见下图，评价结果在可接受范围内。

图5　单县交通分配评价图

6　结束语

中小城市出行方式预测中，公共交通出行比例均有大幅提升，但是未来的公交发展能否满足居民的出行需求，大力提升其服务水平，是一个严峻的挑战。但是毋庸置疑的是，必须大力发展公共交通，唯有此路才能实现可持续的交通发展。

参考文献

[1]　钱蔗，郑炜，王波. 广州市与世界级城市交通模式辨析[J]. 城市交通，2015，11.

[2]　王正武，肖正军. 城市私人小汽车保有量预测[J]. 重庆交通学院学报，2004，10.

[3]　潘海啸，汤諹，麦贤敏，牟玉江. 公共自行车交通发展模式比较[J]. 城市交通，2010，11.

作者简介

张郭艳，女，硕士，山东省城乡规划设计研究院，工程师。

吴建，男，硕士，济南市发展和改革委员会，注册城市规划师。

墨建亮，男，硕士，山东省城乡规划设计研究院，助理工程师。

2000～2010年济南外来人口空间分布对城市空间结构影响因素研究

杨惠钰

摘 要：在快速城市化的发展过程中，外来人口在常住人口中占据的比例越来越大，这对城市的城镇化率、人口分布乃至空间结构都产生了巨大的影响。文章基于济南市第五、第六次人口普查资料的数据，通过ArcGIS对影像资料进行处理，获得各区、街道的面积和中心点坐标，从济南市人口空间分布变动入手，借助人口分布的各项指标，采用分析线性模型、Clark模型、Smeed模型的方法对济南市2000～2010年外来人口的空间分布及其变动情况进行研究。结果表明：济南市外来人口空间分布的规律是：东部人口增长速度大于西部，南部大于北部，对济南市的带形发展起到重要影响。

关键词：人口空间分布；城市空间结构；济南

1 引言

城市人口空间分布对城市的经济建设、基础设施建设、公共服务设施建设具有重大影响。近年来，随着城市的快速发展，城市教育、医疗卫生条件不断提高，基础设施不断完善，就业机会增多，城市人口显著增加，影响到城市生活中交通、住宅、生态等多个方面，也是城市城镇体系规划、总体规划、详细规划乃至规划管理等不同规划层面的重要影响因素[1]。鉴于此，人们对城市人口的关注居高不下。国外学者对人口空间分布的研究开始于20世纪五六十年代，主要用于研究城市单中心结构[2-5]，随后从人口密度的视角研究多中心城市，并提出多种理论模型，如clark模型[2]、Newling模型[5]和多中心模型[6]。我国关于城市人口分布的研究开始于20世纪90年代，研究区域主要集中在广州[7-10]、上海[11-12]、北京[13-14]等大城市，主要是引用欧美的研究方法对国内城市进行实证研究，揭示其人口分布状况及变化趋势。文章在总结前人研究成果的基础上，结合2000年和2010年的第五、第六次人口普查资料中常住人口的数据，对济南市2000～2010年城市人口增长和人口密度的空间分布进行分析，揭示其分布及变化特征，以期为相关人口管理政策的制定提供依据。

2 研究区域概况、数据和方法

2.1 研究区域概况

济南市辖6区（市中区、历下区、槐荫区、天桥区、历城区和长清区）3县（济阳县、商河县和平阴县）1市（章丘市），面积8177平方公里。根据研究需要，文章选取6区作为研究区域，根据我国第五次人口普查资料，2000年济南市总人口为592.2万，辖区人口350.65万，研究面积3257平方公里，包括51个街道、29个镇和6个乡。我国第六次人口普查数据显示，2010年济南市总人口为681.4万，辖区人口433.6万，市辖区面积不变，但经过一系列行政区划调整，行政单元调整成75个街道和16个镇。为了能准确表达各研究区域的人口变化情况，文章以2010年济南市行政划分单元为主要依据，对2000年和2010年的街道、镇、乡进行拆分合并，共得到71个街道、镇，作为研究对象。文中为描述简洁，将街道、镇、乡统称为街道。

我国关于城市圈层划分的方法有行政区划法（如上

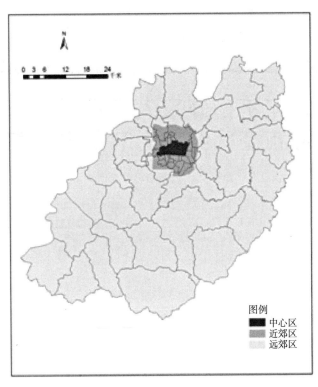

图1　济南市经济圈层结构

海）和自然标志法（如西安）两种。由于济南在行政区成立上没有表现出明显的次序，根据《济南市核心都市区空间整合研究》，并考虑街道的整体性，济南市在圈层划分中采用两者相结合的方法，将济南市划分为中心区、近郊区和远郊区三个圈层（图1）。中心区以济南市老城区和商埠区为主体，包括泉城路街道、大观园街道等18个街道，另有东关街道等5个街道部分划入中心区；近郊区为中心区以外到二环路以内的地区；二环路以外的六区为远郊区。

2.2 研究数据和方法

研究所用的人口数据来源于济南市2000年和2010年我国第五、六次人口普查数据，地图资料来源于济南市民政局和济南市勘察设计研究院。方法是通过ARCGIS对影像资料进行处理，获得各区、街道的面积和中心点坐标，从济南市人口空间分布变动入手，借助人口分布的各项指标，采用空间分析法、单中心人口密度模型和多中心人口分布模型，分析2000～2010年间济南市人口空间分布的特征及其变动情况。

3　济南市人口变化与空间分布变动分析

3.1 济南市人口变化分析

2000～2010年济南市辖区人口增长了82.95万人，增长率为23.66%，年均增长率为2.15%。鉴于三个圈层并未严格按照街道的行政边界进行划分，部分街道位于不同的圈层。为统计人口便捷，将人口在街道的分布看成均质分

布，并按照面积比例计算相应人口（表1、表2）。三个圈层的人均年增长率最高的是远郊区，其次是近郊区，中心区人口呈现负增长，总体来说，济南市辖区人口增长情况表现为"核心区快速减少，近郊区快速增长，远郊区缓慢增长"的格局（表3）。

表1　位于中心区和近郊区之间的街道

街道名称	位于中心区的面积A/平方公里	位于近郊区的面积B/平方公里	总面积C/平方公里	面积比 A/C	面积比 B/C
千佛山街道	1608434.26	3723659.123	5332093.383	0.301652	0.698348
趵突泉街道	1408615.656	1143303.91	2551919.566	0.551983	0.448017
东关街道	940088.767	763315.254	1703404.021	0.551888	0.448112
振兴街街道	522966.005	2012907.434	2535873.439	0.206227	0.793773
青年公园街道	606492.684	381892.996	988385.68	0.613619	0.386381

表2　位于近郊区和远郊区之间的街道

街道名称	位于近郊区的面积A	位于远郊区的面积B	总面积C	面积比A/C	面积比B/C
七贤街道	14674750.25	20411575.690	35086325.935	0.418247	0.581753
十六里河街道	6514756.964	95642531.752	102157288.716	0.063772	0.936228
甸柳街道	2203830.9	2047642.669	4251473.569	0.518369	0.481631
姚家街道	585192.922	76019193.222	76604386.144	0.007639	0.992361
洪家楼街道	6110372.172	10670634.554	16781006.726	0.364124	0.635876
药山街道	11071590.47	8623933.855	19695524.324	0.562137	0.437863
北园街道	25301833.23	15380766.466	40682599.693	0.621933	0.378067
华山街道	2107920.423	60815960.648	62923881.071	0.0335	0.9665
段店北路街道	2590089.317	1076417.899	3666507.216	0.706419	0.293581
美里湖街道	2167599.262	17641856.162	19809455.424	0.109422	0.890578

表3　2000～2010年各圈层的人口数量和人口密度

圈层划分	2000～2010年人口数量		
	增长量/人	增长率/%	年均增长率/%
中心区	-73390	-13.35	-1.42
近郊区	122405	17.30	1.61
远郊区	633535	32.49	2.85

3.2 济南市人口空间分布变动概况及其分析

运用ARCGIS软件对已取得的人口数据和地图资料进行处理，获得2000年和2010年各街道的人口密度分

图（图2、图3）。从图中可以看出，2000年位于第一级别人口密度（26000人/平方公里）和第二级别人口密度（16600～25999人/平方公里）的街道主要分布在中心区，部分分布在靠近中心区的近郊区，二环路附近的街道人口密度有第五级别（212～1999人/平方公里）和第四级别（2000～8499人/平方公里）两种；2010年第一级别人口密度的街道位于中心区的数量减少，位于近郊区的数量增加，且第二级别人口密度的街道在中心区比重下降，在近

图2 2000年街道人口分布密度图

图3 2010年街道人口分布密度图

图4 2000～2010年街道人口增加

郊区所占比重上升，二环路附近的街道人口密度为第三级别和第四级别。

从2000～2010年济南各街道人口增加值变动情况来看，2000～2010年间，有42个街道人口呈现正增长，有29个街道人口呈现负增长。人口数量增加排名前三位的街道为姚家街道（增加139972人）、洪家楼街道（增加83719人）和北园街道（增加78829人），人口减少前三位的是西市场街道（减少11615人）、大明湖街道（减少10507人）和归德镇（减少9509人）；人口增长率排名前三位的是药山街道（增加200.01%）、崮云湖街道（增加198.64%）和美里湖街道（增加121.21%），人口增长率减少排名前三位的是西市场街道（减少58.67%）、宝华街道（减少53.75%）和官扎营街道（减少36.89%）。其中，2000～2010年间，流动人口增长率最大的街道为崮云湖街道（53.63%），其次是泉城路街道（48.83%），再次是彩石镇（43.32%）。

由此可见，人口正增长的街道分布在城市中心区以外的城市近郊区，部分位于靠近近郊区的远郊区范围内，主要位于历城区和市中区；人口负增长的街道则分布在城市中心区范围内以及城市远郊区的边缘地带，其中城市中心区范围和长清区的减少量尤为明显（图4）。从街道人口增加值密度变化中可以看出，2000～2010年济南市人口增加主要集中在城市近郊区范围内，中心区人口密度下降明显，远郊区人口缓慢增长。

4 济南市人口分布模型模拟分析

4.1 济南市单核心人口分布模型模拟分析

根据人口空间分布的规律，国内外学术界对城市单核心人口分布模型的研究包括Clark模型、Smeed模型、Newling模型、线性模型和对数模型五种，文章选择三种最为常见的模型：线性模型、Clark模型、Smeed模型（表4）对济南市各地域单元进行模拟。文中用ARCGIS获得济南市辖区的质点作为城市第一级别的城市中心，然后提取各街道质点坐标并计算各街道与城市中心之间的距离r，对数据进行分析，得出相应的参数。

对2000年、2010年济南市72个街道的人口密度进行模拟，结果如下（表5、表6）所示。

由此可见，2000年的城市单核心人口分布模拟贴合度高于2010年的模拟情况。其中Clark模型和Smeed模型中R2大于0.5，拟合效果较好，以2000年的Clark模型效果为最佳。

4.2 济南市多核心人口分布模型模拟分析

利用多核心密度模型验证济南市人口分布的前提是判断其是否出现多中心结构，文章通过ArcMap软件，对济南市2000年和2010年各街道人口空间分布进行模拟（图5）

结合图2、图3和图5，不难看出2000～2010年间济南市并未出现多中心结构，因此对济南市多中心结构的探讨

表4 常用的单中心人口密度模型

模型	模型表达式	参数意义	参数限定
线性模型	Y(r) = ar+b	r为距城市中心的距离；Y(r)为r处的人口密度；a、b均为参数	a、b为常数项，
Clark 模型	Y(r) = ae^{-br}		a为常数项，b为回归系数
Smeed 模型	Y(r) = ar^b		a > 0, b > 0

表5 2000年济南市辖区人口分布模型模拟分析

模型名称	参数值 (a₁)	参数值 (b₁)	R₁²
线性模型	-672.9	19692	0.4159
Clark 模型	23206	0.137	0.677
Smeed 模型	183296	-1.72	0.6544

表6 2010年济南市辖区人口分布模型模拟分析

模型名称	参数值 (a₂)	参数值 (b₂)	R₂²
线性模型	484.67	4630.2	0.2593
Clark 模型	1564.7	-0.0809	0.2613
Smeed 模型	549.29	0.9365	0.2157

图5 2000年和2010年济南市人口分布模拟

简而化之。文章分析以主城区为准。

5 结论与建议

5.1 主要结论及特征

对2000～2010年济南市人口变动及其空间分布的动态和静态研究，揭示了济南市人口空间分布的规律和特征。

5.1.1 2000～2010年济南市三个圈层的人口变化：中心区人口有所下降，近郊区和远郊区人口显著增加，其中，近郊区人口增加速度明显高于远郊区，导致近郊区成为济南市人口密度最高的区域；

5.1.2指标分析结果表明，2000～2010年济南市辖区人口呈现出"中心区快速减少，近郊区快速增加，远郊区缓慢增长，边缘区缓慢减少"的人口差异增长特征，根据霍尔的城市演变模型，济南市人口分布变动已经表现出郊区化的特征，进入了典型的郊区化阶段；

5.1.3通过人口密度模型可以看出，2000年济南市中心区的人口密度还很大，郊区化现象并不显著。到2010年，

中心区人口明显下降，人口密度降低，近郊区人口密度增加，人口明显向近郊区转移，进入典型郊区化阶段。

5.2 分析与建议

通过将2000～2010年济南市人口郊区化的特征与北京、上海、广州、南京、沈阳等城市对比发现，济南市的人口郊区化现象大大滞后于其他城市，主要原因有以下几方面：

5.2.1人户分离现象。我国城市人口向郊区迁移多数是被动因素、行政拆迁因素或者是市场强制淘汰，这是与西方国家不同的地方。在2000以前甚至是1990年以前，济南市向郊区迁移的人口中很大部分的人并不愿意离开中心区，迫于压力迁出后自然不愿意将户口随之迁走，所以就造成了大量的人户分离现象。即居住在郊区，但户口仍在中心区。

5.2.2郊区发展迟缓。2000年济南市已经开始增加对郊区建设的资金投入，但是由于郊区地域范围较广，配备基础设施的时候主要遵循了济南市"东拓西进，南控北跨"的思路，对东部城区和西客站一带加大了投资建设的力度，但总体发展仍处于起步阶段，与中心区相比还有很大差距。这使得城市中心区引力不减，郊区拉力不足。为了享受较齐全的设施，获得高质量的服务，人们仍希望留在城市中心。

5.2.3经济和交通因素。经济繁荣是推动城市发展的重要因素，同时也对郊区化速度产生重大影响。同时期北京、上海、南京等城市的GDP远远超过济南，城市之间差距甚为明显，经济水平低下也是济南郊区化滞后的重要因素之一。从私家车的数量来看，2000年至2010年间，济南市私家车保有量迅速增长，交通工具的变化使得出行距离增加，促进了城市郊区化的进程。

济南市已经明显进入郊区化阶段，中心区的吸引力降低，生活成本和生产成本增加，"推力"较大；近郊区对人口的吸引力明显增强，人口数量迅速上升，为继续增加城市近郊区的影响力，疏散中心区人口压力，保证生活质量，建议采取以下措施：一是加快城市"城中村"的改造，改善居住环境，提高生活质量，保持中心区的城市活力，合理引导，避免中心区衰竭，实现可持续发展；二是进一步完善近郊区的公共服务设施，在教育、文化、生活、医疗等各方面向中心区看齐，推动社会公共服务设施均等化，进一步提高近郊区的聚集效应，利于城市空间结构的可持续发展。

文章依据2000年和2010年济南市第五次和第六次人口普查资料的数据，对其人口分布特征、人口密度分布动态变化和所处的郊区化阶段进行研究，旨在丰富济南市人口空间分布的相关研究。研究过程中发现，流动人口在人口变动及人口密度的研究中也具有重要地位，关于济南市流

动人口分布、人口密度的特征和动态发展研究，将成为未来研究的方向。

参考文献

[1] McMillan D P，Smith S C，The number of subcenters in large urban areas [J]. Journal of Urban Economics，2003，53: 321-338.

[2] Alonso W.Location and Land-use[M]. Cambridge，MA: Harvard University Press，1964.

[3] Clark C. Urban population densities [J]. Journal of the Royal Statistical Society，1951，114: 490-496.

[4] Muth R，The spatial structure of the housing market[J]，Papers and Proceedings of the Regional Science Association，1961（7）:207-219.

[5] Newling B. The spatial variation of urban population densities: an internal structure of the city [M]. London: Oxford University Press，1971.

[6] Smallk，Song S. Population and Employment Densities: Structure and Change [J]. Journal of Urban Economics，1994，36: 292-313.

[7] 郑静，许学强，陈浩光. 广州市人口结构的空间分布特征分析[J]. 热带地理，1994，14（2）：133-142.

[8] 张桂霞. 八十年代广州市区人口分布的变动[J]. 热带地理，1994，14（4）：316-321.

[9] 周春山，许学强. 广州市人口空间分布特征及演变趋势分析[J]. 热带地理，1997，17（1）

[10] 谢守红，宁越敏. 广州市人口密度分布及演化模型研究[J]，数理统计和管理，2006（5）

[11] 沈建法，王桂新. 90年代上海中心城人口分布及其变动趋势的模型研究[J]. 中国人口科学，2000(5)：45-52.

[12] 吴文玉，马西亚. 多中心城市人口模型及模拟：以上海市为例[J]. 现代城市研究，2006（12）：45-52.

[13] 冯健，周一星. 1990年代北京市人口空间分布的最新变化[J]. 城市规划，2003，27（5）：55-64.

[14] 冯健，周一星. 近20年来北京都市区人口增长与分布[J]. 地理学报，2003，58（6）.

作者简介

杨惠钰，女，硕士研究生，山东建大建筑规划设计研究院，助理工程师。

基于服务水平的物流中心选址模型及算法研究

刘杰 张新兰

摘 要：物流中心作为承接物流园区与末端配送节点的关键设施，其选址对于降低物流成本，提升物流运作效率具有重要的意义。本文首先分析了影响物流中心选址的因素，在此基础上考虑服务水平的影响，构建了物流中心选址模型，并采用和声搜索算法进行求解，最后采用算例对模型及算法进行验证，结果表明模型及算法具有较好的适用性。

关键词：物流中心；服务水平；选址模型

物流中心作为物流运输体系重要的基础设施，对于整个物流运输体系的运营效率的发挥具有重要的意义。物流中心作为承接物流园区及末端配送节点的关键设施，其选址对于运输成本及运输效率具有至关重要的影响。特别是随着我国电商产业的飞速推进，如何快速满足城市配送的要求，提升用户的购物体验，有效满足用户的时效性需求，也是各个电商平台及物流运输企业主要的战略方向，经济合理满足用户的服务水平要求也是物流运输发展的重点。而物流中心的位置不但能够影响物流运输的总成本，同时也能对物流的整体服务水平产生重要作用。在此背景下，考虑服务水平的因素，研究物流中心选址问题具有重要的理论和现实意义。

目前在物流中心选址方面，国内外很多学者已经有了大量的研究成果：O'Kelly最先提出了枢纽选址的数学模型[1、2]；Campbell提出p-中位问题、p-hub中心问题、枢纽覆盖问题等四种类型的枢纽选址问题[3]；尹莉考虑多式联运型物流网络中不同运输方式的衔接成本与时间、枢纽点间货物运输产生的规模经济效益和服务时间的约束，建立了多式联运型物流网络的货运枢纽选址模型[4]；李振宇介绍GIS网络分析技术的基础上，重点分析了影响城市物流配送中心选址的若干因素。结合鲍姆尔—沃尔夫法的选址思想，提出了基于GIS的城市配送中心选址模型，并对模型进行了实证分析[5]。通过对以上研究成果的分析可知，物流中心的选址研究中首先未考虑服务的差异，不同的物流服务对物流中心选址所产生的影响亦有较大的不同，同时现有的研究中，也没有从用户需求的角度出发，而是从建设成本及运输成本最小化的角度着手，合理的选择物流中心节点，这容易导致在当前的配送体系中，难以满足用户时效性的需求，从而在未来的市场竞争中逐渐失去竞争力。因此，本文考虑运输服务和用户需求对物流中心选址的影响，以时效性作为服务水平的重要评判要素，构建了基于服务水平的物流中心选址模型，并采用和声搜索算法进行求解，从而为运输需求导向下的物流中心选址提供一定的决策依据。

1 物流中心选址影响因素分析

物流中心是城市物流体系的二级节点，是商业配送物流和加工配送物流的主要载体，从体系方面而言，物流中心是物流系统中的关键衔接点、是城市配送节点与物流园区之间的衔接点。物流中心的选址需重点考虑以下因素。

1.1 地理位置因素。物流中心作为物流园区与城市配送节点的衔接点，应尽量靠近物流园区与城市配送节点，从运输成本角度而言，这也有利于运输成本的降低以及运输时效性的提升。

1.2 物流运输服务。物流运输服务也是影响物流中心选址的重要因素。特别是随着城市共同配送试点方案的不断推进，物流运输服务对物流中心选址的影响将逐渐显现。共同配送方案实施后，出于成本的考虑物流配送服务将途经更多的末端配送节点，而非原来各自物流公司的独立物流配送，物流配送服务的改变，也是物流中心选址应该重点考虑的因素。

1.3 交通条件。交通资源是物流运输发展的支撑条件，特别是对于物流中心的选址而言，物流中心靠近城市的主干道、快速路等交通性干道，便利的交通能够顺畅的联系物流园区与物流配送节点，这也是物流中心选址中应考虑的因素。

根据影响物流中心选址的因素，可以从城市总体规划、物流业发展方向、物流园区及末端节点的位置，确定物流中心节点的备选集合，在此基础上，采用定量化的方法确定物流中心的具体位置。

2　物流中心选址模型

2.1 符号定义

2.1.1 参数

I为物流园区集合，$i \in I$；J为末端配送节点的集合，$j \in J$；K为物流中心备选节点的集合，$k \in K$；为节点i与k之间的单位运输费用；为节点i与节点k之间的运输距离；N为物流中心的选址数量；W为区域内重要OD对的集合，$w \in W$；O_w、D_w分别为OD对w的起点及终点；p_w为OD对w的最短路径；$\gamma_{ik}^{P_w}$为0-1参数，当OD对w的最短路径是否经过节点i、k所构成的弧段，$\gamma_{ik}^{P_w}=1$，否则为0；t_{ik}为节点i与节点k之间的运输时间。

2.1.2 决策变量

x_k为0-1决策变量，表示物流中心备选节点k是否为物流中心，如果节点k为物流中心，则$x_k=1$，否则$x_k=0$；

y_{ik}为0-1决策变量，表示物流园区i是否与备选物流中心k相连，如果两者相连，则$y_{ik}=1$，否则$y_{ik}=0$；

y_{kj}为0-1决策变量，表示备选物流中心k是否与末端配送节点j相连，如果两者相连，则$y_{kj}=1$，否则$y_{kj}=0$；

2.2 物流中心选址数学模型

不同物流服务间最大的差异，突出表现为运输时间和运输费用的差异，在此也以运输时间及运输费用的表征各物流服务。此外为了缩小问题的求解规模，在此考虑物流中心选址影响因素，将可能的物流中心节点放入物流中心备选集合中，即最终的物流中心只能为物流中心备选集合中的部分节点，从而有效缩小了解空间。在此基础上以满足用户的时效性需求为前提，并考虑物流中心与物流园区

及配送节点之间的对应关系，构建物流中心选址模型，具体的模型如下所示。

$$min\ z = \sum_i \sum_k c_{ik} Y_{ik} + \sum_j \sum_k c_{kj} Y_{kj} \quad (1)$$

$$\sum_k x_k = N \quad k \in K \quad (2)$$

$$y_{ik} - x_k \leq 0 \quad i \in I, k \in K \quad (3)$$

$$y_{kj} - x_k \leq 0 \quad i \in J, k \in K \quad (4)$$

$$\sum_k y_{ik} \geq 1 \quad i \in I \quad (5)$$

$$\sum_k y_{kj} \geq 1 \quad j \in I \quad (6)$$

$$\sum_{\substack{k \in K \\ O_w=i}} y_{ik} \gamma_{ik}^{P_w} t_{ik} + \sum_{\substack{k \in K \\ D_w=j}} y_{kj} \gamma_{kj}^{P_w} t_{kj} \leq t_w \quad w \in W \quad (7)$$

$$X_k \in \{0,1\} \quad \forall k \in K \quad (8)$$

$$Y_{ik} \in \{0,1\}, Y_{Kj} \in \{0,1\} \quad \forall i \in I, k \in K, j \in J \quad (9)$$

其中，式（1）为模型的目标函数，表示运输费用最小化；式（2）-式（9）为模型的约束，约束（2）为物流中心选址数量约束；约束（3）为连锁关系约束，即物流园区i与备选物流中心k相连，则节点k必为物流中心节；约束（4）为连锁关系越，即末端配送节点j与备选物流中心k相连，则节点k必为物流中心；约束（5）表示对于每一个物流园区至少有一个物流中心节点与其相连接；约束（6）表示对于每一个末端配送节点至少有一个物流中心与其相连接；约束（7）表示对于重点OD需求应该满足其运输时限性要求；约束（8）及约束（9）为决策变量的逻辑约束。

3　求解算法

基于服务水平的物流中心选址模型为0-1规划模型，在此采用和声搜索算法进行求解。和声搜索算法时根据音乐师创制音乐的过程而形成的一种启发式算法[6]。该算法对于求解0-1规划问题具有较好的求解效果，此外该算法也具有原理简单、实现容易的特点，特别是当决策变量为多维时，实践证明其求解性能相对于传统的遗传算法、免疫克隆算法更优。

3.1 和声编码

由于模型的决策变量主要有三个，分别为x_k、y_{ik}及y_{kj}，但是x_k与y_{ik}及y_{kj}分别存在连锁关系约束（3）和（4），即通过决策变量y_{ik}及y_{kj}的值，也可获取x_k的值，因此初始解主要由y_{ik}及y_{kj}的决策值构成，y_{ik}的决策值为一矩阵，其元素个数与物流园区的个数及备选物流中心点的个数有关，同理y_{kj}的元素个数与末端配送节点的个数及备选物流中心点的个数相关，初始解结构如图1所示。

3.2 新和声生成

新和声的生成是该算法中关键步骤，新和声的生成质量将直接关系到该算法的求解质量；在此新和声的生成中共采用两种策略；第一种策略为采用和声记忆库中的

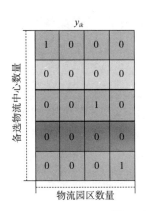

图1　初始解结构图示

Step5：判断终止条件。判断创作次数是否已经达到tmax，如果达到则从和声记忆库中选择最优的和声作为输出，否则继续转至step3。

4　算例分析

为了验证模型及算法的有效性，在此采用如下所示的网络对模型及算法进行验证。其中该网络中共有4个物流园区节点，6个物流中心备选节点，10个末端配送节点，算例中需要的相关参数分别如表1所示。

决策值，第二种为随机变异策略。假设生成的新和声为 $x'_i=[x'_{i1}, x'_{i2}\cdots x'_{in}]$，新和声生成的步骤为：设置和声记忆库选择概率为Pr，以 x'_{i1} 为例，则该音调则以Pr的概率从和声记忆库中随机选择相同位置的音调，否则以1-pr的概率随机生成；具体的操作如公式所示。

$$x'_{i1} = \begin{cases} x_{j1}, j \in (1,2,\cdots m) \ rand < \mathrm{Pr} \\ x'_{i1} \in [x_{min}, x_{max}] \quad \text{otherwise} \end{cases}$$

定义了该算法的关键步骤后，和声搜索算法的详细步骤如下所示。

Step1：参数初始化。设置和声记忆库选择概率pr，和声记忆库规模l，以及创作次数tmax；

Step2：初始和声记忆库生成。根据模型的约束，采用随机生成策略生成l组和声，并计算其目标值；

Step3：产生新和声。生成随机数rand，结合和声记忆库选择概率pr，按照新和声的生成策略，生成l组新和声；

Step4：和声记忆库更新操作。计算新生成l组和声的目标值，并按照由小至大顺序进行排序。将和声记忆库中的n（n<l）组最差和声替为n组新和声；

表1　各节点之间的距离、时间及费用参数

编号	起点	终点	时间(h)	费用(元)	编号	起点	终点	时间(h)	费用(元)
1	I_1	K_1	2	120	23	K_2	J_1	1	60
2	I_1	K_2	1	160	24	K_2	J_2	1	60
3	I_1	K_3	3	180	25	K_2	J_4	1.5	90
4	I_1	K_4	3	480	26	K_2	J_6	1.5	90
5	I_1	K_5	4	240	27	K_2	J_6	1	60
6	I_2	K_1	2	120	28	K_3	J_1	2	120
7	I_2	K_4	4	240	29	K_3	J_2	1	60
8	I_2	K_5	3	180	30	K_3	J_3	1.5	90
9	I_2	K_6	1	60	31	K_3	J_4	2	120
10	I_3	K_2	2	120	32	K_4	J_3	1.5	90
11	I_3	K_3	1	60	33	K_4	J_4	1.5	90
12	I_3	K_4	2	120	34	K_4	J_9	0.5	30
13	I_3	K_5	2	320	35	K_4	J_{10}	2	120
14	I_4	K_4	3	480	36	K_4	J_4	0.5	30
15	I_4	K_4	3	180	37	K_5	J_5	0.5	30
16	I_4	K_5	2	120	38	K_5	J_6	3	180
17	I_4	K_5	2	120	39	K_5	J_8	1	60
18	K_1	K_2	2	120	40	K_5	J_9	1	60
19	K_1	J_2	1	60	41	K_5	J_{10}	4	240
20	K_1	J_4	2	120	42	K_5	J_5	2	120
21	K_1	J_6	1	60	43	K_6	J_7	1.5	90
22	K_1	J_7	1.5	90	44	K_6	J_8	1	60

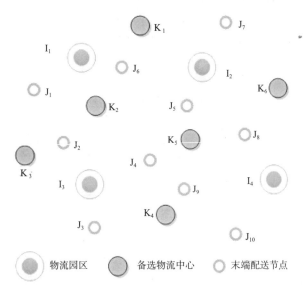

图2　物流运输网络示意图

在此基础上，通过计算上述重点OD对的前5条K短路，验证其是否满足运到期限的约束，从而得到重点OD对的起点及终点所途径的备选物流中心节点集合，即在满足运到期限的前提下，重点OD起终点只能途径备选集合中的节点才能满足运到期限的约束，这将有效地缩小问题的求解规模。得到的重点OD对起终点所对应的备选物流中心集合如下表所示。

表2 重点OD对起终点的备选物流中心信息

编号	起点	终点	备选集合
1	I_1	J_9	K_4、K_5
2	I_2	J_{10}	K_3
3	I_2	J_2	K_2
4	I_3	J_1	K_2、K_3
5	I_3	J_5	K_2、K_5
6	I_3	J_8	K_5
7	I_4	J_3	K_4
8	I_4	J_6	K_2、K_5

通过对重点OD对的预处理操作，能够有效地缩小解空间，在基础上将重点OD对的备选集合信息写入初始解结构中，并设置和声记忆库规模L=10；最大创作次数tmax=200，和声记忆库选择概率pr=0.7，设置物流中心数量N=4，采用和声搜索算法计算得到目标函数值为1050

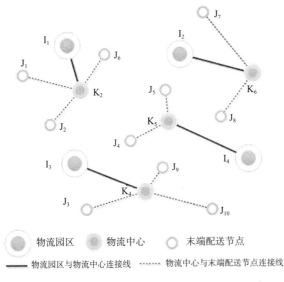

图3 物流中心位置与分配关系示意图

元，物流中心节点分别为K_2、K_4、K_5、K_6。物流中心与物流园区及末端配送节点的连接关系如图3所示。

5 结论

物流中心选址问题是物流体系规划中的关键环节，其对于降低物流运输成本，提升配送时效性具有重要的作用。本文分析了影响物流中心选址的主要因素，在此基础上考虑物流园区及末端配送节点对末端配送节点的影响，构建了基于服务水平的物流中心选址模型，并根据模型的特点采用和声搜索算法进行求解，最后采用一算例验证了模型及算法的适用性，以为物流中心的选址提供一定的决策依据，但是模型中，对多交通方式之间服务的差异还缺少考虑，这也是下一步研究的方向。

参考文献

[1] ME O'Kelly. the location of interacting hub facilities [J]. Transportation Science,1986, 20（2）.

[2] ME O'kelly. A quadratic integer problem for the location of interacting hub facilicities [J]. European journal of Operation research, 1987, 32（3）.

[3] JF Campbell.Integer programming formulations of discrete hub location problems[J]. European Journal of Operational Research, 1994, 72（2）.

[4] 尹莉，徐菱. 联运物流网络的货运枢纽选址研究[J]. 物流技术，2013，（11）：130-132.

[5] 李振宇，杨松林. 基于GIS的多级物流中心选址动态模型分析[J]. 物流技术，2011，（10）.

[6] 雍龙泉. 和声搜索算法研究进展[J]. 计算机系统及应用，2011，20（7）：244-248.

作者简介

刘杰，男，博士研究生，济南市规划设计研究院，工程师。

张新兰，女，博士研究生，济南市规划设计研究院，工程技术研究员。

近代青岛城市建设研究

黄浩　李艳　黄黎明

摘　要：青岛自1891年建置至今，只不过百余年的历史。但近代青岛，就当时全国范围的城市而言，是一个举足轻重的城市，对其他城市的建设发展也有一定的影响，因此，对近代青岛城市建设的研究具有重要意义，本研究将按照时间脉络，对近代青岛各个时期的城市建设进行研究分析，从而为现代城市建设与发展提供借鉴与指导。

关键词：近代；青岛；城市建设

引言

1891年清光绪皇帝正式批准胶州湾设防建议，命登州镇总兵章高元派兵驻守，此为青岛城市建置的开始。自青岛建置至今，只不过百余年的历史。但近代青岛，就当时全国范围的城市而言，是一个举足轻重的城市。虽然它出现得较晚，但发展速度却较快，并且其发展建设具有鲜明的特色。近代青岛的城市建设，对青岛以后的城市建设有着深远的影响，同时，对其他城市的建设发展也有一定的影响，因此，对近代青岛城市建设的研究具有重要意义，可以为现代城市建设与发展提供借鉴与指导。

中国近代史的时间是指从1840年鸦片战争到1949年中华人民共和国成立前，这也是中国半殖民地半封建社会的历史。根据青岛近代城市建设的具体情况，其具有近代意义的城市化活动是从1891年青岛建置开始的，"铁码头"的修建使青岛从自然渔村走向海港城市。因此，本研究的时间范围限定于1891年青岛建置到1949年6月2日青岛解放。近代青岛城市建设从时间上可以划分为七个时期：清政府统治时期（1891～1898年）、德占时期（1898～1914年）、第一次日占时期（1914～1922年）、北洋军阀统治时期（1922～1929年）、第一次国民党统治时期（1929～1938年）、第二次日占时期（1938～1945年）、第二次国民党统治时期（1945～1949年）。各个时期统治者的目的不同，城市建设的内容也不尽相同。本研究将按照时间脉络，对近代青岛各个时期的城市建设进行研究分析。清政府统治时期，青岛城市建设主要以防务和筑房修路为主，改变了青岛作为自然渔村的旧式格局，为青岛城市的形成奠定了基础。

1　德占时期的城市建设（1898～1914年）

1898年3月6日签订中德《胶澳租界条约》，胶澳正式沦为德国殖民地。德国建立了比较完整的殖民机构，目标是将青岛建设成为其在远东的"样板殖民地"，因此，德国殖民者不惜巨资对青岛进行了大规模的有计划有步骤的开发建设。

1.1　完全按照规划进行城市建设

青岛是中国近代城市中完全按照规划建设发展的典型代表[3]，德国殖民者在建设之初便制定了完整的城市规划方案。国内外多数专家和学者都认为，德国殖民者结合自然地形规划青岛城市，是近代中国城市规划史上的一个成功典范[1]。德占时期青岛的规划与建设成就，也为后来中国人认识和学习现代城市规划提供了一个真实范

图1　开埠初期的青岛湾畔

图2　1913年前后的青岛湾畔

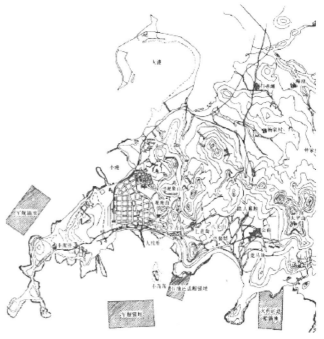

图3　1900年《青岛城市规划》

图4　1910年《青岛市区扩张规划》

例[5]。德占时期,先后编制了两轮正式的规划方案,即1900年的《青岛城市规划》和1910年的《青岛市区扩张规划》。除完成城市规划的编制工作外,德国殖民当局还于1900年颁布《德属之境分为内外两界章程》,将城市规划的意图体现到具体的日常管理工作中,从而确保规划方案的实施。

1.1.1《青岛城市规划》(1900年)

1898年德国殖民当局制定了《胶澳青岛区总体规划方案》,并于同年2月在德国国内报纸公布该方案,后对方案进行局部调整,1900年正式推出《青岛城市规划》。规划充分结合青岛海滨地形地貌,采用整体自由式与局部格网式相结合的城市空间结构。德国人将西方近代城市规划理念引入青岛,实行功能分区,欧洲人区包括行政区、住宅区、别墅区和商业区四个区;中国人区没有明确的分区,居住区与商业区混杂。为便于统治,德殖民当局又把青岛划为内外两界,外界为李村,内界为青岛。内界即租界内的市区,共分为九小区,其中城市四区,乡村五区。德国汉堡工业大学教授华纳认为:青岛城市规划者从正反两面借鉴了香港和上海的经验,在城市布局中引入富有弹性的功能分区观念,使青岛在开埠初就明显优于大连等城市。

1.1.2《青岛市区扩张规划》(1910年)

为实现青岛的“快速发展”,德国殖民当局1910年在原有规划的基础上制定了《青岛市区扩张规划》,规划范围扩大了4倍,约80平方公里。该规划的目标是将青岛建设成为集港口、交通、商贸和经济于一体的商埠贸易城

图5　1913年青岛城市建设现状

图6　青岛火车站

图7　原提督楼（迎宾馆）

市。规划依托胶济铁路和港口，沿胶州湾东岸自南向北发展，形成南北狭长的城市格局。1912年德殖民当局取消华欧分区的禁令，华人开始进入青岛城区居住，同时将内界九区合并为青岛、大鲍岛、台东镇、台西镇四个区。至1914年城市格局初具规模，城市风貌基本形成。

1.2　重视港口和铁路的建设

为长期经营青岛，德国殖民者在青岛进行了大规模建设，并且非常重视港口和铁路的建设。修建了青岛港，通过现代化的、规模宏大的港口设施促进海运事业的发展；筑造了胶济铁路，从而更方便地掠夺中国资源。

德国人将青岛港辟为自由港或自由区，向世界各国开放。青岛港的修筑，为青岛的贸易提供了有利条件。青岛港的贸易总值从1901年的3985845海关两，发展至1913年的60448850海关两，13年中增长了15倍，其增长速度之快，是全国所有其他通商口岸不能企及的[12]。胶济铁路于1899年9月开始修建，至1904年6月全线通车，是从青岛至山东省会济南的铁路，全长384公里，共设有55个车站，共投资5290万马克。铁路实行灵活的运价制度，即在同样的运输距离和运输货物的情况下，胶济铁路当局根据货物运输方向的不同而差别收费，铁路主要用于购买德国生产的机车和相关材料。

1.3　绿地和市政设施建设标准较高

德国殖民当局为树立"样板殖民地"的形象，非常重视城市绿地系统的建设。殖民当局设立了专门的"林务署"，掌管植树造林和新树种的培育。1906年，在总督府前建小型公共游园，这是青岛第一座公园。到1914年，青岛地区共有官林约2600公顷，民有林约6500公顷，海岸防风林约860000公顷，水源涵养林2000公顷，街头公共绿地7处，较有规模的公园3处[10]。

德国殖民者对市政设施的建设非常重视，而且市政设施的建设标准也比较高。从1898年起，先后建设了上百个大型工程项目，涉及自来水、电力、电讯、交通等，例如1900年在今广州路一带修建了发电厂，主要路段也配制了路灯等照明设施；1899年开始建自来水设施，不断开辟水源地；构筑城市排污、管道系统等等，城市环境发生了显著的变化。德占时期给排水系统完全为暗渠式，欧洲人区采用雨污水分流制，并按区域设有排水泵站，由泵站将污水集中加压排入远海。德国人建设的给排水系统，至今仍运行良好，为保证城市的正常运行发挥着重要作用。

1.4　道路系统建设独具特色

青岛属于丘陵地形，德国殖民者结合青岛实际的地形地势，同时融入西方道路系统规划的理念，对青岛的道路系统进行规划设计及建设，使得青岛的道路建设与其他城市相比独具特色。青岛的道路随地形高低起伏蜿蜒展开，既不同于中国传统城市的棋盘式道路网，也不同于西方传统城市的放射式道路网形式，具有较高的技术性、艺术性和经济性。

1.5 建筑以欧式风格为主

德国在建造房屋方面有如下规定：盖房前，必须先向工务部出示详细的房屋图纸和构造设计。欧人区建筑高度不得超过3层，建筑高度不超过15米，建筑面积不得超过宅基地面积的60%，邻舍中间之距离至少3米，有窗立面至少相距4米。立面形式不得重复，建筑风格须具有欧洲文化特点。这项规定的施行确立了德占时期青岛的建筑风格，即以欧式风格为主的建筑风格。

这些欧洲风格的塔尖、梯形瓦屋面和青岛花岗石块的有机结合，形成特有风格和标志，在青岛一直影响至今[9]。青岛成为建筑与自然环境完美结合的典范[8]，城市空间比例关系非常舒适宜人，青岛开始具有欧洲小城镇的风貌了。

2　日据时期的城市建设（1914～1922年）

1914年11月7日，日本取代德国占领了青岛。起初，日本宣布施行军政，设青岛、李村两军政署，对青岛及胶济铁路沿线实行军事殖民统治；后来，为便于长期"合法"统治，日本又宣布改军政署为民政署，在访子、张店等地设立民政分署，对居民进行严格的控制和掠夺。日本将德人在青岛和山东的房产、土地、工厂、港口、铁路、矿山等全部霸占。日本凭借武力，在青岛进行了掠夺性的开发建设。

2.1 继承德国模式进行城市建设

日本帝国主义占领青岛后，继承德国人的城市规划模式，在原有规划的基础上，于1918年对青岛市区进行了扩张规划，恢复因战争毁坏的城市建设部分。新规划的市区沿胶济铁路和胶州湾东海岸向北展开。到1922年，青岛市区规模较德占时期扩大3倍，青岛由商贸为主的港口城市转变为以轻纺工业为主要特色的港口城市。

2.2 大规模建设工业区，积极发展纺织业

日本占领青岛之后，为最大限度地掠夺资源，大力发展工业，在四方、沧口沿胶济铁路大规模建设工业区，不但重工业有所扩充，而且轻工业特别是纺织工业发展迅速。在占领青岛后的几年中，日本就在青岛和胶济铁路沿线设立了60多个门类的3000多家工厂，资本总额达5400万银圆左右[11]。先后投资开设了内外棉纱厂、大康、富士、隆兴、钟渊、宝来等纺织企业。到1922年，日本在青岛的企业资本在50万元以上的就有80家，纺织业拥有职工1.3万人，占当年青岛市工人总数的60%[6]。特别是国民政府管理青岛后，青岛的纺织业成为比肩上海、天津而闻名的重要经济城市，有"上、青、天"之称。

2.3 建筑以日式风格为主

日本侵略者对青岛城市建设的目的主要是资源掠夺和文化渗透，因此，除建设了大量工业建筑外，还建设了不少文化建筑，如鱼山路日本中学、日本女子中学、劝业

场、医院、日本居留民团等。此时期的建筑以日式风格为主，多采用日式市镇公共建筑形式。同时，由于受德国建筑风格的影响，模仿建造了一些德国式日本味的杂乱建筑形式，城市出现"西洋"、"东洋"混杂的融合体。

3　北洋军阀及国民党统治时期的城市建设（1922～1938年）

1922年12月10日，青岛主权收回后，置于北洋军阀的统治下。这一时期，北洋政府面临的是对日的接收工作以及社会秩序的稳定，因此城市发展处于过渡时期。从建筑内容到城市道路、绿化及市政公用设施等，都处于战后恢复阶段。1929年4月15日，南京国民党政府接收青岛政权，结束了北洋军阀的统治，并设立"青岛特别市"，随后又划为中央直辖市。1931年沈鸿烈担任青岛市长，制定了比较合理可行的发展计划，同时，由于政局较安定，青岛的工商业、城市建设和文化教育都有较大的发展，青岛进入全面发展的高潮时期。

3.1 建立较为完善的制度引导城市建设

北洋军阀及国民党统治时期制定了一系列政策法规、行政措施等，尤其是国民党统治时期，通过建立较为完善的制度和机构，包括科学编制城市规划方案、施行《青岛市暂行建筑规则》、成立"青岛市市区工程设计委员会"

图8　1935年《大青岛发展计划》

和"建筑审美委员会"等，多角度地对青岛的城市建设进行了一次比较全面的修补和整合工作。

1935年1月，青岛市工务局颁布了《青岛市施行都市计划案初稿》，对青岛进行了一次长远、全面的发展规划。该方案说明了规划目的、作用和原则，明确了规划范围（将崂山风景区列入规划范围），并首次对未来的城市发展规模进行了预测（预测人口20年内达到100万，用地达到137.7平方公里）。规划根据"工作、生活、交通、游憩"的主题，将青岛定位为"中国五大经济区之一的黄河区的出海口，工商、居住、游览城市"。规划对城市进行了功能分区，分为行政、住宅区、商业区、港埠区、工业区、园林区六大片区，并对各功能区进行了具体规划。规划道路以大港为中心采用放射式和棋盘式相结合的形式，分为快速路、干路、支路三个等级；建立海陆空三位一体的交通体系。同时，规划还制订了保证规划的实施措施，如保护森林、公园，增设广场、运动场，开放沙滩浴场等。继上述规划方案后，1935年青岛市工务局又颁布了《大青岛市发展计划》，这也是对青岛市区做的一次规划方案设想。

上述规划方案从指导思想和主要内容上看，具备比较完整的规划体系和现代城市规划思想意识，有不少合理甚至科学的内容，但因侵华战争的爆发未能实施。然而，其遵循的规划理念和手法是值得我们学习和思考的，同时，也是青岛城市发展史上第一次由国人主导的城市规划试验，反映了现代城市规划在中国从被迫移入到主动选择的发展脉络，是"中国城市规划史上的质变"。

3.2 重视公共设施和平民住宅建设

德租日据时期，城市公共设施不仅为数不多，而且还具有明显的民族歧视色彩，许多公共场所如海水浴场和公园等限制或禁止华人入内。1922年青岛主权收回以后，政府开始重视公共设施的建设，主要设施类型包括文化、娱乐、教育、体育等。

随着外来人口的大量聚集，人多房少的矛盾日渐突出。1930年后，政府开始积极实行平民住房计划，尤其自沈鸿烈担任青岛市长以后，一面整顿杂院、清理席棚，一面兴建平民住所。

3.3 大力发展乡村建设

在1931年沈鸿烈担任青岛市长之前，青岛的规划与管理均采取城乡分治的方法，严格区分市区和乡区，历代统治者都比较重视对市区的建设，而忽视了对乡区的建设。他上任后不久便开始大力发展乡村建设，修建道路，建设通讯、公益设施，推广乡村教育，发展农村工业，普及农村合作社，建立借贷信用体系等。同时，他开创了独特的以都市的力量发展乡村的"都市化式"模式，即针对城市发展需要，制定农村经济计划，从发展都市着眼救济农村。

图9　20世纪30年代从肥城路向东望去的天主教堂

3.4 建筑风格多样，融入中国元素

北洋军阀及国民党统治时期，城市建设量较大，出现了大量的银行建筑和一系列市政公共建筑。这期间的建筑风格较繁，内容较多，西方现代主义建筑继续发展的同时，中西合璧式建筑和具有浓郁民族风格的传统建筑开始大量出现，市区不少地方可以见到八角的亭榭、飞檐的牌坊和城郭式的建筑，使西方建筑基调之中融入了不少民族化色彩。而且这一时期的建筑在选址、考虑城市景观和材料使用上也都结合了当地的自然条件，并积极探索新材料和新技术在建筑中的运用。有些作品至今影响较大，如天主教堂、东海饭店、青岛市水族馆和市运动场等。

4　抗战时期至解放前的城市建设（1938～1949年）

1938年至1949年是青岛历经战争创伤的10年，1938年1月10日，青岛再度沦陷于日本侵略者统治下。入侵日军疯狂掠夺青岛的资源，占领胶济铁路、港口和重要工厂，用高压手段摧残、吞并中国民族工商业，城市建设主要为军事目的服务。1945年8月15日，日本宣布无条件投降，国民政府第二次执政。但由于国内战事，城市建设工作无法正常展开，仅限于恢复因战事毁坏的部分。

4.1 城市建设主要为军事目的服务

日本第二次占领青岛后，侵略的野心和胃口更大。出于长期占领青岛的目的，自占领青岛第二年，即1939年就制定了《青岛特别市地方计划》（即大青岛区域规划，包括胶州和即墨）和《母市计划》（即青岛市规划）。确定大青岛的发展目标是"华北门户、海陆交通要道、军事侵略华北的重要基地，工业基地和观光地"。通过对整个胶州湾范围进行调查研究，确定主要从港口、铁路、道路方面对青岛进行规划和建设，从而将青岛作为日本控制东亚的根据地，承担日本掠夺华北资源的任务。除制定规划方案外，日本帝国主义还大力发展钢铁机械工业，仅大型机械工厂就由战前的7个，发展至1942年的29个[2]。

4.2 建筑风格缺乏特色，建筑质量较差

日本帝国主义为满足占领需求，建设了大量的军事设

施，同时，也非常注重文化的渗透，建设了一些文化建筑。主要建筑有：日本海军司令部，日本海军俱乐部和青岛映画剧场等。但是，日本在进行城市建设时，从不顾及城市景观的要求。这个时期的建筑风格缺少特色，且建筑质量低陋。

5　结语

近代青岛城市建设先后经历了城市形成期（1891～1914年）、成长完善期（1914～1938年）和发展延续期（1938～1949年）三个阶段，人口从1897年的8万余人增长到1947年的759057人，已超过山东省会济南的591490人，是当时全国的八大城市之一[2]。1935年青岛的城市化水平达到57.1%，远高于当时全国的平均水平，市区面积从德国人最早规划建设的5平方公里，拓展到1937年的35平方公里。城市性质经历了两次演化，即由封建的商业贸易繁荣的口岸重镇，沦为殖民地性质的近代商业贸易港口城市，进而又演化为殖民地半殖民地的近代工业港口城市。通过各个时期的城市建设，近代青岛形成了独特的城市形象，即"红瓦、绿树、碧海、蓝天"，成为"东亚最完美之商埠"。

城市建设总是鲜明地体现着服务方向，近代青岛不同时期的城市建设内容和建设重点大不相同。但是，对近代青岛各个时期的城市建设的研究，就现代城市建设而言，具有一定的借鉴和指导意义。比如，近代青岛在城市建设过程中，非常重视城市规划对城市建设的引导和控制作用，在进行城市建设前均先进行城市规划的编制；制定一系列的政策法规、行政措施等，建设和管理城市；重视公共设施和基础设施的建设；重视弱势群体的需求，建设平民住宅等；乡村建设和城市建设并重；注重城市形象的塑造，等等。这些对于现代的城市建设，都具有一定的指导意义。

参考文献

[1]　王涛，张燕. 基于德制规划下的近代青岛城市街区研究[J]. 兰州理工大学学报，2011，37：9.

[2]　李东泉. 近代青岛城市规划与城市发展关系的历史研究及启示[J]. 中国历史地理论丛，2007，02：125-136.

[3]　李东泉，周一星. 城市规划对城市发展作用的历史研究——以近代青岛为例[J]. 新建筑，2007，02：16-22.

[4]　柳敏. 近代青岛平民住房建设与移民的社会融入[J]. 城市史研究，2012，00：57-70.

[5]　李东泉，周一星. 从近代青岛城市规划的发展论中国现代城市规划思想形成的历史基础[J]. 城市规划学刊，2005，04：45-52.

[6]　庄维民. 近代青岛的日资纱厂与区域社会经济变迁[J]. 东方论坛，2008，04：97-104.

[7]　柳敏. 近代青岛乡村建设的缘起与路径选择[J]. 农业考古，2010，06：251-253.

[8]　任银睦. 近代青岛城市基础设施建设与城市现代化[J]. 城市史研究，2002，00：460-474.

[9]　宋连威，李爱华. 近代青岛主要建筑回顾[J]. 山东建筑工程学院学报，1991，02：35-42.

[10]　李彩. 青岛近代城市规划历史研究[D]. 武汉理工大学，2005.

[11]　李宝金. 青岛近代城市经济简论[J]. 文史哲，1997，03：47-53.

[12]　王守中，郭大松. 近代山东城市变迁史[M]. 山东教育出版社，2001.

作者简介

黄浩，女，硕士研究生，青岛市城市规划设计研究院，工程师。

李艳，青岛市城市规划设计研究院，工程师。

黄黎明，青岛市城市规划设计研究院，工程师，注册城市规划师。

魏氏庄园树德堂军事性防御特征及其成因分析

王丽君

摘 要：魏氏庄园是我国清代北方城堡式民居建筑的精品，是我国北方现存的唯一的城堡式庄园，和栖霞的牟氏庄园、大邑刘氏地主庄园、巩义康百万庄园齐名，并称为中国四大地主庄园。其中尤其以最具有军事防御性特征的树德堂而著称，树德堂将具有防卫功能的城垣与北京四合院住宅模式融为一体，既承袭了北方传统建筑的对称、严谨、雄厚之风，又体现出南方建筑空间布局灵活多变之式，形成了独具特色的军事防御性民居建筑风格。本文在分析介绍其具体防御性特征的同时，通过对其所处时代背景的分析，努力寻找在这一民居建筑中采用如此高标准的防御系统的真实原因。

关键词：魏氏庄园；树德堂；军事防御性；黄河泛滥；捻军匪患

1 引言

建筑是历史的组成部分，是人类文明史的组成部分，割断它、跨越它都是违反历史发展的自然规律。深入地了解建筑的每个历史发展阶段的特征，透过建筑形式的改变来认识改变的动机和社会背景，为建立具有民族特色、民族文脉的建筑而努力。

——《世界现代建筑史》王受之

2 魏氏庄园概况

魏氏庄园位于滨州市惠民县城东南30公里的魏集镇魏集村，向南距离黄河约5公里。魏氏庄园是我国北方现存的唯一的城堡式庄园，和栖霞的牟氏庄园、大邑刘氏地主庄园、巩义康百万庄园齐名，并称为中国四大地主庄园。魏氏庄园以其显著的军事建筑特点而闻名，1996年11月20日，魏氏庄园被国务院列为第四批全国重点文物保护单位，文物类型为古建筑。

魏氏庄园由树德堂、徙义堂、福寿堂和徙义堂南马号组成，占地面积32543.8平方米，现保存建筑面积5120平方米。其中以树德堂为核心建筑，包括城垣、住宅、池塘、广场、祠堂和花园，是魏氏家族第十世魏肇庆的宅地，当时聘请宫廷御用设计师参照《清工部工程则例》设计，始建于1890年（光绪十六年），建成于1893年（光绪十九年），建有房子141间，占地面积27613平方米，建筑面积3281平方米。

树德堂将具有防卫功能的城垣与北京四合院住宅模式融为一体，既承袭了北方传统建筑的对称、严谨、雄厚之风，又体现出南方建筑空间布局灵活多变之式，形成了独具特色的军事防御性民居建筑风格。

3 防御性要素分析

3.1 台基

由于位于黄河北岸，距离黄河仅5公里之遥，为防御黄河水患，整幢庄园基础利用东侧挖湖之土垫高一丈有余，使树德堂成了平原上的一座高台，在防御水患的同时为庄园的军事防御提供了高度优势。

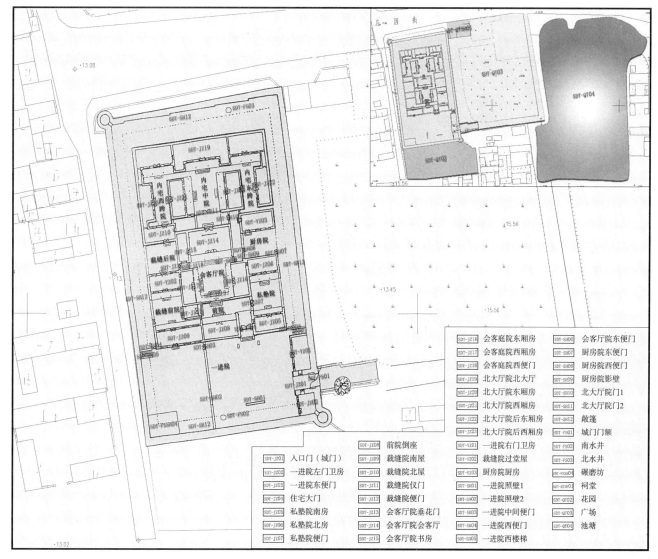

图1　树德堂平面示意图

SDT-JZ16	会客庭院东厢房	SDT-SH06	会客厅院东便门
SDT-JZ17	会客庭院西厢房	SDT-SH07	厨房院东便门
SDT-JZ18	会客庭院西便门	SDT-SH08	厨房院西便门
SDT-JZ19	北大厅院北大厅	SDT-SH09	厨房院影壁
SDT-JZ20	北大厅院东厢房	SDT-SH10	北大厅院门1
SDT-JZ21	北大厅院西厢房	SDT-SH11	北大厅院门2
SDT-JZ22	北大厅院后东厢房	SDT-SH12	敞篷
SDT-JZ23	北大厅院后西厢房	SDT-FS01	城门门额
SDT-YZ01	一进院右门卫房	SDT-FS02	南水井
SDT-YZ02	裁缝院过堂屋	SDT-FS03	北水井
SDT-YZ03	厨房院厨房	SDT-FS04	碾磨坊
SDT-SH01	一进院照壁1	SDT-QT01	祠堂
SDT-SH02	一进院照壁2	SDT-QT02	花园
SDT-SH03	一进院中间便门	SDT-QT03	广场
SDT-SH04	一进院西便门	SDT-QT04	池塘
SDT-SH05	一进院西楼梯		

SDT-JZ01	入口门（城门）	SDT-JZ08	前院倒座
SDT-JZ02	一进院左门卫房	SDT-JZ09	裁缝院南屋
SDT-JZ03	一进院东便门	SDT-JZ10	裁缝院北屋
SDT-JZ04	住宅院大门	SDT-JZ11	裁缝院仪门
SDT-JZ05	私塾院南房	SDT-JZ12	裁缝院便门
SDT-JZ06	私塾院北房	SDT-JZ13	会客厅院垂花门
SDT-JZ07	私塾院便门	SDT-JZ14	会客厅院会客厅
		SDT-JZ15	会客厅院书房

图2　台基

3.2 城垣

将军事防御用的城垣建筑用于民居，是树德堂的显著特点。树德堂外围城垣平面为矩形，南北长84米，东西宽46米，城门、城墙、炮楼、城门楼、武器库等军事防御要素一应俱全。

城门：采用拱券形木制实榻大门，木板结实厚重，外用铁皮包镶，以35路1225颗蘑菇形圆钉加固，两个大铁环分别吊于门的中内侧，在坚固实用的同时显示着城堡的威严。

城墙：墙基厚3.8米，顶部宽1.5米，墙体高10米。结构采用明清城墙的传统模式，内为灰砂三合土夯筑，外表层包砌青砖，墙体还用三层石条进行内外拉接，异常坚固。墙顶部内设女儿墙，外砌垛口，中间为宽窄不一的跑道。跑道下方周围有40个石质泄水槽伸出墙外，用于雨季排水。沿着跑道可绕城墙城顶一周，畅通无阻。

城墙原为内、外两重，现存的是内墙。内、外墙之间的距离是0.8米，用作更道。武装人员沿更道昼夜轮班巡逻，夜间还伴有群犬助威。内、外墙之间架有天罗网，网上系有风铃，起报警的作用。城墙内壁四周设有13个拱券形壁龛，龛内设有上、下两层射击孔，供武装人员对外射击。

图3　城墙

图5　衣橱

图4　炮楼

图6　吊桥

炮楼：在城墙东南角和西北角各设一座半突出城垣之外的炮楼，每个炮楼分上、中、下三层。每层都设有密集的射击孔，用于对外射击。各层根据不同距离的射击目标发挥不同的作用：上层供向外眺望和远距离射击，密集射击孔的控制角度为270度。各层之间楼板中心设有"传话孔"，供及时准确地联络信息。

城门楼：城门顶部设有城门楼，在这里可以瞭望、指挥、协同御敌，武装人员可以在这里进行短暂休息。

武器库：城门两侧建有耳房，左侧耳房是门守所用，右侧耳房供武装人员居住和存放武器。庄园内有着一支精干的武装队伍，备有百余支火枪和大刀、长矛等冷兵器。

3.3 密室暗道

会客厅院：在会客厅院落廊房中有一个特殊的防御设施——暗门，它分别连接私塾院和裁缝院，关上门看似书橱或壁橱。东廊房的暗道直通私塾院，西廊房的暗道通达裁缝院。若遇到危急情况，可用来安全转移，攻防兼备。

在会客厅西山墙上方有一个类似门的窗户，两边都设有活动梯子，既是一个通风、采光设施，也是一个安全通道。会客厅东侧有一个衣橱，可放衣服，还有一个特殊作

用，即藏保镖。当主人在客厅与他人谈生意利益发生冲突受到威胁时，主人发出暗号，保镖们就可立即出来保护主人。

内宅院：内宅院建筑的一个特点是院子、房间既独立又连通。关上门是独立的，打开门则是互相连通的安全通道。并且，北大厅的房子还全部以暗道相通，以夹壁同厢房连着。平时，这些暗道夹壁都是关着的，外观或以壁橱的形式出现，或以古典家具遮掩，只有遇到危急情况时才打开，或撤退，或进攻，能够进退自如，四通八达。

内宅院建筑的另一特点是采用了江南的阁楼形式，下面房间相连，上面阁楼相通。东西两端硬山墙上还设有吊桥与城墙相连，从而缩短了内、外宅的距离。正房的两组木隔断上各设有2个门，其中有一个是暗门，看似壁橱。在东边木隔断靠北边的暗门里边是一个楼梯，从这里穿过二楼可直达城墙进入外宅。遇有特殊情况时，可从此门进去，然后关上门择路而逃。西边木隔断上的暗门，从建筑

上是与东暗道门对称的，从防御功能上可给敌人造成错觉，以利于安全撤退。

3.4 防火防灾

为了有效地防火，院落内所有房子的外廊，在檐椽之上都铺设了厚重的铅板。

为确保饮用水的清洁、无毒，在内宅接水的地方设置了一个鱼缸，进来的水先通过鱼缸，只有缸内的鱼不死，人才可以饮用。

庄园内共有30余间粮仓，可储备大批的粮食。西南隅设有碾磨房，供加工粮食用。庄园内还在城垣大门的内侧院子地下储存大量的煤炭。如果遇到战争或灾荒，也不会影响正常生活。

4 历史成因分析

以上通过对树德堂防御性要素的具体分析和介绍，使我们更为深刻直接地感受到了当初设计者在防御天灾和人为攻击等方面做的系统而充分的考虑，并为这些设计的精细和巧妙而由衷地赞叹。与此同时，我们也不由得产生疑问，建成后的树德堂有没有经历黄河水灾的考验？有没有受到过人为武装的攻击？当初庄园的主人花费如此大的财力修建如此高标准的军事防御体系是否真的有必要？是不是有点过于杞人忧天？这需要我们回到魏肇庆所生活的时代背景去寻找答案。

魏肇庆，魏氏家族第十世，生于1853年，靠在甲午海战时捐白银1000两作军饷，被钦赏为同知职衔，正五品阶。树德堂始建于1890年，并且在此之前魏肇庆遍访鲁北及胶东一带官贵名绅邸宅，都感到不尽如人意，遂去京城寻访，并最终找到宫廷御用设计师完成设计。

1853~1890年时期，正是清朝政府快速走向灭亡的阶段。当时的清政府可以说是内忧外患，外患自然就是资本主义列强的轮番攻击，内忧则主要就是"天灾"——黄河泛滥和"人祸"——太平天国和捻军起义两大问题。

4.1 黄河泛滥

据统计，从春秋时代的周定王五年（公元前602）到1949年新中国建立以前的2500多年间，黄河共决口达1593次，较大的改道26次，重大的改道6次。黄河下游河道经历了从北到南，又从南再到北的大循环摆动。其中决口、改道不计其数。大体上以河南孟津为顶点，在北抵天津、南界淮河的这样一个大三角洲上，都是黄河改道迁徙的范围。

而这6次重大的改道中，最近的一次就发生在1853~1890这段时期内。

清咸丰五年（1855年）8月1日，黄河决口于河南兰阳（今兰考）铜瓦厢，汹涌黄河水分为三股："一股由赵王河走山东曹州府以南下注，两股由直隶东明县南北二门分注，经山东濮州、范县（今属河南），至张秋镇，汇流穿运（运河），总归大清河入海。"

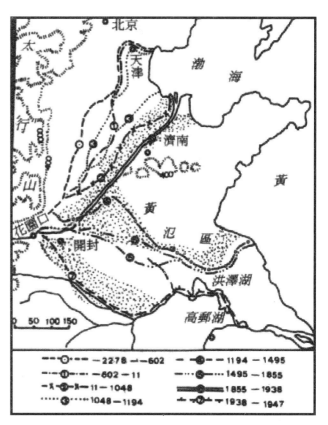

图7 黄河历史重大改道示意图

这是黄河历史上距今最近的一次大改道，黄河北徙改道夺大清河由利津入海，结束了黄河由淮入海的历史。从此，原由豫皖苏鲁四省共同承担的黄河下游水患几乎全都落到了山东头上。

当时，山东全省有五府二十余州县受灾，鲁西南、西北广大地区黄水横流。"济南、武定两府如历城、章丘等州县多陷巨浸之中，人口死者不可胜计。"而黄河改道与一般的自然灾害有所不同，一般的自然灾害大多是一过性或间断性的，受灾民众尚有喘息机会，而黄河改道却不可能在短时间内完成。

从1855年决口到1884年山东黄河两岸堤防修整完成，这30年间山东几乎年年黄水泛滥，即使1884年后，也"无岁不决，无岁不数决"。在晚清的奏折、上谕中，黄河决口后类似"淹毙人口甚重"、"居民村庄.尽被水淹"等记载屡见不鲜。据估计，在光绪二十一年（1895年）至二十三年（1897年）的连续三次大决口中，黄河下游地区死亡人数不下20万，且"膏腴之地，均被沙压，村庄庐舍，荡然无存"。据《山东黄河志》统计，1855年以后，黄河决溢成灾，侵淤徒骇河45次，马颊河7次，北五湖12次。

通过以上资料我们不难看出，在树德堂建设前的30多年，正是历史上黄河改道、河水泛滥、山东受灾最为严重的一个时期，即使在其建成后，也经历了多次黄河水灾的冲击。这说明在当时的背景下，庄园对于防御洪水的设计和考虑是十分必要的，且设计和施工必须是高标准的，不然今天我们就无法看到这样一座保存完好的庄园了。

4.2 捻军匪患

魏肇庆出生的1853年，捻军在太平天国（1851年起义）影响下发动大规模起义，成为一支长期活跃在长江以北皖北、苏、鲁、豫三省部分地区的反清农民武装势力，直至1868年被清政府镇压。

在捻军的发展过程中，1855年的黄河改道起到了重要的推动作用。改道之前，黄河是阻止太平军和捻军北进的一道天险，山东南部诸县"时皆在黄河以北，兵民晏如，逍遥河上，恃以为固"。而黄河自兰阳漫口之后，"下游自下北缺口以至曹县，旧河数百里无涓滴之水，俨然平陆，可以万众驰骋"。由于黄河天险尽失，捻军北进再也没有不可逾越的屏障，山东遂成捻军活动的主要区域，"东省捻氛甚炽，曹州、兖州、沂州、泰安、济宁等属二十六州县，均有匪踪出没，济宁、兖州、泗水均各被围"。遍地的灾民迅速集结为各种类型的反清武装力量，其中与黄河改道直接有关的就有幅军、长枪会、河套军、白莲教起义等，把山东搅得"糜烂无遗"。

1868年，时值魏肇庆15岁，捻军打到惠民，魏家曾捐青蚨筑圩而御。即使捻军被镇压以后，社会动乱丝毫没有减弱，处于鲁冀两省交界的鲁北更是匪盗横行，劫富事件频出。庄园开始兴建前两年，即1888年，就有"巨盗"夜

入魏宅，给魏氏族人心中留下了长久的余悸。

由此可见，连年的洪水灾害，太平天国、捻军等大规模的农民起义和四处盛行的匪盗，在如此动乱的社会环境下如何使魏氏家族安全地生存下去就是魏肇庆首要考虑到问题，这也就不难理解为什么要在树德堂的设计中采用如此高标准的军事防御体系了。

5 总结

以上详细地分析了魏氏庄园树德堂的军事防御型要素，并结合当时所处的社会背景，更深入地了解了采用如此高标准防御性设计的时代必要性。这其中，一方面让我们感受到了前人在防御性民居设计方面的高度智慧，另一方面更让我们深刻领悟到社会环境和时代变化对于民居建筑的建造和发展所产生的重大影响。

参考文献

[1] 王绚. 传统堡寨聚落防御性空间探析[J]. 建筑师，2003，（4）.

[2] 陶斌，高宜生，邓庆坦. 山东清代城堡式民居——魏氏庄园建筑特色探析[J]. 华中建筑，2012，（3）.

作者简介

王丽君，女，滨州市规划设计研究院，工程师，注册规划师。

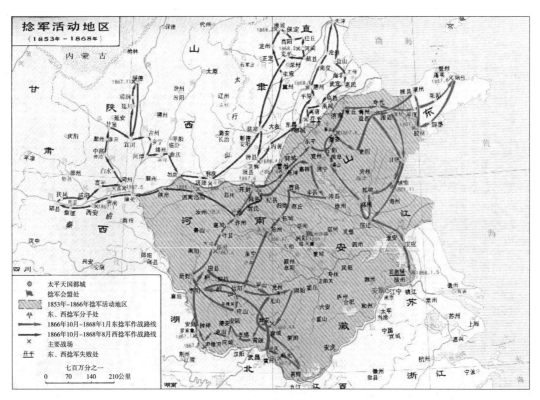

图8　捻军活动区域示意图

现代城市居住建筑舒适化设计

张蕊 张立杰 国伟

摘 要：随着建筑设计和技术的逐渐成熟，人们对居住建筑的舒适性的要求越来越高。当代居住建筑中出现的问题也越来越多。如何通过设计来提高建筑的质量，增加舒适性？本文针对城市中高层住宅，从规划景观到各功能居室来分析居住建筑的舒适化设计。

关键字：城市；居住建筑；舒适化设计

在当今的建筑市场中，居住建筑一直占据着举足轻重的地位。随着建筑市场的逐渐成熟，使用者对居住建筑舒适化的要求也越来越高。

在实际工程中，很多项目由于工期紧张等原因，导致设计粗糙，人性化、舒适化缺失。这些问题影响了居住建筑的整体品质，而其中的很多问题，从设计阶段即可避免，从而大大增加整体的舒适性。

现针对城市居住建筑的中高层住宅，进行舒适化设计的探讨。

1 居住区内规划与景观的舒适化设计

中高层住宅目前成为城市中各个居住社区的主导，规划设计和景观设计直接影响到了居住区内住户的户外生活质量。因此，舒适化设计应该在规划阶段就深入进去。

景观设计的舒适性与实用性设计。房地产商作为居住区销售盈利的主体，会高度重视景观设计的效果。高低错落的树植栽培、趣味生动的小品广场，再搭配装修精致的样品房，成为销售环节中至关重要的宣传手段，并以低成本、效果明显、视觉冲击力强等特征，而备受青睐。但这些局限于前期销售的设计往往考虑不够长远，并未完全考虑使用者的长期要求，就会存在各种不舒适的使用体验，使景观设计停留在"看上去很美"的水平，并不能达到舒适化的要求。

那么规划和景观的舒适化设计应该如何体现呢？笔者认为，以下几点应该在设计中加强考虑：

（1）规划设计中注重人车分流。人车分流在现在的规划设计中，是非常重要的一个点。人车分流将人们的行动路线做了划分，明确了各自的路线，从而避免不同人流之间的相互交叉。规划设计中人车分流设计得合理，就会大大增加居民活动的安全性。

（2）注意活动群体的使用要求。居住区内住户分布在各个年龄段，特别是大型的居住小区，应充分考虑老年人和儿童的特殊需求。

场地的铺装应均匀平整，不宜采用光滑的石材等铺设，要有一定的防滑措施。场地内高差处应有提示标示，尽量避免一步台阶，可用缓坡过渡。

有条件的居住区可以设计专门的儿童活动场地，布置沙坑、滑梯等安全性较高的公共儿童活动器材。在儿童活动区内，宜设计家长等候区，便于陪同的家长等候休息。儿童活动区也可与公共器材活动区结合设计。

无障碍设计要完整并且充足。

（3）居住区内宜设置1～2个集中的活动场地。场地宜相对规整，用以进行一些集体性的户外活动，如跳舞、太极拳等。在规划设计中，设计集中的活动场地，要充分考虑与各个住宅楼之间的间距，不宜与单元楼过近，以免造成声音上的干扰。同时，场地中应配套设计一定数量的电源和安全插座，为参加活动的居民提供播放音乐等服务。

（4）散步道的舒适化设计。散步道在规划里经常与景观结合设计，散步道的舒适化设计也存在很多的细节。

防滑措施首先是必不可少的，同时要做好无障碍设计。散步道不宜布置过多，小高差尽量以平缓斜坡来代替踏步。必须设置踏步的地方设置标识，或者台阶用不同颜色来起到提示作用。

散步道宜长而幽转，避免漫长而笔直的散步路线，应围绕居住区内的绿化景观布置。散步道两侧的植物要有多样性，丰富有趣但不过于密集。在适当的距离应设置休息座椅方便停留。局部设计小的交流场所，设计桌椅等方便打牌下棋。

散步道应与居住单元门口有很好的衔接，方便出入。散步道局部可以与连廊、廊架等结合设计，避免恶劣天气户外活动的不利影响。

散步道的岔口也不宜设置过多，设置明显的指引标志，以免老人和儿童迷路。

2　户型内各功能房间的舒适化设计

2.1　门厅

门厅是从户外进入室内的必经之路，兼具交通和停留的功能，也有储物的需求（鞋、衣服、包、钥匙等）。因此，在设计时，要尽量考虑好放置鞋柜和衣柜的位置，不与门的开启发生冲突。

2.2　起居室

起居室的主要功能是满足住户的家庭活动，或是招待宾客。其舒适性直接关系到住户的生活质量。

起居室作为家庭活动的主体，电视、沙发是必不可

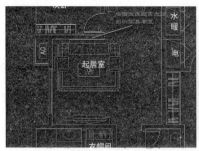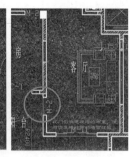

图2　起居室

少的，因此在设计中，就要保证有一定长度的直线墙段来满足家具、家电摆放的需求（住宅设计规定不得少于3米）。必要时，可在局部设置虚墙来增加连续墙面的长度，以保证家具的舒适摆放。

2.3　餐厅和厨房

（1）餐厅是家庭成员的进餐场所，也具备招待宾客用餐的功能。在长期的设计及用户的体验中发现，餐厅与起居室的空间连通时，使用感觉较为舒适。视线相互通透，有增大公共空间的效果。另外，餐厅的设计过程中，应该有一定完整的墙面，用以布置使用频率比较高的餐边柜。

（2）厨房的主要功能是进行烹调、配餐及储藏，与餐厅有密切的使用联系。在设计中，尽量加大厨房与餐厅的接触面，使厨房的长边与餐厅相接。同时，厨房的门选择推拉门要好过平开门。这样设计的主要好处有：a. 可同时满足厨房开敞与封闭的要求；b. 视觉上能够形成比较开敞的扩大空间；c. 可以使厨房的台面呈现U形布置，台面连续，储藏空间也会相应的增大。

（3）注意门窗开启的方向与厨房各用具之间的关系，防止门窗开启被设备阻挡的尴尬情况出现。

2.4　主卧室

主卧室是满足家庭主要成员睡眠需求的空间，但其功

图1　门厅

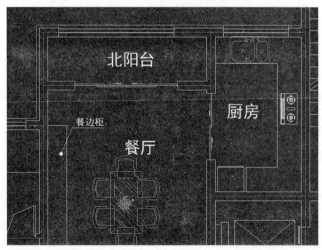

图3　餐厅和厨房

图4 窗台

能却不仅仅局限于睡眠，同时还包括储藏、更衣甚至工作的需求。其功能要求私密性较高，不受其他房间活动的影响。作为最主要的休息房间，其对舒适化的要求也相对较多。

（1）主卧室的开间不宜过小。主卧室通常情况下都是布置双人床，出于舒适的需求，现在很多家庭会在双人床床尾增设床榻，用于放置更换衣物等，主卧室的墙上增设一台电视。过小的开间会使功能局促，摆放家具、家电后剩余空间太小。因此，相对于其他卧室，主卧室的开间一般为最大，轴线尺寸不宜小于3300毫米。

（2）主卧室的家具摆放，除双人床、床头柜等，还应考虑其他个性家具的空间。比如婴儿床、熨衣板、缝纫机、书桌。

（3）主卧室因为私密性较强，同时需要相对不受干扰，因此，较大的户型（130平方米以上），可以考虑设计单独的卫生间，有条件的情况下设计衣帽间，会大大增加主卧室的舒适性。

（4）在很多南向的卧室中，设计有飘窗。很多飘窗在使用过程中，存在难于开窗的情况，通常需要攀爬到飘窗上才能开窗。在设计过程中，可适当降低窗台高度，同时进深也不宜过大。舒适的飘窗设计，可以给居室的后期装修等带来更多情调。

2.5 次卧室

次卧室在不同家庭中具有不同的作用，由于家庭结构的不同，次卧室应该能满足儿童房、老人房、书房、客房、保姆间、兴趣室等不同的要求。因此，要能满足其多变的功能，规整的方形更能适应不同家具摆放的需求，不宜设计异形空间。

随着二胎政策的放开，传统的核心家庭结构也发生了变化，子女由1个变为2个的家庭越来越多，相对的家庭中帮忙带孩子的老人或保姆也会在家庭中占据一定的空间。因此，四室户型的需求度越来越高。在设计中，就要充分考虑四室设计的可能性。

2.6 卫生间

卫生间也是户型中重要的公共使用空间，主要承载着洗漱、清洁、如厕的功能，它的舒适化设计主要体现在以下几个方面：

（1）卫生间应尽量开设明窗。开设明窗的主要作用是能够直接对外通风和采光。直接对外通风可以增加空气流通，排除异味和潮气，而采光则保证了视觉上的明亮

左图窗位置过高，导致吊顶后吊顶遮挡部分窗户；右图水管位置过低，开窗位置也过高，也影响吊顶后窗户的使用。

图5 卫生间窗的设计位置

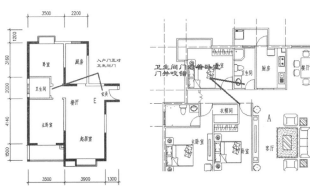

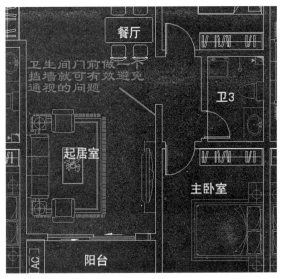

图6 卫生间门的设计

感，增加了安全性。

（2）卫生间的布置宜干湿分离。最湿的淋浴空间若不与其他功能空间分离，水会四处蔓延，导致干燥区域也遍布湿水，进出卫生间任何区域都会沾湿鞋底，造成不便。干湿分区会增加使用卫生间的舒适性，不必在进行洗手等简单的使用时沾湿鞋底。

（3）卫生间窗的设计位置应考虑吊顶的影响。

（4）卫生间的使用也具有很高的私密性，因此，门的设计要格外注意，避免视觉通视造成的尴尬与不便。

2.7 阳台

（1）阳台的设计要考虑地域性，如北方，冬季寒冷，风沙较大，开敞式阳台就远不如封闭阳台舒适。

（2）结合餐厅或厨房设计服务阳台，用于储藏、放置生活物品和杂物。服务阳台放置的物品种类多且杂，设计时可适当考虑洁污分区。

（3）较大户型，南向阳台可考虑分成景观阳台和生活阳台。景观阳台的主要功能是休闲娱乐，种植花草。生活阳台负责洗涤、晾晒衣物。分开设置可以避免晾晒内衣等物品造成视觉上的尴尬。生活阳台要充分考虑到洗衣机的位置，设计上下水，为其使用功能提供必要的设计。

3　配套水电暖设备的舒适化设计

（1）由于科技的不断进步，越来越多的新兴家电进入到生活中。家里四处拖着接线板不但舒适性上大打折扣，安全性上也存在着巨大的隐患。因此，户型设计中，电气设计要充分考虑用电设备的发展性。厨房、卫生间中，小家电众多，要有充足的插座以供使用。同时，设计时要充分考虑各种电器的使用高度。

（2）出于舒适性的考虑，厨房内可以考虑预留空调电源和插座。

（3）卧室宜设计双控开关，方便进出卧室门和躺在床上的双向控制灯具。同时，主卧室也应考虑多种个性需要，如缝纫机、熨斗、加湿器等家电的用电需求。

（4）空调板的安放位置，空调机位的凹槽布置不当，使室内的使用功能受到影响。

（5）照明开关面板的布置位置给使用带来不便。

如图7户型的强电箱、电闸空气开关和弱电箱及接线端子全部布置在客厅最里面的墙上，这面墙可能作为电视背景墙，或者作为沙发的靠背墙，电箱放置在这里极其不安全，并可能存在安全隐患（总开关电流极大）。同时，也给业主们的用电操作带来极大的不便（电箱埋在电视墙里或者在沙发后面的墙上，开关电闸成为问题）。

解决办法：其实在电气设计中，只要切实考虑到住户的具体使用要求，变换一下位置，就会比较方便实用。强电箱、电闸空气开关和弱电箱等布置在入户门附近的墙上

图7　开关面板的布置

比较合理。

4　公共空间的舒适化设计

（1）现在高层建筑越来越普遍，邻里交往成了一个问题。在设计中，可以在首层设计一个相对大的门厅，增加交往空间。高层走廊部分，可以局部扩大，形成邻里交谈的场所。

（2）在中高层住宅中，垃圾的处理也是一个问题。在上班高峰期，很多住户会在这个时段拎着垃圾乘坐电梯，在电梯中造成交叉污染。可考虑在楼梯间设置垃圾暂存间，由物业派专人到各层清扫收集，避免乱放造成污染。垃圾暂存间的布置宜远离入户门，设计在楼梯平台处为宜，可设计排风扇和通风孔，最好设上下水方便打扫。

（3）首层等出现不等跑楼梯的情况时，宜将入户空间设计得相对宽敞。

总之，随着建筑技术的成熟，一个合格的居住建筑，不仅要考虑大的方面，还要考虑细节，以达到舒适化的要求。只有综合全面地考虑、深入地研究，及时与其他专业沟通配合，才能保证整个设计的质量，满足舒适化的使用要求。

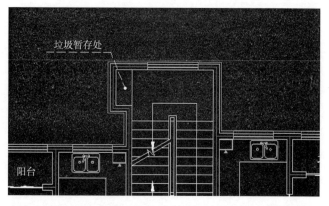

图8　垃圾暂存间的设置

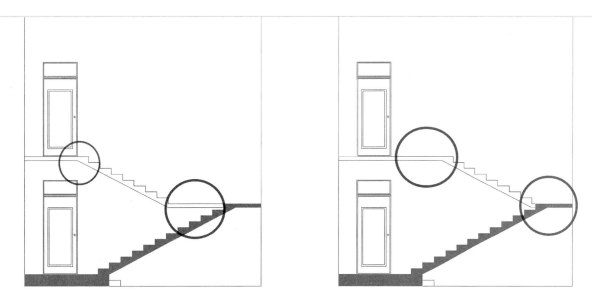

住宅建筑中，入户处为了保证2.2米以上门洞高度，往往会采用1～2层楼梯长短跑的形式，左图中考虑欠佳，将层间平台加长，台阶踏步距离二层的入户门太近，使入户空间局促。右图中只是简单地将二层入户的平台加长，就有效地解决了这个问题。

图9　入户空间的设计

参考文献

[1]　GB50016-2014，建筑设计防火规范[S].

[2]　GB50096-2011，住宅建筑规范[S].

[3]　GB50763-2012，无障碍设计规范[S].

[4]　周燕珉. 住宅精细化设计[M]. 北京：中国建筑工业出版社，2008.

[5]　周燕珉. 住宅精细化设计Ⅱ[M]. 北京:中国建筑工业出版社，2015.

作者简介

张蕊，女，本科，山东省滨州市规划设计研究院，工程师。

张立杰，山东省滨州市规划设计研究院，工程师。

国伟，山东省滨州市规划设计研究院，工程师。

就近居住，同城养老
——滨州市老年人居住建筑调研报告

周军　曲秀峰　卞士雷　舒翠凤　张川　解忠娟　韩娜　郭京京　许学婷

摘　要：我国人口老龄化发展具有速度快、高龄与失能老人数量多、"未富先老"等显著特征，社会养老服务压力较大。滨州市孝文化源远流长，在社会养老服务体系尚不健全的现阶段，与家庭紧密联系的就近居住、同城养老模式将成为大部分家庭的选择。就近居住、同城养老能更有效地降低社会养老成本，提高居民生活质量。政府应正视就近居住、同城养老的发展趋势，客观认识其社会价值，通过科学编制老年住房专项规划与养老服务设施专项规划，切实做好住房适老化设计与改造等措施推进就近居住、同城养老的发展。

关键词：老年居住建筑；就近居住；同城养老；调研报告

1　引言

滨州市是汉孝子董永的故乡，家庭养老有着浓厚的群众基础。住是养老的重要内容之一。2013年滨州市开展了题目为《同城养老住房政策研究》的社会科学规划课题研究工作，采用问卷调查、访谈等方式，了解滨州市老年人住房和养老现状，分析滨州市未来的养老方式特点以及居住建筑的发展趋势。本文是在此基础上编制的老年人居住建筑调研报告。

根据人口年龄构成、户籍地分布等因素，滨州市规划局对滨州市（含滨城区、开发区、高新区）市民家庭进行了问卷调查。此次调查发放问卷6500份，回收率64.28%，有效率75.13%，有效问卷中涉及4854位老年人的相关信息。据滨州市公安局提供数据显示，2013年底滨州市（含滨城区、开发区、高新区）60岁及以上人口11.50万人，4854位老年人占60岁及以上人口的4.22%，此次问卷调查数据有一定代表性。

2　老龄化现状

1999年我国进入人口老龄化社会，具有老龄人口基数大、发展速度快、"未富先老"的显著特征。中国社会科学院《中国财政政策报告2010-2011》指出，至2030年中国将成为世界上老龄化程度最高的国家[1]。

2013年底滨州市老龄化水平高于全国3个百分点，空巢和失能老人数量庞大，空巢家庭占老年家庭总数的50%左右，农村失能老人达到20%，城市失能老人达到14%。受计生政策影响，大多数家庭逐渐需要赡养4~8位老年人，届时将面临前所未有的养老挑战。

3　养老服务现状

居家养老是绝大多数老年人的选择。问卷数据显示，滨州市老年人居家养老的比率高达99.5%。

社区养老刚刚得以发展，主要为老年人提供日间照料、膳食供应、健身娱乐、短期托养等服务。

近几年，随着失能、半失能老年人数量的大幅增加，生活照料、医务护理的需求逐渐增强。受家庭小型化影响，家庭照护人员少，外聘人员薪酬高，经济难以承受；另外，养老机构大多因失能照护工作重、专业人员少等原因不为失能老人提供服务，失能老人的照护需求得不到有效满足。

滨州市存在高端养老服务设施缺乏与低端养老服务设施床位空置的尴尬局面。滨州市中低端养老服务设施功能单一，主要提供饮食起居等极其简单的医疗护理。由于服务内容少、标准低，不能满足老年人对养老服务机构在医疗、教育、娱乐等方面的要求，导致老年人入住意愿较低。以养老院为例，总设计床位1186个，截至2013年底，实际入住老人只有626个，使用率仅为52.78%；高端养老服务设施因其优越的环境、完善的设施、高标准的服务等因素，仅仅针对高收入老年人消费，服务对象有限。受经济条件影响，滨州市没有高端养老服务设施。

4　老年居住建筑现状与问题分析

老年居住建筑指老年人居家与养老机构中使用的居住建筑，根据《老年人居住建筑设计标准》的解释，包括老年人住宅、老年人公寓及养老院、护理院、托老所等。本报告中，将老年人住宅、老年人公寓合称为老年人住房，将养老院、护理院、托老所等合称为养老服务设施。

4.1　老年人住房现状

滨州市老年人现居住房多为普通住宅，老年公寓仅有一处电梯楼房，适老化措施少。

4.1.1多为平房与无电梯楼房

问卷调查中滨州市（含滨城区、开发区、高新区）老年人家庭现住宅为平房的占老年人住宅总量的67.65%，这与滨州市乡镇人口高于市区人口、乡镇居民住宅多为平房有关；无电梯住宅占住宅总量的28.79%；带电梯住宅仅占住宅总量的3.56%。

4.1.2无电梯住宅层数以一、二层为主

老年人无电梯住宅层数以一、二层为主，一层的住宅占无电梯住宅总数量的43.08%，二层的住宅占无电梯住宅总数量的25.87%，三层的住宅占14.00%，4层及以上层数住宅的占比逐渐下降。

4.1.3多建于2000年以后

滨州市建市于1982年，20世纪八九十年代住房建设数量变化不大，但2000年后随着城市规模的扩大、新城的搬迁，住房建设数量有了较大增长，尤以楼房建设明显。问卷数据显示，老年人现居住宅中建设于2000年以后的楼房数量是所有年份中老年人楼房住宅总量的54.40%。

4.1.4多为保障性住房与安置房

老年人楼房多为保障性住房与安置住房，这两类住房占老年人住宅总量的43.96%。另外，商品房29.74%，其他住房占22%，未选择占4%。

4.1.5多为老年人自有产权的独立住房

据滨州市"六普"统计数据分析，滨州市完全是老年人家庭的户数至少占老年人家庭总户数的41.21%。滨州市老年人多独居。调查问卷统计数据显示，滨州市区老年人居住情况中，一人或与配偶独居家庭占市区被调查老年人家庭总量的54.66%，与家庭成员同住一起的占41.81%，居住在养老机构的占0.49%，其他情况占3.04%。老年人拥有独立住房的比例较高；市区老年人住房产权情况中，属于老年人所有权的住房占64.77%，属于子女产权的占29.64%，其他占5.59%。老年人拥有自有产权住房的比例较高。

4.2　养老服务设施现状

家庭养老是我国的传统养老方式。因此，多年来养老服务设施以敬老院、福利院为主。随着人口老龄化的发展、《社会养老服务体系建设规划（2010-2015）》的出台，养老院、老年公寓、日间照料中心等养老服务设施在政策支持下陆续得以发展。

4.2.1多建设或运营于2010年以后

以滨州市（含滨城区、经济开发区、高新区）为例，至2013年底，养老服务设施共24处。其中运营于2000年之前的设施仅有9处，其他15处设施均在2010年之后建设或运营。

4.2.2多为平房或由既有建筑改造而成，居住面积标准低，配套设施少

至2013年底，滨州市（含滨城区、经济开发区、高新区）养老服务设施按照《老年人居住建筑设计标准》GB/T 50340-2003建设的有2处，其他设施均为平房或由既有建筑改造而成。课题组对滨州市（含滨城区、经济开发区、高新区）养老院调查发现，平均每张养老床位建筑面积19.62平方米，其中居住部分建筑面积17.71平方米，医疗、娱乐等设施建筑面积为1.91平方米。《老年人居住建筑设计标准》GB/T 50340-2003规定养老院面积标准（指居住部分建筑面积）不应低于25平方米；《城市居住区规划设计规范》GB50180-93规定社区养老院每床位建筑面积应大于等于40平方米。滨州市养老服务设施建筑标准远远低于规定要求。

4.2.3配建比例小，建设数量少

至2013年底，滨州市（含滨城区、经济开发区、高新区）共有63个社区，24处养老服务设施，平均每个社区仅有0.35处社会养老服务设施。

4.3　老年人居住建筑主要存在问题与分析

4.3.1缺乏适老化措施，较难满足居家养老需求

虽然滨州市老龄化程度高，适老化住宅需求大，但是，目前的住房市场多为普通住宅，没有适老化住宅，较难满足居家养老的需求。老年人只能通过选择平房、楼房的低层来解决生活的不便。

4.3.2老年人改善住房适老化的能力较低

滨州市建市时间短，城镇化水平低于山东省平均水平，老年人大多为城乡居民，经济收入较低。

据滨州市"六普"资料显示，65岁及以上人口主要生

活来源中，领取离退休养老金的占10.03%，依靠自己劳动收入的占28.71%，靠失业保险金、最低生活保障金等其他方式养老的占5.87%，依靠家庭其他成员供养占55.39%。由此可见，依靠外力维持生活的老年人占大多数。问卷统计数据显示，大部分老年人认为，将来购买适老化住宅的花费主要由子女支付，自身收入仅能满足改造现住房之需。

虽然2000年后老年人所居楼房的数量大幅上升，但是多为保障性安居工程住房。该类住房是随着城市规模扩张与旧城改造而出现的新住房，是拆掉老住房通过置换等方式取得的新住房。老年人现居楼房多为保障房与安置房，表现出老年人住宅更换中的被动性，是改善住房适老化能力低下的一种反映。

4.3.3养老服务设施的数量、规模、标准不能满足人口老龄化的发展要求，也远远滞后于经济社会发展水平

养老服务设施的发展速度与政府的重视程度紧密相关。近年来，随着政府工作重点的转移、《十二五养老服务体系建设规划》的颁布、财政资金支持力度的加大，养老服务设施建设取得了快速发展，服务设施配建比例与配套标准逐渐提高，但由于历史"欠账"太多，养老服务设施要能基本满足人口与社会的发展，仍需一定时间。

养老服务设施建设缓慢与传统养老观念也有很大关系。受儒家孝文化影响，人们对机构养老仍存有抵触心理。访谈中，子女认为送老人进养老院是不孝顺的表现，而老人也大多没勇气入住养老院，认为将给子女带来不孝名声。问卷资料显示，现已入住养老机构的老人仅占被调查老年人的0.49%。市民对入住养老机构有抵触心理，是养老机构未得到有效发展的主要原因之一。

5　孝文化背景下的养老趋势

滨州市孝文化源远流长，在社会保障制度、养老服务体系尚不健全的现阶段，老少两家庭就近居住、同城养老将成为大部分家庭的选择。

目前，中高收入家庭多通过购房、租房等方式实现了老少两代人共同生活或就近居住，为老年人提供精神与物质的双重赡养。而有养老压力的普通收入家庭多通过与父母合居或穿梭于老少两家庭甚至奔波两地的方式，解决养老问题。

老少两家庭就近居住、同城养老能更有效地降低社会养老成本，提高居民生活质量。政府应正视就近居住、同城养老的发展趋势，客观认识其社会价值。

6　老年居住建筑的发展目标

为切实发挥家庭在养老中的赡养和扶养作用，城市规划中应实现老年居住建筑两公里内就近居住、三公里内就地养老的发展目标。

6.1　两公里内就近居住

问卷数据显示，户籍地为滨州市城区的家庭中，子女希望与老人同居一套住房的家庭占24%，希望居住距离在一公里内的家庭占48%，希望在两公里内的家庭占14%，希望在三公里及以上距离的家庭占14%。

两公里内就近居住既方便家庭成员间互相照顾，又基本满足滨州市提出的居民出行10～20分钟生活圈标准。

6.2　三公里内就地养老

据调查，入住滨州市（含滨城区、经济开发区、高新区）养老院的老年人中，以养老院附近的居民居多。本街道内老年人占入住老年人总数量的70.03%，其中本社区内的老年人占入住老年人总数量的比重高达47.48%。

老年人养老地点与子女家庭或老人原有住区保持在三公里内为宜。目前，每个乡镇或街道办事处覆盖多个社区，社区半径多在二至四公里，提倡老年人三公里内就地养老，能较好地满足老年人在熟悉的社区环境中步入社会化养老的心理需求，提高养老质量，减少政府与家庭进一步的养老支出。这是以人为本理念下社会化养老服务的发展趋势。

7　老年居住建筑建设对策

老年居住建筑涉及规划、建设、土地、财税等多个部门的工作。各部门应为其提供相应的支持政策。

7.1　规划措施

7.1.1编制老年住房专项规划

政府应在住房发展规划的基础上，编制老年住房专项规划。根据当地老龄化发展水平与养老模式等因素科学预测老年住宅的需求量、供应量及住宅结构，在就近居住、同城养老的指导思想下，科学编制老年住房专项规划。老年住房专项规划应制定老年住房在居住区建设中的配建比例，积极引导老年住房的建设。

7.1.2编制养老服务设施专项规划

政府应根据当地老龄化发展水平与社会养老服务体系建设规划要求等因素在同城养老的指导思想下，科学编制养老服务设施专项规划。养老服务设施应统筹规划、分步实施，高标准的综合配套型与社区配套完善型养老服务设施的建设相结合，形成覆盖全市、区域均衡、层级清晰、全民共享的养老服务机构网络。社区配套完善型养老服务设施应当突出数量大、类型多的特点，每个社区至少一处养老服务设施，实现对于老龄人口的全面覆盖，形成"家门口上的养老院"，满足三公里内就地养老的要求。

7.2　建设措施

7.2.1老年住房建设措施

①新建老年住房做适老化设计。老年住房的建设标准应符合《老年人居住建筑设计标准》，或在此标准基础上做潜伏设计。②住房建设中应合理确定老年住房普通住房面积标准。保障性老年住房普通住房面积控制在60平方米之内，商品性老年住房普通住房面积控制在90平方米内。

③老旧老年人住房积极引导适老化改造。结合滨州市老年人住房使用情况，建议近期主要从多层住宅加装电梯、卫生间改造、住宅无障碍改造等方面做好适老化改造。

7.2.2养老服务设施建设措施

按照养老服务均等化的原则，应加强社区服务功能，配建功能完善的托老所、养老院等养老服务机构，形成"家门口上的养老院"，满足三公里内就地养老的要求。在老区建设中积极利用既有建筑改造为养老服务设施，尽快满足周边老人的养老服务需要；新区建设中，养老服务设施应与住宅建设同步规划、同步建设、同步验收、同步交付使用。

在养老服务设施建设中应大力推进养护型养老机构的建设。

7.3　土地政策建议

7.3.1老年住房土地政策

老年住房一般由政府和社会组织进行建设。政府建设的老年住宅应参照公共租赁住房依法划拨用地；社会组织建设的老年住房应采取招标、拍卖、挂牌、出让等方式以土地有偿使用方式供地，政府应在地价、财税等方面给予适当优惠，政府相关部门应加强监管；政府若回购社会组织建设的老年住房则应按用地面积将土地收回再行划拨供地。

7.3.2养老服务设施土地政策

养老服务设施的供地采取划拨和协议出让的方式进行，政府及相关部门应加强监管，并在地价和财税等方面给以一定的政策支持。养老服务设施若由村居集体进行建设，根据政策要求，在报经有关部门批准后，可直接在集体所有土地上进行建设，也可先将集体所有土地收回国有，再划拨至村居委会。每处养老服务设施用地规模宜控制在45亩之内。

7.4　财税政策建议

各地应根据《关于加强老年人家庭及居住区公共设施无障碍改造工作的通知》要求，尽快出台详细改造办法与计划，明确改造补贴标准，鼓励有条件有需求的老人对现有普通住房做适老化改造。

对购买与租赁同城养老住房的家庭发放相应标准的"就近居住"财政补贴，提高子女与老人就近居住的积极性，更好地发挥家庭在养老中的积极作用。

各级政府应严格按照国家有关规定通过提取土地净收益与福利彩票的一定比例、降低公积金管理费用等措施，有效增加财政对住房保障与养老服务设施建设的资金投入，发挥住房保障与养老服务设施的社会效益。

参考文献

[1] 唐伟杰. 社科院：2030年中国将成老龄化程度最高的国家. 2010-09-10中国新闻网. http://www.chinanews.com/gn/2010/09-10/2526415.shtml.
[2] 高培勇主编. 新型城市化背景下的住房保障[M]. 中国财政经济出版社，2012：123-133.

本文系由滨州市规划局和滨州市规划设计研究院相关同志调研撰写。

山东省非农化与城镇化关系分析

夏鸣晓

摘　要：根据多次人口普查、1%人口抽样调查和统计年鉴数据，通过历史数据，与全国平均水平和国际通用标准对比分析，指出山东省城镇化虽存在一定的非农化支撑能力不足现象，但随着产业结构的优化，不断释放出新的非农就业能力，非农化与城镇化协调性逐步提升。各地区的非农化与城镇化的关系呈现出多样化的类型，整体表现为发达地区较欠发达地区，非农化与城镇化进展更加协调。针对这一特点，从促进产业—就业结构升级、引导生产要素自由流动、分区分类推进城镇化三个方面提出发展建议。

关键词：城镇化；非农化；协调性；区域差异

城镇化是人口和产业在城乡分布、就业结构、生活方式、空间面貌等不断由乡村状态向城镇状态过渡的过程[1]。产业和就业结构的非农化是推动城镇化发展的根本动力，城镇化的经济特征即通过以城镇为载体的非农产业的发展，将农村劳动力转移到城镇和非农产业，实现人口空间转移和产业转换同步进行。长期以来，围绕着经济发展与城镇化率的关系，中国城镇化率"滞后论"在很长时间内曾是研究的热点[2~4]。但传统上的研究一般用人均GDP、工业增加值率、非农产业增加值率等产值指标来衡量；由于产值指标受发展战略、产业特征、外部环境等因素的影响，易出现较大的偏差[5]，如我国与国际一般经验相比，在工业导向的发展战略下，同等的人均GDP具有更高的工业增加值率[6]。城镇化率属于人口结构指标，工业增加值率属于产值结构指标，两者可比性不强[7]。因此，本文从就业结构视角，考察山东省非农化与城镇化的关系。

1　研究思路与数据来源

1.1　基本思路

本文用非农就业率来表示非农化水平，该指标属于人口结构指标，既能反映经济发展的内在特征，又与城镇化率的关系比较稳定，可比性较强[6、8]。判断非农化与城镇化的关系，主要从以下两方面入手：

（1）分析某一时点非农化与城镇化的关系。主要通过与相关地区的比较来分析，其中非农就业率与城镇化率的差是一个很重要的比较指标。根据钱纳里的研究，该指标先降后升，一般在城镇化率50%左右升降发生转折[6]。

（2）比较非农化和城镇化在两个时点之间的变化。如果两者的变化速度相等，则人口的产业转换与空间转移是同时完成的；如果前者的增长速度快于后者，说明农村人口的空间转移滞后于产业转换，造成"城镇化滞后"；如果前者的变化速度慢于后者，则说明人口的空间转移快于产业转换，即"城镇化超前"。

1.2　数据来源

本文中，经济数据采用相关年份的《中国统计年鉴》和《山东统计年鉴》。统计年鉴和人口普查（人口抽样调查）均有就业数据，两个口径虽都有不足之处，但人口普查数据相对更准确。因此，就业数据采用历次人口普查和人口抽样调查数据。

2　山东省非农化与城镇化关系分析

2.1　与全国和发达地区相比，山东省非农化支撑能力相对不足

2010年，山东省非农就业率为45.49%，城镇化率为49.71%，两者的差值为-4.22%，显著低于全国平均水平1.39%，更远低于江苏（17.00%）、浙江（23.61%）、福建（14.63%）、广东（9.25%）等主要跨省人口流入地的水平。根据托达罗的人口流动模型，人口流动是人口对城乡或区域预期收入差异做出的反映。在此基础上，中国学者通过对农村人口流动的大量研究，指出城乡或区域经济发展差距形成推一拉两种力量，是造成城乡或区域人口流动的主要原因。从全国层面来看，山东省经济水平较高，使得本地人口外流较少；非农就业率与城镇化率的差值偏小，说明山东省为外来人口提供非农就业的机会并不充裕。这是山东省人口较少流入、流出，呈现就地就近城镇化的重要原因。

不合理的产业结构是导致非农就业能力不强的重要原因。与我国其他发达省份相比，劳动密集型的第三产业是山东省的主要弱项，2010年第三产业增加值仅占GDP的36.62%，不仅低于全国平均水平，更低于其他发达省市区。第三产业就业人员比重为22.60%，远低于全国平均水平27.51%，而江苏、浙江、福建、广东等省均高于30%。其次，国有经济和重工业主导、中小企业发育不足的工业体系弱化了吸纳劳动力的能力。2010年，山东省第二产业增加值比重为54.22%，高于全国平均水平和沿海其他省市；但就业人员比重仅为22.89%，低于全国平均水平24.16%，而江苏、浙江、福建、广东等省均高于35%，甚至超过40%。因此，必须推动产业结构调整和转型，优化企业产权结构和产业类型，积极培育中小企业，建立就业导向的经济体系。

表1　2010年山东省和相关地区产业结构偏离度情况

（单位：%）

	产值结构			就业结构			非农就业率N	城镇化率U	N-U
	一产比重	二产比重	三产比重	一产比重	二产比重	三产比重			
中国	10.1	46.75	43.14	48.34	24.16	27.51	51.67	50.27	1.39
北京市	0.88	24.01	75.11	5.45	23.64	70.9	94.54	85.96	8.59
天津市	1.58	52.47	45.95	20.43	38.63	40.94	79.57	79.44	0.13
上海市	0.66	42.05	57.28	2.94	42.55	54.51	97.06	89.3	7.76
江苏省	6.13	52.51	41.35	22.78	44.03	33.2	77.23	60.22	17
浙江省	4.91	51.58	43.52	14.75	51.81	33.44	85.25	61.64	23.61
福建省	9.25	51.05	39.7	28.28	37.34	34.38	71.72	57.09	14.63
山东省	9.16	54.22	36.62	54.51	22.89	22.6	45.49	49.71	-4.22
广东省	4.97	50.02	45.01	24.58	43.6	31.82	75.42	66.17	9.25

2.2　非农化支撑了城镇化的快速发展，但支撑作用逐步下降

改革开放初期，农业就业和收入占主导地位，人多地少的基本省情使山东省乡村收入较低、剩余劳动力较多，农村人口具有强烈的进城冲动。1979年启动的农村改革，虽然使乡村经济和就业状况迅速改善，1979~1983年农民收入纯收入年均增长率一度超过20%，城乡收入比下降至1.49（不仅低于同期全国平均水平1.82，也是山东省改革开放以来的最低值），但1984年启动城市改革后，城市经济快速发展，城乡收入比又开始扩大。在乡村经济尚较薄弱的情况下，这使得城镇化具有强大动力，山东省城镇化从而率先进入快速发展阶段。1982~1990年山东省城镇化率从16.11%增长到27.17%，年均增长1.38个百分点，远高于全国年均增速0.66个百分点；城镇化率对非农就业率的弹性系数为8.92，远高于全国的3.69。

到1990年，山东省的城乡关系发生了一个重大转折。首先，山东省城镇化率达到27.17%，首次超过全国平均水平26.41%。其次，山东省农村人均纯收入达680元，略低于全国的686元（1991年即超过全国平均水平）；城乡收入比2.16，低于全国平均水平2.20。从这个时期开始，山东省城镇化速度虽然仍保持较高的水平，但相对优势明显降低。1995~2000年，山东省城镇化率从31.94%增长到38.00%，年均增长1.21个百分点，低于全国平均增速1.44个百分点；2000~2005年，山东省城镇化年均增速（1.40个百分点），只略快于全国（1.35个百分点）；2005~2010年年均增速0.94个百分点，又显著低于全国平均水平1.46个百分点。在这个阶段，就业结构非农化速度稳步加快的同时，城镇化速度却有所下降，非农化对城镇化的支撑作用逐步下降。1990年以后，城镇化率对非农就业率的弹性系数将至1.20，并呈下降趋势。1995年以后，在各个阶段均低于全国平均水平。

2.3　产业结构偏离度先升后降，非农化对城镇化尚有较大潜力

健康的产业结构有利于就业结构与城镇化良好协调。引入产业结构偏离度P来衡量就业结构与产值结构的协调性。产业结构偏离度越大，劳动生产率在各个产业之间的分布越不均衡，说明某一产业的劳动生产率优势难以向其他产业扩散，不利于整个产业的技术进步。

$$P = \sum_{i=1}^{3} |L_i - C_i|$$

其中，P是产业结构偏离度，L_i是第i产业就业比重，C_i是第i产业产值比重。

在农村改革阶段，乡镇企业以轻工业为主。1978~1982年，山东省轻工业占工业总产值的比重从48.61%迅速上升至59.40%，吸收了较多农业劳动力，从而产业结构偏

表2　历年中国、山东省就业结构与城镇化偏差比较

年份	中国						山东					
	非农就业率(%)	城镇化率(%)	N-U (%)	ΔN (%)	ΔU (%)	ΔU/ΔN	非农就业率(%)	城镇化率(%)	N-U (%)	ΔN (%)	ΔU (%)	ΔU/ΔN
1982	26.33	21.13	5.21				19.96	16.11	3.85			
1990	27.76	26.41	1.35	1.43	5.28	3.69	21.2	27.17	-5.97	1.24	11.06	8.92
1995	30.36	29.04	1.32	2.60	2.63	1.01	25.17	31.94	-6.77	3.97	4.77	1.20
2000	35.62	36.22	-0.6	5.26	7.18	1.37	31.21	38	-6.79	6.04	6.06	1.00
2005	41.15	42.99	-1.84	5.53	6.77	1.22	37.19	45	-7.82	5.98	7.00	1.17
2010	51.67	50.27	1.39	10.52	7.28	0.69	45.49	49.71	-4.22	8.3	4.71	0.57

离度较低。1984年城市改革以后，重工业迅速扩张。重工业产值占工业总产值的比重1984年为40.63%，1990年即达到49.17%，1995年超过50%。经济快速发展带来了产业结构的快速非农化；但不合理的产业结构影响了对农业劳动力的吸收，庞大的农业劳动力沉淀于第一产业，从而就业结构转型滞后于产值结构转型，产业结构偏离度呈上升态势，1995年达到最高峰108.87%。

1995年以后，非农产业发展加快，尤其是2001年入世后迎来经济发展的黄金时期，对非农就业的需求快速上升。同时，1995年山东省65岁及以上人口比重达到7.4%，开始进入老龄化社会。随后老龄化程度加深，年轻劳动力比例下降，人口红利逐步消退。2003年首现民工荒，标志着一产就业的压力显著缓解。1995年开始，山东省产业结构偏离度缓慢下降，尤其是2005～2010年从104.25%迅速下降到90.71%。

但必须看到，即使2010年山东省产业结构偏离度下降到90.70%，但仍高于全国平均水平76.47%。随着产业结构的进一步优化，其释放出来的非农就业能力，对支撑城镇化健康发展仍有很大潜力。

表3　历年山东省产业结构偏离度情况

（单位:%）

年份	产值结构			就业结构			产业结构偏离度			
	一产比重	二产比重	三产比重	一产比重	二产比重	三产比重	一产偏差	二产偏差	三产偏差	偏离度
1982	38.97	42.00	19.03	80.04	12.21	7.75	41.07	-29.78	-11.29	82.14
1990	28.14	42.08	29.77	78.80	12.06	9.14	50.66	-30.03	-20.63	101.32
1995	20.39	47.56	32.05	74.83	12.85	12.32	54.44	-34.71	-19.73	108.87
2000	15.22	49.95	34.84	68.79	15.74	15.47	53.58	-34.21	-19.37	107.16
2005	10.69	57.05	32.26	62.82	19.16	18.03	52.13	-37.89	-14.23	104.25
2010	9.16	54.22	36.62	54.51	22.89	22.60	45.35	-31.33	-14.02	90.70

3 省内各地区非农化与城镇化关系分析

3.1 同一时点各地区非农化与城镇化关系分析

从省内各地区情况来看，青岛市非农化对城镇化的支撑作用最好，非农就业率与城镇化率的差为12.54%，远高于全国平均水平，非农就业机会比较充沛，这是青岛市成为跨省流动人口主要集聚地（青岛市集聚的跨省流动人口占全省的28.1%）的主要原因。另外，淄博、枣庄、泰安、莱芜4个地区非农就业率与城镇化率的差也高于全国平均水平，得益于相对发达的非农经济。日照、临沂、德州、聊城、菏泽5个地区非农就业率与城镇化率的差最低，也是山东省主要的人口流出地区。这5个地区虽然城镇化率较低，但由于是传统的农业地区，非农经济起步较晚，非农就业率更低。烟台、威海、潍坊3个市城镇化和经济水平均较高，城乡发展比较均衡，农业和非农业经济都比较强，非农就业率与城镇化率的反差而并不高。

表4　2010年山东省分地区产业结构与城镇化偏差比较

地区	非农就业率(%)	城镇化率(%)	N-U(%)	地区	非农就业率(%)	城镇化率(%)	N-U(%)
山东省	45.49	49.71	-4.22	泰安市	52.08	50.35	1.73
济南市	59.24	64.47	-5.23	威海市	57.42	58.21	-0.79
青岛市	78.35	65.81	12.54	日照市	36.98	47.08	-10.10
淄博市	65.02	63.12	1.90	莱芜市	55.13	51.50	3.63
枣庄市	49.21	47.31	1.90	临沂市	35.53	45.05	-9.52
东营市	57.92	60.02	-2.10	德州市	35.53	43.05	-7.52
烟台市	47.94	55.27	-7.33	聊城市	27.04	36.87	-9.83
潍坊市	44.18	46.96	-2.78	滨州市	43.87	45.71	-1.84
济宁市	36.67	42.97	-6.30	菏泽市	24.19	35.01	-10.82

3.2 不同时点各地区非农化与城镇化关系分析

各地区之间由于自然条件、经济水平、区域位置等因素的差异，非农业与城镇化的关系呈现出较高的差

异。从2000~2010年各地区非农化与城镇化增幅之差来看，青岛上升19.51个百分点，远高于其他地区，另外济南（6.64）、枣庄（6.22）、潍坊（8.28）、泰安（9.24）、莱芜（6.58）等地区也上升较快，呈现城镇化滞后现象。而淄博（-4.23）、烟台（-1.16）、威海（-0.04）、日照（-3.48%）、临沂（-3.99%）、德州（-5.98%）、滨州（-0.15%）、菏泽（-0.99%）均呈下降态势，非农化滞后。

一般来说，非农化与城镇化的协调性是多因素综合影响的结果。其中，远离中心城市和较高的人口密度不利于城镇化的协调发展，人口净流入能显著提高城镇化协调性。对济南、青岛、潍坊等经济比较发达、城乡相对均衡、城镇化基础较高的地区来说，本地乡村人口进城的动力较小，外来人口具有举足轻重的作用，且支撑了非农产业快速发展。从而非农化速度快于城镇化速度，而乡村人口减少较慢，2000~2010年济南、青岛、潍坊乡村人口分别减少6.42%、7.19%和4.5%，远低于全省平均水平13.43%。对欠发达地区而言，乡村经济水平较低，就近非农就业机会较少，乡村人口迫切需要向发达地区和本地城镇转移，从而导致城镇化速度超过非农化速度，且乡村人口减少速度远高于全省平均水平，如临沂、德州、滨州、菏泽乡村人口减少比例分别达到22.91%、16.58%、24.48%和15.96%。

低、非农就业机会较少的欠发达地区，年轻人口外流一定程度上降低了农业剩余劳动力转移的压力，但不利于非农产业发展；且欠发达地区人口自然增长率较高，年轻劳动力供给充足，且多数外出务工者40岁以后仍要返乡[12]，又强化了非农就业不足的压力；近年快速发展的欠发达地区，多以资源型和重工业为主[13]，吸纳劳动力能力较弱，这都导致产值结构转型滞后于就业结构转型。因此，越是发达地区，产值结构与就业结构协调性越高，欠发达地区协调性较差。

从2010年的情况来看，青岛市产业结构最为合理，产业结构偏离度仅为33.52%，远低于同期全国（76.47%）和山东省（90.70%）的平均水平；济南（70.51%）、淄博（62.62%）、威海（69.33%）、莱芜（75.60%）也低于全国平均水平。而济宁（101.46%）、日照（106.48%）、临沂（106.93%）、德州（103.54%）、聊城（118.60%）、菏泽（115.72%），产业偏离度均超过100%，产值结构与就业结构协调性不强。从2000~2010年演变情况来看，大致也呈现出发展基础越好，产值结构与就业结构越趋于协调的特点。而日照（12.82%）、德州（6.02%）、聊城（11.75%）、菏泽（38.18%）4个欠发达市的产业偏离度不降反升，不合理的产业结构制约了非农化对城镇化的支撑能力。

表5　2000~2010年山东省各地区非农化与城镇化变化比较

（单位:%）

地区	非农化增幅ΔN	城镇化增幅ΔU	ΔN-ΔU	地区	非农化增幅ΔN	城镇化增幅ΔU	ΔN-ΔU
山东省	14.28	11.56	2.72	泰安市	20.51	11.26	9.25
济南市	14.80	8.16	6.64	威海市	8.45	8.49	-0.04
青岛市	28.16	8.65	19.51	日照市	8.16	11.64	-3.48
淄博市	6.08	10.29	-4.21	莱芜市	18.63	12.05	6.58
枣庄市	14.34	8.12	6.22	临沂市	13.03	17.03	-4.00
东营市	12.93	11.76	1.17	德州市	8.88	14.86	-5.98
烟台市	8.34	9.51	-1.17	聊城市	12.99	10.53	2.46
潍坊市	14.65	6.37	8.28	滨州市	21.17	21.32	-0.15
济宁市	10.06	8.35	1.71	菏泽市	13.15	14.15	-1.00

表6　2000、2010年山东省各地区产业结构偏离度

（单位:%）

地区	2000年	2010年	变化	地区	2000年	2010年	变化
全省	107.89	90.7	-17.19	泰安市	101.4	76.8	-24.6
济南市	91.17	70.51	-20.67	威海市	71.45	69.33	-2.12
青岛市	75.3	33.52	-41.78	日照市	93.66	106.48	12.82
淄博市	67.69	62.62	-5.07	莱芜市	103.44	75.6	-27.85
枣庄市	96.76	84.32	-12.44	临沂市	114.06	106.93	-7.14
东营市	97.07	76.76	-36.08	德州市	97.52	103.54	6.02
烟台市	92.13	88.77	-3.35	聊城市	106.84	118.6	11.75
潍坊市	100.13	90.25	-9.87	滨州市	109.14	92.22	-16.92
济宁市	107.09	101.46	-5.63	菏泽市	77.55	115.72	38.18

3.3 产值结构与就业结构协调性增强，但区域差异显著

作为一个开放的系统，产业偏离度不仅与自身经济发展密切相关，还与跨区域人口流动、年龄结构密切相关。在山东省，一般来说经济水平较高、非农就业机会较多的发达地区，本地人口非农就业率高，外来人口也主要从事非农产业；人口自然增长率偏低，新增劳动力较少，有利于非农产业产值结构与就业结构协调发展。经济水平较

4　结果与结论

山东省城镇化虽存在一定的非农化支撑能力不足现象，但随着产业结构的优化，不断释出新的非农就业能力，非农化与城镇化协调性逐步提升。各地区非农化与城镇化的关系呈现出多样化的类型，整体表现为发达地区较欠发达地区更加协调的特点。这一特征与自然条件、经济水平、产业类型、区域位置、年龄结构、要素流动等因素都密切相关。因地制宜地制定非农化与城镇化协调发展的

政策措施，是今后工作的重点。

（1）促进产业—就业结构升级，提高非农化支撑能力。产业结构要避免简单地向高技术产业和资本密集型产业转型，要坚持就业导向的思路，着力推动产业结构转型升级，积极壮大非农产业规模，重视中小企业的就业能力，扩展农业的非农化就业空间。要避免区域结构趋同化，根据资源禀赋、人力资本和技术优势，发展具有市场竞争力的新兴产业[14]。

（2）破除体制瓶颈，引导生产要素自由流动。人多地少的基本前提决定提升非农业与城镇化协调性是一个长期过程[15]。未来要破除制约生产要素自由流动的体制机制，引导生产要素按照效率原则自由流动；尤其要确保劳动力随着生产发展和生产结构转变，在行业间和区域间自由转移。

（3）分类指导、因地制宜地推进各地区的城镇化进程。立足非农化与城镇化的区际差异性实行不同的政策。发达地区经济水平较高，能提供大量的非农就业机会，本地人口适合就地城镇化；要吸引来外来人口，积极推动农业转移人口市民化；将技术成熟产业、劳动密集型和资源密集型产业有序地向欠发达地区转移，充分发挥其辐射带动作用。欠发达地区城镇化与非农化双重滞后，应走集中型城镇化道路，重点培育县级以上城市，择优培育中心镇，适度控制小城镇数量，扩大平均规模；推进就地城镇化与异地城镇化同步发展[16]。

参考文献

[1] 周一星. 城市地理学[M]. 北京：商务印书馆，2003.

[2] 耿海青. 我国城市化水平滞后的原因分析及未来展望[J]. 地理科学进展，2003，22（1）：103-110.

[3] 李京文. 城市化滞后的经济后果分析. 中国社会科学[J]. 2001，（4）：64-75.

[4] 蔡军. 城市化滞后于经济发展的制度化因素分析[J]. 城市规划，2006，30（1）：64-75.

[5] 钟水映. 对中国城市化发展水平滞后论的质疑[J]. 城市问题，2003，（1）：16-19.

[6] "工业化与城市化协调发展研究"课题组. 工业化与城市化关系的经济学分析[J]. 中国社会科学，2002，（2）：44-55.

[7] 周一星，王玉华. 中国是不是低度城镇化[J]. 中国人口科学，2001，（6）：39-45.

[8] 简新华，黄锟. 中国城镇化水平和速度的实证分析与前景预测[J]. 经济研究，2010，（3）：28-39.

[9] 刘盛和，陈田，蔡建明. 中国非农化与城市化关系的省际差异[J]. 地理学报，2003，58（6）：937-946.

[10] 许学强，周一星，宁越敏. 城市地理学[M]. 北京：高等教育出版社，2009.

[11] 刘涛，曹广忠，边雪等. 城镇化与工业化及经济社会发展的协调性评价及规律性探讨[J]. 人文地理，2010，116（6）：47-52.

[12] 杨明俊. 山东省流动人口的流动状况[J]. 城市问题，2014，（4）：90-94.

[13] 杨明俊，李晓玮. 2000年以来山东省经济格局演变分析[C]//转型与重构——2011中国城市规划年会论文集. 北京：中国城市规划学会，2011：6953-6962.

[14] 何景熙，何懿. 产业—就业结构变动与中国城市化发展趋势[J]. 中国人口·资源与环境，2013，23（6）：103-110.

[15] 田明，王玉安. 我国城市化与就业结构偏差的比较分析[J]. 城市问题，2010，（2）：54-59.

[16] 段禄峰，张沛. 我国城镇化与工业化协调发展问题研究[J]. 城市发展研究，2009，16（7）：12-17.

作者简介

夏鸣晓，男，硕士，山东省城乡规划设计研究院，规划师，高级工程师。

城镇密集区用地空间增长的影响因素研究

燕月

摘　要：城市增长作为全球发展的主题，尤其是处于加速发展阶段的我国城镇，用地空间拓展成为过去几十年土地利用变化的主要特征。本研究基于遥感影像测算了我国典型城镇密集区——长三角地区51个设市城市1979～2013年间城镇建设用地增长量，并以用地年均增长率为因变量，以社会经济条件、行政管理体制、区位地形等方面的13个指标为自变量，建立基于51个城市样本的多元回归模型，分析和揭示城市用地增长速率的影响因素。结果显示：除经济增长、用地条件和初始规模之外，行政区固有的经济组织模式、土地利用和管理机制是造成用地增速差异的显著和客观因素，用地管理政策模式对用地增速的影响机制值得深入研究；统计分析结果证实了城市用地扩张与经济发展间存在强烈的耦合关系，对于这种耦合关系的定量认识，可能有助于新时期下城市用地增长规模预测和规划管理。

关键词：城市空间增长；影响因素；城镇密集地区

1　前言

我国城市自1980年代改革开放以来，进入持续高速扩展期，特别是经济发达、城镇密集的长三角地区，近30年城市空间扩展了10倍[1]，远远高于欧美城市快速蔓延期的扩展速度。Kasanko M等对欧洲15个城市的研究表明[2]，在1950年代中到1990年代末约50年内城市建成区翻了一番，其中意大利城市巴勒莫在1950～1960年代时年均用地增长率达到最高约7%。我国人口众多而耕地数量有限，"三个一亿人"的新型城镇化战略将推动更多人口进入城市，城市蔓延将成为我国城市管控和可持续发展面临的重要矛盾[3]。在此背景下，迫切需要研究：在保障城市空间合理增长的同时，如何有效控制空间增长的速度？导致用地增长的关键要素是什么？

国内外对于城市空间的增长已开展大量研究，侧重于采用RS与GIS集成技术进行城市空间扩张规律、模式和动力机制研究[4、5]，以及城市化与耕地缩减平衡研究[6-7]。在城市增长影响因素研究方面，涉及政治经济学、生态学、空间动力学等方面的土地利用理论研究[8-11]，基于中国城市实证研究，总结和提出了影响城市扩展的主要因素包括：人口城市化、经济集聚、工业郊区化等一般因素[12、13]，以及国家宏观政策、土地政策[14、15]、区位格局和交通运输成本[16]、地形条件、城市规划[17]、基础设施建设的综合作用[18]等特征因素。

本文基于我国城镇密集典型地区城市建设用地扩展数据，通过测算近35年来城市空间增长速率的个体差异及区域差异，定量分析经济、人口、制度、区位和地形等因素对增长速率的影响，为控制城市空间增长速率的制度和空间优化策略的制定提供相应的理论依据。

2　研究方法

2.1　研究区概况

研究区为《长三角区域规划》确定的核心区，包括上海市，江苏省的南京市、扬州市、镇江市、苏州市、无锡市、常州市、泰州市和南通市，浙江省的杭州市、绍兴市、湖州市、嘉兴市、宁波市、舟山市和台州市，共16个城市。舟山市由众多岛屿组成，建设用地较分散破碎，因此研究区界定为除舟山外的15个地级以上城市及其下辖的36个县级市，共51个城市约11万km²的范围，包含上海1市、浙江21市及江苏29市。

长江三角洲核心区是我国最大的经济体和城镇密集区域之一，2014年GDP 106086亿元，占全国经济总量的16.7%。常住人口14542.58万人，其中上海、江苏、浙江人口比重分别为15.8%、54.1%、37.5%。研究区地貌以平原和丘陵为主，其中，浙江地形复杂，山地和丘陵占70%以上，江苏以平原为主，水域面积辽阔，上海全境位于长江三角洲冲积平原。

2.2 数据来源与前期处理

城市扩展空间矢量数据主要源于1979、2013年2个时期的美国陆地卫星Landsat MSS/TM遥感影像，基于ENVI4.6和ArcGIS10.0平台，完成影像数据的波段合成、投影变换、数据剪裁、用地分类及后期目视判读[19]。在此基础上，根据51个设市城市的街道（镇）级行政区划，对照高分辨率卫星影像在线数据（Google Earth），精确提取每一城市的城镇建设用地，用于度量城市空间增长速率（图1）。

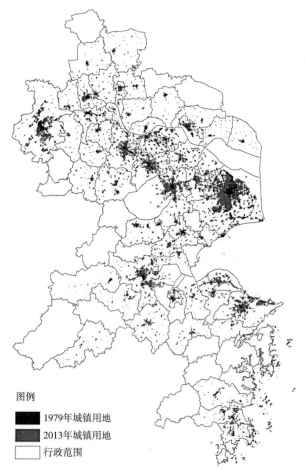

图例
- ■ 1979年城镇用地
- ▨ 2013年城镇用地
- □ 行政范围

图1　1979—2013年长三角地区城市空间扩展图

该城镇用地指市区范围内中心连片区、城市组团及重点镇的建设用地，暂不研究一般镇及农村居民点用地。

城市社会经济及管理数据主要来源于对应空间数据年份的长三角统计年鉴（2014），城市建设统计年鉴（2006、2014），新浙江五十年统计资料汇编，江苏五十年统计资料，全国分县市人口统计资料（1985），上海统计年鉴（2014）、江苏统计年鉴（2014）及浙江统计年鉴（2014）等。

2.3 城市用地增长速率计算方法

城市用地增长率（G），指城市行政区范围内、研究时段内城镇用地相对上年用地的增长情况，指示用地的年变化率，计算公式如下：

$$G_i = (U_{i,t}/U_{i,0})^{1/t} - 1$$

式中：$U_{i,0}$为城市i在研究初期（1979年）的城镇用地面积，$U_{i,t}$为城市i在研究末期（2013年）的用地面积，t为间隔时间。

2.4 城市空间增长的多元回归分析

多元回归模型由于对连续数据及分类数据建模的兼容性而广受欢迎，近年来在城市地理系统的线性分析和土地利用变化模拟中扮演重要角色[18]，在研究城市空间增长的影响因素时，可定量区分对用地扩展具有显著影响的因素。本文以长三角地区51个设市城市为样本建立回归方程，其中因变量采用城市用地年均增长率，主要考虑到该变量反映用地的变化率，在不同用地规模的城市间具有可比性；自变量选择，基于国内外学者对不同地区城市扩展实证研究成果[19]，涉及社会经济条件、行政管理体制、区位地形等方面的影响因素。城市空间增长影响变量说明，及各变量的平均值、方差或出现频率的统计结果如表1所示。采用SPSS19.0软件进行计算。

表1　长三角51城市空间增长影响变量及数值特征

变量说明		数值特征		
		平均值	标准差	出现频率%
因变量				
城市用地年均增长率（%）	各城市34年来城市用地年均变化率，表征城市空间增长速率	10.46	2.00	
自变量				
社会经济发展需求				
GDP年均增长率（%）	按可比价格计算的各城市34年GDP年均增长率，表征城市经济增长速度	11.14	2.61	
非农人口年均增长率（%）	34年来各城市非农人口年均增长率，反映城镇人口增长速率	5.27	1.67	

续表

	变量说明	数值特征		
		平均值	标准差	出现频率 %
城镇居民收入（万元/人）	2013年城镇居民人均可支配收入，用以衡量城市经济发展水平	3.89	1.24	
工业比重（%）	2013年工业增加值占GDP总量的比值，表征城市产业结构	32.76	6.03	
人口密度（人/km²）	2013年值，表征城市人口密集程度	898.04	434.47	
区位、宏观政策及管理体制				
陆路交通	序列变量，城市区域内有国道、铁路穿过时设为"2"，只有国道、铁路之一的设为"1"，无国道、铁路穿过的为"0"	2.66		
港口	虚拟变量，当城市拥有水运港口时为"1"，无港口为"0"			56.86
国家级开发区	虚拟变量，城市设有国家级开发区为"1"，未有为"0"			21.57
县级市	虚拟变量，县级市为"1"，其他为"0"			70.5
归属浙江	虚拟变量，是为"1"，否为"0"			41.2
归属江苏	虚拟变量，是为"1"，否为"0"			56.9
地形及初始规模				
平均DEM	城市范围内的数字高程平均值	39.55	56.16	
初期非农人口（万人）	1985年市区非农人口	38.20	112.58	

3　结果与分析

近35年长三角地区城市建设用地呈现快速增长，大量的个案研究揭示了增长背后存在的多元化动力机制，本文将其归纳为内部需求因素、外部环境因素和适应性因素。内部需求因素是指城市内在要素对城市空间增长体现出"需求驱动"的现象，主要是考虑人口增长、经济集聚、房地产郊区化等因素。外部环境因素是指影响城市空间拓展的外在性条件，例如国家宏观发展政策、区位优势、区域交通基础设施条件等等。适应性因素是城市空间拓展过程中需要适应的城市初始性状，包括自然地理条件、基础资源条件、行政管理体制、社会习俗等，即使在其他因素影响下变化，城市仍会在相当大的程度上去适应这些因子的特征。对长三角51个城市的用地增长速率进行多元回归分析时，社会经济类因素为一类，将区位、宏观政策和管理体制归为一类，地形及城市的初始规模归为一类。以城市用地增长率为因变量，分别以每一类因素为自变量，采用向后回归的方法建立3个回归模型，之后以所有三类因素为自变量，采用向后回归的方法建立第4个回归模型，各模型变量回归系数和显著性水平如表2所示。

表2　城市用地扩展速率与影响因素的多元回归模型

	模型1	模型2	模型3	模型4
社会经济发展需求				
GDP年均增长率（%）	0.529***			0.448**
非农人口年均增长率（%）	/			/
2013工业比重（%）①	6.555*			/
2013城镇居民收入（万元/人）	1.057			1.070
2013年人口密度（人/km²）①	/			/
区位、宏观政策及管理体制				
陆路交通		/		
港口		/		
国家级开发区		1.511*		1.333
县级城市		2.361**		/
归属浙江		1.257*		/
归属江苏		/		-1.484*
地形及初始规模				
平均DEM①			/	-0.386*
初期非农人口（人）①			-0.855***	-1.190***

① 对变量进行了对数转换，以符合正态分布特征；/ 表示该变量进入模型后被剔除；*、**、***分别表示显著性水平为p<0.05、0.01、0.001。

3.1　社会经济发展影响

城市用地扩展速率的多元回归模型1显示：在5个自变量中，GDP年均增长率、工业比重和城镇居民收入三个因素是影响增长率的重要变量，其中GDP增长速度和工业比重具有显著正向影响。该结果证明了经济增长因子对于城市用地扩张的决定性作用，经济增长快、工业比重高的城市，建设用地扩张速度更快。而模型中两个有关人口的变量：非农人口增长速率和人口密度被剔除，表明作为城市扩张最初动力的人口因素对用地扩张速率的作用不明显，从另一角度说明中国城市的扩张主要还是经济增长需求拉动，产业集聚和产业结构演变形成城市空间拓展的直接动力，特别是工业园区式的用地扩张带动了城市用地的快速增长，传统城市扩展过程中人口增长带动的居住及生活服务类刚性需求，对用地扩展速率的贡献远远低于经济增长的作用。

3.2　区位、宏观政策及管理体制影响

模型2同时考虑区位、政策与管理体制方面的变量，其中国家开发区的设立、行政等级、归属省份对城市年均增长率的作用十分显著：设立国家级开发区的城市扩张速率要显著高于其他城市；县级市与地级及以上城市在增长速率上有显著差异，且县级市的建设用地增长速率更快；浙江的城市增长速率要显著高于江苏和上海。由于这三个变量同时出现在回归模型中，表明在控制其他两个变量

时，开发区对城市用地增长率仍具有显著作用，进一步揭示了开发区在城市用地增长过程中的独立贡献；在分离出开发区、城市等级的作用后，浙江与苏、沪城市增长率间仍具有显著差异，而城市等级造成的增长率差异也具有同样的稳定性。除此三个变量外，两个表示区位条件的交通和港口变量被剔除出模型。虽然一般认为区位和交通运输成本是影响城市经济活动空间集聚或扩散的主导因素，它可使城市的规模和布局形态发生变化，但是该研究中交通区位条件对用地增长率的贡献远不如行政辖区和等级因素的作用，不构成城市差异化增长的直接原因，而可能更多地在用地增长的形态上产生影响。

3.3 地形与城市初始规模影响

模型3考虑地形和研究初期城市规模对用地增长速率的影响，其中初始规模对用地增长率具有显著作用，而以平均DEM表示的地形因素的作用相对而言弱得多，被剔除出模型。由于中国城市化经历了一个漫长的平缓发展期，至改革开放前形成的城市规模是近现代以来功能、结构发育过程的综合积累，反映了一种固有的特征，对后期空间扩张具有强烈影响，统计分析的结果表明，初始规模越大的城市在近35年的快速扩展中保持相对低的增长率，而初始规模小的城市增长率趋高。

3.4 多因素综合影响分析

模型4综合考虑社会经济、政策与行政管理、区位地形条件和初始规模的影响，GDP增长率、城镇居民收入、开发区设立、行政辖区、地形及初始规模保留在模型中，表明这些因素对用地增长率的作用相对其他因素更强烈，其中GDP增长率、归属江苏、地形和初始规模4个因素具有显著作用，据此可以推断：（1）在城市区域的自然地形和城市初始规模确定的情况下，江苏城市用地增长速率显著低于其他城市，而且这种地区差异与经济增长率无关，行政辖区所固有的管理体制、政策、文化等综合因素构成用地增长的潜在影响机制，如浙江省一直以来对小城镇、民营经济的扶持和鼓励政策，与江苏开发区主导、大集体和自上而下的发展模式对城市用地增长可能产生不同的效果；（2）GDP增长与用地增长具有密切的关系，且这种关系稳定存在，不受其他因素影响，这个结果与之前的大多数研究结论相同，也进一步在统计上证明了中国城市扩张受经济增长影响强烈的观点，同时也可以用另一种观点来解释，那就是目前普遍存在的土地投机和土地财政现象，使得城市用地扩张成了一种促进经济增长的手段[20]；（3）自然地形因素对城市用地增长具有负面影响，在控制经济增长、行政辖区和初始规模等影响后，平坦地区的用地增速快于丘陵山区，然而，当仅控制初始规模的时候（如模型3），地形对用地增速的影响并不显著，表明随着建筑技术进步和交通条件改善，地形地貌对

城市扩展的阻隔作用减弱，尤其是1990年代后，经济发展引发建设用地需求的激增，使一些丘陵地区的小城镇扩张速率超过了平原城镇，从而抹平了差异。

综上所述，江苏城市用地增长速率总体低于浙江及上海，而多样本的统计分析表明造成这种差异的原因除了经济增速、自然地形和初始规模影响外，与行政区固有的管理体制、机制也具有显著关系，与城市发育的阶段性、形态有一定关系。

4 小结

长三角核心区作为我国经济活动最聚集、土地利用强度最高的区域，城市建设用地近35年间普遍呈现大规模、快速增长的现象，受多元化动力机制影响，用地增长速率表现出明显的地区和个体差异。本研究在精确测算51个城市城镇建设用地数据的基础上，运用统计回归分析手段，揭示江苏、浙江和上海城市增长速率差异形成的内、外影响因素，主要结论如下：

（1）基于51个城市样本的多元回归分析表明江苏和浙江城市用地增长速率的显著差异，并在统计上证明行政区固有的经济组织模式、土地利用和管理机制对差异的产生有显著作用，这种作用是在剥离了经济增速、自然地形和初始规模因素影响之后，被证明客观存在的，更具真实性。

（2）长三角城市用地扩张与经济发展间存在强烈的耦合关系：经济增长通过提供就业、吸引人口集聚，拉动用地扩张，另一方面土地财政模式下用地扩张一定程度上拉动经济增长，GDP增长速率与城市用地扩展速率呈现极显著统计相关。而且，这种显著性，不会因为其他解释因子的加入而消失，是独立于其他因素而稳定存在的。对于这种耦合关系的定量认识，可能有助于城市用地增长规模预测和规划管理。

（3）城市的初始规模对用地扩展速率也具有非常稳定的贡献，一方面与大城市在国家政策方针、产业转型及空间发展压力的多重作用下，用地扩展相对平缓有关；另一方面与小城镇灵活而相对宽松的用地管理政策、城市处于完全扩散性发育阶段有关。

参考文献

[1] 李加林，许继琴，李伟芳，等. 长江三角洲地区城市用地增长的时空特征分析[J]. 地理学报，2007，62（4）：437-447.

[2] Kasanko M，Barredo，J I，Lavalle C，et al. Are European cities becoming dispersed? A comparative analysis of 15 European urban areas[J]. Landscape and Urban Planning，2006，77（2）：111-130.

[3] 李治，李国平. 中国城市空间扩展影响因素的实证

研究[J]. 同济大学学报（社会科学版），2008，19（6）：30-34.

[4] Longley P A，Mesev V. On the measurement and generalisation of urban form[J]. Environment and Planning A，2000，32（3）：473-488.

[5] Dietzel C，Herold M，Hemphill J J，et al. Spatio-temporal dynamics in California's central valley：Empirical links to urban theory[J]. International Journal of Geographical Information Science，2005，19（2）：175-195.

[6] Walker R. Urban sprawl and natural areas encroachment：linking land cover change and economic development in the Florida Everglades[J]. Ecological Economics，2001，37（3）：357-369.

[7] 谈明洪，李秀彬，吕昌河. 20世纪90年代中国大中城市建设用地扩张及其对耕地的占用[J]. 中国科学D辑，2004，34（12）：1157-1165.

[8] Milesi C，Elvidge C D，Nemani R R，et al. Assessing the impact of urban land development on net primary productivity in the southeastern United States[J]. Remote Sensing of Environment，2003，86（3）：401-410.

[9] 闫小培，毛蒋兴，普军. 巨型城市区域土地利用变化的人文因素分析——以珠江三角洲地区为例[J]. 地理学报，2006，61（6）：613-623.

[10] 顾朝林等. 集聚与扩散——城市空间结构新论[M]. 南京：东南大学出版社，2000.

[11] 王兴中. 中国内陆大城市土地利用与社会权力因素的关系——以西安为例[J]. 地理学报，1998，53（S1）：175-185.

[12] 王伟武，金建伟，肖作鹏，等. 近18年来杭州城市用地扩展特征及其驱动机制[J]. 地理研究，2009，28（3）：685-695.

[13] 张落成，吴楚材，姚士谋. 苏南地区近20年城市用地扩展的特点与问题[J]. 地理科学进展，2003，22（6）：639-645.

[14] 李丽，迟耀斌，王智勇，等. 改革开放30年来中国主要城市扩展时空动态变化研究[J]. 自然资源学报，2009，24（11）：1933-1943.

[15] 陈爽，姚士谋，吴剑平. 南京城市用地增长管理机制与效能[J]. 地理学报，2009，64（4）：487-49.

[16] 刘曙华，沈玉芳. 上海城市扩展模式及其动力机制[J]. 经济地理，2006，26（3）：487-491.

[17] 龙瀛，韩昊英，谷一桢，等. 城市规划实施的时空动态评价[J]. 地理科学进展，2011，30（8）：967-977.

[18] 欧向军，甄峰，秦永东，等. 区域城市化水平综合测度及其理想动力分析[J]. 地理研究，2008，27（5）：993-1002.

[19] 姜文亮. 基于GIS和空间Logistic模型的城市扩展预测——以深圳市龙岗区为例[J]. 经济地理，2007，27（5）：800-804.

[20] 陈玉福，谢庆恒，刘彦随. 中国建设用地规模变化及其影响因素[J]. 地理科学进展，2012，31（8）：1050-1054.

作者简介

燕月，女，硕士，山东省城乡规划设计研究院，工程师。

德国小城镇发展的经验与启示

夏鸣晓

摘 要：德国在区域平衡发展和共同富裕的政治理念下，建立了大中城市和小城镇均衡发展的城镇体系格局。从空间来看，在都市圈的区位成为小城镇发展的重要动力；从时间来看，城镇化发展阶段、人口年龄结构具有重要影响。小城镇的均衡并非指经济水平均衡化，而是强调公共服务水平的均等化，建立起基于地方内生能力的发展模式。这一局面的形成，得益于德国强大的区域协调能力、完善的地方自治水平和较高的公共参与程度。

关键词：小城镇；均衡；联邦制

小城镇作为联系城和乡的纽带，对城镇体系健康发展具有重要意义。改革开放以来，山东省经济社会快速发展，涌现出魏桥镇、大王镇、崖头镇、沙河镇等经济强镇，很好地带动了当地的城镇化进程。但总体而言，山东省多数小城镇发展动力不足、集聚能力较弱、公共服务水平不高、发展粗放、千镇一面等特点比较突出。

德国作为世界上最早完成工业化的国家之一，工业高度发达，经济实力位居欧洲首位，与此同时，德国形成了一种大中城市和小城镇分布合理、均衡发展的独特模式，其中0.2～10万人之间的中小城镇星罗棋布，承载着4970万人（约占德国人口的60%）[1]。尽管区域间仍旧存在差距，但无论从家庭收入、就业机会，还是享受公共和私人基础设施的角度来讲，在所有的城市人民都能享受到高质量的生活，宜居度在大中城市和小城镇不分伯仲。本文通过梳理德国小城镇发展规律和形成机制，为山东省小城镇提供经验与启示。

1 空间发展的区域性和阶段性

1.1 小城镇发展潜力具有空间分异

德国大中城市和小城镇虽然均衡发展，但全国小城镇发展并不绝对均衡。两德统一以后，东部地区由于传统经济体制的制约，经济竞争力不足，显著落后于原西德地区的发展，从而导致东德持续20多年的人口流失；除德累斯顿、莱比锡、柏林、波茨坦等少数大城市，非中心大城市的人口降幅达到惊人的10%左右[2]。

其次，为推动全国城镇化均衡发展，自20世纪60年代起，德国开始规划与建设互补共生的区域城市圈。1995年，德国确定莱茵—鲁尔区、柏林—勃兰登堡区、莱茵—美茵区、斯图加特区、慕尼黑区、大汉堡区、纽伦堡区、法兰克福区、不莱梅—奥登堡区、莱茵—内卡区、汉诺威—布伦瑞克—哥廷根—沃尔斯堡区和德国中部城市圈等11个都市圈，聚集了德国70%的人口和就业，构成德国发展的核心地区[1]。在区域一体化的背景下，与都市圈的关系成为小城镇发展的重要驱动力。按照与都市圈的关系，小城镇分为三类。一是位于大都市圈以内的小城镇，结合了居住在核心城市的优势以及到达乡村地区的便捷度，以优质公共服务、高度安全、住房廉价等优势具有良好的宜居性，是地方发展中最大的受益者。二是位于都市圈边缘的小城镇，其发展前景取决于能否通过快速有效的城铁设施或顺畅的都市高速公路系统与核心城市相连接；联系便利的易受益于都市圈，不便利的则面临边缘城市的诸多困难。三是都市圈外围的小城镇，这类小城镇是全球化背景下最大的受害者，除具有高品质人居环境、特殊资源等因素外，一般呈现一定的经济衰退，人口净流出、边缘化不断加深[3]。

1.2 小城镇发展具有显著的阶段性特征

伴随着统一和工业革命，从19世纪初开始德国城镇化进入快速发展阶段，并呈现显著的集聚发展特征，人口急剧向中心城市集中，小城镇和乡村地区则发展缓慢，甚至出现衰退。从1960年代开始，德国进入郊区化阶段；居民追求更宽敞的住房和更安宁的环境，纷纷迁往郊区，与之相随的是服务业郊区化；科技进步、产业转型和人居环境的要求，推动产业郊区化——传统制造业迁出中心城区，向郊区或更大地区与扩散；发达的公共和私人交通通勤，使得"郊区生活、市区工作"模式得以实现，中心城市郊区、交通走廊沿线的小城镇优先获得发展机会。到1980年代，区域联系的时间和经济成本进一步下降，中心城市向外扩散的动力增强，且扩散距离增大，从而更大范围的小城镇受惠，整个国家走向全面繁荣。进入21世纪以来，各级政府及社区致力于复兴中心城区，德国呈现再城镇化现象。东部地区由于衰落导致"孤岛效应"，人口向柏林、德累斯顿、莱比锡集中，其他包括小城镇的广大区域出现人口空心化；西部的鲁尔工业区杜塞尔多夫、波恩、科隆等以文化和服务业支撑城市转型，南部州信息产业、服务业等新兴产业和高等教育发达，中心城市人口增加，与中心城市功能一体的小城镇也得到了强化，其他小城镇人口则呈现下降态势。

1.3 年龄结构对小城镇具有重要影响

小城镇人口聚散不仅与城镇化整体发展阶段有关，还与年龄结构有密切关系。根据家庭生命周期说，不同类型的家庭对住宅有着不同的需求；即使是同一个家庭，如果处于不同的发展阶段，对住宅也有不同的要求。一般来说，年轻时收入较低，一般偏好工作与生活较为便利的市中心区，选择比较便宜的公寓居住。随着收入增加和结婚

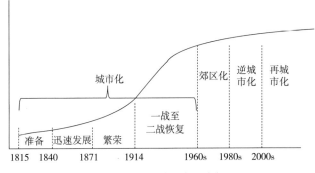

图1　德国城镇化发展阶段

后家庭规模扩大等因素，对居住条件要求提高，私家车等交通工具允许较大的通勤距离，一般迁向市中心周围地区。进入老年阶段后，行动不便等原因要求紧邻医院、超市等公共服务设施，孩子离家降低了对居住空间的要求，从而倾向于与子女同居，或重新回到市中心区以临近老年人专用设施。从德国城镇化进程来看，在郊区化阶段，人口结构比较年轻化，当时超过80%的德国人希望拥有自己的独立住宅，这一期望也得到了联邦政策的充分支持[4]，促进了郊区化进程，小城镇获得较多的发展机遇。但随着德国人口结构逐步趋向老龄化，便利的公共服务重要性上升，对接近大自然的人居环境要求下降，老年人口又重新回到中心城市。众多的小城镇由于人口减少，原来齐备的基础设施和公共服务设施处于低效利用状态。

2 均衡的公共服务和发展机会

2.1 以均衡的公共服务保障均等的生活品质

从本质上来看，德国小城镇发展的均衡关键不是规模和经济水平的均衡，而是不同地区的小城镇均能享受到均等的生活品质。为振兴中小城镇，德国创造各种物质和文化条件，削减城乡和地区差异，满足当地居民合理的工作与生活需要。各等级和不同区域城镇差距不明显，小城镇除了规模、作用和影响不及大城市，在基础设施和公共服务设施方面并无很大差异。小城镇虽然规模不大，但水、电等基础设施均与大城市无异；街道整洁干净，各类商店应有尽有，可谓"麻雀虽小，五脏俱全"；品牌连锁超市遍布小城镇，快捷的公交让小镇居民轻松到附近小城市或工业区上班。而清新干净的环境，更让小城镇的生活质量超过大城市。在几乎所有的德国小城镇中，森林和花园的总面积都能占到1/3以上。从社会保障来看，德国的社会保障体系没有城乡和区域差别，保障了劳动力在不同地区的自由流动。

2.2 以均衡的交通设施保障平等的发展机会

自工业革命开始，德国就十分重视区域间交通基础设施的建设。国土面积仅为35万平方公里的德国拥有3.5万公里铁路和23万公里公路（包括1.2万公里高速公路），城市间四通八达的电气化高速列车平均几分钟一班。这使得州与州、城市与城市间的交通十分便利，为大中小城市的均衡发展奠定了基础。高度的交通可达性和连通性使国家内部高效率的劳动分工成为可能，显著地降低了交通堵塞和过度集聚的危险。专业化功能（法律咨询、金融服务、工程服务和研究等）可在至多一天的通行圈内完成，从而制造业基于成本因素向小城镇扩散成为可能。同时，德国地处南北欧和东西欧之间的"十字路口"，位于连接地中海、北海、波罗的海的位置，是西欧统一交通网的中心区。便捷的对外联系保障了即使边界区域也能获得充裕的发展机会。

2.3 以均衡的产业保障均等的就业机会

为推动全国均衡发展，德国积极采取"去中心化"的发展策略，推动了区域间及城乡间的等值化发展，防止了经济和人口向大城市的过度集中。德国不仅引导都市圈之间、都市圈内部城市之间有序分工，还积极引导大中城市和小城镇均衡发展，形成了独特的梯级带动模式。首先，每个大中城市都有自己的大学、科研与培训机构，保障各地区教育资源相对均衡，且均重视高科技发展、产学研结合，从而保障各地区和各级城镇产业发展均能得到有效的科技支撑。教育的分散布局，既使各地区的劳动生产率趋向一致，也减少了因求学而致的人口聚集压力。例如，第二次世界大战后有4所传统高校的巴伐利亚州在乡村先后创办了7所综合大学和14所高等专科学校[5]。其次，发挥龙头企业和高校的诱导聚集功能，凭借发达的交通和信息网络，提升小城镇和乡村地区的经济实力和竞争力。如巴伐利亚州1970年代开始实施积极的土地及税收优惠措施，引导龙头企业把生产职能往小城镇搬迁，宝马公司将主要生产基地迁到120公里外的Dingolfing市。目前巴州工业分布较均匀，70%以上的小城镇有工业企业。除慕尼黑及其所在的上巴州地区占该州工业人口的29%外，其他6个地区均在9.8%至15.1%之间[5]。产业均衡分布，让小城镇有了产业支撑，也让小镇和周边居民不离乡土就能拥有稳定的工作和经济来源。

3 健全的管理体制是前提保障

3.1 有效的区域协调能力

均衡的发展格局是德国法律和民主政治体制的必然产物，德国宪法第106条规定："德国应追求区域的平衡发展和共同富裕"，从政治理念上确保以区域协调实现均衡发展。首先，德国政府机构分为联邦政府、州政府和地方政府三级，其中地方政府分为县市政府和乡镇政府，通过法律对于各级政府的职责有着十分清晰的规定。联邦政府负责统筹，包括全国范围内规划的目标以及规划的标准，且就各地区的发展状况来调整规划实现的进度和整体布局，根据各地的风俗、地质条件进行系统的全方位规划[6]。在州层面，通过州规划和区域规划（作为州规划的细化落实）指导地方建设，地方规划建设若不符合区域规划的要求而协商手段又失效时，有权终止地方的权衡权利，或在进入审批程序以后，搁置该地方规划，不予审批[7]。各级政府和区域间事权的统筹，有效地保障了区域间小城镇均衡发展能力。其次，德国财政体制从横向和纵向两个层面为区域平衡提供了支持。横向层面，财政平衡政策是各州、各地方之间通过"富帮穷"方式实现的财政转移支付[8~10]。纵向财政平衡即上下层级政府间的财政转移支付，包括联邦对州和州对地方两个层次。通过科学的财政平衡制度，财政资金在各级政府间，特别是在联邦政府与地方各级政府间的再分配，使地方政府财权和事权不匹配的矛盾有所缓解，从而有助于地方政府正常履行其职责，也成为区域经济平衡的有效工具，这是保证大中城市和小城镇平衡发展的又一重大因素。

3.2 完善的地方自治水平

作为一个有悠久地方自治传统的联邦制国家，乡镇是德国最基层的地方自治单位，在法律性质上不属于州政府的下级行政机构，在法律范围内享有完全的自治权[9]。与单一制国家的基层政府作为中央政府的代表不同，德国立法在联邦层面，而执行在地方政府层面，联邦在地方一级并没有行政权；地方政府执行联邦法律，地方事务由市县和乡镇来完成。其中乡镇政府的任务可以分为两个内容：其自有的任务和联邦或州转移、授权的任务。对于转移的任务乡镇政府没有自主权，其议会无权决定，只能由行政部门直接实施。地方自治是对于其自有任务而言的，当地议会可以决议如何处理。乡镇自治的权限主要体现在地方性的社会管理和公共服务领域，其行政开支主要依靠州和县市拨款，居民税款、管理收费和多镇投资收入也是重要来源。作为基层地方政府，乡镇是否确能应对全部"地方事务"，还取决于它的组织、人事和财务状况。下级政府难以独立承担或规模效益显著的事权，作为高一级的县级地方政府才被要求有义务介入，承担起这部分职能和义务[8、9]。在经济发展方面，德国也强调地方层次的主动性和非集权式的分散决策，上位规划仅对地方发展地区原则性要求和目标，对地方项目通过提供财政补贴和优惠贷款等促进手段，而具体决策取决于地方政府[8]。

3.3 较高的公众参与程度

地方发展既是政府的公共职能，也事关地方民众的切身利益；同时，民众的广泛参与也是科学决策的重要保障。首先，德国积极引导市民参与规划建设的决策，广泛采用"政府+专家+公众"的"三结合"模式。从规划编制来看，市民参与规划编制实施的全过程，在决定编制规划、前期调研、规划草案、规划成果等各个阶段，对公众意见均充分吸纳，并给出回复意见[11、12]。其次，以完善的机制和法律保障公众参与。如果违反相应的程序规定，公民可依法对规划方案进行起诉，在证据确凿的情况下法院会判定规划无效。保证了规划的严谨性、科学性，降低了实施过程中的面临的问题[6]。再次，以广泛的手段引导公众参与。如编制规划的决定做出后，即通过报纸、宣传册、居民大会等将规划的目标、必要性等公布于众；在编制过程中，广泛采用公告、传单、展览会、网络等手段公示规划文件，征求公众意见[12]。

4 德国小城镇的启示

小城镇作为整个城镇体系的重要环节，其发展特征基于一整套发展理念，而非单项政策和因素的产物。小城镇发展思路的确定，必须基于全局眼光，综合、全面地予以考虑。

4.1 小城镇发展具有显著的空间和时间规律

小城镇是经济社会发展的产物，其发展也必然符合经济社会发展的客观规律。区域发展重点的空间转移、地方产业的兴衰、城镇体系发展阶段、区域政策的等因素都对小城镇发展具有重要影响。德国小城镇的均衡发展，得益于德国"去中心化"的发展理念、联邦制的行政体制，城镇化不同的发展阶段小城镇呈现不同特点，空间上也表现出收敛的布局形态。因此，小城镇发展必须基于空间特征和发展阶段，采取差异化的发展思路。

4.2 小城镇均衡发展的要点是公共服务，而不是经济水平

从城镇发展的一般规律来看，城镇集聚能力主要来自产业发展带来的就业机会和公共服务带来的生活质量，而产业发展具有趋于集中的态势，较强的生产职能只能在局部地区出现，因此，小城镇均衡状态只能通过基本公共服务均等化来实现。从德国情况来看，主要是在平衡发展和共同富裕的理念下，通过财政转移支付为核心手段实现的。

4.3 能否均衡发展关键在于发展权的分配

我国目前大中城市的资源配置、基础设施和产业发展，都极大地优先于县级及以下城镇，导致一方面大城市不断膨胀，人口城镇化的速度远快于城市功能完善的速度；另一方面小城镇普遍"营养不良"。这种情况的出现，除了经济发展存在显著的规模效应以外，很大程度上与当前基于行政等级的资源配置有关，如行政等级越高，教育、医疗、交通等条件越好，土地指标、产业园区等资源配置也越优先向高等级城市倾斜。而德国的小城镇能获得相对均衡的发展机会，以教育、科技、交通等核心资源支撑的地方产业发展动力具有重要意义。

4.4 必须以完善的体制机制确保小城镇发展

德国小城镇能均衡发展，关键在于有效的区域协调能力、完善的地方自治水平和较高公众参与程度。而我国是从计划经济转型过来的，作为我国的最基层行政组织，小城镇话语权较弱，区域协调更多体现为自上而下基于行政力量的资源调配，自下而上的区域之间、政府与社会的协调能力尚不强。理顺各级政府之间和区域之间的财权和事权关系，建立长效的发展机制，需要完善的体制机制予以保障。

参考文献

[1] 王伟波，向明，范红忠. 德国的城市化模式[J]. 城市问题，2012，203（6）：87-91.

[2] 郑春荣，夏晓文. 德国的再城市化[J]. 城市问题，2013，（9）：82-88.

[3] 克劳兹·R. 昆斯曼. 德国中小城镇在国土开发中扮演的重要角色[J]. 国际城市规划，2013，28（5）：29-35.

[4] 克劳兹·R. 昆斯曼. 德国城市：未来将会不同[J]. 国际城市规划，2007，22（3）：5-15.

[5] 叶剑平，毕宇珠. 德国城乡协调发展及其对中国的借鉴——以巴伐利亚州为例[J]. 中国土地科学，2010，（5）：78-83.

[6] 陈玉兴，李晓东. 德国、美国、澳大利亚与日本小城镇建设的经验与启示[J]. 世界农业. 2012，40（8）：80-84.

[7] 李远. 联邦德国区域规划的协调机制[J]. 城市问题，2008，（3）：92-96转101.

[8] 冯兴元. 解决区域发展不平衡问题——欧盟和德国的经验[J]. 城市问题，1999，（6）：75-79.

[9] 陈承新. 德国行政区划与层级的现状与启示[J]. 政治学研究，2011，（1）：72-83.

[10] 殷醒民，刘崎. 一个目标、两个层级的区域政策——评德国区域平衡发展政策[J]. 世界经济通汇，2007，（3）：72-85.

[11] 王鹏. 德国城镇化建设的经验[J]. 行政管理改革，2013，（4）：41-44.

[12] 郑文良，经焱，王纪洪. 德国小城镇规划建设[J]. 城乡建设，2006，（5）：61-83.

作者简介

夏鸣晓，男，硕士，山东省城乡规划设计研究院，规划师，高级工程师。

第二篇 | 专项研究

城市道路平面交叉口渠化方法分析探讨

曹更立　肖善义　邓蕾

摘　要：城市道路平面交叉口汇集了不同方向的交通流，各种车流和人流在此交织运行，变换方向，相互干扰，使交叉口的通行能力远远低于路段，成为交通网络的瓶颈和交通拥挤的发生源。交通拥挤会造成环境污染、交通事故频发等一系列的现象。为了更加合理地解决交叉口拥挤问题，保证交叉口交通安全，提高交叉口通行能力，从而达到缓解区域路网交通拥堵的目的，本文提出了交叉口渠化所需遵循的原则，并对渠化原则进行了详细的分析，阐述了一些渠化时应注意的问题，采用交通工程措施，在充分调研交叉口的基础上，对人行横道和停车线、行人二次过街设施、导流岛、展宽段和展宽渐变段及其他一些标线的设置进行了分析和探讨，做到寸土必争，节约道路资源。

关键词：交叉口渠化；渠化原则；渠化方法

1　引言

随着城市机动化水平的不断提高，机动车保有量逐年增加，交通拥堵、交通事故、环境污染等城市交通问题日益突出。在信号控制平面交叉口，一个信号周期里，有一半左右的时间是供交叉道路上的车流通行，因此在一个流向上，平面交叉口的通行能力是路段通行能力的一半左右。我国是自行车大国，自行车出行在所有出行方式中占有较大的比例，这一现象在平原地区体现得更为明显。自行车、电动车的加入使交叉口的冲突点大量增加，机非混行使交叉口的通行能力远低于路段，成为路网上的交通"瓶颈"。因此城市道路交叉口是城市交通的"咽喉"，是路网中制约通行能力的节点。合理解决交叉口拥堵问题，对缓解路网拥堵起着重要的作用。

科学合理地进行交叉口渠化是解决单点交叉口的拥堵问题最主要的方法之一。交叉口渠化是指通过交通标志标线或导流交通岛等设施使交叉口的行人、不同车种、不同流向、不同速度的车辆进行分离、引导，像渠内流水一样各行其道、互不干扰的顺畅通过，达到分离和控制交通流的目的。交叉口渠化的重要作用是明确各出行者在交叉口内的空间路权，控制冲突点的位置，从而保证交通安全。交叉口渠化的目的是在充分保证交通安全的前提下，提高交叉口通行能力。

2　交叉口渠化原则

2.1　以人为本

"以人为本"中的"人"有两个含义。其一，是指出行者中的交通弱势群体。摩托车相对于小汽车，摩托车属于弱势群体；自行车、电动车相对于摩托车，自行车、电动车属于弱势群体；行人相对于自行车、电动车，行人是弱势群体。其二，是指多数人。交通渠化时要重点考虑多数人的出行意愿。

2.2　交通分离

合理利用标线或物理隔离设施，对不同类型、不同方向、不同速度的车辆以及行人，在空间上进行分离，并固定其通行空间。

2.3 换位思考

在进行渠化时，要多考虑出行者的意愿。每一个渠化措施都要符合多数人出行路径、空间等方面的意愿。在采取禁限措施的交叉口，应为出行者提供最佳绕行方案等相应措施。

2.4 交通管制

在流量较大的十字交叉口或者多路交叉口，为了保证交叉口的通行安全，提高交叉口的通行能力，采取的一些管制措施，如禁止交叉口的某些流向、非机动车二次左转等。

2.5 交通连续

交通连续性有两个含义，一是大多数人在交通活动过程中，在空间上不产生间断；交通标线连续不间断等。譬如，进口道的直行车道线与上游路段车道标线相衔接等。二是交通标线的设置符合出行者的出行轨迹，设置平曲线时要确保流线顺畅。譬如，行人横过交叉口时，尽可能地避免绕行；进口道的流向与相应出口道的流向尽可能的保持一致。交通连续性越好，行车路径就越符合人的意愿，管理的难度就越小；交通连续性越好，交通流向越顺畅，交通安全越有保障。

2.6 近远期相结合

近期有目标，远期有设想，近远期相结合。在规划中，某交叉口规划的平面形式为十字交叉口，但由于某些原因只能实施部分路段，导致现状为丁字口，此类交叉口采取的渠化措施，尽可能的使近期、远期都可以使用。在多路交叉口中更应充分考虑近远期相结合的原则，当交叉口流量小于3000PCU/小时，可以采用环形交叉口。环岛半径的选择，应考虑环岛需改造为信号控制的常规十字交叉口时，环岛的部分扇形区域设置为导流岛，减小交叉口改造的工程造价。

3 交叉口渠化注意事项

平面交叉口渠化时应注意以下几个问题：

（1）平面交叉口一条进口车道的宽度宜为3.25米，条件困难时不宜小于3米。改建交叉口，建设用地受到限制时，一条进口车道的最小宽度不宜小于2.8米。

（2）进口车道数应大于等于上游路段车道数，出口车道数应大于等于下游路段车道数。在同一信号相位时，出口道数应大于等于进口车道数。

（3）路口自行车道进口宜窄、出口要宽，以加大对自行车流的吸引力。

（4）尽可能利用路口有效空间面积，使冲突点相对固定和集中。

（5）如有条件尽可能增加进出口机动车道，以求和路段通行能力匹配。

（6）路口进口处机非宜有隔离，减小机动车道的行驶阻力。

（7）在路口内要保证机动车有足够的行驶空间，以避免产生交通延误和交通事故。

（8）路段行车道要尽可能地对着路口直行导向车道，并提前进行路面车道预示，以减少路段车辆并线变道。

（9）导向车道的划分应与信号相位一致，如有左转专用车道就必须有左转专用相位。

（10）在交叉口面积较大的路口，结合信号放行方法设置非机动车禁驶区或候驶区。

（11）结合信号相位、根据交叉口大小适当设置左转弯待转区或导流线，引导车流安全有序地通过交叉口。

（12）行人过街横道应尽量设在驾驶员容易看清楚的地方，尽可能靠近交叉口，当行人过街横道过长时，确保过街行人的安全，应在中间设置行人安全岛。

（13）对主次干道相交的交叉口，渠化时次要道路可以弯曲或适当迁就主干路，保证主要流向的通行畅通。多路交叉口等畸形交叉口，渠化时尽可能地保证主要道路的交通流向顺畅。

（14）结合临近交叉口的通行能力，某交叉口渠化后所达到的通行能力要小于或等于相邻交叉口的通行能力，避免此交叉口通行能力的大幅提高，导致相邻交叉口拥堵。

4 交叉口渠化方法分析

4.1 基础资料调研

4.1.1 新建交叉口

对于新建交叉口需收集的基础资料主要包括：相交道路的功能、等级、线形、红线宽度、横断面规划形式及其在路网中的地位，道路周边有无大型吸引点，道路沿线土地利用性质、规划人口数、停车泊位数，道路两侧有无加油站、停车场等公共设施等方面。

4.1.2 改造交叉口

对于改建交叉口需要收集的基础资料主要包括：

（1）规划情况：对于新建交叉口需收集的基础资料主要包括：相交道路的功能、等级、线形、红线宽度、横断面规划形式及其在路网中的地位，道路周边有无大型吸引点，道路沿线土地利用性质、规划人口数、停车泊位数，道路两侧有无加油站、停车场等公共设施等方面。

（2）现状情况：现状道路功能、横断面形式、道路宽度及其在区域路网中的地位，现状周边有无大型吸引点，周边停车场调查，交叉口现状渠化及信号配时情况，交叉口各流向流量情况、排队长度、交通延误调查、饱和车头时距调查，进出口道有无拓宽余地，交叉口事故情况调查，与邻近交叉口的间距，临近交叉口的交通量及通行能力分析等方面。

（3）交叉口现状问题分析。除上述两种情况的调研外，还需对交叉口现状问题成因进行深层次分析，做到从根本上解决问题，逐个攻破，保障交通安全，提高交叉口通行能力。

4.2　交叉口渠化方法分析探讨

4.2.1 人行横道和停车线

人行横道和停车线的设计是平面交叉口交通设计的重要部分，它决定了交叉口范围的大小，若两者设计不当将影响整个交叉口的通行效率。

（1）人行横道的设置

交叉口人行横道需在充分调查交叉口周边人行道宽度、有无大型吸引点，明确各过街行人交通流向轨迹的基础上进行布置。虽然我们在做道路网规划时尽可能地要求两道路垂直相交，但是由于地形、工程造价等多种因素的影响，在道路建设时，两相交道路的交角并非接近直角。人行横道本应是车辆与行人的冲突区域，如果人行横道是垂直道路布置，虽然行人过街长度最短，但通过交叉口的距离变长了，不符合行人寻求最短路径的心理，即不符合行人的过街轨迹，导致的结果是行人与车辆的冲突区域变大。如图1所示。

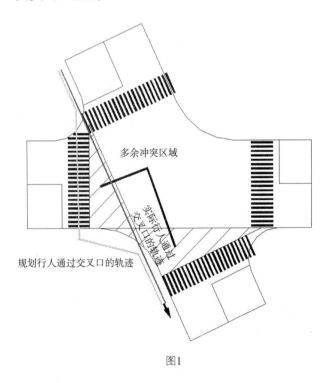

图1

因此，人行横道应设置在车辆驾驶员容易看清的位置，顺延人行道并适当后退，一般后退0.5～1米。人行横道的宽度应根据行人流量及交叉口周边有无大型吸引点确定，一般干路顺延的人行横道宽度不小于5米，支路顺延的人行横道宽度不小于3米，以1米为单位进行增减。

（2）停车线的设置

一般停车线后退人行横道1～3米。支路车行道的宽度较窄，为了保证交叉口内部有足够的左转机动车、非机动车的通行空间，与支路相交的交叉口，左转专用道的停车线适当后退1～2米。

4.2.2 行人二次过街设施

对于车行道超过30米或双向6条机动车道的一块板、三块板道路，通过压缩进出口车道等方式设置行人二次过街安全岛。安全岛的宽度不宜小于1.5米。

4.2.3 转角导流岛

为了固定冲突点，规范交叉口内部行车轨迹，一般在车辆不会行驶到的死角——交叉口转角处设置导流岛。导流岛不仅可以设计成实体岛，也可设计成特殊油漆标志的路面区域。通过尽可能设置较大转弯半径的方式，增加导流的面积，使右转机动车提前分流的同时，在导流岛上设置绿化，可提高道路景观，增加机动车驾车舒适度。转角导流岛的面积不宜小于20平方米。

4.2.4 展宽段及展宽渐变段

交叉口进口道展宽的目的是，增加进出口的车道数，使进口车道通行能力与路段的通行能力相匹配。出口道展宽的目的是，为相邻道路的右转车设置加速车道，使车辆在加速车道加速至一定车速后进入路段。一般展宽的方式有两种，一种是压缩进出口车行道宽度，另一种是拓宽红线宽度。通过压缩进出口车行道宽度的方式进行展宽时，合理调整中心线（中央隔离栏）的位置，避免直行车道对着对向中心线（中央隔离栏）的现象发生。进口道的展宽段及展宽渐变段的尺寸可依据《城市道路交叉口设计规程》CJJ152-2010或《城市道路交叉口规划规范》GB50647-2011，也可以参考以下计算方法。

展宽段长度D_a：$D_a=9N$（N：高峰15min内每一信号周期的左转或右转车的平均排队辆数）。

展宽渐变段长度（D_b）：$D_b=\dfrac{v \times \Delta w}{3}$（v：进口道设计宽度，$\Delta w$：横向偏移量）。

4.2.5 其他

（1）车道线

为了保持良好的交叉口车辆通行的连续性，进口道最内侧的机动车道应尽可能地正对出口道最内侧车道，为相邻道路右转车提供通行空间。若进口直行车道与出口道错位，应施画导流线。

（2）鱼肚线

车辆在进入交叉口展宽渐变段时，为了保证交通安全，左转车与直行车的合理分流，在展宽渐变段的末端施画鱼肚线。如图2所示。

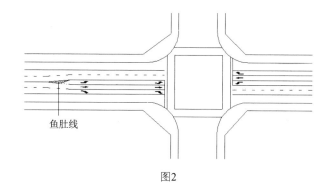

鱼肚线

图2

（3）公交一体化设计

在公交停靠站靠近交叉口的进出口道时，应将展宽段延长至公交停靠站，即展宽段既要承担停车等候绿灯的功能又要承担公交停靠的功能，并适当增加公交站台的长度。

5 结语

交叉口渠化是一项综合工程，涉及城市规划、城市建设、交通管理等多个部门，对于解决城市交通拥堵问题有着独特的作用。科学合理地进行城市道路平面交叉口渠化，是解决区域路网拥堵的最重要的措施之一，也是首先要采取的措施。合理的交叉口渠化需要充分利用道路的空间，做到寸土必争，在对交叉口现状充分调研的基础上，固定交通冲突点，缩小交叉口内部空间，压缩进出口车道，保证所施画的标线符合出行者的行为轨迹，降低交通事故的发生率，提高交叉口的通行能力，对缓解区域交通拥堵及城市交通的和谐发展有着积极的意义。

参考文献

[1] 翟忠民. 道路交通组织优化[M]. 北京：人民交通出版社，2001.

[2] 杨晓光. 城市道路交通设计指南[M]. 北京：人民交通出版社，2003.

[3] 任爱芝 周微先. 城市道路交叉口优化设计的探索[J]. 2006，7（4）：24-26.

[4] 梁伟红 叶维达 张水潮. 城市道路不规则交叉口渠化设计[J]. 现代交通技术，2009，6（4）：86-88.

[5] 蔡军. 我国城市道路断面交通组织改良[J]. 理想空间. 2006，17：17-21.

[6] 城市道路交叉口设计规程[S]. CJJ152-2010.

[7] 城市道路交叉口规划规范[S]. GB50647-2011.

作者简介

曹更立（1986-），男，硕士研究生，菏泽市规划局助理工程师，E-mail：caogengli@126.com。

肖善义（1966-），男，大学本科，菏泽市规划局科长。

邓蕾（1982-），女，硕士研究生，菏泽市规划局副科长。

旅游区游线分类及组织方法初探
——以蒙山旅游区为例

石永强　丁婉晴

摘　要：随着旅游产业的快速发展，旅游区游线建设组织过程中的问题逐渐暴露出来。突出表现在游览线路数量不足、设置不合理，组织体系与景区景点不协调等，给景区游赏效果和游览安全带来不利影响。针对以上问题，本文对旅游区内游线组织原则、分类及设计方法作了初步探讨，为今后其他旅游区游线设计、组织提供参考。
关键词：旅游区；游线分类；游线组织

1　旅游区游线分类

1.1　空间格局

旅游区空间格局及组合特点直接影响到游览线路的数量、形态、走向和结构体系。

一个旅游区的景点、景区在空间分布与组合方面有四个层次。

第一层是旅游区，是风景区所在地的行政区域，具有统一的管理机构，范围明确，在突出景区游览功能的同时，具有城市建设的多项或全部功能，对旅游发展起到支撑和带动作用。

第二层为风景区，指具有一定规模、范围和条件的可供人们游览的并具有特色和集中性的自然和人文景观的地域组合空间，该类空间用地往往占旅游区大部分用地。根据景区等级，可分为国家级风景名胜区和省级风景名胜区。

第三层次是旅游服务中心，它是旅游活动的基地，其主要功能是提供旅游交通、食宿购物、旅游管理等业务，在旅游区内，旅游服务中心往往表现为城市、村镇或独立服务基地。它是外围旅游辐射区、点旅游业务的组织者，同时又是重要的客源市场。

第四层次是景点，它是风景区内反映某一特点的景观地域、旅游景点。在旅游区内呈点状布局。

1.2　游线分类

游线游是为游人安排的游览欣赏风景的路线。游览线路与旅游线路关系密切，但又不完全相同，本文认为其存在以下异同点：第一，专业领域不同。游线属城乡规划范畴，而旅游线路属旅游发展范畴；第二，行为类别不同。游线的主要行为为游览欣赏，而旅游线路是包括吃、住、行、游、购、娱为一体的综合性活动；第三，空间形态不同。游线是以串联景区、景点或景点内部的交通组织路线，而旅游线路则是游览景区、景点的计划和安排；第四，目标和服务对象相同。二者均为游人服务，目的都是让游客得到美的享受。

从广义上来讲，游览线路和旅游线路二者是统一的，尤其是在旅游区内部，游览线路和旅游线路往往是一致的，为促进景区的全面发展，游线设置应充分结合旅游的发展需要。

与游线有国家明确的术语解释不同，旅游线路尚未有统一的定义和解释。对旅游线路的定义，虽然不同学者的看法稍有不同，但共同点却是显然的，均是包括旅游者、交通线、旅游点、旅游服务的综合系统，研究游线组织，这几个要素是必不可少的。本文认为，将旅游要素融入游线组织是促进景区健康可持续发展的必然选择，结合旅游发展，将游线分为以下四类：

第一类指旅游区外围的区域游览线路。该类游览线路是依赖周边道路系统与景（点）实行直接联系。

第二类指旅游区内的景区间游览线路。该类游线系统仅存在于一些大型的旅游区内。一般大型旅游区内往往存在多个独立景区（点），彼此空间距离较大，且和城镇、乡村混合布局。该类游览线路是不同景区（点）间的联系通道，但同时也是附近居民的生产、生活道路，交通流量不大，也无过境交通通过。

第三类为景区内的游览线路。实际为景区的游道设计，是风景区线路规划设计的重要内容，如果不注意线路的科学组织与布局，就会造成旅游干线空间结构不完善而影响景区的健康发展。

第四类指旅游者自己设计的游览线路。如今，自助游、自驾车旅游已成为一种常态，旅游者根据自己的喜好随意地设计游览线路，该类游览线路在时间和空间上具有不确定性，一般不需要做游线设置，但可以设定自助游览区域。

2 游线组织影响因素

游线组织影响因素众多，规划设计时必须通盘考虑风景区景观资源的特点、旅游区的空间格局、客源市场与客流特征等因素确定。

2.1 旅游资源特点的影响

风景区内旅游资源的数量、质量及其特征是影响旅游线路组织的重要因素之一，它直接决定游览线路的设计、布局及特色。不同层次的游览线路均需考虑旅游资源的特点，只不过关注的层面不同。

区域性游览线路注重景区的整体类别特色，从大范围内设置游线。该类游览线路的道路交通系统，往往和一般交通运输结合在一起，没有专用的游览路线，但从旅游目的地来讲，区域游览线路具有鲜明的特色。

景区间游览线路联系各个景区、景点及各类服务设施，旅游资源特色突出。景区间游览线路的设置需要充分考虑各旅游资源特征，形成景观丰富、服务完善、交通便捷的游览体系。

景区内的游览线路直接联系各个景点、景群。景点景群的资源特点决定了游线的空间布局和联系方式。例如，山岳型景区要考虑等高线的影响，滨水景区需考虑淹没线的影响；空间尺度的大小也影响游线布局，大空间游线宜短，小空间游线宜长，同时还有考虑观赏角度和观赏点问题。

2.2 景区空间几何形态的影响

风景区空间组合几何形态对游线组织的影响主要体现

在对景区间游览线路的数量及设置方向上，如果风景区空间几何形态呈块集状（长轴与短轴长度相差不大），一般在风景区内可以形成两条或两条以上的一级游览线路，并且形成环路。如果风景区空间几何形态呈线状或带状（长轴与短轴相差几倍以上），在这样的旅游区一般只有一条一级游览线路，而且难以成闭环状，增加了规划和经营管理的难度。

景区内游览线路的设置也受景区空间形状的影响，为达到最大的游览观赏面积，景区内游览线路以顺应景区形状为宜。

2.3 景区景点分布状况的影响

风景区内景区、景点的分布状况直接影响着游览线路的线形分布。从大的范围来看，景点、景区若是围绕旅游中心城市（镇）集中分布，则有利于形成以旅游城市（镇）为中心的多条环形或辐射形游览线路。若景点、景区远离中心城市（镇）或深居边远地带，则不利于形成游览线路，但如果这类边远的景点、景群景观质量很高，对游人的吸引力较强，则有可能依托当地村镇形成次一级的旅游服务中心，并由此为中心形成游览线路。

从景区内部来看，游览线路的确定有赖于景点的空间分布，在景点密集的地区游线比较复杂、曲折，游线设置以观赏为主；而在景点较少的地区游线比较快捷，游线设置以提高游览效率为主。游线设置时考虑扬长避短，尽量面对景观较好的观赏面，同时回避景观较差、禁止游览或危险区域。

2.4 景区内部地形特点的影响

景区内如果存在阻碍游人穿行的自然地形障碍，必然影响游览线路的走向，游览线路必须绕过这些自然障碍。同时，游线设置也必须避开泥石流、塌方等地质灾害地区，保证游客的人身安全。

2.5 客源市场和意愿的影响

客源市场与客流特征是影响游览线路的重要因素。风景区旅游服务目标是尽可能满足游客游览的需要，因此，游客的游览行为偏好及游览行为综合特征成为游览线路设计的重要依据。

2.5.1重点客源市场的影响

重点客源市场是游线组织的重要依据之一。风景区的旅游设施都要考虑客源市场的方位和客流方向。在蒙山风景名胜区规划时，经过市场调研及机构分析，确定蒙山风景名胜区的客源市场在其南北两个方向，临沂市客源占到蒙山旅游区游人总量的70%左右，为重点客源市场。规划将蒙山南部作为最重要的集散地和游线起点来考虑。在蒙山北部设立另外的客源集散地，并将其游线与南部对接。

2.5.2游客意愿的影响

各类游客具有不同的旅游偏好和行为特征，游线设置时首先需确定目标市场的游客构成。如港、澳、台同胞与华侨来大陆旅游侧重于寻根问祖和探亲观光，日本游客则偏重于佛教文化及多民族风情旅游。其次，不同的年龄、职业和文化素养的游客，其旅游动机和关注点也各不相同，这在线路设计时应充分考虑这种因素的影响。

游客意愿与景区主题相呼应，不同的主题景区吸引的游客不同，因此在游线组织时必须使不同的景区的游线尽量靠近相应的目标游客群。

3　游线组织的原则与方法

3.1　游线组织的原则

3.1.1保护性原则

大型旅游区内往往同时设置有风景名胜区。在风景名胜区内，游线组织必须符合其分区保护的规定。风景名胜区按分区保护分为生态保护区、自然景观保护区、史迹保护区、风景恢复区、风景游览区和发展控制区等。在生态保护区内，禁止游人进入，严禁机动交通及其设施进入。在自然景观保护区内，可以配置必要的步行游览和安全防护设施，宜控制游人进入，不得安排与其无关的人为设施，严禁机动交通及其设施进入。在史迹保护区内，可以安置必要的步行游览和安全防护设施，宜控制游人进入，不得安排旅宿床位，严禁增设与其无关的人为设施，严禁机动交通及其设施进入。在风景游览区内，可以进行适度的资源利用行为，适宜安排各种游览欣赏项目；应分级限制机动交通及旅游设施的配置。并分级限制居民活动进入

根据风景名胜区的分级保护范围，游线设置依据分级保护规定设置。一级保护区内可以安置必需的步行游赏道路和相关设施，严禁建设与风景无关的设施，不得安排旅宿床位，机动交通工具不得进入此区。二级保护区内可以安排少量旅宿设施，但必须限制与风景游赏无关的建设，应限制机动交通工具进入本区。在三级保护区内，应有序控制各项建设与设施，并应与风景环境相协调。

3.1.2经济性原则

经济性原则包括两个方面，从整个旅游区层面来看，游线设置时尽量考虑不同景区的共建共享，提高利用率；从景区内部来看，游线设置应充分考虑开发建设的成本，坚持经济可行的原则。在游线设计时可以通过多方案对比分析，并同时考虑建材、施工及配套设施的成本，为景区开发选择经济合理、现实可行的游览线路。

3.1.3方便性原则

风景区的游线设置应遵循方便性的原则，主要体现有利于景区建设、景区管理、景区经营和景区配套几个方面。各旅游区根据自己的实际情况，认真研究，找出适合自己的游线设置模式。

游线设置的方便性还体现在游客的方便使用上，游览线路一定要与游客交通流线有直接的联系，并实现人流的

快速转换。

3.1.4特色性原则

游览线路的组织管理是一种导向性设计，因此必须努力反映该景区的目的主体，并尽力去突出和加强这一主体。如果是一般观光游览线路，在有限的时间内，尽量安排丰富多彩的游览项目，让游客尽可能多地参观领略有代表性的风景名胜和社会民俗风情。景区内的游览线路，应根据所确定的具体专题组织景点和活动内容，做到合理选择，处理好主辅关系，突出主体性质，形成主题鲜明的游览线路。

3.1.5层次性原则

旅游区游线设置按照"旅宜快，游宜慢"的原则，根据所处的位置和承担的作用实行多层次布置，并实行不同的建设标准。对于旅游区外围的区域游览线路以保障其交通功能为主，实现景区游人的快速疏散。景区间游览线路重点解决景区或服务区间的人流转换，同时兼顾观光式游览活动。景区内游览线路以局部自成体系，以游览观赏为主，可以采用车行、步行、栈道、索道等不同的组合形式。

分层次的游线布置系统，一方面是适应开发建设的需要，完善景区的功能结构；另一方面也是增加景区容量，提高游览面积，实现分组游览。从旅游开发的角度来看，游客的需求是多种多样的，设置不同的游览线路，可以供不同层次的游客选择和灵活拼合，具有较强的主动感，激起旅游兴趣，有利于旅游活动的实现，更好地实现游览效果。

3.1.6安全性原则

安全性是指在旅游区游览活动中一切安全现象的总称。旅游安全是旅游业的生命线，是旅游业发展的基础和保障，旅游安全事故不仅影响旅游活动的顺利进行，而且可能带来巨额经济损失，直接影响社会的安定团结。

3.2　游览线路组织的方法

3.2.1技术路线

通过对基础资料的收集和整理，并结合专家意见，采用层次分析法和等级赋值法，将游览线路选线结果与现状地形地物进行对比分析，并依照游客问卷调查的结果，组织不同主题的游览线。

3.2.2主要内容

根据游线组织的原则并结合现实情况，按照游线组织的技术路线，着重做好以下几方面的工作：

第一，现状分析。深入了解现状，找到现状建设中的主要问题。通过现状调研和问卷调查，分析选择影响风景区游线设置的不同因子，定性与定量相结合，根据实际状况，筛选出主要因子，为游线选择奠定基础。

第二，游步道选线。具体过程为：通过层次分析法确

定各因子的权重；采用等级赋值法将各因子进行重分类并予以赋值；将栅格化的各因子图按权重进行叠加，获得游步道选线得分累计；运用GIS空间分析中的最短路径分析技术，结合景点数据，得出游步道选线线路。

第三，游览线路组织。将游步道选线结果与现状游步道进行对比分析，结合游客问卷调查分析结果，满足游客的游览需要，组织出满足不同游客需求、主题各异的游览线路（图1）。

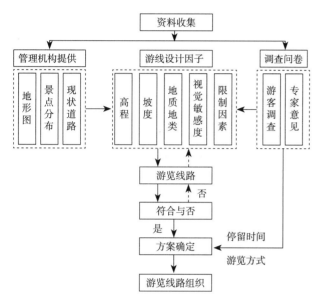

图1　游览线路组织

4　旅游区游线组织实例

4.1　旅游区概况

蒙山位于山东省中南部，古称"东蒙"、"东山"，总面积1125平方公里，主峰龟蒙顶海拔1156米，为山东第二高峰，又称"亚岱"。蒙山地域宽广，有较大山峰300余座，深谷陡涧300余条，有"七十二险峰，三十六洞天"之说，从地域面积来看为山东省第一大山。

蒙山风景名胜区位于蒙山旅游区内，现为省级风景名胜区，是在原蒙山风景区蒙阴风景区和平邑风景区用地基础上合并形成的。

蒙山风景名胜区的规划范围为：南至乔家村水库北侧、张里庄、刘家寨、蒙阳峪山脚，北到行政区界及234省道南侧200米，东至豆角峪、石砬子，东南到费县边界，西到东峪村、九女关山脚、罗家沟。总用地面积约174.39平方公里。

蒙山风景名胜区规划结构概括为"一山两核、一环八区"。一山：整体的大蒙山；两核：已经形成的云蒙、龟蒙两大核心；一环：环山景观带。八区：龟蒙景区、明光寺景区、蒙山人家景区、大洼景区、曲流涧景区、百花峪景区、云蒙景区、望海楼景区。规划蒙山风景名胜区2030年

日游客规模为2.1万人次，风景区年游人容量567万人次。

4.2　游线设计构思

4.2.1　游览道路功能

由于历史上蒙山和宗教文化的独特关系，使得祭祀、求香等活动成为风景名胜区成立前相当长时间内蒙山的主要活动，同时长期以来的蒙山内外物资交流也引起大量的交通流量，进而形成蒙山原始的道路交通网络。蒙山风景名胜区成立以来，游览道路的功能得到强化。

随着蒙山风景名胜区游览道路建设的进一步加强，新型的道路形式和建筑材料得到广泛应用，蒙山的道路系统建设进入一个全新的阶段。从发展历史和现状情况来看，风景区道路兼有以下四种功能：文化活动的功能、交通运输的功能、组织景观并构成系统的功能。

4.2.2　游览线路设计构思

（1）分层设置

蒙山风景名胜区处在联系密切而又不同的空间结构层次中，从宏观大范围来看，蒙山风景名胜区是大蒙山旅游的重要组成部分。蒙山风景名胜区在游览道路设置时与大蒙山旅游系统相协调。大蒙山游览线路要结合山东省整体的旅游发展战略而确定。

从中观层面来看，蒙山风景名胜区地处临沂市蒙山旅游区所辖区域，是蒙山旅游区的核心景区。蒙山旅游区内设置多条景区间游览线路，用以联系各独立景区。以蒙山环山路和大温线为基础建设环蒙山旅游环线，该环线将风景名胜区大部分景区、服务中心联系在一起，是建设景区间游览线路的基础。

从微观层面来看，各景区内部游览路以景区景点为依托，顺应地势，按不同的游览主题设置。各游线间互有联系，可方便地进行游线转换，给游人提供不同的选择。

（2）分级设置

蒙山风景名胜区内游览线路按所承担的功能分为三个级别。

一级游线主要由景区间游览道路组成，用以解决景区间游人交通，同时可游览蒙山生态景观资源、生态农业、乡村旅游等。一级游线主要以车行为主。

二级游线为各景区的主干游线及景区间联络线。二级游线沿线景点众多，游人量大，是游客主要的活动区域。二级游线可采用多种交通方式，车行、步行、缆车均可选择，但不同交通方式应进行严格区分。

三级游线为景区内部游览线路，主要围绕景点展开，并充分考虑地形、地物等因素。三级游线可形成小循环，也可形成枝状线形，但出入口均需与上级游线相连。三级游线一般以步行为主，可采用栈道、缆车等多种建设形式。

（3）分类设置

蒙山风景区内根据景源的性质和空间位置可设置不同

类别的游线，游客可根据喜好选择适合自己的游线。游线设置可分为休闲游线、祭拜游线、探险游线、文化游线、养生游线、生态游线等。不同类别的游线设置不同的配套服务设施。

4.3 游线组织设计

4.3.1 区域游线组织

蒙山风景名胜区应与周边省市的著名景区（点）联合与捆绑线路组织，才能实现产品联动，从而提高蒙山风景名胜区的知名度与影响力。规划设立4条区域旅游线路。

4.3.2 景区间游线组织

蒙山风景名胜区景区间游览道路的设置原则为：

第一，景区间游览线路避免和对外交通重合，保证道路通行效率；

第二，景区间游览线路应避免穿越村庄居民点，减少对居民的影响；

第三，尽量利用现有道路，减少投资和对环境的破坏。

根据上述原则，蒙山风景名胜区景区间游览道路确定为环山路和大温路形成的环形道路。此外，万红路、明温线、汶泗线也属景区间游览道路。

根据蒙山的资源条件和各景区的特点，在大蒙山旅游区范围内设立6条游览线路。分别为：绿色之旅、温泉之旅、驾车之旅、农家之旅、科考之旅、沂蒙之旅。

4.3.3 景区内游览线路组织

（1）建设条件分析

对蒙山风景名胜区进行高程、坡度、坡向等进行GIS分析，利用GIS的空间分析功能，确定景点间的最短路径和最佳路径，并与现状地形进行比对，筛选合适的游览道路（图2、图3）。在初步选定游览道路时还要综合考虑土地、林业、水利、文物等多个部门的建议，广泛征求意见，最终确定合理的游览道路建设区域。

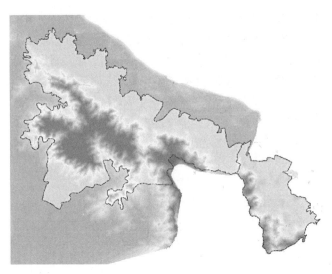

图3　蒙山风景名胜区高程分析图

（2）游线设定

根据建设条件状况和景点分布，确定景区内游线内共设置23条景区内游览线路。具体为分布如下：龟蒙景区6条、云蒙景区3条、曲流涧景区2条、明光寺景区2条、李家石屋景区2条、大洼景区2条、百花峪景区3条、望海楼景区3条（图4）。

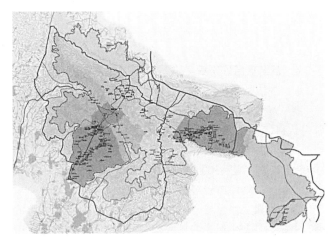

图4　蒙山风景名胜区游线设计图

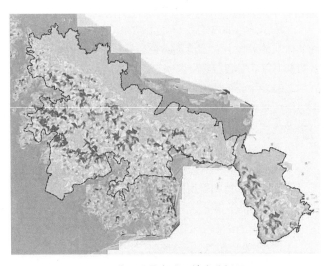

图2　蒙山风景名胜区坡度分析图

参考文献

[1] Ian McHarg. Design with Nature. Amercian:University of Pennsylvania, 1969

[2] Little C E. Greenways for American[M]. Baltimore, MD:Johns Hopkins University Press. 1990

[3] Tom Turner. Greenway, blueways, skyways and other ways to a better London[J]. Landscape and Urban Planning. 1995, 33:269-282

[4] David W Ebv, Lisa, J Molna. Importance of scenic

byways in route choice a survey of driving tourists in the United States[J]. Transportation Research Part A. 2002, 36:95-106

[5]　汉斯．洛伦茨．公路线形与环境设计[M]．北京：人民交通出版社，1996．

[6]　保继刚，楚义芳．旅游地理学[M]．北京：高等教育出版社，1999．

[7]　范春．旅游地规划中的点、线、面问题，重庆工商大学学报[J]．西部论坛，2005．

[8]　史兴民．旅游地貌学[M]．天津：南开大学出版社，2009．

[9]　陈建设，吕志明，钟莹峰．从对客精力管理看自然风景区游览线路设计，湖南工业大学学报（社会科学版）[J]．2010，15（2）：57-59．

[10]　薛燕妮，刘勇，邢育刚．景区内旅游线路的连通性分析与评价，山西大学学报（自然科学版）[J]．2013，36（1）：139-142．

[11]　林继卿、刘健、余坤勇、张淼堃、李增禄．GIS技术在灵石山国家森林公园游览线路组织中的应用[J]．福建农林大学，2009．

[12]　李道增．环境行为学概论[M]．北京：清华大学出版社，1999．

[13]　（美）高桥．环境行为学概论[M]．北京：中国建筑工业出版社，2000．

[14]　雷明德．旅游地理学．西安：西北大学出版社，1988，122．

[15]　庞规荃．旅游开发与旅游地理．北京：旅游教育出版社，1989，126．

[16]　马勇．区域旅游线路设计初探．载阎友兵．旅游线路设计学．长沙：湖南教育出版社，1996，4-5．

[17]　杨晓国．旅游经济活动中的旅游地理因素与旅游线路设计组织，经济问题1996，4，62-63．

[18]　陈启跃．旅游者对旅游线路的选择，镇江高专学报2003，2，2

[19]　临沂市规划院．蒙山风景名胜区总体规划[G]．5，215．

作者简介

石永强，男，大学本科，临沂市城乡规划编制研究中心，研究室主任，高级规划师。

丁婉晴，女，大学本科，山东建筑大学在读。

城市夜景观规划模式探究

武栋 李嵩

摘 要：城市的夜景观是城市景观的重要组成部分，其目的都是为城市市民提供良好的生活空间。合理的组织城市夜景观，营造良好的城市夜生活环境是提升城市形象的一个关键因素。我国学者从20世纪80年代才开始对城市夜景观进行研究，但研究的重点主要偏重城市的照明领域，缺乏从整体角度认识城市夜景观的理论。本文以此为初衷，

通过对城市夜景观内涵的重新思考，通过对我国现状城市夜景观现状模式缺陷的了解，在整合的城市夜景观设计的基本原则的基础上，提出了城市夜景观规划的基本模式，旨在对城市夜景观进行控制与引导。

关键词：城市夜景观；城市景观；规划模式

1 背景

现代夜景观无疑已成为当今城市现代化建设和文明程度的一个重要标志。大江南北，无论是传统的大城市还是新兴的小城市，无一例外地进行着城市夜景规划。阑珊灯火在广阔的大地山间逶迤延伸，城市肌理在夜间愈加明晰。

2008年北京奥运会期间，丰富的夜景层次，多姿多彩的烟火，令人炫目的激光技术……无一不给人以强烈的艺术震撼，从万家灯火到缤纷霓虹，现代城市夜景照明使人们的户外休闲娱乐时间向夜晚延伸，使得人们的生活具有更多的乐趣。

城市夜景观作为城市景观的组成部分，其空间环境形成的目的和作用是基于为市民提供夜生活提供场所。正确把握城市夜景观的发展模式，直接关系到城市夜环境的质量。

然而，当下形势下城市的夜景观设计存在严重的缺陷和不足，对于夜景观的认识具有相当的片面性和盲目性，这理所当然的造成城市中夜景观的无序和单调，甚至发生不作夜景观设计比作了要好的局面。鉴如此，笔者认为，

探讨一种具有普遍性的城市夜景观的设计模式是十分迫切的，只有从整体的角度认识城市的夜景观设计，才能在一定程度上保证我们的城市夜景观在人的心理感受方面不至于偏差太大。

2 对城市夜景观设计的认识

对城市夜景观设计内涵的阐述是为了解决城市夜景观设计是要做什么的问题，对城市夜景观设计的内涵有比较全面的认识有利于对夜间的城市空间环境做出正确的定位。只有全面缜密的设计才能使设计真正起到对夜间建筑乃至城市的整体景观的控制与引导作用。

2.1 "昼"与"夜"的差别

单纯地从字面意思上来说，"昼"和"夜"是一个相对范畴，"昼"意味着白天，"夜"意味着天黑的时间。"夜"是相对于"昼"而存在的，昼夜是大自然赋予万物的作息规律。照明手段的掌握使人类有能力改变夜间状态、调整作息时间、丰富夜间活动。但是，传统的"日出而作，日落而息"的"昼夜"观仍应是城市夜规划的根本宗旨。"不夜城"绝不是城市规划的目标，换句话说，城

市夜景规划不是要将城市的夜"昼化"，"夜"是以息为特征的，城市的夜景规划决不应改变夜的本质，而应该突出夜的特征，为人们创造一个更适于"息"的环境。

2.2 城市景观的再认识

从人类实践的角度分析，景观分为自然景观和人文景观。自然景观是天然景观和人文景观的自然方面的总称。天然景观是指只受到人类间接、轻微影响而原有自然面貌未发生明显变化的景观，如极地、高山、大荒漠、大沼泽和热带雨林等。人文景观是指受到人类直接影响和长期作用，而使自然面貌发生明显变化的景观，如城市、村镇等。城市景观作为一种人文景观，包括自然景观和人工景观。而事实上，由于人类漫长的改造自然的活动，自然景观和人工景观的界限是较难确定的。因此，将城市景观理解为自然景观和人工景观的综合体更为确切。

2.3 城市夜景观的内在涵义

笔者通过阅读的大量文献资料后，总结认为，所谓"夜景"就是以夜色为背景，主基调应为"黑"的夜色，"景"在此背景的衬托下才能突出，而"景"是通过照明的不同手法来表现。它是在夜色经过灯光过滤的城市整体景观的一个再反应，它的物质实体仍然是城市景观。

3 城市夜景观在城市整体景观中的地位

总的来说，城市夜景观是城市景观在夜间的再次表现。广义城市景观与城市夜景观的概念是包容与被包容的关系，城市夜景观概念是对城市景观概念的补充，它使城市景观的含义更加明确。

城市夜景观在城市景观中的具体作用主要表现在以下几方面：

3.1 城市夜景观可以通过合理的规划设计体现出每个城市所固有的特色

每个城市在其形成的开始，由于地域因素的原因导致其城市无论是在城市形态还是城市的整体风格特征上都有别于其他的城市。如首都北京形成的"水绕郊畿襟带合，山环宫阙虎龙蹲"的格局，南京形成的"据龙盘虎踞之雄，依负山带江之胜"的格局等。这些城市的格局都是对整个城市景观特征的反应，然而，在白天我们对这种格局的感受是不太强的，只有在夜晚的时候，通过人工的干预、通过城市夜晚的功能照明和艺术照明来凸显出来，这些都是城市夜景观在城市整体景观中不可忽视的作用。

3.2 在城市夜空中对于城市整体轮廓线的勾勒的重要作用

一个城市的天际线和其整体轮廓是一个城市是否有序的重要反应。然而，它们在白天受到城市中一些不好的因素的影响，往往是很难给人留下深刻印象的，即使有印象也是杂乱无章的。在城市的夜空中，我们可以通过合理的取舍，通过照明灯的合理组织，通过观景点的合理塑造，

是可以非常清晰的反映整个城市的整体轮廓和艺术特色的，这样组织得当的夜色景观，留给人的心理感受不单单是一个艺术的享受，更是一个城市居民能否形成归属感和自豪感的重要影响因素。

3.3 城市夜景观是一个城市是否繁华和是否具有文化内涵的集中体现

从城市经济的角度来看，一个城市它的经济越是发达，其相应的夜色照明是明显偏高的，这无形当中促使了城市夜景观的发展。事实上，城市夜景照明折射出的是一个城市的经济实力和现代化水平，或更高层次的说，城市夜景照明与一个国家的经济繁荣有着密切的关系，同时，城市夜景观也是对城市文化的反应，什么样的城市有着什么样的夜景是很大不同的，像欧洲的夜景普遍是一种灯红酒绿的景象，人们可以很直观的就体验出其文化氛围；而像中东地区国家的夜色就要明显逊色，它们更多的是跟宗教相关的一种夜景布置形式，看一看它们的城市，你就会知道它们的宗教是否雄厚。

3.4 城市夜景观也是一个国家政策的体现

城市夜景观规划设计跨越多门学科，成功的城市夜景观规划设计作品最突出的特点在于它是技术与艺术的完美结合。在美国，主要通过完善的教学体制、法律制度、雄厚的财力与激烈的市场竞争体制来使其夜景观规划设计方案付诸实践。在我国，不同的政治、经济、法律制度与城市不同的建设发展历史给夜景观规划设计实践带来了不同程度的困难。城市景观规划是城市规划的一个重要节点，而城市夜景观的塑造又是城市景观的重要方面。因此，将城市夜景观规划设计成果纳入城市规划中，使其具有一定的实践性、可依据性和政策性是非常重要的。因而，我们可以说城市夜景观其实就是一个国家政策的折射反应。

4 我国城市夜景观现状模式的缺陷

4.1 城市夜景缺少统一的规划，没有形成整体夜色景观

现状城市夜景观普遍是未经统一规划的，即使规划了也是小范围的商业区或居住区或是工业园区，它们之间缺乏相互联系各自为政，造成有些地段夜景照明的重复浪费，有些地区成了照明盲区，给城市居民造成了严重的安全隐患。而且，这种各自为战的做法给城市整体的夜景观造成了絮乱的感觉，随之带来城市市民以及游客对城市极差的心理感受，这是违背城市发展的初衷的。

4.2 建筑照明色彩选择不当，给观众留下不好的印象

城市夜景观在很大程度上是由城市的夜景照明决定的，因此，照明灯光的色彩的选择就显得十分重要了。然而，在现实具体处理过程中，有些处于重要地段的企业，为了一己之利，大肆运用耀眼的光色来达到商业宣传的目的，而这些显然和城市的整体夜景观是格格不入的。以至给城市的市民留下不好的印象。

图1　标志性建筑物光色不当

4.3 未经夜景照明设计、随意性较强、灯光隐蔽性较差

图2　玻璃幕墙乱用泛光灯

4.4 部分缺少维修，亮一半暗一半，影响城市形象。

图3　景观照明灯缺少围护

4.5 在生活区内夜景照明太亮，对居民产生光污染，同时也浪费能源。

4.6 在工程竣工后才考虑夜景灯，造成对市政道路、建筑外观的破坏和重复建设。

由于缺少整体的统一规划，各单位各自为政，造成城市夜景观的具体布置需要等到其他工程完工后才予以考虑，这种不合理的现状是城市夜景观规划被忽视直接导致的。在法律上缺少保证措施，是导致这种不合理的现象合理化存在的直接原因。

5 城市夜景观设计的基本原则

5.1 整体性原则

图4　小区内的光污染

整体性原则是指城市夜景观的设计要把握城市主要景观的整体形象。城市是一个有机的整体，其结构和肌理自有其合理的逻辑。城市夜景观设计不应脱离这个规律，还需要紧密地融合于城市的空间结构中去。因此，必须从宏观上解决城市夜景景点分布，景点之间的联系，主次的确立，性质特征及照明技术和人文活动等宏观问题，使城市整体设计与夜景设计不脱节，从而对局部的夜景设计起到应有的控制与引导作用。即在宏观上对技术、艺术、经济等因素进行协调，不仅要体现特色，更应重视统一完美的整体效果，合理规划各构成部分。如果没有对整体效果的控制、把握与创造，再美的城市夜景观也只能是一些支离破碎或自相矛盾的局部。所以，应重视局部夜景观与其所处环境的整体性，在强调个性特征的前提下，实现城市夜景观的整体效果大于部分之和，让城市特色不论在日间还是晚间都更加一体化，突出城市设计的整体效果。

5.2 动态性原则

动态性原则是指城市夜景观的设计必须与时俱进，不断发展。城市建设是动态发展的过程，要受各种因素的影响，其中一些因素的变化，必然会影响城市的发展变化。城市现代化发展不仅仅表现在高楼大厦拔地而起等景物的变化，还反映在民众思想意识和观念的现代化的演变。因此，从前的城市夜景观就会相当快地与城市发展进程相脱节，同时也会滞后于人们的思想观念，刚建好的夜景观可能会很快地被认为是不合适的。在一定时期和一定历史条件下完成的城市夜景观的设计，经过一定时期的实施和发展之后，会产生一定的变化，从而需要进一步进行新的研究，使之更加符合新的情况，适应新的发展需要。因此，城市夜景观设计是长期的、渐进的、动态的，不会是一成不变的，必须不断地修订和完善，既要尊重现状、经济以及人们的意识形态，也应具有前瞻性。

5.3 地域性原则

地域性原则是指城市夜景观的设计必须根据不同城市独特的地理、地貌以及城市空间环境，使其有机地融于环境，显示出地方特色。每一个城市规模不一样、地理位置不一样、内涵也不一样，自然气候迥异、城市居民行为特征与模式各具特色、生活空间环境千差万别，因此，城市夜景观设计上也必须具有自己的特色，北方有北方特色，南方有南方特色，东部有东部特色，西部有西部的特色。城市是人居文明荟萃所在，它不仅是功能的，也是社会的。把握城市建设内涵，使其折射出极富风土人情的地域特色和时代精神，并汇聚在一系列公共的印象之中，应是城市政府的职责和市民的共识。城市夜景观应成为标榜城市独特性的象征之一。

5.4 时效性原则

时效性原则是指城市夜景观的设计必须体现鲜明的时代特征。城市夜景观的设计时间、设计形式、内容诉求、照明类型等都具有时效性，或长期、或短期、或季节时令、或节庆假日。所以，当城市总体规划进行调整或修改时，要结合城市的经济条件、历史背景，充分考虑人们的生理及心理要求，进一步完善对夜景观的设计，显示出季节特征、人文特征、自然特征、科技特征、节日特征和建筑特征，使其更符合当代艺术创作的总趋势，体现鲜明的时代特征。

5.5 创新性原则

创新性原则是指城市夜景观的设计在景、意、技上都必须有突破，创新是城市夜景观艺术不断进步的灵魂。我们要打破旧的思维模式，开拓新的思维空间，更新创作观念和技术手段，积极运用新工艺、新材料、新光源，运用高新技术，创造出新的成果，实现个性化内涵与独创性表现形式的和谐统一。

5.6 经济性原则

经济性原则是指城市夜景观的设计应考虑到不同国家、地区、城市的社会生产力和消费者的支付能力，研究不同国家、地区、城市的经济发展态势与消费趋势，寻求在现有条件下，以最小的成本，获得最适用、优质、美观的设计。成都春熙路商业步行街的夜景观设计就是贯彻这种经济性原则，引入生态节能的太阳光能源，白天吸收光热，储存能量，夜间释放能量，转化为光源，既经济节约，又避免光污染，具有很多优点，并具有广阔的应用前景和发展前途，值得提倡和推广。

5.7 单纯性原则

单纯性原则是指城市夜景观的设计应色调趋同，尽量使色变单纯化，以期产生美感的一种原则，这是配色美的原理之一。其配色往往采用一个较为明确的色调来主控，

如橘红色调、紫色调、白色调等。这样的效果表现出简洁、明快、完整、个性较强的色彩美感特征。坚持单纯性原则，由于色彩的外在要素少了，所以要求色彩的选用更准确，要以少胜多，实际上难度更大。高品位的夜景观往往希望人们关注它的技术含量，其色彩常常是单纯化的。因此，单纯性原则的坚持是符合当今人们追求高品位的审美特征的。明确城市夜景观设计的意义和原则，我们就应从夜景观的总体规划着手，并根据城市总体规划的战略部署，结合城市现在及未来的空间布局，从艺术整体美的角度制定城市夜景未来的发展目标。不仅要从城市空间在白天的特征这一角度来考虑，还要通过各种方法手段来改变日光下形态很差的空间及相互间没有关联的存在形式。

6 城市夜景观规划的基本模式

如何将城市夜景观规划设计理论与实践相结合一直都是规划者的一个夙愿，笔者在此通过对城市夜景观现状的阐述，通过对城市夜景观设计的基本原则的探析，目的在于总结一种有利于城市夜景观发展的基本模式。以下一种夜景观规划模式，无论是针对百万人口的大城市抑或是针对小城镇的夜景观设计，在一定范围内都是一种行之有效的规划设计模式。

在此，我们将城市的夜景观规划分为四个层面，即城市夜景观总体规划、城市夜景观详细规划、城市夜景观节点规划、城市夜景观监督管理。

6.1 城市夜景观总体规划

这一层面的规划主要是从宏观上解决城市夜间各景观点的空间定位及布置，确定各个景观片区的联系、主从关系、性质特征、照明技术以及节假日夜景观系统的处理。实际上是在宏观整体上对影响夜景观的艺术、技术、经济、文化等因素作一个整体的控制。

6.2 城市夜景观详细规划

城市夜景观详细规划的对象可概括为道路景观、节点景观、轮廓线、区域标志、滨水景观等五个方面。夜景观详细规划的主要任务：一是根据本体景观特点确定夜景照明的配合要求、原则和特色；二是控制夜景照明光照总量与平均亮度水平；三是根据景区内各照明对象的作用与地位，确定照明的主景、对景、配景和底景，并确定各自亮度水平和它们的比例关系、确定合理的照明方式及色调的配置与光色的运用。

6.3 城市夜景观节点规划

城市夜景观节点规划是在上位规划的基础上，针对不同地段的特征，因地制宜地进行设计。这一层面上的设计，更多的要考虑艺术、园林、设计美学、照明技术、色彩搭配等方面的因素，该层次的规划既要达到规划深度的要求，同时，其成果应该达到可以指导施工的要求。

6.4 城市夜景观监督管理

城市夜景观监督管理主要侧重施工后实际运用中的管理部分。该层面应该将城市中影响夜景观的元素进行细分，并对其进行分类，以法律条文的形式对影响夜景观的要素进行约束限定。大的方向可以分为四个方面，即：城市的实体景观、城市的功能照明、城市的艺术照明、城市的动态照明和光雕塑。可以对不同方面制定相应的专项管理条例，便于在具体组织的时候有据可行。同时，也要注意在管理的过程中听取群众的意见，注意夜景监督管理的反馈作用。

7　结语

城市夜景观的塑造作为一个全新的话题越来越受到各界人士的重视，而城市的亮化工程是实现美化城市夜景观的一个重要举措，如何营造一个好的、可持续的城市夜景观是我们追求的一个目标。当下人们为了追求城市的夜景观，往往盲目的、片面的以"亮"为目的，却忽视了城市夜景观在整个过程中的设计和控制引导过程，最终导致城市夜景观呈现的是一种各自为政的孤立局面，本文通过对城市夜景观的现状及其规划原则的理解，试图探索到一种可以指导城市夜景观有序建设的模式，以期使城市夜景观更具观赏性。文章中观点的偏激性可能无法避免，笔者的主要目的旨在唤起大家对城市夜景观的重新审视，以使我们具有更好的人居环境。

参考文献

[1] 李德华主编. 城市规划原理（第三版）[M]. 北京：中国建筑工业出版社.

[2] 王晓燕. 城市夜景规划与设计[M]. 南京：东南大学出版社.

[3] [日]Landscape design 杂志出版社编. 世界都市景观照明[M]. 大连：大连理工大学出版社.

[4] 严华. 对城市景观的再认识[J]. 城市问题. 2001. 2.

[5] 陈宇，周武忠，周威. 城市夜景观规划设计初探[J]. 2005. 9.

[6] 朱海峰. 浅谈城市夜景照明设计的方式、方法[J]. 城市亮化，2007. 2.

[7] 尹婷婷，绍德辉. 浅谈城市夜景观规划. 黑龙江科技信息，2007. 12.

[8] 王莉. 从城市夜景照明设计看城市文化特色的再塑. 城建档案，2008. 3.

[9] 刘鸣，马剑，张宝刚. 城市夜景照明中的光污染和夜天空保护的研究. 城市规划. 2008. 8.

作者简介

武栋，男，本科，山东省城乡规划设计研究院，工程师。

李嵩，男，本科，山东省城乡规划设计研究院，工程师。

浅析城市色彩规划中色彩数据库的建立方法
——以山西临汾为例

王峰　黄博燕　丛海涛

摘　要：随着城市的快速发展，人们逐渐认识到城市色彩对于城市建设的重要性，国内许多城市都已进行了城市色彩规划研究。众所周知，在进行城市色彩规划研究时要进行对现状色彩的调研，建立色彩数据库，从而确定城市主色调，城市推荐色谱。但从目前来看，城市色彩数据库的建立，基本上都是取样于建筑的颜色，然而，城市色彩不仅仅指建筑的色彩，还有道路、标牌、绿地的色彩等。所以，本文将追溯于城市色彩涵义本身，进行色彩数据库建立方法的研究，并以山西临汾为例说明此方法的应用。

关键词：城市色彩；色彩数据库；临汾

引言

城市色彩规划的重要部分在于现状城市色彩的调研，而现状城市色彩的调研又主要是城市色彩数据库的建立。所以，数据库的建立是城市色彩规划的重中之重。本文将从目前色彩数据库建立方法存在的问题谈起，到具体怎样建立一个完整的色彩数据库。

1　存在的问题

通过对目前城市色彩规划研究资料的查阅，发现最主要的问题是，城市色彩数据库的建立，变成了建筑色彩数据库的建立，城市色彩数据库的内容基本是建筑色彩。虽然城市的主要构成是建筑，但是不能把城市色彩狭义为建筑色彩。

城市色彩是指城市外部空间中各种视觉事物所具有的色彩，它是一个广泛、综合的概念，为人工装饰色彩和自然色彩两类。它的研究对象包括建筑、道路、标牌、广告、服饰、绿地、河流等城市内人文景观和自然景观的色彩。

所以，在进行城市色彩数据库的建立时，应包括建筑、道路、标牌、广告、绿地、河流等城市内人文景观和自然景观的色彩。

2　色彩数据库的建立

2.1　建立的依据

2.1.1城市的结构

在城市色彩规划研究中，确定城市主色调、色彩分区、推荐色谱、禁用色谱等是重要内容，其中色彩分区主要是根据城市的功结构分区划分。所以，为了和色彩分区对应，色彩数据库的建立应根据城市的结构。

2.1.2城市色彩概念

前面谈到，城市色彩是一个宽泛的概念，包括人工装饰色彩和自然色彩两类，研究对象包括建筑、道路、标牌、广告、服饰、绿地、河流等城市人文景观和自然景观的色彩。所以，为了全面地进行城市色彩的研究，应充分根据城市色彩本身所研究的对象。

2.2　建立的方法

根据以上分析，本文所研究的方法主要包括三个大的部分，分别是自然色彩数据库、人文地域环境色彩数据库、人工环境色彩数据库。人工环境色彩数据库又以城市的结构为基础，按照"特定功能区+核心街道+节点+标志物"的方式展开数据库的建立。根据各调查对象的特点，制定不同的数据库，数据库的内容会根据调查对象有所增减，表现形式采用列表的方式。

2.2.1自然色彩数据库的建立

自然色彩主要是指城市的天空、水系、山峦、土壤、环境植物和当地建筑材料的色彩，调查的内容分别是色彩样品、色彩参数（表1）。

表1 自然色彩数据库

编号	类型		色彩参数	色彩样品
1	天空			
2	水系			
3	山峦			
4	土壤			
5	环境植物			
6	当地建筑材料	砖		
		石头		
		……		

2.2.2人文地域环境色彩数据库的建立

人文地域环境色彩主要包括历史遗迹、地域文化、民俗文化和当地偏好色彩四个类型的色彩。历史遗迹类主要指城市中的一些文物、历史遗址等；地域文化类主要是通过研究城市的文化，提取出相应的色彩；民俗文化类主要通过当地的一些民俗活动，提取相应色彩；当地偏好色彩主要是通过问卷调查，得出符合当地人们审美的色彩，避免使用当地人们避讳的色彩（表2）。

表2 人文地域环境色彩数据库

编号	类型	色彩参数	色彩样品	材料
1	历史遗迹			
2	地域文化			
3	民俗文化			
4	当地偏好色彩			

2.2.3人工环境色彩数据库的建立

人工环境色彩数据库根据城市的结构建立，按照"典型功能片区+核心街道+节点+标志物"分为，典型功能片区色彩数据库、核心街道色彩数据库、节点空间色彩数据库、标志建（构）筑物色彩数据库。

（1）典型功能片区色彩数据库的建立

典型功能片区色彩数据库主要包括城市典型功能片区的色彩数据，例如居住片区、工业片区、商业片区、生态

片区和历史片区等。同时各功能区的内容包括建筑、道路（车行道和人行道）、城市家具（灯具、标牌、小品）和绿化。同时，还要对各功能区不合适的地方给出改造的建议（表3）。

表3 典型功能片区色彩数据库

片区编号	片区名称	内容		主色色彩参数	主色色彩样品	材料	辅色色彩样品	点缀色色彩样品	材料	改造建议	环境协调度	备注
		建筑										环境协调度=0，不协调 环境协调度=1，较协调 环境协调度=2，协调 改造措施：色彩改造 材料改造 建筑造型 ……
		道路	车行									
			人行									
		城市家具	灯具									
			标牌									
			小品									
		绿化										

（2）核心街道色彩数据库的建立

核心街道色彩数据库主要包括反映城市重要街道的色彩数据。每个街道的内容包括街道两侧的建筑、道路（车行道和人行道）、城市家具（灯具、标牌、小品）和绿化。同时，还要对区域内不合适的地方给出改造的建议（表4）。

表4 核心街道色彩数据库

街道编号	街道名称	街道内容		主色色彩参数	主色色彩样品	材料	辅色色彩样品	点缀色色彩样品	材料	改造建议	环境协调度	备注
		建筑										环境协调度=0，不协调 环境协调度=1，较协调 环境协调度=2，协调 改造措施：色彩改造 材料改造 建筑造型 ……
		道路	车行									
			人行									
		城市家具	灯具									
			标牌									
			小品									
		绿化										

（3）节点空间色彩数据库的建立

城市节点空间通常是指具有相对重要的地位和作用，对城市形象影响非常大的区域。节点空间一般是由主体建

筑和周围建筑以及周边环境一起形成完整的空间形象。

所以节点空间色彩数据库主要指如鼓楼四周、牌坊四周等节点空间的色彩数据。包括主体建筑、周边建筑、道路（车行道和人行道）、城市家具（灯具、标牌、小品）和绿化。同时，还要对区域内不合适的地方给出改造的建议（表5）。

表5　节点空间色彩数据库

节点编号	节点名称	节点空间内容		主色色彩参数	主色色彩样品	辅色色彩样品	点缀色色彩样品	材料	改造建议	环境协调度	备注
		主体建筑									环境协调度=0，不协调环境协调度=1，较协调环境协调度=2，协调改造措施：色彩改造材料改造建筑造型……
		周边建筑									
		道路	车行								
			人行								
		城市家具	灯具								
			标牌								
			小品								
		绿化									

（4）标志建（构）筑物色彩数据库的建立

标志建（构）筑物色彩数据主要指城市中具有地标性质的建筑物、构筑物的色彩数据，主要包括屋顶、柱、墙身、门、窗等构件。同时，还要对区域内不合适的地方给出改造的建议（表6）。

表6　标志建（构）筑物色彩数据库

建筑编号	建筑名称	构件	主色色彩参数	主色色彩样品	材料	改造建议	备注
		屋顶					改造措施：色彩改造材料改造建筑造型……
		柱					
		墙身					
		门					
		窗					

3　方法的应用——山西临汾

3.1　概况

临汾地处山西省西南部，位于黄河中游与太岳山之间，因濒临汾河而得名，是山西与西北、西南、中原联系的重要"节点"。临汾是中华民族发祥地之一，古为帝尧之都，有着悠久灿烂的历史文化。除此之外城区内、外还保留大量的历史文化遗存。

临汾市城市总体规划将城市划分为铁东区、旧城区、开发区、汾河生态区、涝河、巨河生态区、尧庙历史区六大区域。

3.2　色彩数据库的建立

3.2.1自然色彩数据库的建立

临汾市属暖温带大陆性半干旱季风气候，四季分明。境内河流均属黄河水系，土壤类型为褐土，当地使用的建筑材料主要有青砖，黄土，毛石以及人工石材（表7）。

表7　自然色彩数据库

编号	类型	色彩参数	色彩样品
1	历史遗迹	C:20 M:18 Y:16 K:0	
2	地域文化	C:19 M:36 Y:63 K:1	
3	民俗文化	C:11 M:25 Y:9 K:0	
4	当地偏好色彩	C:9 M:10 Y:34 K:0	

表8　人文地域环境色彩数据库

编号	类型		色彩参数	色彩样品
1	天空		C:25 M:10 Y:0 K:0	
2	水系		C:21 M:2 Y:0 K:0	
3	山峦		C:35 M:72 Y:100 K:36	
4	土壤		C:42 M:58 Y:76 K:29	
5	环境植物		C:41 M:19 Y:99 K:1	
6	当地建筑材料	砖	C:20 M:18 Y:16 K:0	

3.2.2人文地域环境色彩数据库的建立

临汾是晋文化的发源地，市内有作为帝"尧"庙和铁佛寺等遗址。

临汾广为流传的民间艺术包括刺绣、剪纸、雕刻等民间工艺，以及翼城花鼓、侯马皮影戏、晋剧等地方艺术。当地民居为青瓦灰墙，色彩古朴淡雅（表8）。

3.2.3人工环境色彩数据库的建立

人工环境色彩数据库根据以临汾的城市结构为基础，按照"典型功能片区+核心街道+节点+标志物"分为，典型功能片区色彩数据库、核心街道色彩数据库、节点空间色彩数据库、标志建（构）筑物色彩数据库。

（1）典型功能片区色彩数据库的建立

临汾的主要典型功能片区有居住区、办公区、教育区、生态区、历史区等。限于篇幅，本文仅以历史区为例，建立色彩数据库（表9）。

表9　典型功能片区色彩数据库

片区编号	片区名称	片区内容	主色色彩参数	主色色彩样品	材料	辅助色色彩样品	点缀色色彩样品	材料	改造建议	环境协调度	备注
5	历史区	建筑	C:25 M:28 Y:42 K:0		砖			砖	色彩改造	2	环境协调度=0，不协调 环境协调度=1 较协调 环境协调度=2 协调 改造措施：色彩改造 材料改造 建筑造型
		道路 车行	C:23 M:22 Y:22 K:0		石油沥青			石油沥青		1	
		道路 人行	C:34 M:30 Y:28 K:0		砖			砖			
		城市家具 灯具	C:5 M:5 Y:4 K:0		外皮合金			外皮合金		2	
		城市家具 标牌	C:2 M:37 Y:91 K:0		不锈钢			不锈钢			
		城市家具 小品	C:16 M:12 Y:14 K:0		不锈钢			不锈钢			
		绿化	C:77 M:40 Y:99 K:36							1	

（2）核心街道色彩数据库的建立

鼓楼南北大街为临汾城市发展轴线，所以南北大街是核心街道。限于篇幅，色彩数据库的建立主要以鼓楼北大街为例说明（表10）。

（3）节点空间色彩数据库的建立

临汾市的主要节点空间有鼓楼四周、尧庙四周等。限于篇幅，色彩数据库的建立主要以尧庙四周为例说明（表11）。

表10　核心街道色彩数据库

编号	类型	色彩参数	色彩样品
1	历史遗迹	C:20 M:18 Y:16 K:0	
2	地域文化	C:19 M:36 Y:63 K:1	
3	民俗文化	C:11 M:25 Y:9 K:0	
4	当地偏好色彩	C:9 M:10 Y:34 K:0	

表11　节点空间色彩数据库

节点编号	节点名称	节点空间内容	主色色彩参数	主色色彩样品	材料	辅助色色彩样品	点缀色色彩样品	材料	改造建议	环境协调度	备注
1	尧庙四周	主体建筑	C:34 M:79 Y:65 K:27		涂料			涂料		1	环境协调度=0，不协调 环境协调度=1，较协调 环境协调度=2，协调 改造措施：色彩改造 材料改造 建筑造型……
		周边建筑	C:31 M:14 Y:5 K:0		涂料			涂料	色彩改造	2	
		道路 车行	C:23 M:22 Y:22 K:0		石油沥青	C:5 M:5 Y:4 K:0		石油沥青		1	
		道路 人行	C:15 M:28 Y:31 K:0		砖	C:5 M:5 Y:4 K:0		砖			
		城市家具 灯具	C:5 M:5 Y:4 K:0		外皮合金	C:81 M:41 K:0		外皮合金			
		城市家具 标牌	C:5 M:64 Y:99 K:0		不锈钢	C:5 M:5 Y:4 K:0		不锈钢		2	
		城市家具 小品	C:16 M:16 Y:60 K:0		不锈钢	C:5 M:6 Y:5 K:0		不锈钢			
		绿化	C: M: Y: K:								

（4）标志建（构）筑物色彩数据库的建立

由于临汾是晋文化的发源地，尧文化是临汾最主要的根祖文化，所以标志性建（构）筑物有尧庙、华门等（表12）。

表12 标志建（构）筑物色彩数据库

建筑编号	建筑名称	构件	主色色彩参数	主色色彩样品	材料	改造建议	备注
1	尧庙	屋顶	C:69 M:60 Y:59 K:41		灰瓦		
		柱	C:34 M:88 Y:66 K:35		木材上漆		
		墙身	C:34 M:88 Y:66 K:35		青砖		
		门	C:34 M:88 Y:66 K:35		木材上漆		
		窗	C:34 M:88 Y:66 K:35		木材上漆	改造措施：色彩改造 材料改造 建筑造型	
2	华门	屋顶	C:36 M:27 Y:26 K:0		灰瓦		
		柱	—	—	—		
		墙身	C:21 M:30 Y:81 K:0		红砖		
		门	C:27 M:81 Y:75 K:19		木材上漆		
		窗	—	—	—		

3.3 小结

通过对上述数据库的归纳整理，结合临汾市的总体规划分区，提取了城市结构分区各区总的色彩倾向，并对各分区的色彩规划提出改进建议（表13）。

结语

本文研究的建立城市色彩数据库的方法，也只是作者通过实际的工程项目研究而来，方法的完善需要今后进一步的实践，目前仅为相关项目提供参考。

参考文献

[1] 尹思谨. 城市色彩景观规划设计[M]. 南京：东南大学出版社，2004.
[2] 张萃. 城市色彩规划研究[D]. 吉林大学，2006.
[3] 吴晔. 城市色彩规划与设计研究[D]. 湖南师范大学，2007.
[4] 廖宇. 城市色彩景观规划研究[D]. 四川：四川农业大学，2007.
[5] 尚磊. 城市色彩文化与色彩控制导向[D]. 武汉：华中科技大学，2004.
[6] 周立. 城市色彩——基于城市设计向度的研究[D]. 东南大学，2005.
[7] 孙旭阳. 基于地域性的城市色彩规划研究[D]. 同济大学，2006.

作者简介

王峰，男，硕士，山东省城乡规划设计研究院，注册城市规划师。

黄博燕，女，硕士，山东城市建设职业学院，讲师。

丛海涛，男，硕士，山东省城乡规划设计研究院，注册城市规划师。

表13 城市结构分区色彩数据库

分区名称		区域特色资源分布	主要建筑类型	片区整体建筑风貌描述	色彩倾向		建议
					色彩描述	色彩样品	
河西区		西侧汾河景观生态区	工业建筑、少量村镇居住建筑	区域处于开发初期，建设量不大。工业建筑体量大，多为2~3层的厂房，形式简洁	建筑主色为白色，辅色为大蓝色	辅色 主色	在开发建设时，注意对汾河景观生态资源的利用
铁东区	工业	大量工业建筑	区域聚集大量工业建筑	工业建筑多建于80年代，体量相对较大，形式简洁，反映了大工业时代的特征	整体建筑主色为灰色，点缀色为天蓝色、白色	辅色 点缀色 主色	该区域现有大量的工业建筑群，在后续发展时注意体现现代工业城市的特征
	居住		居住建筑	为工业配套的居住建筑，老楼集中布置在临钢厂区附近，建筑层数在五层以下，建筑色彩暗淡。新建的居住小区大部分有坡檐口，层数多为六层，外墙涂料粉刷，常用红、蓝、黄、粉几种色彩，搭配不太协调，建筑无细部处理	建筑主色为暖灰色，乳黄、白色、肉桂色为主要辅色，点缀色在老建筑中多以冷灰色为主，新建筑的点缀色以色彩饱和度比较高的颜色如棕红、湖蓝为主	辅色 点缀色 主色	该区域应注意挖掘当地居住文化，同时与工业文化相结合，塑造协调统一的温馨宜人的居住环境

续表

分区名称		区域特色资源分布	主要建筑类型	片区整体建筑风貌描述	色彩倾向		建议
					色彩描述	色彩样品	
旧城区	商业	平阳鼓楼、古城墙、文庙等历史文化建筑仿古牌坊	行政、办公、文化、金融类建筑	该片区围绕节点建筑平阳鼓楼展开，由于该片区为临汾的经济、文化中心，内部建筑类型多样，建筑风格多样。新建筑体量远大与历史建筑，且新建建筑没有处理好与老建筑的协调关系。在该区域中行进时，不能充分感知到众多历史文化建筑的存在	整体建筑的主色为冷灰色，根据建筑功能各个建筑群的主色有所差别，辅色以浅褐色、灰蓝色为主，点缀色以红色、湖蓝、肉桂色、暖灰色为主	辅色 点缀色 主色	该区域为商业区域，但还存在大量历史文化建筑，所以在体现商业文化的同时，应考虑将历史文化融入商业氛围中
	教育	铁佛寺	教育类建筑	主要指山西师大校园建设，校园人口处为仿古的牌楼，而校园内部有大量的新建筑	色彩倾向分化严重，老建筑以深红色为主色调，新建建筑以白色和冷灰色为主色调，点缀色为粉蓝色、浅墨绿	辅色 点缀色 主色	该区域是典型的教育区，校园风貌冲突较大，下一步改造应注意校园新老建筑风貌的协调
	居住		居住建筑	以居住小区的形式出现，多分布在街区内部，层数以6层为主，外墙涂料粉刷。建筑无细部处理	建筑主色为乳黄色、肉桂色，辅色以白色、灰色为主，点缀色为砖红色、湖蓝色	辅色 点缀色 主色	该区域应着重挖掘当地居住文化，创造传统与现代相结合的居住生活环境
开发区		区域北侧有良好的生态景观资源	办公建筑、商业建筑	位于旧城区北，有大量高层办公建筑，多为90年代后建设。建筑形式简洁、新颖，能反映临汾在新时代的精神面貌，但建筑缺乏与城市本身的联系	建筑主色为灰色，辅助色以浅蓝色为主，点缀色以深蓝色、红色和土黄色为主	辅色 点缀色 主色	该区域为临汾的高新技术开发区，应着重突出现代城市新面貌
汾河生态区		良好的汾河生态景观资源	散布些游乐设施建筑	区域内无大量建设，游乐场的辅助建筑，体量小、形式新颖、色彩明快	色彩倾向以绿色和黄绿色为主，建筑主色较为混乱，以明度较低的红色、蓝色、黄色为主	辅色 主色	该区域主要体现城市景观水文化，故不应进行大量建设，可考虑少量文化建筑的建设，且建筑设计应注意结合自然
涝、洰河生态区		良好的涝、洰河生态景观资源	少量村镇居住建筑	该区域尚未进行开发建设	色彩倾向以自然色中的土黄色、绿色为主	主色 主色	该区域主要突出农业生态园区田园生态景观，故不宜进行大量建设，人工建设应注意与生态环境的协调
尧庙组团		尧庙、烈士陵园、植物园	文化类建筑	尧庙组团的建设以尧庙、华门建筑群为中心展开，建筑多为明清风格的古建筑	建筑主色调以深红色为主，点缀色为彩度相对较低的赭黄色、褐色、绿色	辅色 点缀色 主色	该组团为城市文化展示的重要节点，其风貌的构建着重体现尧文化

基于全民健身的中小城市公共体育设施规划布局初探
——以昌乐县为例

杨惠钰 刘明超 周明吉

摘 要：随着城市化的快速发展和全民健身热潮的不断推进，人们对体育设施提出了更新更高的要求，为适应新时期社会事业发展目标，满足市民多层次、多样化的体育运动需求，如何应对这一发展机遇进行公共体育设施规划，建立多层次、多元化的体育设施建设体系，成为现阶段摆在从业人员面前一个极具挑战性的重要课题。文章以未来城市体育设施发展的主体——公共体育设施为研究对象，在资料搜集和实地调研的基础上，结合对国内外体育设施发展状况的分析，对昌乐县公共体育设施现状进行分析并提出存在问题。在此基础上从多个角度针对现有问题逐层提出改善布局和规模的规划策略。

关键词：公共体育设施；布局和规模；规划策略；昌乐县

引言

体育是社会发展与人类文明进步的重要标志，体育事业发展水平是一个国家综合国力和社会文明程度的重要体现。随着经济不断提高，我国城镇居民的恩格尔系数逐年下降，这一指标说明目前我国城镇居民生活消费已完全达到小康水平，进入富裕阶段。研究报告指出，随着经济的发展人们的生活不断提高，人们的生活和消费观念正在发生较大的变化，人们在享受物质繁荣的同时，也在追求健康，享受健康，对健身娱乐的需求有大幅度增加，"适当运动=健康"的概念正在深入人心，未来将会有更多的人加入到社会体育活动中来。在这种新的理念和形势下，更需要有充足的活动场地体育设施做基础。当然，这是社会发展进步的必然，这也为进一步实施全民健身计划营造了良好的社会基础。

1 研究背景

我国各级政府与社会各界也认识到体育事业在全面建设和谐健康社会的现代化进程中的重要地位，"十八大"把群众体育纳为文化生活中的一部分，明确提出"广泛开展全民健身运动，促进群众体育和竞技体育全面发展"。十八大报告关于体育工作的要求，既是党和国家重视全民健身工作的延续，同时赋予全民健身运动新的内涵和外延。全民健身不仅是带动群众体育和竞技体育两翼齐飞、共同发展的坚实基础，也是社会主义文化强国建设的重要组成部分，这将对公共体育设施建设提出更高的要求。

2015年3月20日，山东省颁布《关于在全省开展公共体育设施布局规划的意见》，该意见对指导和推进公共体育设施布局规划，加快覆盖城乡的公共体育设施服务体系建设，更好地保障群众体育健身权益、满足群众体育健身需求提出了具体意见和配套的规划编制要点及审批管理办法。

昌乐县位于山东半岛中部，是潍坊市的近郊县，面积1101平方公里，人口62.3万，辖4个镇、4个街道、1处省级经济开发区、1处省级旅游度假区和1处水库管理区。改革开放以来，昌乐县历届省领导都把加快昌乐县工业化步伐，加快城镇化步伐当作一件大事来抓。但是迅速扩大的城市版图和日益增长的城市居民区为城市的发展对蓬勃发展的公共体育带来了新的问题。目前，广大市民更加注重增强健身、注重科学健身。但与此同时城市社区的体育设施跟不上人们的需求水平的矛盾也随之凸显出来。这一矛盾如不加以解决，必将制约全民健身的普及与推广。因此，有必要做一个全面、深入的调查，了解昌乐具体育设施建设的现状，根据各地实际情况提出切实可行的改造对策，为有关职能部门提供第一手翔实材料和理论参考依据，使之制定出科学的建设规划，从而推动昌乐县全民健身运动的深入开展。

2　公共体育设施发展现状及评价

2.1　公共体育设施的定义及其界定

从狭义上讲，公共体育设施是指向公众开放、供广大群众进行体育锻炼或观赏运动竞技以及业余运动员训练的体育设施及共用地。广义上的公共体育设施包括：各级人民政府所有，由体育局主管的公共体育场馆及其附属用地；社会公益团体或社会力量开办的纯公益性体育场馆及其附属用地；各级人民政府所有的，具有体育设施性质的或包含体育健身设施的公园（将体育公园面积的20%计入公共体育设施用地，并不与绿地统计重复计算）；以及向公共开放、可供广大群众进行锻炼或竞技以及体育训练的体育设施和共用地。对昌乐县而言，对其公共体育设施的研究范畴应从狭义的范围扩大到广义层面上，即将各类学校、企事业单位中附属和商业体育设施也计算在内。

2.2　公共体育设施场地建设概况

从体育设施总量来看，目前昌乐县总人口约62.3万人，现有体育场地243处，共计面积约112.53万平方米，人均体育场地面积为1.8平方米。其中，学校体育场地71个，场地面积约74.79公顷；商业体育场地4处，面积为0.96公顷。

从体育设施分布与建设情况来看，昌乐县已建成区（县）级体育设施3处、依托于公园的健身设施4处、乡镇（街道）体育健身工程23处、社区体育健身工程45处、单位附属健身设施71处，行政村体育健身工程115处。全县社区规模以上体育健身设施覆盖率达到100%，行政村体育健身设施覆盖率达到80%。

2.3　公共体育设施体系建设概况

一直以来，昌乐县十分注重全民健身工程建设，完善全民健身组织体系，提升全民健身品质。首先，在场地及相关配套设施建设方面，昌乐县先后成立单项体育运动协会10家，设立群众性健身活动站点886处，进一步建设高崖库区环仙月湖山地自行车赛道，计划扩建市民文化体育公园、昌乐县综合体育馆，为全县人民提供更加丰富、多样的健身场地，塑造良好的健身环境；其次，在全民健身组织体系建设方面，昌乐县积极健全体育总会，逐步完善、规范各单项体育协会，所有行政村（社区）和较大的

自然村全部设立全民健身活动站点，将逐渐形成以体育总会为主导，各单项体育协会为骨干的县、镇、村三级体育组织网络体系；第三，在开展全民健身活动方面，从2011年开始，昌乐县连续举办四届全民健身运动会和全县中小学生田径运动会，2013年还承办了中日韩青少年运动会足球比赛等多项高等级赛事；最后，在人才培养方面，昌乐县为社会累计培养体育指导员2542人，在目前已登记注册的412人中，包括：国家级指导员3人、一级指导员16人、二级指导员45人、三级指导员348人。为昌乐县今后开展可持续、高品质的全民健身运动积累软实力。

2.4　公共体育设施现状分析

综合以上情况不难发现，当前昌乐公共体育设施无论是规模还是数量都较充足，但社区成员仍然会反映设施不能满足其需求的问题。可见，并非只是体育设施数量不足的社区才会呈现这样的结果，这主要是由于传统的社区体育设施建设过于强调设施数量的增加，以完成指标为导向，从而忽略了居民不同性别与年龄、不同活动目的的需求。"质低"的问题主要体现在以下三个方面：

①设施类型相对单一。以全民健身路径为代表的社区体育设施的使用人群十分有限，与居民日益多样化的体育需求不相匹配。

②设施规模普遍偏小。占地较大的足球场、羽毛球场和游泳池等严重不足。

③室内体育设施严重缺乏。昌乐现状室内体育设施数量多为室外体育设施，且以竞技训练为主要功能的大型体育场馆占据了室内体育设施的较大比例。

3　公共体育设施的规划思路和对策

3.1　规划思路

3.1.1从竞技赛事走向全民健身，注重群众体育设施规划建设

随着全民健身上升为国家战略，公共体育设施专项规划应改变长期以来以大型体育场馆建设、赛事成绩提高和优秀运动员培养为目标的竞技体育发展导向，而应注重向居民日常使用的全民健身活动中心、社区级体育设施等群众体育设施的规划建设，以满足人民群众日益增长的体育运动和健身需求，适应公共体育设施发展的新趋势。

3.1.2从项目引导走向规划引领，注重公共体育设施均等化布局

公共体育设施专项规划应改变专门为承办某次大型体育赛事或建设某个大型体育场馆而进行编制的思路，转向以发挥规划的引领作用、实现公共服务均等化为目标，不受赛事或项目约束，按照公共体育设施与人口分布相协调的科学布局原则，以单独编制专项规划的形式，前瞻性地优化公共体育设施布局结构，超前预控公共体育设施及用地，全面提升公共体育设施服务水平。

3.1.3从单一功能走向复合多元，注重社区级体育设施的品质提升

公共体育设施专项规划应着力改变社区级体育设施"量多质低"、功能单一的建设模式，并借鉴国外社区体育中心的建设经验，转向复合多元的配置模式，全面提升社区级体育设施的建设品质和使用效率。集聚配置多种类型的体育设施，满足丰富的体育运动、文化活动等多种使用需求，实现功能多元；配置适宜不同年龄段人群使用的体育设施和新兴的体育设施，实现适用对象多元；同步配置室内、室外体育设施，并注重结合公园绿地、绿道、文化设施和交通枢纽等多样化空间配置体育设施，实现布局多元。

3.1.4从市区级用地控制走向社区级用地控制，注重社区级体育设施用地保障

在满足大型体育场馆合理用地需求的基础上，公共体育设施专项规划应改变长期以来社区级体育用地严重不足和社区级体育设施建设见缝插针的局面，由重点控制市区级体育用地转向重点控制社区级体育用地，大幅提高人均社区级体育用地指标，实现体育用地结构从"倒三角"向"正三角"转变。只有控制好社区级体育用地，才能保障社区级体育设施的建设规模及品质。

3.2 规划对策

3.2.1增加与城市开放空间的关联

充分利用城市公园、绿地、广场等具有公共性或半公共性的开放空间，充分考虑公共体育设施与开放空间的有机结合，深入发掘二者之间的环境关联效应，更好地保障居民在享受优良环境的同时方便、快捷地使用各种公共体育设施，大大提高公共服务的效率和质量，同时促进环境增值效益。

3.2.2结合公交、步行系统

公交和步行系统是维持城市运转和各项功能活动最主要的支持系统，依靠公交和步行方式出行仍是大多数居民的选择。因此，不论是市、区级还是社区级规划，公共体育设施都应该和城市公交、步行系统紧密结合，减少居民使用公共体育设施的出行距离，提高公共体育设施的使用效率、便捷性。

3.2.3加强与其他城市公共功能的融合

公共体育设施投入和维护成本较高，必须保证其使用效率。同时，公共体育设施又是聚集人气最好的场所，是开展公共活动最好的平台。因此，公共体育设施特别是区级、社区级规划布局时，应尽量和城市商业、休闲、娱乐等公共功能结合，利用公共体育设施的吸引作用，聚集人气，带动周边产业联动发展，形成公共活动的中心，形成相互促进共赢的效果。

4　规划指标研究与生成

根据《城市公共体育运动设施用地定额指标暂行规定》【（86）体计基字559号】（以下简称"86指标"），可以确定市级、区级体育设施规划的各项指标，但关于居住区级和居住小区级体育设施的用地规模和设施配建并没有相关规定，仅有千人用地指标（表1）。

表1　市级、区级体育设施规划各项指标

50～100万人口城市		规划标准	千人规模（千座）	用地面积（ha）	千人指标（平方米/人）
市级	体育场	1个/50～100万人	20～30	75～97	75～194
	体育馆	1个/50～100万人	4～6	11～14	11～28
	游泳馆	1个/50～100万人	2～3	13～16	13～32
	游泳池				
	射击场	1个/50～100万人		10	10～20
	合计				109～274
区级	体育场	1个/25万人	10	50～56	200～224
	体育馆	1个/25万人	2～3	10～11	40～44
	游泳池	2个/25万人		12.5	50
	射击场	1个/25万人		6	24
	合计				314～342
居住区级					200～300
小区级					200～300
总计					823～1216

根据《城市公共设施规划规范》GB50442-2008中规定的不同等级规模的城市体育用地占中心城区规划用地的比例、人均用地指标以及各级体育用地指标（表2），但并没有对居住区级以下的体育设施规划做出相应的控制。

表2　城市公共设施规划用地综合（总）指标

	小城市	中等城市	大城市		
			Ⅰ	Ⅱ	Ⅲ
占中心城区规划用地比例（%）	8.6～11.4	9.2～12.3	10.3～13.8	11.6～15.4	13.0～17.5
人均规划用地（平方米/人）	8.8～12.0	9.1～12.4	9.1～12.4	9.5～12.8	10.0～13.2
用地规模（公顷）					
市级体育设施	9～12	12～15	15～20	20～30	30～80
区级体育设施	--	6～9	9～11	10～15	10～20

根据《城市居住区规划设计规范》GB50180-93中对公共服务设施中文体设施的千人指标做出控制，但由于本

规范包括文化和体育设施两方面内容，无法将两者独立分开，因此无法判断两者所占比例，无法有效地指导体育设施的开发建设（表3）。

表3　公共服务设施中文体设施的千人指标

文体	居住区 (3～5万人)		居住小区 (1～1.5万人)		居住组团 (0.1～0.3万人)	
	建筑面积	居住面积	建筑面积	居住面积	建筑面积	居住面积
	125～245	225～645	45～75	65～105	18～24	40～60

通过人均用地指标的比较，《城市公共体育运动设施用地定额指标暂行规定》【（86）体计基字559号】中人均公共体育设施用地面积约为0.8～1.2平方米，其中包括市级、区级、居住区级和小区级四部分。《城市公共设施规划规范》GB50442-2008中人均体育用地约为9.1～12.4平方米，参照国内其他城市公共体育设施配置体系，（表4）。再根据上述规范及相关要求，结合昌乐县现有体育设施，确定了本次规划昌乐县各级体育设施指标体系（表5）：

表4　我国公共体育设施配置体系

级别	代表城市	配置体系	优点	缺点
三级	北京、杭州、沈阳、青岛、大连	市（省）、区县、街道（社区）	与行政区划一致，便于实施管理	各区行政区划大小不一，新区和老区用地很难统一标准
四级	南京、成都	市（省）、区县、片区和社区级	各级公共体育设施与规范相对应，有比较明确的建设标准	没有与片区相对应的行政区划，公共体育设施的建设方和管理方难以明确
五级	厦门	市（省）、区、居住区、社区（小区）、镇（中心镇、一般镇）级	分级层次多，有比较明确的建设目标，考虑了镇级公共体育设施的建设指引	居住区级很难界定，公共体育设施的建设方和管理方难以明确，用地难以落实

表5　昌乐县公共体育设施指标体系

级别	规划标准	数量	场地面积小计（公顷）	人均场地地面积（平方米）
区级	体育公园	2	9.8	0.15
	体育场	1	4.8	0.07
	体育馆	1	2.64	0.04
	游泳馆	2	3.3	0.05
	全民健身中心	1	8.2	0.12
社区、乡镇	健身活动中心	8	8.0	1.35
	社区级健身设施	7	3.5	
	公园健身设施	5	1.84	
	商业健身设施	4	1.16	
	单位附属健身设施	71	74.79	
居住小区、新型社区、中心村、基层村	社区体育健身工程及农民健身工程	392	37.17	0.41
合计	——	494	145.2	2.2

与国内部分城市一样，昌乐县居住用地有大有小，规模与居住区规范不相对应，为居住用地设置体育设施留下了隐患，同时居住组团级的体育设施是往往自行配建、自行管理，并不是严格意义上的公共体育设施，也不在总规层次体育设施研究的范围内。所以本次规划将昌乐县城市公共体育设施配置体系分为"区级-社区（居住区）级-居住小区级"三级配置体系（表6）。

表6　中心城区公共体育设施配置体系

级别	服务范围	服务对象	配置标准
区级	全县	供日常体育健身使用，体育场馆能够满足县级运动会和县级以上单项赛事比赛需求	五个一工程：综合体育场、体育馆、游泳馆、全民健身中心、体育公园
社区（居住区）级	街道、社区	供日常体育健身使用，可结合公园、商业及单位附属健身设施	15分钟健身圈：中小型健身活动中心，以塑胶田径场（套建小型足球场）或社区多功能为基础，统筹考虑灯光场地和健身路径设施
居住小区级	居住小区	供日常体育健身使用	居民健身设施：篮排球及小型球类场地，儿童及老年人活动场地和其他简单运动设施等，宜结合绿地和文化广场安排

中心城区范围外按照乡镇、农村新型社区、中心村、基层村四级进行引导（表7）。

表7　中心城区以外地区公共体育设施配置体系

级别	服务范围	服务对象	配置标准
乡镇	基层村	供日常体育健身使用能够满足镇运动会和县级单项赛事比赛需求	15分钟健身圈：中小型健身活动中心，以塑胶田径场（套建小型足球场）或社区多功能为基础，统筹考虑灯光场地和健身路径设施
农村新型社区	社区	供日常体育健身使用	可与文化广场结合：重点实施硬化标准篮球场、羽毛球场（或门球场）和乒乓球台，预留便于观看群众比赛和健身操（舞）等其他乡村民俗活动的场地
中心村	全村	供日常体育健身使用	户外体育运动场：篮排球及小型球类场地，宜结合绿地和文化广场安排
基层村	全村	供日常体育健身使用	公共体育健身设施：儿童及老年人活动场地和其他简单运动设施

至规划期末，昌乐县共建设区级体育设施6处，其中5处位于中心城区，体育设施场地共28.74公顷，能够较好地完成人均体育场地2.2平方米的发展目标，满足人们多种类、多层次的体育健身需求。

5　结语

我国体育设施政策法规的演进经历了由国家层面向公民层面、由重竞技向竞技和群体并重、由重建设向重管理转化的发展历程，其规划主要以两种形式存在：一是作为城市总体规划的附属专项规划之一而存在，二是为满足申办或举办大型体育赛事的刚性需求而编制。无论是何种形式，其主要目的均是为保障大型竞技体育场馆的建设，并导致而向全民健身的公共体育设施的滞后乃至缺位，造成当前群众健身运动场地严重不足、多样化的体育需求得不到满足的局面。

通过对昌乐县公共体育设施布局规划可以看出，当前的一些政策法规已经不能适应我国城市体育设施建设布局的需要，主要表现为政策法规内容过时、内容不全面、不能全面反映出政府的要求以及公民的需要，对建设布局实践缺乏针对性的指导等问题，城市体育设施建设布局必须要依据城市规划与发展来进行。在完善法律法规的基础上，体育设施建设符合城市性质和发展目标，与城市发展定位保持高度一致。

参考文献

[1] 住房和城乡建设部. 国家体委城市公共体育运动设施用地定额指标暂行规定[EB/OL]. http://wenku.baidu.com/view/727280dabd51f01dc281f112.html.

[2] 钱锋. 从视线分析看大型体育场的规模控制[J]. 建筑学报, 1997（9）: 51-53.

[3] 孙倩. 对大众体育设施建设的思考[J]. 建筑, 2002（1）: 58-60.

[4] 闰华, 蔺新茂. 我国体育设施建设现状与发展研究[J]. 成都体育学院学报, 2004（2）33-36.

[5] 黄薇. 第四代体育场—HOK的体育建筑设计[J]. 建筑创作, 2002（7）: 48-52.

[6] 张发强. 中国社会体育现状调查结果报告[J]. 体育科学, 1999, 1.

[7] 苏连勇, 大桥美胜. 日本社会体育场地设施概述[J]. 天津体育学院学报, 1994, 2

[8] 杨晓生, 杨昧生. 对我国群众体育场地设施投资现状的探讨[J]. 广州体育学院学报, 2001, 2

[9] 李建国. 中国社区体育研究的现状与发展规律[M]. 北京: 北京体育大学出版社, 2000: 42-50.

作者简介

杨惠钰，女，硕士研究生，山东建大建筑规划设计研究院，助理工程师。

刘明超，男，硕士研究生，山东建大建筑规划设计研究院，高级工程师。

周明吉，男，本科，山东建大建筑规划设计研究院，工程师。

曲阜明故城慢行交通系统构建

宋志华

摘　要：目前，城市慢行交通系统主要是针对整个城区进行研究，多从城市层面对慢行系统的特点、通勤需求等层面进行探讨；历史街区层面慢行交通系统的综合研究相对匮乏。曲阜明故城始建于明朝，为护卫孔庙而建。明故城内分布着孔庙、孔府、颜庙以及历代孔宅府第、古泮池乾隆行宫等文物古迹，集中体现了鲁国古都曲阜古老的城市风貌和深厚的文化古韵。本文在对明故城现状交通进行评价分析的基础上，整合现有交通资源、旅游景点和开放空间，对慢行交通系统进行融合性规划与设计，综合布置各类交通接驳设施，构建安全、舒适、休闲的慢行交通环境；形成适合步行交通的综合慢行交通体系，达到步游历史街区的目标。

关键词：明故城；历史街区；慢行交通

1　引言

历史街区承载着一座城市的记忆，是活态的文化遗产，是传统风貌特色的直接体现，同时也是城市功能的重要载体。随着交通机动化日趋迅猛，正在受到机动化交通冲击，历史街区交通问题日益凸现。"以车为本"导向的城市建设和道路拓宽的城市道路发展理念使历史街区面临着压力，机动化与历史街区传统机理、风貌和人居环境之间的矛盾尤为突出。在汽车化和现代文明走进历史街区时，在保护历史街区的前提下，未来历史街区交通如何发展？如何构建历史街区"以人为本"导向的慢行交通系统？是当今历史街区面临的重要问题，结合曲阜市明故城现状交通的情况以及特征，在现状剖析的基础上，提出慢行交通系统规划目标、规划策略以及解决方案，为历史街区发展慢行交通模式和系统提供探讨。

2　城市及交通发展特征

曲阜市是著名的历史文化名城和世界闻名的旅游城市。根据《曲阜市综合交通规划（2009～2020）》中的交通调查报告，对曲阜中心城区的居民出行情况简要统计如图1。自行车和电动车是曲阜市居民出行的主要交通方式，占全部出行的比例分别为29.20%和27.82%；公交车所占比例很低，仅为2.27%。

2020年曲阜市的居民出行结构如表1所示，慢行交通出行结构是最高的。

根据《曲阜市慢行交通系统规划》中的调查数据，2010年曲阜城区自行车总量约7.5万辆，户均1.2辆，电动车总量约为5万辆，户均0.6辆。电动车的增长速度非常快，自行车不断萎缩。

3　明故城区位及概述

3.1　明故城区位

明故城位于城区中部偏北位置，四周的道路有静轩路、秉礼路、归德路和延恩路，城墙围合的故城为1.55平方公里，东墙长1.2公里，南墙长1.4公里，西墙长0.7公里，北墙长1.5公里。

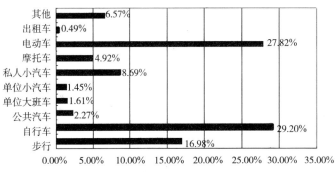

图1 居民出行方式构成图

表1 曲阜市2020年居民出行结构表

出行方式	步行	自行车、电动车	公共汽车	私人小汽车	摩托车	出租车	其他
所占比例（%）	21	42	17	15	2	2	1

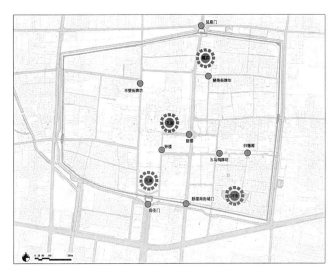

图2 景点分布情况

3.2 明故城现状情况

明故城始建于明朝，城内主要景点为：孔庙、孔府、颜庙、古泮池，其中孔庙、孔府和颜庙为国家级文物保护单位。明故城有别于其他古城的特点：孔庙居中、以城卫庙的"庙城"格局，集中体现了鲁国古都曲阜古老的城市风貌和深厚的文化古韵；是最集中体现曲阜市历史文化遗产的区域，也是中华民族的文化圣地。

明故城内现状用地性质主要是居住用地和文物古迹用地，孔府和孔庙位于明故城的中部，颜庙位于明故城的北部偏东位置。居住用分布在孔府和孔庙的周边，商业和商务用地主要分布在孔府南部，有学校四处，医疗设施用地位于北部，东部颜庙街和五马祠街之间存在部分军事用地。

3.3 道路系统现状

明故城周边的四条道路均为城市主干路，城墙内的道

路大部分是支路，鼓楼北路——鼓楼南路为城市次干路。道路系统基本延续历史格局，传统道路的空间尺度和肌理仍然存在。明故城以孔庙和孔府为核心，城内形成规整的丁字路街巷系统；次干路一条，4米以上支路33条。次干路密度：0.9公里/平方公里，支路密度：9.42公里/平方公里。道路面积率：10.3%。

图3 北马道街的人行道占用

图4 东马道北街交通环境差

3.4 慢行交通现状及问题

明故城内的慢行交通主要为自行车和步行，自行车与机动车共板混行，没有自行车专用道。支路和街巷由于道路宽度较窄，小汽车、自行车和步行在同一断面上通行。部分道路的人行道被各种小摊和小汽车停车占用。慢行交通空间脏乱差，交通环境恶劣。

通过对现状的分析，明故城内慢行系统存在如下几个问题：

3.4.1 缺乏完善的慢行设施和空间细部设计

自行车停车场匮乏，步行基础设施缺失。缺少必要的人行横道和人行道等设施，导致慢行交通的便利性和通达性变差，为慢行交通出行者无端增添许多麻烦。慢行系统现阶段虽注重于人的慢行体验，但慢行空间却没有考虑实际使用者在慢行空间中活动的真正需求，缺乏休憩休闲的空间。

3.4.2 慢行系统空间被任意侵占和交通环境差

故城内很多慢行交通空间被摊位和停车随意侵占。造成慢行系统不连续，通行空间狭小，慢行交通被迫到机动车道上行驶，不能确保慢行交通的安全。部分街巷没有进行道路硬化，污水横流和垃圾遍地，造成慢行交通环境恶劣。

3.4.3 步行交通的引导性差

故城内虽有区域被划为步行街区，但由于步行交通的缺乏系统性，引导标志和流线的缺乏，使游客方便和便捷的步行空间欠缺。

4 慢行交通发展策略

明故城面积1.55平方公里，面积较小、地形平坦，步行适宜距离为500米，比较适合步行。明故城交通发展策略为禁止机动车进入故城，在限定时段仅允许观光电瓶车和急救、消防等特殊任务的车辆进入；通过慢行交通和公共交通衔接联系故城和中心城区，实现全城慢行和步游故城。

4.1 实现全城慢行化

明故城的风貌与宜人尺度的街巷空间非常适合慢行，作为彰显曲阜历史文化特色的重要城市空间，必须实现全城慢行化，打造以步行为主的慢行交通网络。慢行和周边公共交通的无缝衔接在城门外设置足够数量与规模的停车场地供城内居民机动车及电动自行车停靠。制订特殊政策，保障故城内居民的生活和通勤出行。

4.2 实行全城步游

旅游大巴一律在旅游集散中心停车场停放，游客通过观光电瓶车或步行进入明故城。城内打造舒适的步游网络，为游客提供一种舒适的观光体验，加强交通线路的设计，引导游客在游览中获得大量的信息和快感。提倡道路断面设置方式的多样性，以适应不同情况下的步行需求，体现人性关怀。

5 慢行交通系统基本要求

5.1 网络要求：慢行网络的规划宜与故城的土地利用形成良性互动，与景点、居民点、商业购物点等设施紧密联系，保证慢行系统的连续和一致。协调好慢行系统与机动化交通、公共交通的无缝化衔接，慢行的"行"与"停"的有机协调结合。

5.2 空间要求：各种慢行设施应根据行人、自行车流量和流向为依据，确定各种类型的设施所需要的空间尺度，包括路面宽度、停车场位置和面积等。

5.3 安全性要求：慢行环境安全舒适，让不同年龄、不同运动能力和不同出行目的的人都能在宜人的慢行环境中得到满足。

5.4 无障碍要求："以人为本"的重要体现，注重慢行设施细节设计。

5.5 道路附属设施要求：在慢行系统中设置有序安全的交通设施，连续、醒目、富有特色的旅游导向设施。

6 慢行系统规划

6.1 慢行交通方式

明故城内的交通方式主要是步行。考虑到弱势游客和居民的出行方便和体现历史文化古城的特点，保留观光电瓶车和仿古马车。

6.2 慢行交通组织

明故城内有孔庙、孔府、颜庙、古泮池等旅游景点，既是旅游区又是居民生活的空间。有两种人群的交通，居民通勤生活交通和游客旅游交通。

6.2.1 居民通勤生活交通

居民通勤生活交通方式主要为自行车、步行方式。出行主流线为就近进入城门为原则，孔府、孔庙西侧的居民出行的主要流线为半壁街、天宫第街、城隍庙街、西门大街、官园街、西马道、北马道、南马道；孔府孔庙东侧的居民出行的主要流线为颜庙街、东门大街、北马道、东马道。

6.2.2 游客旅游交通

游客旅游以步行为主体，电瓶车为老弱游客作辅助，仿古马车为增添游客乐趣的旅游交通方式。

6.3 慢行交通空间定位

步行街：主要指商业街区内和休闲步道区域，专门为步行者设计的街道，货物运输和机动车交通禁止通行。主要指神道路、钟楼街、阙里街、五马祠街、鼓楼东街和鼓楼西街。

慢行街道：供自行车和步行者使用，机动车通行必须受时间、时段和时速限制；主要指鼓楼南北街、天官第街、北马道、西马道、东南马道、东马道、西南马道、半壁街、书院街、县后街、仓巷街、官园街和兴隆街等。

慢行节点：指空间上慢行交通聚集和连接的区域，分为交通集散节点和特色景观展示节点，节点布设休息设施、自行车停放场地和公共服务设施等。慢行节点主要指颜庙广场和街头绿地等。

步行区域：步行区域主要是孔府、孔庙、颜庙和古泮池等旅游景点，自行车和机动车禁止进入，最大程度保证步行交通的安全性和舒适性。

6.4 步行系统规划

步行系统主要是指步行通道和步行空间两个部分。步行主要通道形成"一环、两纵、四横"的结构，"一环"指的是沿明故城城墙形成的环，"两纵"指的是鼓楼路和半壁街；"四横"指的是天官第街、西门大街、颜庙街、五马祠街。次要步行通道为街巷道路。在主要步行通道和次要步行通道上设置步游道，步游道宽度约40~50厘米，步游道上设置线路的标志。主要步行空间形成"一主三次"四个核，"主核"是以孔府和孔庙为核心的游览核。其他三个核为次要步行核，一个是以五马祠街为中心周边形成的购物和休闲核；一个是以颜庙为中心的游览核，另外一个为明故城西部体验当地人文景观和国学体验的游览核。

6.5 自行车道规划

自行车主要通道形成"一环一横两纵"的结构。一环指的是沿城墙道路形成的环，一横是天官第街、县后路、颜庙街形成的横向自行车通道，两纵指的是半壁街和鼓楼北路——鼓楼南路形成的两条纵向自行车通道。明故城内其他的道路除步行街外可以结合道路的宽度设置次要自行车道。

6.6 交通设施规划

6.6.1 行人过街

明故城周边的路段、交叉口、公交站点以及旅游集散中心要设置人行斑马线。

6.6.2 自行车停车场

规划自行车停车场共六处。其中故城城墙内两处，分别位于颜庙街和鼓楼路交叉口东南角广场上、钟楼街南侧曲阜大酒店西侧。故城外围停车场四处，分别位于孔子师祖苑北侧、城墙西北角处、滨河路的北段东侧、东门大街和秉礼路交叉口的东北角。

7 结束语

步游明故城目标的实现不仅需要好的规划和设计，更需要交通管理。步游故城局面的形成涉及规划、建设、交通和管理等多个政府职能部门，明故城慢行系统的规划主要由规划部门负责，新建或改建慢行道路主要由市政部门负责，自行车等交通管理主要由交警部门负责。需政府各部门对步游故城在理念上取得共识，在行动上要协调统筹。

参考文献

[1] http://www.baike.com/wiki/%E6%9B%B2%E9%98%9C%E6%98%8E%E6%95%85%E5%9F%8E

[2] 丘忠慧，梁雪君，邹妮妮，谢春荣．融合性慢行交通系统规划探析——以海口绿色慢行休闲系统规划为例，《规划师》，2012年09期

[3] 顾天奇．历史文化街区的综合慢行交通体系构建研究，《中国市政工程》，2014年01期

[4] 赵波平，徐素敏，殷广涛．历史文化街区的胡同宽度研究，《城市交通》，2005年03期

[5] 郑景轩．深圳构建和谐友好自行车交通系统的发展策略，《城市交通》2014年01期

[6] 《曲阜市综合交通规划（2009~2020）》清华大学交通研究所，2010年10月

[7] 《曲阜明故城控制性详细规划》上海同济城市规划设计研究院，2006年12月

[8] 《曲阜市慢行交通系统规划》山东建大建筑规划设计研究院，2013年10月

作者简介

宋志华，女，硕士研究生，山东建大建筑规划设计研究院，工程师。

浅析绿色建筑中的屋顶绿化设计
——以恒隆广场屋顶绿化提升设计为例

王明月

摘 要：近年来，为应对全球气候变化、资源能源短缺、生态环境恶化的挑战，我国大力发展循环经济、建设低碳生态城市。随之，绿色建筑也进入了全面发展阶段。随着《绿色建筑评价标准》等相关绿色建筑政策、标准体系的出台与完善，绿色建筑成为建筑发展趋势。绿化作为绿色建筑自然环境的重要部分，其生态效益毋庸置疑。城市建筑密集区中，绿化用地缺乏，屋顶绿化则成为兼顾经济发展，及最大化优化城市生态环境问题的解决方案。本文通过对济南恒隆广场的实地调研，分析其屋顶绿化的设计原则及设计手法，尝试总结绿色建筑屋顶绿化设计的实践经验。

关键词：绿色建筑；屋顶绿化；生态设计

绿色建筑是指"在全寿命期内，最大限度地节约资源（节能、节地、节水、节材）、保护环境、减少污染，为人们提供健康、适用和高效的使用空间，与自然和谐共生的建筑"[1]。绿色建筑也称之为生态建筑、可持续建筑。

建筑绿化作为绿色建筑自然环境的重要部分，其生态效益毋庸置疑。在建筑群密集的高层建筑片区，绿化用地缺乏，屋顶绿化则成为兼顾经济发展，及最大化优化城市生态环境问题的解决方案。

1 屋顶绿化的定义及分类

1.1 定义

屋顶绿化，是在建筑物表面的一切离开地面自然土壤上，种植有生命的植物，包括屋顶、墙面、阳台和露台等。随着社会快速发展，城市化水平越来越高，城市规模和城市人口不断扩张，城市面临着越来越多的生态环境问题，要求城市寻找开拓绿色空间，建造节约型园林绿化的途径。屋顶绿化不仅能带来生态效益，丰富城市景观层次，更是为建设绿色田园都市增添一抹绿色。

1.2 分类

屋顶绿化主要依托于建筑物。多样性的建筑物类型，造就了多样类型的各种屋面。在屋顶绿化设计过程中，依据多变的空间布局、植物选材以及其他景观设施，就形成多样的屋顶绿化类型。

屋顶绿化的类型主要有：

（1）经济适用式屋顶绿化。屋顶绿化设计时，仅选用灌木及草本地等植物品种，以植物造型打造园林主题，营造生长的绿色植物空间（图1）。此类型屋顶绿化投资相对较少，以经济、生态和适用为主要特点。

（2）立体景观式屋顶绿化。使用景观亭廊、花架等景观小品，结合绿化设计布置的屋顶绿化。这类屋顶绿化对覆土要求较高，可选植的植物品种相对较多，便于营造较复杂的屋顶绿化景观（图2）。此类型的屋顶绿化偏向于"花园"，造价相对高，景观观赏性及体验性良好，更适用于公共办公类建筑屋顶。

（3）平面构成式屋顶绿化。屋顶简单覆盖绿色植被，同时结合给排水设施。一般覆土层较薄，属于经济型

图1 美国芝加哥

图2 杭州良渚公望会所

图3 澳大利亚伯恩利

屋顶绿化。主要以绿化的平面构成为特点,植物品种选择也较为局限,主要以景天科等抗逆性墙的植物为主。较多的应用于旧房改造中的屋顶绿化(图3)。

2 屋顶绿化的生态效应

2.1 开拓绿化空间和节约土地资源

城市中建筑屋顶的面积巨大,可以补偿建筑物的绿地面积,是增加城市绿化的有效途径。同时,缓解城市人口增加、拓宽道路等带来的城市土地压力,及有效缓解城市中心区的人地矛盾。对于我国人口比重大、绿化覆盖率低的城市,有着重要的现实意义[2]。

2.2 调节区域微气候和净化环境

城市中屋顶绿化可以有效降低空气温度,增加空气湿度。屋面的绿化种植比普通深色水泥屋面的阳光反射率大;同时,植物的遮阳及满足自身生理的同化作用,使得绿色屋面比普通未绿化屋面的净辐射小[3]。屋顶绿化植物能有效吸收空气中的二氧化碳等有害气体,起到净化空气的作用。

2.3 绿色节能及保护建筑结构作用

建筑屋顶的绿化植物,能起到有效降温、节能环保作用。胡长龙教授提出:普通无屋顶绿化的建筑屋顶最高温度约80℃,最低约-20℃,年温差约100℃;而增加屋顶绿化的建筑屋顶,相对年温差控制在30℃左右。另有实验证明:夏季高温气候下,5厘米轻质屋顶绿化较无屋顶绿化的屋顶,温度低约20℃[4]。植物自身的蒸腾作用带走一部分热量,覆土层又起到了隔热作用。冬季寒冷季节,屋顶绿化像一个保温罩;夏季炎热季节,屋顶绿化转换成纯天然空调。同时,屋顶绿化及覆土的基质层有效地阻隔太阳直射,降低屋面风化的速度,从而有益于保护建筑结构。

2.4 海绵城市及降低辐射污染

屋顶绿化通过设计与施工,能有效调蓄雨水,增加雨水收集及再利用,为海绵城市增添一份水涵养。同时,绿化植物通过吸收一些高能辐射粒子,降低城市辐射污染。

3 屋顶绿化的设计原则及方法

3.1 设计原则

首先,屋顶绿化要遵循安全、适用、经济的基本原则,保证低碳环保的同时,做到最大化生态效益产出;其次,遵循生态学理论和可持续发展原则,选用合理的建造材料、科学的建造技术和后期维护措施等,保证屋顶绿化建造全周期的生态、可持续;最后,景观基础设施的选用,要保证功能、形式美学和科学相结合的原则;最终营造出可持续及经济适用的生态屋顶空间。

3.2 设计方法

3.2.1 植物品种选择

充分考虑屋顶的环境条件:夏季炎热、冬季寒冷,光照强度大,风大,屋顶结构的覆土及承重要求等限制性因素。植物需选用强阳性、耐贫瘠、耐旱、耐涝、抗风、抗寒性强,浅根性等特性的植物品种。

总之,以乡土植物为主,保证植物的适应性;根据对冬季景观的需求,可适当考虑常绿植物;同时,考虑季相景观,营造"三时有花,四时有景"的屋顶花园。

3.2.2 功能与形式美学相结合

屋顶花园的功能性主要体现在植物的生态效益及观赏性、景观设施的休闲性等。屋顶花园设计时,充分考虑屋顶花园的游览路线，休闲空间布置，结合景观设施小品的布置，营造可供人观赏、停留及休憩的屋顶花园空间。

屋顶花园形式美学的考虑，结合现代景观发展潮流，适地适用的运用植物要素，布置模纹、条带等多种形式的植物配置，丰富屋顶绿化的景观。

4　案例分析：恒隆广场的屋顶绿化提升设计

4.1　概况

恒隆广场位于济南市城市中心区核心商圈，南邻泉城广场，北临泉城路商业街。建筑为解构主义风格，体量宏大，造型特别。建筑特色为起伏的屋脊、绿色的空间和富曲线的外墙（图4）。

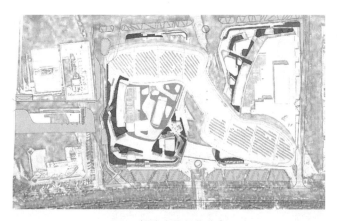

图5　恒隆广场绿化分布

图4　恒隆广场建筑立面

济南恒隆广场采用可再生能源设施、高效能建筑物外墙、自动清新空气系统，以及进行广泛的废物回收和循环再用等多项创新绿色设计。获2013年度VIVA的「世界最佳」殊荣。恒隆广场不仅集优质餐饮、购物、休闲与娱乐于一体，也展现恒隆地产现时在物业规划、设计和建造中融入创新的可持续发展特色。

恒隆广场绿化面积约10222平方米；主要分布在建筑的南、北、西侧，条带式分布，较为分散；屋顶花园主要分布在六层与七层，受场地基础设施影响，绿地相对破碎化，需要整合统一的景观元素（图5）。

4.2　设计构思

4.2.1场地条件分析

建筑外围绿化基于对场地微气候的分析，主要根据外围绿化受建筑影响的程度不同，依托日照与光影影响；场地地处暖温带半湿润大陆性季风气候，同时，结合冬季西北风和夏季东南风影响（图6），进行科学的植物配置。

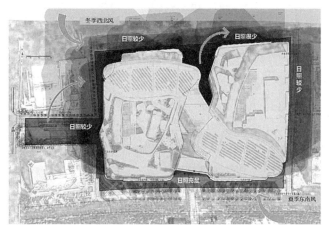

图6　场地微气候分析

屋顶花园在考虑屋顶绿化的限制性条件以外，充分考虑分布较多的构筑物形式，考虑植物配置形式的迎合。打造人行流线通畅，人视角度场地边界变化丰富的景观（图7）。

4.2.2设计理念

设计理念主要围绕场地建筑条件，迎合解构主义的建筑形体。以"绿色切片"寓意绿色的网络组织化。营造人们"显微镜"观察下，肌理丰富且富有生命的景观。

以解构主义的不平衡线条"绿色封套"，烘托富有运动感的建筑立面形态。改造修剪绿篱的线性关系，以动感的线性绿篱吸引人们视线。同时，与构筑物结合，呈现出一种动感，最终塑造场所感。整体绿化设计凸显出现代景观设计手法，充分与建筑立面形态相结合，力争表现商业建筑动态、高雅的景观氛围。

4.3　方案设计

最大化利用现有植物，采用现状移植或保留的方式，营造节约式景观。植物配置以"万紫千红总是春"为出发点，考虑四季常态化景观。

建筑外围绿化部分，保留建筑南北两侧的垂柳、银杏、海桐球、大叶黄杨、苏铁、麦冬等。以"金玉"满

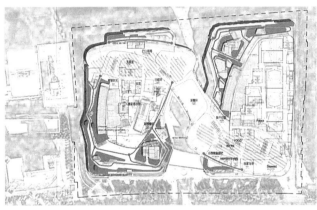

图7 场地人行流线分析

"棠"植物配置寓意，配植金叶女贞、点景树广玉兰、红宝石海棠，营造"金玉"满"棠"，迎合商业远景。同时，以连贯性的植物形式，"金"镶"玉"寓意的植物配置，以金叶女贞构成绿篱基础框架，中间种植修剪大叶黄杨，"金"与"绿"的植物色彩搭配，营造出四季绿意盎然的商业景观气氛（图8、图9）。

图8 恒隆广场绿化提升设计平面图
图片来源：作者自绘

图9 恒隆广场绿化提升设计鸟瞰图
图片来源：作者自绘

屋顶绿化部分，线性绿篱与外围绿化统一，同时结合与环境中设施设备，将屋顶花园营造成一个充满活力的现代商业休闲空间。打造源自"居士高踪何处寻，居然城市有山林"的现代"城市山林"景观。

植物保留原树种榆叶梅、樱花、部分海桐球、麦冬等，适当增植火焰石楠、金叶女贞、金边阔叶麦冬等耐旱、耐贫瘠、抗性强的常绿植物。

5 结语

恒隆广场的屋顶花园充分考虑了区域微气候特征，进行生态化设计，体现了形式美学和功能相结合，也是景观与建筑相互协同的作品。希望为当下绿色建筑设计中的屋顶绿化形式，提供参考意义。屋顶绿化是绿色建筑设计的重要组成部分，是时代发展的新亮点。随着绿色建筑在我国的不断推进，屋顶绿化也将迎来大发展，同时也更多地为城市绿色空间增添一份绿色、生态力量。

参考文献

[1] 绿色建筑评价标准（GB/T50378-2014）[S].

[2] 赵志刚，岳明. 城市屋顶花园的建设与效应[J]. 科技情报开发与经济，2005（4）：15-20.

[3] 骆高远. 城市"屋顶花园"对城市气候影响方法研究[J]. 长江流域资源与环境，2001，10（4）：373-379.

[4] 杨青. 绿色建筑中的屋顶绿化[J]. 山西建筑，2010（7）：350.

作者简介

王明月，女，硕士研究生，山东建大建筑规划设计研究院，助理工程师。

公共交通枢纽用地混合利用初探

李砚芬 朱昕虹 宋丽

摘 要：随着城市化进程加快和机动化水平的提高，公共交通逐渐成为大城市解决资源短缺、环境污染、交通拥堵等城市问题，实现城市可持续发展的必然选择。公共交通枢纽作为公共交通系统的重要组成部分，其规划发展受到越来越广泛的重视，建设公共交通枢纽及其周边地区的联合开发已经成为国内外城市发展的趋势。本文通过总结梳理公共交通枢纽的发展趋势，分析先进城市在公共交通枢纽用地混合使用方面的探索和实践，从规划控制和土地管理两个方面提出了公共交通枢纽用地混合使用的控制策略。

关键词：公共交通枢纽；混合使用；规划控制；土地供应；策略

1 概念解析

1.1 公共交通枢纽

一般来讲，公共交通枢纽，是指公交线路之间、公共交通与其他交通方式之间客流转换相对集中的场所，是一种具有必要的服务功能和控制设备的综合性公共交通设施。公共交通枢纽是支撑城市公共交通系统发展的重要基础设施，是保证公交系统正常运营和健康发展的必要条件。它是客流的集散点与城市客运交通走廊的重要节点，对城市公共交通发展具有重要意义。

随着城市发展，公共交通枢纽也在其发展过程中逐渐由单一的交通功能向多元的城市功能拓展。首先，它具有交通功能，是城市交通空间的一部分，即交通节点；同时，又因其交通的便利性以及高度的可达性而吸引更多的城市功能（如办公、居住、商业、休闲娱乐等）向其周边集聚，而成为城市其他功能空间的一部分，即城市的空间场所。公共交通枢纽促进城市功能的进步与发展，围绕公共交通枢纽的产业、社会等功能的开发正成为现代城市发展的新增长极。

1.2 土地混合利用

从城市规划的发展来看，土地混合利用经过了较长时间的发展，其在不同的国家都表现了极大的积极作用。虽然土地混合利用的益处显而易见，但是由于土地混合利用开发中的复杂性、不可预料性很多，往往造成对土地混合利用概念的模糊性。简言之，土地混合利用是在一个地块内两种或两种以上的用地性质相互兼容的状况，它能给予土地开发一定程度的弹性控制，能够提供多样的开发模式，在当今城市土地开发中具有重要的意义。

从目前土地混合利用的实际情况来看，一般分为用地混合和功能混合两种情况。用地混合一般指同一项目用地由不同用地性质（如商业、住宅）的地块组合而成，或者同一项目用地内，用地性质为混合用地；功能混合一般指同一地块由不同功能（如商场、写字楼、公寓、住宅、娱乐等）的建筑组合而成，或者同一建筑混合了多种功能（如商业、写字楼、酒店、公寓等）。

2 公共交通枢纽的发展趋势

2.1 空间布局立体化、集约化

多种交通方式的集散与换乘设施由平面分散布置转为集中布置，充分利用地上、地下空间，使城市空间向建筑空间渗透，在实现各种功能有效衔接的同时，达到集约节约利用土地，从使用功能、经济效益、形象景观等方面实现综合效益最大化。

2.2 功能构成综合化、集聚化

发达国家大城市的公共交通枢纽已从单一功能向多功能、综合性方向发展。公共交通枢纽周边较强的开发强度，不仅满足多种交通方式的接驳和换乘，同时还兼顾人们购物、娱乐、办公、住宿等需要，减少了乘客的单纯候车时间，使公共交通枢纽成为集交通、商业、服务等功能于一身的多元的大型"交通综合体"。

2.3 交通换乘一体化、集成化

将多种交通方式集于一体，通过完善的交通协调，在枢纽内部基本实现多种交通方式的"零换乘"，注重多种交通方式、内部多条线路在枢纽建筑物内的快速、有效衔接，从而为乘客提供方便、舒适的换乘服务。

2.4 运营管理规范化、集中化

建立统一的运营管理机构和协调机构，协调各种交通衔接方式之间的关系。通过统一的机构组织各个不同的客运公司，协调运营线路，形成交通网络，将轨道、公交、高架铁路与出租车、汽车等联网，构成地面、地上、地下多层次的交通衔接体系，使各公交线路汇于一个公共交通枢纽之内，尽量减少换乘的不便。

3 公共交通枢纽用地混合使用分析

研究国内外相关城市案例，可以发现，公共交通枢纽由于其所处位置、周边建设情况、自身功能定位等的不同，在与城市功能衔接融合中呈现出不同的开发建设模式和类型。本文通过对国内外公共交通枢纽规划建设现状的分析，认为公共交通枢纽大致可以分为枢纽街区整体开发、枢纽综合体、单纯枢纽设施三种类型，不同类型的开发建设模式其用地呈现不同特点。

3.1 枢纽街区整体开发

在一定城市用地范围内，交通设施用地和其他类型用地在空间上相互分离，但统一规划、统一建设，利用交通枢纽为周边用地和设施提供高水平的公交服务，又可以通过枢纽为周边用地提供大量的客源。这种模式一般适用于等级较高的公共交通枢纽，多建设于城市中心区有条件进行大规模城市更新的公交客流集中的区域或中心城区外围用地相对宽裕的TOD地区，香港青衣城、上海莘庄枢纽是枢纽街区整体开发的典型案例。

3.1.1 香港青衣城

青衣城位于香港葵青区青衣岛，地铁东涌线及机场快

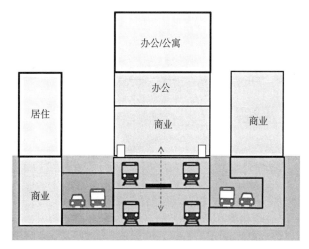

图1 枢纽街区整体开发（B+A+R+S）

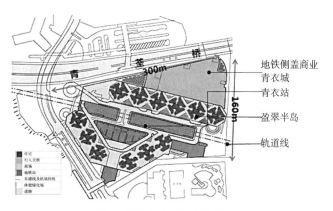

图2 青衣城功能构成示意图

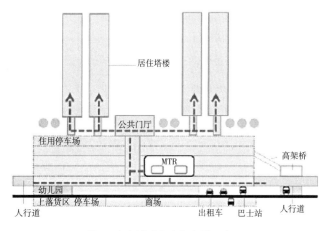

图3 青衣城垂直功能布局示意图

线交汇点上，总用地面积5.4公顷，总建筑面积29万平方米，属于城市新区依托公共交通枢纽进行新城区中心建设开发的典型案例。除轨道、巴士、停车等交通功能外，还包括商业、住宅等城市功能，两者在水平、垂直方向进行高度融合，真正实现了功能和用地的混合使用。

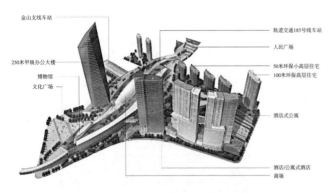

图4　莘庄枢纽功能构成示意图

项目建设是由香港政府部门牵头进行一体化方案的规划研究，并按照批复的规划方案调整控规，形成立体分层确权的条件，用地以混合用地中的居住用地进行审批，通过法定图则进行规划控制，建设完成后复核，确定为甲类R（A）。

3.1.2 上海莘庄枢纽

莘庄综合交通枢纽位于上海市闵行区莘庄地铁站，涵盖了轨道交通一号线、五号线，铁路金山支线、沪杭客运专线，以及莘庄南北公交枢纽15条公交线路，总用地规模19万平方米，总建筑规模70万平方米，是上海第一个真正意义上的TOD项目。

除交通功能外，还包括商业、商务、文化、教育、居住、休闲等功能，为新一轮城市轨道交通沿线用地开发的典型案例，由开发商、轨道、城建等单位共同出资建设，土地以招拍挂形式取得，用地性质为综合用地（市政、公共服务、商业、办公、居住）。

3.2 枢纽综合体

利用综合体建筑的底层和地下设施运行公共交通枢纽功能，利用综合体建筑的上部进行商业、办公、酒店、居住等其他城市功能的开发。这种模式一般适用于较高等级的枢纽，多建于用地局促、地价昂贵的建成区，北京西直门枢纽和厦门前埔属于枢纽综合体开发的案例。

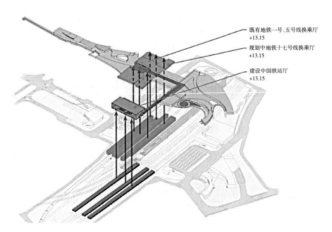

图5　莘庄枢纽垂直功能布局示意图

3.2.1 北京西直门枢纽

西直门交通枢纽综合体位于北京旧城西北，涵盖轨道、市郊通勤铁路、国家铁路、地面公交等多种公共交通方式，是国内第一个开工建设的综合性大型客运交通枢纽，除交通功能外，还包括商业、办公、休闲等功能。

该项目将枢纽建设的基本要求作为土地入市交易的附加条件，将该地块按照"招拍挂"方式进行出让，由开发商进行投资建设，建成之后交通基础设施部分交给交通运营企业无偿使用。用地性质为混合用地，包括公共交通系统之间多种方式换乘的综合交通设施用地及其综合开发用地。

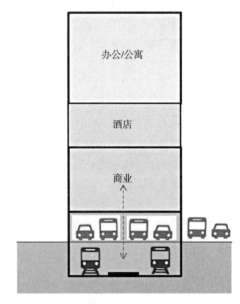

图6　枢纽综合体（B/A/R+S）

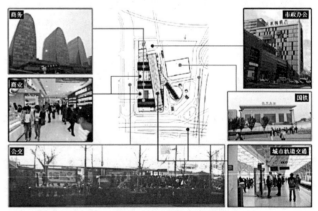

图7　西直门枢纽功能布局示意图

3.2.2 厦门前埔枢纽

该项目是厦门快速公交系统（BRT）的附属服务建筑，集停车、公交站场、配套服务用房及保障性住房于一体，总用地面积2.08万平方米，总建筑面积5.59万平方米，除交通功能外，附加了保障性住房工程。由厦门市市政建设开发总公司以招拍挂形式取得土地，规划用地性质为交通设施。

3.3 单纯枢纽设施

以公交换乘和客流集散等交通功能为主，原则上枢纽不建设其他非交通类的公共建筑，也不经营其他非交通类的服务项目，这类枢纽没有实现交通和土地利用的充分结合，没有或只有很少的土地开发收益。这种模式一般适用于较低等级的公共交通枢纽，客流集散规模不大，周边用地开发强度较低，如重庆西彭换乘枢纽。

重庆西彭换乘枢纽

位于城市外围组团的中心，是集长途客运、常规公交、轨道交通、出租车及社会车辆于一体的一级交通换乘枢纽，总用地面积为43232平方米，总建筑面积为31087平方米，其中换乘枢纽22263平方米。以交通功能为主，同时提供必要的办公、食宿、餐饮等辅助功能，为运输车辆提供检测、维修、保养、清洗等辅助服务。由重庆迅捷综合交通换乘枢纽投资有限公司建设，以财政投资和政府融资为主，土地为划拨形式，规划用地性质为交通设施用地。

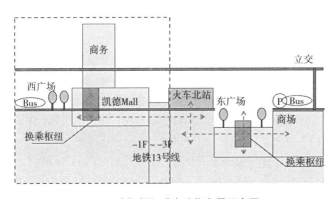

图8　西直门枢纽垂直功能布局示意图

图9　厦门前埔枢纽示意图

3.4 小结

在当前城市用地日趋紧张、地价日趋昂贵的背景下，公共交通枢纽的公共利益和土地经济利益之间的博弈，如何在土地政策上协调公共交通枢纽的公益性项目和所包含的经营性项目之间的关系，正是当前城市政府和公交企业共同关注的重要问题。通过以上案例分析，可以看出，不同开发模式下公共交通枢纽土地使用模式各异，基本情况整理如表1所示：

图10　重庆西彭换乘枢纽功能布局示意图

表1　公共交通枢纽土地使用模式比较

开发模式	适用枢纽类型	规划用地性质	土地供给方式	投资来源
街区整体开发	空间分离的高等级综合开发枢纽	根据地块开发建设划分不同用地性质	枢纽设施：划拨　综合开发："招拍挂"	开发地块收益
枢纽综合体	综合体形式的高等级开发枢纽	综合用地	划拨或捆绑式"招拍挂"	政府＋社会资金
单纯枢纽设施	单一功能的枢纽	交通设施用地	划拨用地	政府投资

4　公共交通枢纽用地混合使用策略

用地保障是公交枢纽发展的核心所在，既要通过规划控制用地，又要明确政府如何供应枢纽建设用地。街区整体开发、枢纽综合体等新的枢纽开发建设模式，为公共交通枢纽建设提供了很好的思路和方法，其土地的混合使用必须从规划管理、土地供应等方面研究制定具体的实施措施，保障其落地实施，促进城市公共交通可持续发展。

4.1 规划控制

4.1.1规划编制方面。将专项规划中研究确定的公共交通枢纽纳入到城市控制性详细规划中，与土地利用进一步协调优化，明确公交设施的功能、位置、用地规模和用地边界，并作为强制性内容通过法定图则进行刚性控制；在控规编制规范中，进一步优化用地分类标准，明确交通枢纽用地分类，如济南市，可以将现行控规编制规范中的"S3b交通枢纽综合体用地"、"S4b交通场站综合体用地"进行合并提升为交通综合用地，以适应公共交通枢纽用地混合使用的需求。

4.1.2招拍挂条件出具。可借鉴香港、上海、深圳、武汉等地混合用地和土地兼容性规划管理的经验，通过"用地兼容性"、"混合用地性质"等方式控制公共交通枢纽用地开发建设。用地兼容性方面，要求兼容性用地符合适建范围和控制比例要求，不影响地块主导用地性质，主要包括居住、商业商务、工业、社会停车场、公共绿地的配套设施；混合用地方面，有不同用地兼容要求、主导用地性质不单一，或超出适建范围适建比例的，应增加相应的用地性质，作为混合用地。

4.1.3规划管理方面。公共交通枢纽用地可根据交通模型预测的枢纽积聚客流规模的上限进行指标核算，合理确定枢纽开发范围，对开发范围内用地给予适当的开发控制指标奖励，增强社会资本和开发企业参与公共交通枢纽建设的积极性，保障规划的落地实施。

4.2 土地方面

4.2.1区别土地供应方式。对不同类型公交枢纽的土地供应方式进行合理划分，解决其用地权属问题。

对于街区整体开发模式的公共交通枢纽，可采用将枢纽用地和周边地块按照"招拍挂"方式进行出让，由开发商进行投资开发，一并负责枢纽交通基础设施建设，建成之后交通基础设施部分分交公交企业使用；或者采用枢纽用地按照划拨方式，由政府财政出资进行建设，建成后交由公交企业使用，在建设枢纽的同时，将枢纽周边地块打包按照"招拍挂"方式出让，土地出让收益用于满足枢纽建设资金需求。

对于枢纽综合体模式的公共交通枢纽，除满足交通功能外，还兼有商务、商业、娱乐等经营性行为，枢纽用地与商业开发用地混合、难以分开考虑，可采用土地出让方式，通过"招拍挂"供土地给开发商，在土地出让时附加公交枢纽建设条件，明确公交枢纽及配套设施的详细规划设计等内容，由开发商负责建设公交枢纽，由公交主管部门进行验收，相关部门凭公交主管部门验收合格单办理相关验收交付手续。

对于单一功能的公交枢纽，将其建设用地确定为城市基础设施建设用地，实行土地无偿划拨，由政府出资建设或者融资、代建等方式进行建设。

4.2.2建立储备机制。政府应对大容量公共交通系统沿线及枢纽本身及周边土地的开发进行控制，并建立沿线土地储备机制，对于公交枢纽建设用地实施严格控制，以保证公共交通枢纽的有效实施。同时，在优先安排公共交通枢纽设施用地的基础上，应尽量保证公交枢纽设施与周边土地开发项目协调进行。城市的土地开发应尽量与公交枢纽设施建设直接挂钩，以各级公交枢纽点作为城市新区开发的核心地带或主要区域，将公交枢纽布局与城市中心体系协同考虑，既便于扩大公交设施的服务范围和服务人数，也便于为公交运营提供足够的客流基础，遏制个体交通方式的无序发展，逐步建立以公交为导向的城市土地开发模式（TOD）。

5 结语

作为多种城市功能和交通功能集聚体的公共交通枢纽，其用地混合使用越来越引起重视，已逐渐成为城市开发建设和可持续发展的重要途径，必须从规划、土地等关键环节制定科学的实施策略，保障枢纽功能和土地的落实，以实现公共交通优先发展的国家战略和公交引导城市发展的有效实施。

参考文献

[1] 袁媛，骆逸玲. 香港城市综合体规划控制研究[J]. 上海城市规划，2014，1：103-108.

[2] 张新兰，陈晓. 落实公共交通设施用地策略研究[J]. 城市规划，2007，31（4）：86-88.

[3] 黄伟，盛志前. 公共交通枢纽土地供应模式研究[J]. 交通企业管理，2012，8：38-39.

[4] 唐立波，徐康明，何民. 公共交通与城市用地整合分析[J]. 交通标准化，2010，232：156-160.

[5] 宋敬兴. 以公共交通为导向的城市用地开发模式（TOD）研究[J]. 科技创新导报，2010，36：4-5.

[6] 刘光武，唐锐. 对城市综合交通枢纽建设理念的几点探讨[J]. 都市快轨交通，2013，26（4）：58-62.

[7] 济南市交通运输局，交通运输部公路科学研究院. 济南市公共交通枢纽规划（征求意见稿），2012.

[8] 朱俊华，许靖涛，王进安. 城市土地混合使用概念辨析及其规划控制引导审视[J]. 规划师，2014，9（30）：112-115.

作者简介

李砚芬，女，硕士研究生，济南市规划设计研究院，工程师，高级工程师。

朱昕虹，女，硕士研究生，济南市规划设计研究院，高级工程师。

宋丽，女，硕士研究生，济南市规划设计研究院，助理工程师。

浅析移动通信基站综合覆盖布局规划方法
——以济南市移动通信基站选址为例

刘海涛　杨斌　徐小磊

摘　要：随着信息化建设的提速发展，移动通信基站建设成为构建通信网络体系的关键前提。基站综合覆盖布局规划方法是在研究信号覆盖与城市建设相关性，剖析相关技术规定，类比其他城市选址要求，叠加城市规划具体内容的基础上，最终形成基站布局场景模式和综合覆盖半径指标，指导基站选址工作顺利实施的。

关键词：通信基站；布局；济南

1 引言

当前我国正处于信息化、城镇化快速发展的关键时期，加快通信基础设施建设，是推动云计算、大数据、实现"宽带中国"战略的根本保障，是全面推进城市信息化建设、促进信息消费和提高城市发展质量的关键要素。

信息通信基础设施是城市基础设施的重要环节，是实现社会信息化的重要前提。移动通信基站的选址规划可以起到基站建设有章可循的作用。对于各运营商来说，基站的选址规划是通信发展规划以及网络优化的必要前提，对通信产业的发展起到了良好的保障[1]。

移动通信基站选址规划中，站址综合覆盖布局是为实现通信基站科学合理的选址布局，在综合考虑了单座基站覆盖和容量能力前提下，结合人口密度、开发强度、建设高度和城市等级划分，并将现状和规划站址资源集约利用，整合优化而形成。

2 基站信号覆盖参数与城市规划相关性

2.1 信号覆盖影响分析

所谓移动通信基站信号的覆盖，实际上指的是移动台（或终端）能够实现与基站应答的最大距离。基站信号从发出到移动台收到，发射机与接收机之间的传播路径非常复杂，具有很大的随机性，在空间传播时产生损耗。通过大量的实验和统计，一般把无线信号的衰减分为路径损耗、阴影衰落、多径衰落三类。在典型的路径损耗模型中[2]，在接收点信号功率可以表示为：

$$S(r) = \frac{C}{r^a} \frac{1}{(1 + \frac{r}{g})^b} s(t)$$

式中 $S(r)$ 是接收点信号功率，C 是一个常数，r 是基站与移动台之间的距离，a 是基本的路径损耗因子（一般为2），b 是附加路径损耗因子（其取值范围在2～6之间），$S(t)$ 是信号发射功率，参数 g 是路径损耗间断点，一般可以表示为 $g = (4H_1H_m)/\lambda c$，其中 H_1 是基站天线的高度，H_m 是移动台天线的高度，λc 是载波频率的波长。

通过以上公式可以知道，基站信号的覆盖范围除与自身发射功率、基站高度及天线增益有关以外，最大的影响在于空间的传播损耗[3]。在城市中影响空间传播的主要因素有建筑物高度、建筑群密度和建筑材料类型等。

2.2 城市规划相关分析

2.2.1 城镇体系规划

依据现状特征及发展战略，将城镇体系等级结构规划为中心城市、次中心城市、中心镇和一般镇四级结构。中心城规划形成"一城两区"的空间结构。"一城"为主城区，"两区"为西部城区和东部城区。次中心城市有章丘城区及平阴、济阳、商河三县县城。中心镇是一定片区小城镇的中心，在市域内共确定了16个中心镇。一般镇是城镇体系中最基层的一级，根据小城镇合理布局与发展的需要，在对现有的乡镇进行合理撤并后确定为30个。

2.2.2强度分区规划

强度分区规划在综合考虑规划意图、现状、地价以其他因子的前提下，结合规划强度模型评价确定的强度分区及强度分级，既能高效集约使用土地，又能科学合理引导城市建设方向。济南市中心城强度分区按照用地性质分为居住用地建设强度分区和公服用地建设强度分区。

济南市中心城居住用地建设强度共分为五级，建设强度由强度Ⅰ区至Ⅴ区逐级降低。在空间分布上，老城区的居住用地呈现"圈层式"结构，东、西部新城按照TOD的发展理念，沿城市主要干道和轨道走廊，形成"点轴式"结构。

公服用地主要指商业服务业设施用地、公共管理与公共服务设施用地，建设强度也分为五级，由强度Ⅰ区至Ⅴ区逐级降低。在空间分布上，老城区的公服用地形成"聚核式"+"轴线式"结构。东、西部新城呈现"点轴式"结构，以城市中心、副中心为节点，沿经十路、北园大街等城市主要发展廊道向东西两翼拓展。

2.2.3高度分区规划

高度分区规划是根据项目区位、用地条件、功能要求、周边建筑及景观要求，综合城乡技术管理规定、相关城市经验、开发强度分区以及建筑高度与建设强度之间的对应关系制定的。引导构建有序的城市建筑高度分区，有利于形成良好的城市景观环境和城市空间轮廓线（天际线）。

高度区划共分为六级，分区由标志区、高度一区至高度五区逐级降低。其中居住建筑采用层数控制的方式进行高度控制，公服建筑采用建筑高度控制的方式进行高度控制。老城区建筑高度呈现"聚核式"结构，东、西部新城呈现"点轴式"结构，以城市中心、副中心为节点，沿经十路为主要发展廊道向东西两翼拓展。

此外，城镇的等级结构、城市人口分布等规划要素一并制约移动通信基站的布局和信号覆盖的参数。

2.3 信号覆盖与城市建设相关性分析

通信信号空间传播受制于建筑物平均高度的变化、建筑物平均间距的变化、建筑材料的变化以及超高层建筑的阻挡等，这些因素都会对原来的无线网络覆盖产生一定的影响。

如图1建筑物高度的变化对基站覆盖范围的影响所

示，随着建筑物平均高度的升高，基站的覆盖范围逐渐缩小。当城市建筑物平均高度为5米时，基站的理论覆盖范围可以接近10公里；当建筑物平均高度为10米时，理论覆盖范围缩小到5.5公里[4]。

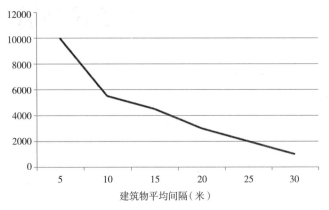

图1 建筑物平均高度的变化对基站覆盖范围的影响

建筑物间距的变化对基站覆盖范围的影响如图2所示，随着建筑物平均间距变大，基站理论覆盖范围逐渐缩小。当建筑物平均间距为40米时，理论上基站覆盖范围可以达到3.5公里；当平均间距变为5米时，基站覆盖范围不到2公里。

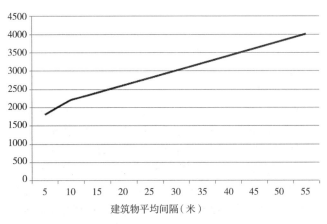

图2 建筑物平均间距的变化对基站覆盖范围的影响

移动通信覆盖的好坏是保障通信质量的重要原因，除了城市建筑物的平均高度和平均密度对覆盖的影响外，也不排除基站旁和终端旁建筑物突然增高、街道走向变化以及新增成片高大植被等对网络覆盖的影响。因此移动通信基站的场景覆盖范围是多因子的叠加形成的。

3 基站服务场景及综合覆盖范围分析

由于移动通信基站面临着与城市规划建设相结合的趋势，单纯从专业技术角度分析场景已不能满足基站建设需求，规划基站服务场景需要结合城市空间结构、建设强度、人口密度以及规划用地性质进一步细分，并参考现状移动通信业务量的分布划定场景区域界线及综合覆盖范围。

3.1 相关技术规定

根据中国铁塔公司正在编制的《无线站址规划技术指导意见》中描述，将各电信企业不同网络覆盖要求和网络结构进行分析，把场景划分为密集城区（中央商务区、大型居住区）、一般城区（产业园区、休闲娱乐区）、县城（郊区）和农村这四大类，不同的场景区域设置不同的基站参数，规定不同的站间距指标。在难以明确区分场景时，可根据现网站间距水平进行匹配归类。

进入4G时代，三家运营商在各种场景下的站间距要求各不相同。具体站间距参考值如表1所示。

表1　各电信企业不同制式4G网络站间距参考值

（单位：米）

电信企业	系统制式	工作频段	密集城区	一般城区	郊区/县城	农村
中国移动	TD-LTE	1.9GHz（F频段）	300～400	400～500	500～800	800～2000
		2.6GHz（D频段）	250～350	350～450	450～700	700～2000
中国电信	LTE FDD	1.8GHz	350～450	450～600	600～900	900～2000
		2.1GHz	320～400	400～550	550～800	800～2000
中国联通	LTE FDD	1.8GHz	350～450	450～600	600～900	900～2000

受社会经济条件、网络建设积累、站址获取难度等影响，各地区站址间距水平并非完全一致，规划过程中应结合当地实际情况分析取定。

3.2 其他城市移动通信基站规划要求

3.2.1 深圳市移动通信基站规划

深圳市由于已实现全市域城市化，且整体开发强度较高，其移动通信基站专项规划将全市域划分为高密区、密集区、一般区和边缘区4个业务密度片区。其中高密区和密集区的划分只是由于平均话务量的差别而造成承载用户数的不同，与覆盖范围没有关系，如表2所示。

表2　2G和3G网络站间距参考值

（单位：米）

网络名称	工作频段	高密区	密集区	一般区	边缘区
2G网络	1.8GHz	375	375	900	3150
3G网络	1.8GHz	600	600	900	2610
	2.1GHz	480	480	720	2100

在深圳移动通信基站规划中关于2G和3G网络的场景划分中，明显看出高密区与密集区一个指标，等同于4G技术规定中的一般城区要求，一般区类似郊区/县城的技术要求，边缘区类似农村的标准。

3.2.2 上海市移动通信基站规划

上海城乡规划体系将上海市域按照中心城、新城、新市镇、中心村的四个层面进行统筹规划，中心城的功能结构又细分为市级中心、市级副中心、地区中心、社区中心四个层次。根据城市结构预估移动通信服务的人口密度变化，相应划定基站服务场景分区：超高密区（中央商务区、主要公共活动中心等市级重点发展区域，包括市级中心、市级副中心、市级专业中心）、高密区（中心城生产性服务用地、一般商业商务用地及居住用地、郊区新城用地）、密集区（中心城工业区用地、生态敏感区用地及郊区城镇建设用地）、一般区（中心城物流用地、中心城绿地、郊区工业用地、郊区中心村用地、郊区其他特定区建设用地及郊区储备用地）、边缘区（郊区农业及生态结构用地）、限建区（市级风貌保护区、古镇保护区、机场净空保护区及河道水域）六大类。

上海移动通信基站规划按照中心城区及近郊区，远郊区两个层级划分系统制式与基站覆盖半径的参考值，进而推算出综合覆盖半径如表3所示。

表3　综合覆盖半径及推算站间距参考值

（单位：米）

土地利用综合分区情况	基站覆盖情况	超高密	高密	密集	一般	边缘
中心城及近郊区	综合覆盖半径	200～250	250～300	400～450	600～650	850～900
	推算站间距	300～375	375～450	600～675	900～975	1275～1350
市域远郊区	综合覆盖半径		300～350	450～500	650～700	900～950
	推算站间距		450～525	675～750	975～1050	1350～1425

表4　综合覆盖半径及推算站间距参考值

（单位：米）

基站覆盖情况	超密区	密集区	一般区	县城	乡镇	农村
综合覆盖半径	100～150	150～200	200～250	225～275	475～525	775～825
推算站间距	250	350	450	500	1000	1600

在上海移动通信基站规划中采用3G网络的场景划分，明显看出超高密区与高密区，等同于4G技术规定中的一般城区要求，密集区类似郊区/县城的技术要求，一般区和边缘区类似农村的标准中的低限值。

3.3 综合覆盖布局规划研究

依据济南市城市总体规划、土地利用规划，结合城镇体系规划、城市发展布局、人口分布和移动通信基站选址规划要求等因素，将综合覆盖布局场景分为四大类：中心城区、县城、乡镇和农村。对于中心城区这一大类的场景，结合强度分区规划、高度分区规划以及控制性详细规划等，进一步划分为超密区、密集区和一般区这三个场景。超密区主要是指基准容积率4.0以上地区，如城市和地区级商业公共中心，以及道路沿线商业商务集中的区域；密集区主要是指基准容积率3.0～4.0地区，如一般商业商务用地及居住用地范围；一般区主要是指基准容积率小于3.0的地区，如低密度居住用地、工业用地、物流用地和绿地等。

随着2G网络演变为4G网络，升级后的高频网络较其他网络传播消耗更大，信号更易被遮挡，因此穿墙能力更弱，覆盖范围更小，基站的覆盖半径有逐步缩小的趋势。为了运营商更从容选择建站位置，信号覆盖做到全市域无缝对接，综合覆盖半径基本按照技术要求中最小限值设置，如表4所示。

表中超密区、密集区和县城的站间距分别参照技术规定中密集城区、一般城区和郊区/县城的最低限值；新规划的一般区站间距按照技术规定中一般区最高频的最高值选取；乡镇和农村涵盖在农区这个级别范围内。

4 结论

济南市移动通信基站综合覆盖布局是将通信基站的技术要求与规划编制要求有机整合，对比技术规范与其他城市成熟经验，研究制定移动通信基站选址的具体方法。通过四大类六种场景的划分，层级明确细致有效的落实移动通信基站信号覆盖的相关技术指标。

参考文献

[1] 吴淑花. 结合城市发展规划的移动通信基站选址[J]. 电信工程技术与标准，2006

[2] Ho-shin Chao, et al. High reuse efficiency of radio resources in urban microcellular systems[J]. IEEETrans VT，2002，49（5）:677～681

[3] C. H. Yoeand C. K. Von. Performance of personal portable radio telephone system with and without guarde hannels[J]. IEEEJSAC. 1993, 11:911～915

[4] 郝爱萍. GSM 全向站与定向站共址解决覆盖断点方案[J]. 数据通信，2009

作者简介

刘海涛，男，硕士研究生（在读博士），济南市规划设计研究院，工程师。

杨斌，男，本科，济南市规划设计研究院，助理工程师。

徐小磊，男，硕士研究生，济南市规划设计研究院，工程师。

青岛董家口港交通集疏运规划研究

张志敏

摘　要：港口集疏运系统是连接港口和货源地的纽带，也是港口发展的关键要素。董家口港是青岛港新的大型综合性港区和大宗干散货运输基地，其集疏运系统通畅与否决定了港口货物的集散能力和运转能力。本文结合董家口港货物种类和特点，提出了多式联运、综合疏港的集疏港模式，充分发挥铁路、管道等运输方式的优势，减轻公路运输压力。对内外集疏运公路、铁路、道路等进行了规划，对货运车辆停放提出应结合货源点和疏港货运通道布设，最好配套物流信息系统、货物配送、加油、修车等综合服务。

关键词：港口；集疏运；多式联运；货运停车

1　引言

青岛董家口港坐落于青岛市西南部，北靠前湾港、南临日照港，是青岛港的重要组成部分，是山东半岛蓝色经济区、环渤海经济圈经济增长的重要引擎，是东北亚国际航运中心的重要依托。近期以杂货、大宗干散货、液体散货等的运输和促进临港工业发展为主，远期将发展港口综合物流、专项物流、商贸、信息、综合服务等功能，成为青岛港南翼新的大型综合性港区和大宗干散货运输基地，设计吞吐量3.7亿吨。

港口集疏运系统作为集中与疏散港口货物服务的交通运输系统，是连接港口和货源地的纽带，也是港口乃至区域发展的关键要素[1]。港口运输作为尽端式运输，无论是流程还是运能，其海上运输都较为稳定，而其陆路集疏运系统由于受较多因素影响，运输效率和结果存在显著差异。因此，港口陆路集疏运系统是否通畅，决定了港口货物的集散能力，也是本文关注的重点。

2　交通集疏运规划研究重点

港口交通集疏运规划包括港区、城区、腹地三个层面，货物由港区通过不同的集疏方式穿越城区，到达港口的经济腹地，或者是一个相反的过程[2]。即货物在港区内部的流动，通过合理的交通衔接和组织，或者到达城区的货运设施，或者通过城区的疏港通道到达城区的对外干线直至目的地。由此，港口交通集疏运规划的研究重点为港区内的交通研究、港区内与外的衔接研究、城区内的交通研究、城区与外围干线的交通衔接研究、干线与腹地的交通衔接研究等五个方面。其中港区内的交通研究和干线与腹地的交通衔接研究一个需要在港口总体规划中重点解决，另一个问题需要在青岛市、山东省甚至更高层面的规划中重点解决。因此，本文重点研究层面为港城区，重点研究问题为港区内外衔接、城区内的交通、城区与外围干线的交通衔接问题。

3　交通集疏运规划目标及策略

3.1　规划目标

董家口港是以大宗干散货运输为主的港口，宜采用多方式疏港，形成专用复合疏港廊道，减轻对城市的干扰。同时疏港体系的构建必须综合考虑城市及相关产业的用地布局和规划，以城市、组团和港口功能定位为导向，建成规模适应、结构合理、运行高效、环境和谐的集约化、一体化的综合性疏港交通体系，提升疏港效率、降低物流成本、拓展服务功能。

（1）规模适应

基础设施总量和布局满足港区未来发展，保证集疏运通道满足货运交通需求，布局满足货源地、箱站（堆场）及港口三者之间的便捷联通；箱站（堆场）布局原则上按照集中成片式发展，若需要时考虑建设内部快速疏港通道，实现外部箱站与港口的快速联系，同时为管道和传送带运输方式预留足够的空间和通道条件。

（2）结构合理

运输方式结构合理，转换衔接无缝化、标准化，适当降低公路集疏运比例，减少货运交通对公路运输的压力，不完全依靠公路集疏运解决集装箱的运输，适时开发铁路运能，提高铁路集疏运在中长距离中的运输比例，加大港口对内陆腹地的辐射范围和强度，努力向多式联运的方向发展，形成集约化、规模化疏港体系。针对油口、液体化工品、铁矿石、煤炭等吞吐量大的特点，大力发展管道运输、传送带运输和水水中转。

（3）运行高效

引进信息化和智能化管理系统，保障运输过程的高效，科学优化货物运作流程，减少由于物流操作而产生的多余交通量，减轻地面疏港通道的压力，同时也减少大量货运交通对城市环境造成的干扰和污染。

（4）环境和谐

充分利用比较优势，提升土地、空间等资源利用效率，实现集疏运通道和箱站的无缝连接；通道和箱站布局规划注重客货有机分离，集疏运交通以北向组织为主导方向，减少货运交通对城市的影响和干扰，达到港城互荣、共同发展的目的。

3.2 规划策略

（1）交通分离，集中控制

尽可能实现通勤交通和集疏港交通、集疏港交通和城市交通、海关监管货物交通和内贸货物交通、常规货物交通和危险品交通分离，减少彼此之间的干扰，提高交通运输的效率和安全性。同时，港口集疏运交通要实现相对集中控制，不使其到处"开花"。

（2）无缝衔接，提升效率

将内部疏港和外部疏港交通有机结合，把港区—物流园区—外部箱源点、港区—堆场—外部货源点很好地联系起来，同时实现各交通方式之间的衔接，从距离上、费用上真正实现无缝衔接，提升运输效率，增强港口的竞争力。

（3）优势分工、综合疏港

原油、液体化工码头，货物集散以管道为主，公路为辅；集装箱码头以公路运输为主，并发挥铁路集疏运潜

力，提升铁路集疏运在集装箱运输中分担的比例；煤炭、铁矿石码头和后方堆场之间依靠传送带实现紧密衔接，后方堆场同用户之间，短距离输送以传送带为主，长距离运输以铁路为主，同时为公路运输留有一定的通道条件。提高水水中转比重，减少岸上疏港交通压力，提升港口地位和效益。

4 港区交通集疏运规划研究

4.1 交通集疏运流程分析

港口集疏运的发展总体上是通过集约化、规模化运作实现集疏运系统效率的最大化，最终实现港城和谐发展。如美国洛杉矶—长滩港区修建了长达32km的地下疏港货运铁路，上海洋山港采用专用货运通道（东海大桥）减少集装箱的多次转运，降低集卡车的空驶率[3]。但是在构建港口交通集疏运系统时，应该结合港口与城市的关系，综合分析确定。根据董家口港城布局，可行的交通集疏运流程如图1所示。

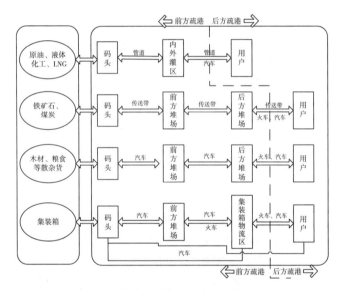

图1 董家口港集疏运流程示意图

从图中可以看出，董家口港集疏运流程总体上可以分为前方疏港、后方疏港两个部分。其中，前方疏港主要在港区内部完成，疏港距离较近，后方疏港主要是货物到达用户的一个过程，除了距离港口较近的临港产业需要的货物外，其他的货物运输距离较远，而且与城市交通干扰较大，也是港口集疏运中应重点关注的部分。

4.2 对外交通集疏运规划

4.2.1 铁路集疏运规划

目前青岛港铁路集疏主要依托胶济铁路、胶新铁路，受运能限制，铁路货运优势还未完全发挥。目前我国铁路货运供需满足率大致在32%左右，未来铁路运输潜在市场广阔。为此，规划晋中南铁路连接线接入董家口，满足西

图2 董家口港对外交通规划图

图3 董家口港集疏运道路规划图

处向东跨越疏港一路和铁路货线平行于滨海大道延伸至油灌区。向外围主要依托规划的公路南北大通道和G204国道布设。

（2）传送带规划

传送带运输适合码头与堆场及堆场与产业区之间的短距离运输。董家口港区适合传送带运输的主要有铁矿石、煤炭、铝土矿。沿子信路以南、疏港铁路以东、纬十五路布设传送带运输廊道。同时，预留延伸至子信路以北大宗干散货物流园区的运输廊道。廊道宽度按一条不小于5m、两条不小于10m进行规划控制。

4.2.4 集疏运道路规划

董家口港区受到铁路、高速公路等障碍的分割，被分成九个区域。如何突破路网布局障碍，实现港区和外围组团、货源点及港区内部各功能区的高效交通联系，是集疏运道路规划的重点。穿越障碍的方式有两种——上跨和下穿。结合现有通道条件及铁路规划，规划9条通道下穿青连铁路主线，2处通道下穿疏港铁路，2处上跨疏港铁路，最终形成"两横、三纵"的快速路网络和"十二横、十二纵"的主干路网络。

4.3 疏港货运停车规划

4.3.1 疏港货运停车合理区位分析

货运停车场规划应尽可能减少货运交通和城市客运交通的互相干扰，减少货运车辆滞留城区的时间。大型货运停车场宜结合货源点和疏港货运通道布设，最好配套物流信息系统、货物配送、加油、修车等综合服务。货运停车场布局的合理区位如图4所示。

4.3.2 货运停车场规划

（1）货运主通道附近的货运停车场规划

从国内相关港口发展经验看，处理好港口、物流园区及货运通道周边的货运停车问题关系着港口集疏运系统的成败。在城市出入口布设停车场，减少过境车辆和出入

向疏港需求，避免青连铁路货运压力过度集中[4]。规划预留青连铁路（黄家营站）沿南北大通道增设疏港铁路的建设条件，增强董家口港北向及西向疏港能力，实现"外货内客"的网络布局模式。

4.2.2 公路集疏运规划

董家口港区目前北向、西向对外联系通道能力弱，而随着港区腹地范围的扩大，西向、北向的货运需求亦逐年增加，因此需重点加强西向、北向通道的集疏运能力。规划预留沈海高速8车道拓宽条件，同时G204局部改线，作为港区与东北、西南方向联系的主要货运通道。规划疏港一路北沿与南北大通道对接，规划疏港二路向北延伸至青兰高速，增强港区西向、北向快速货运联系。提升藏理路等级，规划为双向6车道，东起G204，西至日潍高速，增强港区西向货运联系。提升S334等级，拓宽至双向6车道，主要承担港城与西向区域快速联系功能。

4.2.3 管道及传送带规划

（1）管道规划

可以输送石油、成品油、水、天然气、煤气等液、气体介质，在董家口港区吞吐量较大的货种中，适合管道运输的主要有LNG（液化天然气）、原油、成品油及其他液体化工品。预计2020年LNG接卸量将达500万吨，成品油运输量为50万吨，远期2030年LNG接卸量可达1000万吨，成品油运输量为100万吨。一条直径720mm的管道每年可输送原油2000万吨，基本上一条管道就可以满足一类货种的运输需求。

规划疏港的油气管廊主要依托疏港一路西侧、平行于疏港一路南北向集中布设，并在疏港一路和滨海公路相交

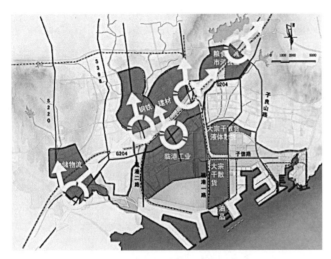

图4　董家口港区货运停车合理区位示意图

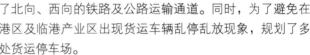

图5　董家口港货运停车场规划图

境车辆对城市交通的干扰，但必须有完善的配套设施（如疏港通道）和完备的物流信息系统，并要通过相应的政策和价格调整机制，吸引货运车辆在此停放。在董家口港货运主通道附近规划了5处停车场，提供货运停车泊位2150个，占地面积32.25万㎡，均为配货、停车、加油、修车等功能综合的较大规模停车场。

（2）物流园区及货源点周边货运停车场规划

与港口配套的临港工业区和物流仓储区是主要的货源点，这些货源产生的停车需求最好通过园区周边的停车场解决，避免车辆在道路上周转时间过长，减轻对城市的干扰。临港工业区内用地产生的货运停车需求原则上应由各个功能区自行解决，但是为了避免因为停车用地不足，货运车辆抢占道路空间停放的状况，规划预留22处货运停车场，占地面积25.29万㎡。

5　结论

董家口港以散货为主，宜采取多式联运的港口集疏运模式，充分发挥铁路、管道在港口集疏运中的作用。本文提出董家口港集疏运方向以北向、西向为主，并着重增加

了北向、西向的铁路及公路运输通道。同时，为了避免在港区及临港产业区出现货运车辆乱停乱放现象，规划了多处货运停车场。

参考文献

[1] 肖鹏，林航飞，张肖峰．港口陆路集疏运系统"点-线"疏解模式研究——以天津港为例[J]．城市交通，2013，5：62-68.

[2] 张志敏，王国杰．青岛前湾港疏港交通规划研究[J]．道路交通与安全，2006，12：14-17.

[3] 金志伟．上海港集装箱集疏运系统优化研究[D]．上海海事大学，2007.

[4] 杨卫红，张孟涛，刘特．青岛港（董家口港区）疏港铁路规划研究[J]，铁道工程学报，2010，8：12-16.

作者简介

张志敏，女，硕士研究生，青岛市城市规划设计研究院，高级工程师。

城市安全格局与功能布局之契合
——青岛市公安基层所队建设专项规划回顾与总结

盛洁 袁圣明

摘　要：安全一直以来都是城市发展追求的基本目标，公安系统基层所队是城市公共安全设施的重要组成部分。公安基层所队规划在全国范围内属首例，仅北京市编制了中心城区的派出所专项规划。文章对《青岛市公安基层所队建设专项规划》进行了回顾与总结，一方面有重点地介绍了整个项目的工作背景与工作流程；另一方面借鉴健康城市理论，对项目核心内容——青岛公安基层所队建设标准的确定以及用地布局方式进行了深入研究。最后，从项目与控规的关系及规划的具体落实方法两个角度初步明确了项目的实施策略。

关键词：公安；建设标准；用地布局

1　前言

城市是为人而存在的，安全一直以来都是城市发展追求的基本目标。让健康的人生活在健康的城市里；让生活在城市中的人都有安全感，是从事城市规划与设计的人的责任。

公安系统基层所队是城市公共安全设施的重要组成部分，是公安机关打击犯罪、维护治安、服务群众的最基层单位，是维护社会稳定的第一道防线，是建设社会主义和谐社会的重要安全保障。合乎标准、适应未来发展需要的公安基层所队设施是履行上述使命的物质基础，应该在城市规划与建设的过程中予以落实。青岛市公安基层所队存在人均建筑面积低、发展水平不均衡等现实问题，随着青岛市城区的扩展、人口的增长，将对公安基层所队产生新的需求。

2　《青岛市公安基层所队建设专项规划》项目概要

2009年6月经市政府批准，青岛市公安局正式启动了《青岛市公安基层所队建设专项规划》编制工作，以基层基础建设为重点，全面推进青岛市公安工作和队伍建设正规化、规范化、现代化建设。经过调查摸底、现状调研、分析研究，该项目于2010年4月完成初步成果，在广泛征求意见的基础上进行了修改补充和完善，于2010年10月完成专家评审稿。公安基层所队规划在全国范围内属首例，仅北京市编制了中心城区的派出所专项规划。

2.1　规划编制的必要性

（1）现状设施不达标，亟须改善办公条件

青岛市公安基层所队存在人均建筑面积低、发展水平不均衡等现实问题，亟须按照相关建设标准对各类设施进行重新规划，以改善公安办公条件。

（2）新城区建设对公安设施产生了新的需求，需统一规划

随着青岛市城区的扩展、人口的增长，以及各类重大城市基础设施的建设，将对公安基层所队产生新的需求，为保证城市安全应尽快统一规划。

（3）老城区所队设施办公条件的改善需规划指导

青岛市老城区土地资源紧张，且公安设施大部分不达标、办公条件差，应根据具体情况，结合城市更新与改

造，提升办公条件。

（4）青岛市尚未编制公安基层所队建设专项规划

青岛市没有针对公安基层所队设施建设的专项规划，因此有必要立足现实，放眼未来，以整体性的思维编制专项规划，科学指导青岛市公安基层所队的建设。

2.2 规划范围与期限

本次规划范围是青岛市七区五市，规划总面积为10654km²。七区为市南区、市北区、四方区、李沧区、崂山区、城阳区和黄岛区，规划总面积为1408km²；五市为胶南市、胶州市、即墨市、平度市、莱西市，规划总面积为9246km²。

本次规划期限与总体规划一致。近期：2010～2015年；远期：2016～2020年。

2.3 工作内容

2.3.1 项目启动筹备

（1）收集相关资料

本次专项规划涉及的部门种类繁多，部分行业知识与行业规范都是首次接触。因此，为保障规划成果的技术质量，项目组进行了充分的前期筹备工作，主要包括：全面搜集相关法律、法规，相关政策、文件，掌握相关行业常识；学习、研究国内外相关案例，以及青岛市相关规划；准备其他规划编制工作的相关资料。

（2）项目团队集中培训，强化项目保密管理

《青岛市公安基层所队建设专项规划》涉及全市公安机关管理、建设等各方面机密信息，项目组承担着重要的保密责任。因此，为保障项目组规范化工作及工作成果的保密性，项目团队进行了集中培训，保证专业团队所有成员深入了解该项目的研究背景与研究目的，以及进行本次专项规划的重要性；形成项目团队管理制度，并重点制定《项目保密管理规定》，保证该项目所涉及的相关规划材料与规划成果严格保密。

2.3.2 现状调研

进行现状调研之前由青岛市公安局召集各相关部门召开本次专项规划项目的启动会议，发放现状调研基础材料（包括15类公安基层设施调研表格、填表说明、范表示例），明确项目组具体工作方案。调研表格设置了多项信息，用于全面征集和掌握公安系统基层所队设施现状及情况，并初步了解我市各区域社会治安状况。

现状调研的具体工作包括：对青岛七区、五市内公安机关场所进行选择性调研，有针对性地对各类公安基层所队展开相关数据收集工作；了解各类公安部门的工作特点与管辖范围；掌握各类公安基层所队设施的建设标准、场地设置要求、与其他警种有无设施共享、有无涉密等方面内容；并征求相关部门领导对未来公安基层基础设施建设的意见与建议。

表1 青岛公安基层所队现状调研表格选项说明

序号	主要表格选项	设置意图
1	编号	对公安基层所队进行三级/四级编号，编号反映所队所处区域及所队类型等信息，并保证每一所队有唯一编号，为形成公安基层所队信息检索系统奠定基础
2	占地类型	反映公安基层所队建筑及场地的独立占地与合署办公信息，为将来进行规划时确定是否需要划拨土地提供依据
3	级别	反映公安基层所队层级信息，不同级别基层所队配建标准有所不同
4	坐落地址	反映公安基层所队区位信息，为现场踏勘以及落实现状分布图奠定基础
5	用地面积	反映公安基层所队建筑、场地、绿化、设施等占地规模信息，为统计我市公安基层所队现状配建标准奠定基础
6	建筑概况	反映公安基层所队建筑规模、外观、年代、质量等多方面信息，为统计我市公安基层所队现状配建标准、落实迁建、改建、扩建、拆除方案提供依据
7	大型设备及其数量	反映公安基层所队设施配备现状，主要掌握车辆配置情况，为配建停车设施及场地提供依据
8	权属状况	反映公安基层所队用地权属状况，为规划落实迁建、改建、扩建、拆除方案提供依据
9	管辖区域	反映公安基层所队管辖区域范围及管辖区规模信息，为统计我市公安基层所队现状配建标准奠定基础
10	辖区人口	反映公安基层所队管辖区人口规模，以及人口构成，为统计我市公安基层所队现状配建标准奠定基础
11	警员人数	反应公安基层所队警员规模以及编制构成，为统计我市公安基层所队现状配建标准奠定基础
12	基本情况	反映公安基层所队历史沿革、工作职能、辖区治安概况等信息，简要概括设施现状基本特征，为规划落实迁建、改建、扩建、拆除方案提供依据
13	现状存在问题	反映公安基层所队所在区域现状情况，以及目前存在的主要问题，为规划落实迁建、改建、扩建、拆除方案提供依据
14	规划设想	反映填表单位对公安基层所队未来规划建设的希望与建议，以及是否有迁建计划与迁建选址等信息，为规划落实迁建、改建、扩建、拆除方案提供依据
15	现状照片	反映公安基层所队建筑、场地、设施等现状情况，为现状调研、现状分析、形成公安基层所队信息检索系统奠定基础
16	5年主要统计指标	反映公安基层所队管辖区域社会治安状况，为规划落实建设区位和建设规模提供依据

2.3.3 规划内容

青岛市公安基层所队建设专项规划分为七区（中心城区）和五市两个体系。七区公安基层所队主要包括位于七区的分局及其下属的——户籍派出所、治安派出所、警务室、监管所队、民警训练基地，刑警支队下属的刑警大、中队（不包括刑警支队），交警支队下属的交警大、中队及车管所（不包括交警支队），监管支队下属的看守所、拘留所、收教所（不包括监管支队），青岛市民警训练基地，青岛市特警支队，边防支队下属的边防大、中队及边防派出所（不包括边防支队）。五市公安基层所队主要包括五市公安局及其下属的——户籍派出所，治安派出所，社区警务室，刑警大、中队，交警大、中队，看守所，拘留所，民警训练基地，边防支队下属的边防大、中队及边防派出所。

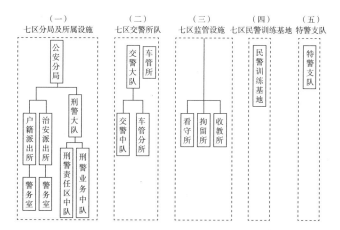
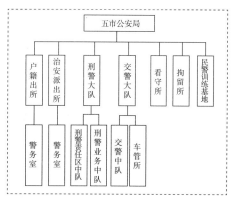
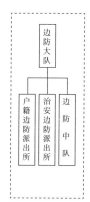

图1　青岛市公安基层所队职能关系框架图

3　理论借鉴与规划创新

3.1　健康城市的概念

根据世界卫生组织的定义，健康城市是"一个不断创造和改善自然环境和社会环境，并不断扩大社会资源，使人们在享受生命和充分发挥潜能方面能够互相支持的城市"。一个健康城市应能最大限度地发挥城市市民的潜在能力，通过提高人们的认识，动员市民与地方政府、社区机构合作，让市民共同参与城市事务，积极创造条件改善城市卫生和环境水平，以此形成有效的环境支持和健康服务，从实质上提高城市市民的生活素质，让健康的人生活在健康的城市里。

3.2　我国的健康城市状况

目前我国尚未制定系统的健康城市建设指导方针和统一的健康城市评价标准。提出创建健康城市（社区）目标的城市大多是自行制定评比项目和标准。如苏州市确定的指标有健康社会、健康环境、健康服务、健康场景、健康人群5大类，涉及医疗服务、人均收入、医疗保健、社会救助、园林绿化、人均住房、教育普及和再教育、市容城管、交通等领域，分别对健康社区、健康家庭、健康学校、健康企业、健康机关、健康医院、健康市场、健康园林、健康宾馆、健康饭店、健康市场提出相应的标准、指导评估指标和其他要求。

3.3　城市的安全问题

其实，城市的安全问题也是健康城市实现的影响因素之一，从WHO制定的标准也能看到这一点。对于城市规划与设计来说，有些安全问题完全可以在规划、设计阶段就得到解决，而有些则涉及城市的管理和经营。

（1）意外伤害。据瑞士再保险公司发表的报告统计，2003年，自然灾害和各类事故共造成全球6万人死亡，其中，380起大的自然灾害使4万多人丧生；技术事故使8000多人死亡；持续高温、干旱和热带风暴也同样造成了巨大的财产和生命损失，全球各个行业因灾害造成的经济损失高达700亿美元。

（2）预防犯罪。犯罪率也是WHO健康城市指标中的一项内容。行凶、伤人、拦路抢劫、入室盗窃、故意投毒等等犯罪活动严重地影响了城市的安全，危及城市居民的生命财产安全。

（3）市政设施。城市市政设施对城市安全的影响似乎还没有引起人们的广泛注意，但是在近来不长的时间里，有些城市中连续发生的安全事故都是祸起市政设施，应当引起我们的注意。

（4）城市交通。"城市交通以人为本"已经提出了多年，但是在实际工作中，行人的权力往往得不到尊重。有些城市盲目加宽马路，使行人横过马路的时间变得过长，而交通信号只考虑交通流量控制，不考虑弱势群体的生理、心理需求，想顺利地横过马路非常之难。

3.4　规划创新

借鉴健康城市理论，《青岛市公安基层所队建设专项规划》尝试性地以理论指导实践，并主要针对我国规划编制的常规方法提出以下几点创新：

（1）规划内容注重公安设施布局规划与城市空间体系规划有机结合，通过公安设施配建标准引导城市功能选择以及空间类型选择，合理布局城市公安基层设施。

（2）规划体系超越传统规划的各层次内容要求，是一个从宏观，到中观，到微观的过程性、结构性规划；规划成果非最终蓝图，而是针对不同发展阶段提出发展的引导方向和策略。

（3）规划具体研究策略性专项规划的实施操作方法和控制方法。

4　青岛市公安基层所队建设标准

4.1　确定建设标准要解决的主要问题

《青岛市公安基层所队建设专项规划》的核心内容是公安管理体制与规划编制标准的整合。一方面，通过调研、统计公安基层所队各部门相关数据，并结合公安部门基础设施建设相关条文，拟定适合青岛市公安基层所队建设的规划配建标准；另一方面，结合公安部门相关基础设施建设标准与城市规划编制相关法规规范，建立公安机关管理标准与规划设计编制标准之间的联系。

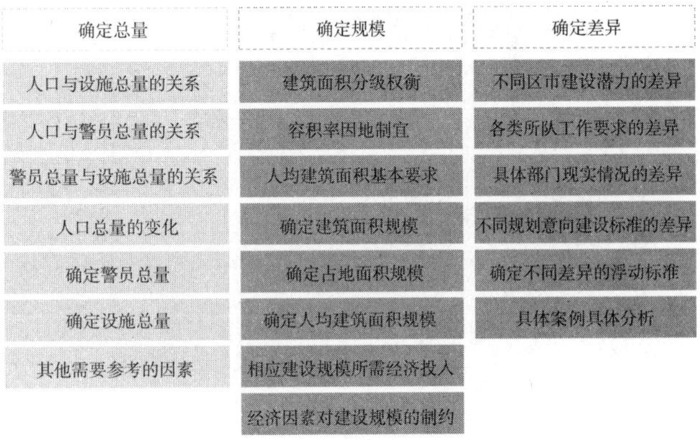

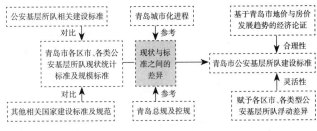

图2　青岛市公安基层所队建设标准核心内容框架图

4.2 制定建设标准的主要原理

制定适合青岛市公安基层所队建设标准的核心内容是明确公安基层所队建设现状与国家相关建设标准之间的差异。首先，通过全方位的现状调研获取青岛市各区市、各类别公安基层所队的现状统计标准以及规模标准，以此结果与公安基层所队相关建设标准及其他相关国家建设标准、规范进行对比，从而得到现状与标准之间的差异。而造成这种差异的原因与青岛城市化进程是密不可分的，因此需要通过参考青岛城市化发展战略以及青岛市总体规划与相关区域控制性详细规划，并以青岛市地价与房价发展趋势的经济论证满足合理性，以赋予各区市、各类型公安基层所队浮动差异满足灵活性，最终确定青岛市公安基层所队的建设标准。

图3　青岛市公安基层所队建设标准原理图

4.3 青岛市公安基层所队建设标准示例——公安分市局建设标准

4.3.1 相关建设标准

公安分市局的建设标准主要参照《〈党政机关办公用房建设标准〉计投资［1999］2250号》和《公安机关业务技术用房建设标准（建标130-2010）》两个文件确定。

根据《〈党政机关办公用房建设标准〉计投资［1999］2250号》，党政机关办公用房建设等级分为三级，青岛市公安分市局可归类于三级办公用房——适用于县（市、旗）级机关。三级办公用房，编制定员每人平均建筑面积为16～18m²，使用面积为10～12m²；编制定员超过100人时，应取下限。

根据《公安机关业务技术用房建设标准（建标130-2010）》，县（区）级公安机关业务技术用房为二类，青岛市公安分市局业务用房应建面积的计算方法是：

（1）在编民警人数500人以上的，其人均建筑面积不应超过28m²/人；

（2）在编民警人数少于100人的，其人均建筑面积不应超过38m²/人；

（3）在编民警人数100～500人的，其人均建筑面积应采用插入法计算，计算公式按如下（单位为m²/人）：

$$S人均=28+（500-N）×0.025$$

其总建筑面积计算公式如下（单位为m²）：

$$S综合=N×S人均$$

公式中N为在编民警人数，S综合表示总建筑面积，S人均表示人均建筑面积。

4.3.2 公安分市局建设标准

本次规划确定的建设标准为公安分市局人均办公用房与人均业务用房之和。每人平均建筑面积为44～56m²。

4.3.3 警员预测

假设现有警员n人，管辖x万人，从而确定每个警员管辖人口为$r=x/n$人。以r作为恒量，也就是以规划期末公安民警管辖能力不变（每个警员管辖人口数量不变）为前提，预测警员N（万人）根据规划人口X（万人）确定。即，规划期末警员人数$N=X/r$。如果N小于编制人数和实有人数的最大值，则按编制人数和实有人数的最大值计算。

5　青岛市公安基层所队用地布局

5.1 青岛市公安基层所队规划布局与选址的影响因素

影响青岛市公安基层所队规划布局的因素主要包括城市整体空间布局结构与发展趋势、城市规划人口数量与分布、公安基层所队各类设施的服务对象和范围，以及现状实际情况。

5.1.1 青岛市城市整体空间布局结构与发展趋势对公安基层所队规划布局的影响

（1）青岛市城区的拓展产生新的公安基层所队需求

随着胶州湾北部新城、欢乐滨海城、李沧东部、凤凰岛等城市新区的建设与发展，将产生对派出所、交警队、社区警务室等设施新的需求，需要根据城市人口规模和空间布局特征新建公安基层所队。

（2）旧城改造和更新为旧城区公安基层所队办公条件的改善带来机遇

随着市南、市北、四方、李沧四区的旧城改造与更新，旧城区内不合标准的公安基层所队办公场所有望在此过程中得到解决。

（3）重要地区的安全保障需要建设治安派出所等公安基层所队

随着青岛中央商务区、黄岛中央商务区、海底隧道、跨海大桥、火车北站等青岛市重要地区和设施的建设，有必要根据安全保障的需要新建治安派出所等设施。

5.1.2 城市规划人口数量与分布对公安基层所队规划布局的影响

城市规划确定的规划期末的人口数量直接影响到公安基层所队的需求总量，因此要求根据每个区域的人口数量和分布确定户籍派出所等设施的数量和规模。

5.1.3 公安基层所队各类设施的服务对象和范围对公安基层所队规划布局的影响

按照公安基层所队各类设施的服务对象和范围，可以将其分为三类：按行政区划分配建、根据人口规模兼顾行政区配建、按照具体服务对象配建。

5.2 青岛市公安基层所队规划布局原则

5.2.1 公安基层所队空间布局与城市整体空间布局相结合的原则

表2 青岛市公安基层所队服务对象和范围分析表

所队类别	所队名称	规划布局与服务范围	选址要求
按行政区划分配建	公安（分）局	区、（县级）市行政区每级设一个	在辖区中心区域；交通便捷；工程地质条件好；具备较好的自身安全防卫条件；较好的市政设施条件
	刑警大队	区、（县级）市行政区每级设一个	
	刑警中队	责任区中队服务于辖区，业务中队服务于全区	
	市区交警大队	区、市行政区每级设一处，4个高速公路	
	车管所	青岛市、区、（县级）市行政区每级设一处	
	监管所队	服务于全市，区、（县级）市可根据需要设置	
	特警支队	服务于全市，在全市选址	
	警官训练基地	服务于全市，区、（县级）市可根据需要设置	
根据人口规模兼顾配建	户籍派出所	按3万-5万人增一处设置，原则上每街道办设一个	
	警务室	按照0.4万-0.6万人一处设置，原则上每社区设一个	
按照具体服务对象配建	治安派出所	在敏感要害地区、公园景区、交通枢纽、商业区、工业区等需要治安加强的地区设置	
	市区交警中队	所在市区内分段管辖	
	高速公路大中队	所在高速公路分段管辖	
	边防所队	海域分段管辖	

（1）结合青岛市城区的拓展新建部分公安基层所队；

（2）结合旧城改造和更新尽可能改善原有公安基层所队的办公水平；

（3）为保障重大设施的安全建设治安派出所等公安基层所队。

5.2.2 独立占地与合建相结合的原则

（1）独立占地的设施：市局、分局、车管所、看守所、拘留所、收教所、警官训练基地、特警支队。

（2）与公共建筑合建为主的设施：户籍派出所、治安派出所、刑警大中队、交警大中队、车管分所、警务室、边防所队。

5.2.3 辖区控制与指标控制相结合的原则

（1）辖区控制：根据服务半径和管辖范围确定设施的个数。

（2）指标控制：根据人口和建设标准确定设施的建设总量。

5.2.4 结合现状及在编控规进行选址的原则

根据现状情况，合乎建设标准的保留现状；不满足建设标准的根据周边情况考虑原地扩建或根据所在区域已有及在编控规对基层所队设施提出选址意见。

5.3 青岛市公安基层所队规划房屋取得方式

规划中所落实的青岛市公安基层所队办公用房取得方式一共有5种：

（1）现状满足建设标准的，规划予以保留现状；

（2）现状不满足建设标准的、原址或周边具有改扩建条件的，规划建议原址改扩建或原址内部调整办公面积；

（3）现状不满足建设标准，需要异地迁建或新增类型的公安基层所队，如果在城市建成区的旧城旧村改造地段选址，规划建议结合旧城旧村改造划拨土地，或结合具体改造项目购买/租赁商业网点；

（4）现状不满足建设标准，需要异地迁建或新增类型的公安基层所队，如果位于城市未建成区的空地区域，规划建议按照布局合理性选址划拨土地；

（5）现状不满足建设标准，需要异地迁建或新增类型的公安基层所队，如果位于历史文化保护区、风景名胜区等无新建条件的区域，规划建议进行公房置换或购买/租赁网点房。

关于土地取得的资金筹措方式，规划建议尽量由政府划拨，实在没有可能性的，采取购买或租赁的资金自筹方式。

6 《青岛市公安基层所队建设专项规划》实施策略

6.1 本次专项规划与控规的关系

（1）对已批并且没有进行修编的控规，本次专项规划提出了具体规划方案，作为今后进行规划修编的依据；

（2）对正在修编以及在编的控规，要求按照本次专项规划的方案予以落实；

（3）对没有编制控规的区域，本次专项规划经过审批后，将作为今后编制控规的依据，按要求予以落实。

6.2 本次专项规划的具体落实方法

（1）项目组对每一处公安基层所队进行了现场调研，并逐一落实现状是否具有可改造条件，从而对现状保留、内部调整或原址改扩建的公安基层所队提出规划建议。

（2）对于需要在旧城改造段或无新建条件区域选址的公安基层所队，规划方案提交各区政府及分局征求意见，并根据反馈意见进行逐一落实，每一个异地迁建或新建公安基层所队的选址都经征求意见同意。规划建议重新选址的公安基层所队尽量采用土地划拨的方式，实在不具备条件则选择购买或租赁网点的方式。

（3）对于在未建成区的空地进行选址的公安基层所队，是初步根据规划合理性进行选址，并征求各区政府及分局的意见后确定的，规划建议尽量采用土地划拨的方式。

（4）对于需要公房置换或通过购买/租赁网店来解决公安基层所队选址的，本次规划均提出了明确的选址意见。

参考文献

[1] 许从宝，仲德昆，李娜. 当代国际健康城市运动基本理论研究纲要[J]. 健康城市，2005，（10）.

[2] 梁鸿. 健康城市及其发展：社会宏观解析[J]. 社会科学，2003，（11）.

[3] 徐苏宁，吕飞，赵志庆. 城市的健康与安全[J]. 健康城市，2005，（10）.

[4] WHO官方网站：http://www. who. dk/eprise/main/who/progs/hcp/How2MakeCitise/20020114_1

作者简介

盛洁，女，硕士研究生，青岛市城市规划设计研究院，工程师。

袁圣明，男，硕士研究生，青岛市城市规划设计研究院，工程师。

滨州市市区商业网点发展规划初探

于海涛　张琦

摘　要：以滨州市市区商业网点发展规划为例，研究针对中小城市商业网点发展的特点，合理构架城市商业网点体系，引导城市商业网点布局的方法。规划对滨州市区的商业网点，包括市级商业中心、市级商业副中心、区域商业中心、社区商业中心、大型商业网点、商业街、大型综合及专业批发市场、物流园区等的发展布局作出规划安排，以引导和规范商业网点布局，构筑布局合理、结构完善、分布有序的现代商业网点体系。

关键词：滨州市；市区商业网点；发展规划

城市商业网点规划是指根据城市总体规划和商业发展的内在要求，在充分反映城市商业发展规律的基础上，对城市未来商业网点的商业功能、结构、空间布局和建设规模所做的统筹设计。本文以滨州市市区商业网点发展规划为例，对滨州市区的商业网点的发展布局做出规划安排，以引导和规范商业网点布局，构筑布局合理、结构完善、分布有序的现代商业网点体系。

1　概况

1.1　区域概况

滨州市位于山东省北部、黄河三角洲腹地、渤海湾西南岸，是鲁北和济南经济圈北部的门户和交通枢纽城市，环渤海经济圈上的重要城市。

1.2　现状概况

近年来滨州市城市商业网点建设发展较快，据统计截至2004年底，市区共有各类商业网点11480个，平均每千人拥有网点14.90个，其中，已形成不同规模的商业街十余条，3000m^2以上的大中型商业网点11个，其中1万m^2以上的5个；市区共有各类商品市场25个，其中，农贸市场8个，专业、批发市场17个。市场总占地面积35.1万m^2，营业面积27.23万m^2。滨州市区商业网点和商品市场的建成投入使用，在促进商品流通、满足消费需求、提升城市功能等方面发挥了积极作用。

2　商贸业发展存在的问题分析

滨州市商业网点在迅速发展的同时，还存在许多问题，影响着整个商贸业水平的提高，主要表现在下面五个方面。

2.1　空间布局不尽合理

由于没有明确的市级商业中心、区域性商业中心、社区商业中心的层次观念和受历史、经济发展水平以及规划滞后等因素的影响，致使老城区商业网点密集，发展空间不大，市区中心大型商厦林立，小型网点稠密；西城区和经济开发区大型商业设施缺乏，商业网点偏少，发展空间相对较大。

2.2　市场主体规模偏小，流通组织化程度低

在全市48400个流通主体中，单体经营的个体商户在全部流通主体中的比重高达95％。滨州市尚缺乏有核心竞争力的大型商贸企业和商贸企业集团。商贸业内部的横向组织，如连锁经营、企业联盟等处于起步阶段。商贸业对

工业、农业和市场的引导力和影响力偏弱。

2.3 传统经营方式与业态形式仍占据商品经营的主导地位，市场管理方式落后

在零售环节，百货商店、个体商户以及集贸市场是最主要的零售经营形式。全市商品市场的信息、运输、配送、仓储、服务、金融、邮电等功能还不完善，区域发展还不平衡，市场设施投入不足，影响了市场的发展。

2.4 商业网点缺乏特色，经营定位不明确

市区商业网点在定位上没有明显的品牌差异和特色差异，有百店一面的雷同化现象。商业街发展方向盲目，市场定位不明确，特色不明显。

2.5 经营设施不配套，市场环境亟须改善

许多网点配套设施不完善，周边环境条件不佳以及管理不到位等，导致购物空间和市场环境存在诸多问题。市区各类商品市场层次都比较低，硬件设施不强，配套设施明显不足。

3 商业网点布置的相关因素

商业网点的布置有很大的人为因素，但还是与人口密度、地域风俗、旅游、交通、物流、房地产开发等有密切的关系，并有一定的规律性。笔者针对主要相关因素进行以下分析。

3.1 人口密度

商业网点的布置是为居民服务，因此它的布置必然反映在人口密度的分布上，一般情况下，人口密度越大，商业网点越多。商业网点的布置要与现状及规划人口分布相结合。

3.2 地域风俗

有居住群落，就有"市"和"场"，就有商业氛围。中国人的传统思想相对保守，喜欢一些老的风俗，在商业网点规划中就需要立足现实，对现有的商业街、商品市场进行深入了解，做到合理合"情"。

3.3 旅游业

滨州是一座新兴的现代城市，旅游业发展较晚，但近几年发展势头趋好，待开发旅游资源丰富。有关专家对滨州市旅游业发展环境与现状调查研究后，提出六大旅游板块，即："滨海湿地"、"孙子故园"，"生态果园"、"中心城市"、"邹平山岳"和"博兴麻大湖"。提高社会消费品零售额应把旅游业作为一个新的经济增长点。因此，滨州市商业网点规划应充分结合旅游资源、旅游规划，针对旅游购物、休闲特点，加强餐饮、风味特色街、旅游特色商品街、风景游览休闲街（区）的建设。

3.4 交通网络

城市商业的发展与交通网络的完善有着密切的关系，许多商业网点直接依托交通网络布局发展。滨州市区大型零售百货商店基本都布局在城市交通干道两侧，批发市场主要布局在交通通畅地段，商业街也是交通通达性较高的地域。

3.5 物流业

作为黄河三角洲的重要城市，滨州经济发展对于周边地区的辐射功能逐年增强，其作为物流区域中心的地位和作用不容忽视。

3.6 房地产

房地产的发展空间态势将引导小区商业设施的配套建设。滨州市除向西部新区发展外，老城区旧村改造和西城区、经济开发区、东城区的房地产开发也比较迅速。这些片区房地产发展态势良好，反映了该片区将成为潜在的区域性消费中心，应规划一定规模和档次的零售业态，以适应城市部分购买力的迁移需求。

4 商业网点布局规划研究

根据滨州市商业网点发展的总体战略和目标，市区商业网点布局规划形成"二圈三心四商一带二区"的布局结构，即打造老城、新城两个商圈，形成市级、区域、社区三级商业中心，发展新型流通业态、特色商业街、宾馆酒店、旅游商业四类商业项目，开发一条环城批发市场带，建设开发区、东城区两大物流园区，构筑起与城市总体布局相适应的现代化城市商业发展新格局。

4.1 两大商圈

依据滨州市市区空间地理特点，以新立河为界，自然形成东部老城区和西部新城区两大区域，呈"中"字形两大商圈。

4.2 三级商业中心

根据滨州市商业网点布局规划的总体框架，城市商业中心规划市级、区域、社区三级商业中心，即2个市级商业中心（1个市级商业主中心和1个市级商业次中心），3个区域商业中心，16个社区商业服务中心。

4.2.1 市级商业中心

市级商业中心服务功能完善，具有对整个城市和临近城镇的商业辐射作用，是城市商业的形象与标志。

4.2.2 区域商业中心

区域商业中心具有一定的区域商业特色、功能相对完善、能够分流市级商业中心消费群体，辐射周边主要社区，带动区域需求升级。

4.2.3 社区商业中心

社区商业服务设施应以生鲜食品超市为中心，以发展连锁便利店为主进行合理布局，以便民利民为宗旨，形成社区商业新风貌，大力发展食品、日用品、餐饮、文化等各类日常生活需要的商业和服务业，发展符合社区特点的大众餐厅、社区茶馆、洗衣保洁、美容健身、家政服务、老年服务、修理服务、电话购物、网上购物等现代生活服务业。

4.3　大型商业零售网点（四类商业项目）

发展新型流通业态、宾馆酒店、特色商业街、旅游商业等四类商业项目。

4.3.1大型商业零售网点（新型流通业态）

大型商业零售网点主要包括大型购物中心、大型百货店、大型综合超市、大型专业店、仓储式商场5种现代新型流通业态。规划布局重点在城市市级和区域商业中心。规划发展网点总数为47处，其中，老城区21处，东城区10处，西城区10处，开发6处；现状提升改造14处，规划新建33处。大型商业零售网点要有充足的空间建设停车位。

（1）大型购物中心

购物中心是多种零售店铺、服务设施集中在由企业有计划地开发、管理、运营的一个建筑物内或一个区域内，向消费者提供综合性服务的商业集合体。规划期内，规划发展为2处，分别位于新、老城区的两个市级商业中心内。

（2）大型百货店

突破传统业态特征，向新型百货店发展。市域、区域商业中心可根据需要设置，同时考虑现有百货店建设情况，规划发展到6处。

（3）大型综合超市

大型综合超市建筑面积5000m²以上，含有超市与百货店综合功能，以服务附近居民为主。近期规划市级商业主中心不再建设大型超市，对现有大型超市，通过市场调节使之布局趋向合理。新建超市重点分布在新建城区和社区商业中心。规划发展到29处，其中保留改造7处，规划新建22处。

（4）大型专业店

大型专业店具有经营种类专业、市场消费定性强的特点，主要布局在市级、区域商业中心内。市区共7处：老城区6处，为供销大厦（家具）、天河商场（电器）、黄金大厦（首饰）、大观园商场（服装）、新华书店（图书）、学院教育书店（教材），重点是对现有网点进行调整、提升和改造；东城区1处，即滨州图书城。远期规划，市级、区域商业中心可根据需要设置大型专业店，其设置标准比照同类超市设置指标要放大1倍，服务半径不低于3km。

（5）仓储式商场

仓储式商场在市中心外围，依托交通干道设置，营业面积5000m²以上，并附设与营业面积相当的停车场。规划期内，规划发展到3处：分别为设在北外环路北侧的滨州滨岭商城、设在火车站南侧的仓储式商场和滨州西客站南侧的仓储式商场。

中小型超市、便利店、修理店、小餐饮店等基层服务店，在城市新建或改造中，按照国家居住区、居住小区公

共服务设施配套指标执行。

4.3.2大型宾馆酒店

宾馆酒店是城市商贸服务业的形象标志和窗口。大型宾馆酒店设施的合理布局设置，将进一步强化滨州市的形象。规划重点对星级宾馆和酒店做出布局。规划期内，对10家星级宾馆酒店提升改造，规划新建10家大型星级宾馆酒店，以满足滨州市接待全国性会议和大型活动的要求，适应进一步对外开放、发展会展、商贸、旅游的需要。

4.3.3特色商业街

商业街是集中体现不同区域商业文化和经营特色的窗口，是特色商业和专业化商业的集中体现。规划期内，重点完善、建设符合标准的商业街26条。规划新建商业街16条，保留、改造商业街10条。

（1）综合型商业街

按照现代社会消费需求和生活方式特点，将购物与饮食、娱乐、文化、交谊等多种功能有机结合起来，形成综合型商业街，以满足多样化的消费需求。规划期内，规划建设符合标准的综合型商业街15条。

（2）专业型商业街

由同一行业的专业店、专卖店高度集聚，提供某一大类或几大类商品、专业服务的特色街区形成专业街。规划期内规划建设专业型商业街11条。

4.3.4旅游商业

旅游业是一项综合系统工程，要求"吃、住、行、游、购、娱"同步协调推进。滨州市旅游资源丰富，"四环五海"是城市的特色。要围绕打造滨州"生态旅游"城市的目标，规划"五海"风景区商业服务网点建设。风景区商业服务设施的层面布局、行业设置、业态结构要与现代旅游业发展相适应。各景点根据客流量情况设置相应的商业服务网点，主要从事旅游商品、休闲食品的经营和餐饮、旅游服务。

风景区商业网点建筑风格必须与景观相协调，新开发景点必须与商业网点设施同步规划、同步建设；风景区的商业网点应统一安排在景点外围，景点内开设商业网点要从严控制；加强环境监测，禁止开设产生污染的商业网点；鼓励发展连锁经营门店、特色店，限制开设杂货店、服装店、普通食品店。

充分利用各类旅游资源优势，发展多种风格的旅游商业。

4.4　大中型商品交易市场（含一条环城批发市场带）

对市区现有市场资源采取政策引导、改造整合、迁移等方式，进行市场的优化布局和改造升级，着力构筑五大批发市场群，形成一条环城批发市场带。

批发市场群布局原则：布局在老城和新城商圈的外围；靠近城市主要对外放射状交通干道地段；有较充裕的

土地储备。根据这三个原则，市区以内不再新建大型批发市场，逐步引导现有批发市场外迁，向市场群转移，市场群将主要分布在环城周围及以外的地区，靠近城市主要对外放射状交通干道，有较充裕土地资源的地段。

4.4.1批发市场群

规划环绕滨州市区外环线，发展东城生产资料、市东建材、工业消费品、鲁北农副产品、开发区综合商品、大尚农产品等五大批发市场群，形成环城批发市场带。

4.4.2商品交易市场

规划发展农副产品、日用工业品、生产资料、汽车零配件及旧机动车交易等四大类46处商品交易市场，其中，现状改造现有市场21处，新建市场25处，初步形成有利发挥产业比较优势、适应城市用地调整、专业市场特色突出、布局基本合理的市场体系。

4.4.3农贸市场（农贸超市）

老城区结合旧城改造，对现状设施较好的农贸市场进行"农改超"、"农加超"硬件设施的改造完善，以生鲜超市取代农贸市场；已建成或新建住宅区，已有或缺乏农贸市场的，可结合社区商业中心的建立，发展便民的生鲜超市；力争到2010年取消露天市场，2015年基本取消大棚市场。

西城区、东城区、开发区农贸市场建设应一步到位，新建居住区农贸超市应按照服务半径不大于1000m，服务人口1.3万人，占地面积480m²/千人（服务人口）的标准配置，营业面积规模不少于2000m²，销售以食品、生鲜食品、日用品为主。新建市场要布置在室内，禁止设置露天市场。规划建设农贸超市25处。

4.5　两大物流园区

物流园区是一家或多家物流（配送）中心在空间上集中布置的场所，是具有一定规模和综合服务功能的物流集结点，一般以仓储、运输、加工等用地为主，同时还包括一定与之配套的信息、咨询、维修、综合服务等设施用地。规划在市区东、西两端建设两大物流园区。

（1）开发区物流园区

规划形成集货物集散、中转、仓储、交易、流通加工、信息服务、商品展示、生产配送、城市生活等物流服务功能于一体的综合型物流园区。

（2）东城区物流园区

规划建设以货物中转为主，集仓储、集散、配送商贸、展示、信息、交易、公铁联运于一体的集散型物流园区。

5　结语

滨州市市区商业网点发展规划的编制，为滨州市区内的商业网点建设的合理布局，提供了一定的理论依据，具有一定的指导作用。商品流通主管部门应依据本规划每年发布商业网点建设导向性意见，通过因特网、报刊等各种媒体定期向社会公布各行业、各业态、各区域商业网点的饱和或不足情况，明确鼓励、限制发展的区域，引导投资者的投资方向，对全市商业网点建设进行宏观政策引导，使滨州市商业网点建设规范有序发展。

参考文献

[1]　滨州市规划局．滨州市城市总体规划（2005—2020年）．

[2]　滨州市规划设计研究院．滨州市市区商业网点发展规划（2005—2020年）．

作者简介

于海涛（1973-），男，山东建筑大学城市规划专业本科毕业生，现任山东省滨州市规划设计研究院规划一所所长、高级工程师、注册城市规划师。

张琦（1984-），女，湖北武汉大学东湖分校城市规划专业本科毕业生，现就职于山东省滨州市规划设计研究院。

城市之伤
——对平原地区市政基础设施建设的思考

邢金玲

摘　要：近年来，大众对城市排水设施不足引发灾害的舆论充斥着各类媒体，"看海模式"开启的段子俯首即是。本文结合生活和工作经历，关注城市市政基础设施建设与运作，重点解析城市总体规划长期发展与基础设施一次性投资的矛盾，解析政府财政部门、发改部门与市政基础设施管理部门在城市规划与发展中的关系以及在现有体制下城市管理的弊端。笔者认为"一对一"的解决思路并不能彻底解决城市更新中复杂的问题。规划管理部门应以行之有效的规划为管理工具，从经营城市和保护城市等方面多角度多思维考虑问题，摈弃重复规划和资源浪费，将每个问题拿到整个市区层面解决，接受全民监督，才能根治城市顽疾。

关键词：市政基础设施；旧城改造；地下管廊；百年大计；海绵城市

2016年7月湖南省水灾，媒体竞相报道城市水灾的情景"如水帘洞般的地铁、如池塘般的居住小区、如河流般的道路"，大众对城市排水设施不足引发灾害的舆论充斥着各类媒体。作为从事城市规划工作人员，笔者虽不直接从事市政基础设施施工设计工作，但对基础设施规模不足、多次开挖路面铺设管道等此类城市市政基础设施问题颇有微词，因我们生活的便利性与市政基础设施完善度关系密切。笔者以生活、工作中遇到的相关事件为基础，结合国家的"大政方针"，从部门合作、投资发展、市场经济等多方面解析平原地区新城市政基础设施建设与旧城市政基础设施改造应注重的问题。

1　市政基础设施规模不足谁之过——以山东省北部B市为例

1983年山东省B市首版城市总体规划确定，至今城市总体规划共经历了3次修编，规划城市用地规模从15.52km^{2}扩至108km^2，30年间城市用地规模增长6倍，这是现代中国城镇发展的一个缩影。随着城市规模的扩大，城市人口增长，渤海十一路以东、黄河十二路以南中心城区的旧城更新改造一直持续，市政基础设施建设和道路也进行了一次次的修整。特别值得一提的是，这样的修整在一条道路上几年就发生一次，有给排水工程改造、热力工程改造、路面修缮等工程，大众对这样的情形已陷于麻木境界，但作为规划人员，都会有这样的疑问：新的城市相关规划一轮轮地出台，规划从城市总体规划、热力规划、燃气规划到照明规划较为完备，城市规划规模比现有规模均有较大的发展空间，这样的情况却为何屡见不鲜？而相对于旧城区，B市新建城区的突出问题是积水。作为拥有"72湖、11条河渠"的城市来说，积水情况发生的概率应该不大，但事实却非如此，大雨或暴雨过后，部分路段路面积水严重。

据了解，现阶段市政基础设施是由政府或国企投资建设，在城市规划实际投资建设时，部分工程的实施规模因各种原因缩小。为满足城市现阶段需求，财政部门、发改部门、城市规划管理部门与市政管理部门间的职能相对独立，部门协调性现阶段没有较大改善，因此城市的市政基础设施建设淹没在城市土地对外扩张中。城市建设往往道路先行，在土地未被开发利用的时候，政府的财力、物力、人力又很难实施基础设施的大规模建设或者很难有资金"空投"到未开发的区域，城市的"错时"发展，在一定程度上造成市政基础设施规模不足，并加剧城市资源浪费。

反观历史，中国城市建设和管理源于古代。从秦代开始，有关城市规划设计学说散见于《考工记》、《商君书》、《管子》、《墨子》等典籍中。古人建设了多项荫庇后世的市政工程设施，如都江堰、北京故宫排水系统等，这些设施被人们称道并利用至今。发展到近代，为世人"乐道"的市政工程设施有青岛排水系统等一系列的水利工程，虽然工程建设都存在其特殊性，但其建设的"例证"意义远大于其特殊性。在历史发展长河中，相关基础设施工程体现的智慧及理念未被很好地继承和科研开发；同时随着开放程度的扩大，照搬国外工程技术成为一种流行，殊不知发展中我们只是"一知半解"。我们一直在积累经验，至今没有形成一套切实可行且符合国情的市政基础设施设计、建设和保护体制。

改革开放近40年，中国城市和城镇发展迅速，中国几个超级城市如北京、上海、深圳等其经济发展以跻身世界前列，但是城市市政基础设施建设一直处于较低水平，基础设施的诸多顽疾困扰着大城市的发展，相关的技术人员仍在努力寻找解决之道。

2　中国市政基础设施建设的相关方针政策——基础设施的重要性

公共及市政基础设施建设的改善有其必要性。这是经济发展的奠基石，必由之路。有付出才有回报，同样，在经济学上，这属于一种"社会先行资本"（Social Overhead Capital—SOC），在合理正常的情况下，投资的成本与收益的多少息息相关。近些年来，各大城市发生的内涝、交通拥挤等问题，促使国家对市政基础设施建设的重视度提高。"亚洲基础设施投资银行"的成功设立，既是中国审时度势的有利外交手段，又是中国为促进全球发展勇担大国责任的具体诠释。可见随着世界人口的持续增加，基础设施建设的重要性已为世人共识。

中国针对市政基础设施投资建设与旧城改造存在的诸多问题，多部门出台了相应政策、办法及措施。2015年8月国办发[2015]61号文件《国务院办公厅关于推进城市地下综合管廊建设的指导意见》（以下简称《意见》）指出推进城市地下综合管廊建设，统筹各类市政管线规划、建设和管理，解决反复开挖路面、架空线网密集、管线事故频发等问题，有利于保障城市安全、完善城市功能、美化城市景观、促进城市集约高效和转型发展，有利于提高城

市综合承载能力和城镇化发展质量，有利于增加公共产品有效投资、拉动社会资本投入、打造经济发展新动力。《意见》指导思想：适应新型城镇化和现代化城市建设的要求，把地下综合管廊建设作为履行政府职能、完善城市基础设施的重要内容推进城市地下综合管廊建设的实施意见。这是国家为推动地区经济发展的一大政策，可增加内需供应。同时为解决基础设施建设投资问题，根据市场经济发展需求，国家发展和改革委员会、财政部、交通运输部等联合颁布了《基础设施和公用事业特许经营管理办法》。这一系列的意见、办法的实施，凸显了现阶段国家城市建设侧重点的改变，从城市规模量变建设到城市规模质变建设，国家GDP从飞速发展进入稳定发展阶段，国家经济发展从重视工业进入重视民生阶段。

说到地下管道系统建设，不得不提"伦敦地下排水工程"，在60年前完成工业革命的英国已掌握大规模市政工程建设技术并实施。1856年，由巴瑟杰承担设计，服务人口400万人，地下排水管道如蜘蛛网般布设在城市地下，错综连接，污水统一排入泰晤士河，部分主管道可容车辆经过。毫无疑问此类工程的资金投入量大，施工技术复杂，在中国城市建设中，大城市可以靠其雄厚的经济实力，较快完成地下管线改造。

在发展建设的同时，我们应理清市政基础设施建设其投资量及管理问题。为什么北京、上海城市发展初期，既有规划的情况下不考虑基础设施的建设问题？为什么内涝、交通拥挤等问题凸显后，国家开始推行相关政策措施解决？实际这与我国经济发展的阶段息息相关，经过几十年的发展，中国经济"总量"大幅增加，部分城市有经济实力发展较大规模的市政基础设施建设；同时2008年以后，中国出口经济下滑严重，拉动内需成为一项国策。

笔者认为国家推行地下综合管廊建设，其实施应根据各地区经济发展进行，不能一蹴而就。中国三四线城市的地下管廊建设，除非国家实行财政补贴政策，仅依靠地方财政去解决此类项目投资，必将成为地区建设发展的一大负累。针对B市来说，每年的财政收入一定，用于基础设施的投资也十分有限；而地区金融经济现局限于土地投资，民间资本投资并不活跃，在国家基础设施投资建设与管理相关部门配置及法律保护不完善的情况下，未来地区基础设施建设很难有较大改观。通过国家行政强制手段推行此类建设，在地区将成为形式上的应付手段，只在某一地区地段实施管廊建设，并不能从根本上解决整个地区的市政基础设施建设存在的问题。

值得一提的是：中国城市总体规划一般为20年，这与近现代中国经济飞速发展密切相关，而5年一修编的总体规划，成为市政基础设施的建设规模较难确定的主要因素，发展更别提"百年大计"。

近年来，随着城市扩张，部分城市人口规模却未达到，土地资源浪费严重；同时，城市总体规划现阶段以土地盘整为主，城市用地规模在近10年内不会有较大突破。因此，三、四线城市建设，应从规划抓起，在城市总体规划、各专项规划设计及实施阶段，各相关部门应恪守职责，将规划贯彻到工作中。市政基础设施建设从小项抓起，以数据说话，从规划到施工，各方数据应统一并严格执行，行政管理部门严格把关，对各市政基础设施项目实施监督检查机制和惩罚机制。

3 平原地区市政基础设施建设与改造——"因地而宜"

B市市区为平原城市，其地势南高北低，黄河横穿市区，因泥沙沉积，多年前黄河已成为地上河，市区内拥有多条南北向泄洪排涝、排污河渠。但B市的排水情况却是老大难问题，部分路段大雨过后便开启"看海模式"，严重影响市民出行。分析其原因，是城市道路和管线管径出现了问题。《城市用地竖向规划规范》规定城市道路最小纵坡为0.2%，而B市部分道路纵坡实际均未达最低标准，道路雨水管径偏小。这样的问题新城和旧城均有发生。

近年来，随着城市发展和新一轮城市总体规划的指导，B市旧城棚户区改造、市政基础设施改造、街区路面改造有条不紊地进行。但笔者认为"一对一"的解决思路并不能彻底解决城市更新中复杂的问题。规划管理部门应以行之有效的规划作为管理工具，从经营城市和保护城市等方面多角度多思维考虑问题，摒弃重复规划和资源浪费，将每个问题放到整个市区层面解决，接受全民监督，才能根治城市顽疾。

2014年，B市完成对四环内市区地下管网的普查，但数据资源未实现社会共享，至今，未有市政设施综合管网规划。笔者认为旧城市政基础设施改造应该规划先行，在市政基础设施不完善且适合综合管廊建设的旧城区应做到一步到位，不应再进行小规模的市政基础设施改造，规划考虑未来城市更新时城市人口容量对管廊规模进行设计，同时考虑与周边地区地下管廊的连接；在市政基础设施较为完善的地区，不应增加市政基础设施的负荷，以现有设施为基础实施小规模的改造，以降低改造困难地区的社会成本。针对必须开挖城市道路的地区，城市规划管理部门应牵头组织，市政管理部门积极配合，综合考虑各类市政设施的规模要求，尽量统一规划、统一实施，将城市建设成本降低。

4 市政基础设施建设的新技术和新理念

市政基础设施有地上和地下两种敷设方式，随着规划制图方式的改进，应用可视三维技术可直观地观察现状管线和规划管线情况；如与CAD制图、地理信息系统结合，可清晰地掌握管线的平面及竖向情况，从而为城市规划管理提供更为有效的管理手段，也为市政基础设施规划建设提供直观的依据。

海绵城市是新一代城市雨洪管理概念，是指城市在适应环境变化和应对雨水带来的自然灾害等方面具有良好的"弹性"。基本原理是下雨时吸水、蓄水、渗水、净水，需要时将蓄存的水"释放"并加以利用。笔者认为海绵城市是针对城市的高硬化率带来城市内涝问题提出来的，这个理念意在解决城市排水。B市虽为平原城市，其河渠、湖面较多，而且地上水源也十分充沛，城市绿地率较高，道路两侧的人行横道大部分采用透水砖建设；若对城市排水和蓄水设施进行规划并加以改造，B市能达到海绵城市的要求。

5 结论

生活中有许多跟我一样关注市政基础设施建设与改造的人。有的人写相关论文，为世人授业解惑；有的人积极向相关部门反映情况，期盼建设或改造计划合理实施；有的人默默静观乱象；有的人如我一样，以一个普通人的身份站在城市规划的角度分析一些自己的看法。

一座城市的良性发展，不是简单地从一张图开始，而是生活在城市中的人们共同努力的结果。在城市规划管理部门的协调下，只有各市政管理部门、财政部门、土地部门等各部门精诚合作，才能完成市政基础设施的建设与改造的"百年大计"。

参考文献

[1] 国务院办公厅关于推进城市地下综合管廊建设的指导意见[EB]. http://www. gov. cn/zhengce/content/2015-08/10/content_10063. htm，2015-08-10/2016-09-28.

[2] 伍业钢，海绵城市设计：理念、技术、案例[M]，南京：江苏凤凰科学技术出版社，2016，01，15-30.

[3] 黄远. 浅谈城市基础设施建设重要性及要点[DB]. http://d. wanfangdata. com. cn/Periodical/csjsllyj2013133264,2013-01/2016-09-28.

作者简介

邢金玲，女，本科，山东省滨州市规划设计研究院，工程师。

浅析海绵城市理论在居住区建设中的运用

王秀山

摘　要：随着住房和城乡建设部《海绵城市建设技术指南》的颁布，以及首批"海绵城市"建设试点城市名单的确定，"海绵城市"成了近期城市建设和园林景观行业的热点词汇。住房和城乡建设部原副部长仇保兴博士在其《海绵城市（LID）的内涵、途径与展望》一文中，将海绵城市建设体系从大到小划分成四个子系统，即区域、城市、社区、建筑四个层次。海绵型社区作为海绵城市建设中的重要一环，起着承上启下的关键性作用。海绵型社区与传统住区相比，能够有效地蓄积、调配雨水，在人造景观和自然环境之间建立起有效联系，这些优势使其成为今后住宅景观塑造发展的主要方向。随着海绵城市建设的不断推广，各地新建居住区项目将大量应用"海绵型社区"的建设理念，在未来必将取代传统建设模式成为新的趋势，创建人与自然和谐相处的新型社区开发模式。

关键词：海绵城市；生态环境；海绵型社区

1 "海绵城市"理论

1.1 "海绵城市"的定义

海绵城市是指城市能够像海绵一样，在应对自然灾害与适应环境变化等方面具有良好的"弹性"，雨季时吸水、蓄水、渗水、净水，在需要时将蓄存的水"释放"并加以利用。

1.2 "海绵城市"的规划背景

2013年12月，习近平总书记在中央城镇化工作会议上讲话时指出："在提升城市排水系统时要优先考虑把有限的雨水留下来，优先考虑更多利用自然力量排水，建设自然积存、自然渗透、自然净化的海绵城市"。海绵城市从此进入了公众视野，有关海绵城市的政策陆续出台。2015年10月国务院出台的《关于推进海绵城市建设的指导意见》更是从国家层面提出对海绵城市建设的纲领性文件。

1.3 "海绵城市"的核心内容

海绵城市的核心，实质上就是合理控制降在城市地面上的雨水径流，使雨水就地消纳和吸收利用，其核心内容就是六个字"渗、蓄、滞、净、用、排"。

2 "海绵城市"理论在居住区建设中的运用

2.1 雨水的"滞留—存蓄—排放"模式

该模式不同于传统社区规划中，尽快地把雨水引导、排放到社区周边城市道路，再通过城市市政雨水管网将雨水排走，来应对降雨排放方式。海绵型社区的水系统设计与管理策略已经由直接排放转变为"先滞留、再存蓄、然后排放"的模式。这一模式的目标不仅仅要实现环境可持续的功能，还要让这些措施在社区的空间形态上得以体现。这意味着所有解决雨水问题的市政设施不能再像以前一样隐藏在地下，而是尽可能地让水体的流动被直接看见；从而让社区居民能够更多地意识到它们的存在，并参与其中，让居住区和城市变得更有吸引力。

2.2 低碳社区与海绵型社区同步进行

水是城市生活的命脉，在中国大部分城市缺水是普遍现象。从全国范围看，很少有居民社区将用水循环利用起来，随着海绵城市建设步伐的推进，各地区可以在试点社区进行管网改造，将日常污水与厕所污水分流，日常污水经过处理成中水后可以用来冲洗厕所、浇灌绿地；而厕所的污水可以用于沼气发电等。将水循环利用起来，改变了传统的社区粗放型排水系统，按照日常用水量来初步估算，实行污厕分流基本可以节约40%以上的水量。

2.3 低影响开发建设

按照低影响开发建设理念，控制海绵型社区的开发强度，合理布局，统筹协调居住区开发，因地制宜建设雨水滞渗、收集利用等调蓄设施，有效控制地表径流，最大限度地实现雨水在社区区域的积存、渗透和净化，促进雨水资源的利用和生态环境保护。

3 海绵型社区建设中的具体实施形式

3.1 "绿色屋顶"的营造

"绿色屋顶"能够保护屋面，节能减排，在降低径流系数的同时又可减少屋面径流及污染。海绵型社区建设可以利用楼顶空地种植绿地或建设小花园，不仅美化了城市，也有利于二氧化碳的吸收。绿化屋顶上储蓄的雨水不仅可以为屋顶绿化提供水分补给，还可通过水分蒸发改善建筑的小环境，在多雨地区还可将屋顶绿化与蓄水池结合在一起，大雨后屋顶绿植吸水饱和后，多余的水蓄积起来，当土壤干旱时，可以使用积存的雨水浇灌。

"绿色屋顶"是增强城市雨水利用、改善城市水环境的良好措施，优化排水体系，具有缓解城市热岛效应、改善屋顶热工性能的作用，是建设海绵型社区的一项重要手段。

3.2 社区道路雨水渗滞区

传统社区道路多为沥青、大理石等硬质不透水材质，作为雨水的主要受纳区域，大量的雨水及其携带的道路垃圾由雨水口收集后直接排入管网，极易引起道路受淹，造成下一级水体的污染。海绵型社区道路采用透水性材料，对城市地下水的补充，促进了水循环调节，洪涝灾害减弱，城市热岛效应及噪声吸收等方面都具有突出的效果。

3.3 生态植草边沟

在"海绵城市"建设理念中，植草边沟被作为一种景观性地表沟渠排水系统，也是各种垃圾和泥沙的"过滤器"。生态植草边沟除了具有净化功能外，还承担了美化城市的责任。选择合适的景观性绿植，可以强调空间边界、柔化空间界限、减轻地表硬化的冷硬感觉，使整体空间更加亲切。

生态植草边沟不仅具有治理污染的功能，本身也有很好的景观性，可以带给人美的视觉感受。随着人们对生态景观环境的不断追求，该项技术措施在景观领域有着广泛的应用前景。

3.4 下凹式绿地

城市社区中景观性草坪很容易看到，而每一块草坪实际上都是很好的"吸水海绵"。若把其中的一部分绿地建设为下凹式，那么对雨水的吸纳和蓄滞、作用无疑会更强。我们相信，以现在在园林景观方面的塑造能力，这类草地可以对雨水起到很好的景观、滞水作用，而又不会对社区居民生活产生负面影响。

3.5 雨水花园

雨水花园是"海绵城市"建设过程中的重要组成部分，同时它也是构建海绵型社区的主力军，一个与自然环境相适应的雨水调蓄设施，借此实现雨水的有序管理。同时，运用景观化塑造手段，使植被与透水材料成为花园主角，让雨水排放设施重新焕发生机与活力。除了有完备的雨水调蓄功能外，更要赋予其较高的景观观赏价值，使之成为解决居住区内涝问题、构建海绵型社区的基本单元。

雨水花园的雨水调蓄作用，可以设计成疏林草地及生态驳岸，最大限度地保留自然生态面貌，不仅能够滞留与渗透雨水，同时具有净化水质的作用，塑造了社区水清草美、绿意盎然、生机勃勃的人与自然和谐共处的人居环境。

4 海绵型社区建设中的难点及对策

4.1 缺乏相关政策法规的支撑

海绵城市是国家近些年来提出的一个比较新颖的城市建设理念，作为一个新生事物，很多城市当前还处在实验阶段。每个城市的自然地理条件存在着巨大的差异，很多政策法规的实行也要逐步地进行，在建设过程中每个地方应该结合自身的实际状况，对海绵城市的建设进行适时的调整。当地政府可以适当地制定一些政策，对海绵城市的建设进行指标化控制，引导海绵城市的建设走向规范化、标准化发展的道路。

4.2 避免盲目借鉴和投入

建设海绵型社区是一个因素复杂的系统工程，涉及规划、交通、市政、水文、地质、生态、绿化、建筑等多个专业领域，每个专业都有自己的专业需求，每个地域都有每个地域的特色，必须从整体出发、从全局进行权衡，建设海绵型社区才能取得最好的效果。

4.3 需要相关技术支持与产业建设

海绵城市是一个新型的理念，我们国家对此的认识和利用起步比较晚，还没有形成一个系统的建设模式可以加以推广，目前对很多模式的利用也是借鉴发达国家一些城市的做法，还需要"摸着石头过河"进行探索。海绵城市的建设需要大量资金的投入，各级政府应加强政策补贴，拓宽融资渠道，鼓励先进技术的运用，采用新技术新设备，加强对相关专业技术人才的培养。

4.4 加强宣传，推广海绵型社区建设理念

加强海绵型社区基本概念和相关知识的宣传推广及科

普活动，使海绵型社区建设理念深入人心，在居住区建设中，应因地制宜地推广海绵型社区建设理念，强调社会及公众参与，使海绵型社区建设渗透到城市的每个角落，借助这些无数的"海绵单元"，逐步完善海绵城市的建设。

5　结语

海绵型社区的建设除了可以综合利用水资源外，更重要的是建设更好的人居环境，保持了区域发展的可持续性，产生了生态效益、环境效益和社会效益，并能起到良好的教育和示范作用。随着海绵城市的推广和建设如火如荼地展开，各地新建项目将大量应用海绵型社区的建设理念，结合实际情况，因地制宜地提出海绵城市的开发模式，促进海绵城市建设的良性发展。

参考文献

[1]　袁智翔. 海绵城市理念在住宅区中的运用[J]. 现代园艺，2015.

[2]　肖明，白强林. 建设海绵城市的举措与启示[J]. 绿色科技，2016.

[3]　住房城乡建设部. 海绵城市建设技术指南——低影响开发雨水系统构建[S]. 2014.

[4]　王佳. 基于低影响开发的场地景观规划设计方法研究[D]. 北京建筑大学，2013.

作者简介

王秀山，山东省滨州市规划设计研究院，工程师。

浅议加油、加气、充电三站协调布局规划

张建

摘 要：随着新能源汽车的发展，汽车能源供应由加油站一家独大逐渐发展到多种能源供应并存，每种能源都有其自身的优势。三站布局发展规划中，城市加油站布局规划体系较为完善，加气站和充电站（桩）发展处于起步阶段，三站规划建设各自为政，自成体系，对城市建设造成一定影响。三站合建，有利于节省城市用地、有利于经营管理，也有利于燃气汽车等新能源汽车的发展。只要有适当的安全措施，合建站可以做到安全可靠，共享辅助设施资源。但相对于城市中心区域来说，单纯三站合建在安全性和用地的经济性上，存在不足。社会公共停车场、加油站、加气站、充电（桩）站，四站合建与单纯三站合建相比较，在经济上更具有发展优势。

关键词：加油站；加气站；充电（桩）站；协调发展

社会经济发展，出行工具多样，在中短距离出行中，汽车出行成为人们的主要选择。目前中国人均汽车保有量与发达国家相比，还存在较大差距，汽车产业发展潜力巨大。随着生活水平的提高、汽车保有量的增加，为汽车提供能源动力的服务站点要求更加均衡完善。

随着新能源汽车的发展，汽车能源供应将由加油站一家独大逐渐发展到多种能源供应并存，每种能源都有其自身的优势。三站布局发展规划中，城市加油站布局规划体系较为完善，加气站和充电站（桩）发展处于起步阶段，三站规划建设各自为政，自成体系，对城市建设造成一定影响。

1 现行需求预测和规划布局方法

1.1 加油站需求预测和规划布局方法

1.1.1 需求规模预测

目前普遍采用按规范法与工程类比法进行城市加油站预测，这两种方法逻辑简单，对基础数据依赖较小。

（1）按规范推算法计算

规范推算法指按照相关国家规范（主要为《城市道路交通规划设计规范》GB50220-95），以城市加油站服务半径为基础，结合城市规划区面积推算城市加油站需求量的方法。数据标准普遍采用：城市公共加油站的服务半径宜为0.9~1.2km。

（2）按工程类比法计算

工程类比指在加油站合理的服务能力的基础上，以机动车预测数量为依据，计算加油站需求量，使二者相匹配的方法。国内有关专家经过考察论证认为，我国城市每座加油站的服务车辆为2500~3000辆。

1.1.2 规划布局方法

（1）从经济角度选址

加油站要尽量选择在车流量大而集中的地方。市区公交车专用加油加气站，宜靠近停车库（场）。郊区加气站，宜靠近公路或设在靠近市区的交通出入口附近。大型运输企业的加油加气站，宜靠近车库（场）或车辆出入口。

（2）从环保安全角度选址

加油站作为成品油的小型集散地，每天有大量成品油

的进、销、存。而成品油和其所散发出来的油品蒸汽，不但有易燃、易爆的危险，而且还有一定的毒性。因此加油站选址时，除了要考虑到经济因素、方便性等因素外，还要考虑加油站四周环境及安全问题。

（3）从方便性角度选址

加油站在选址时除了要考虑以上因素外，还要考虑到一个重要原则就是方便性，在市区建设加油站时，由于车流量比较大，而且车辆加油时会在站内停留一定的时间，这样在车辆进站高峰时段，有可能造成交通堵塞。

在满足加油站对用地要求的基础上，主要考虑服务半径的覆盖率，对城市不同区域的人口密度、不同道路的交通流量考虑较少，不能直接确定各加油站的级别，造成布局方案与实际需求存在偏差。

1.2 加气站需求预测和规划布局方法

汽车加气站规划一般作为城镇燃气规划的部分内容进行设计，结合城镇燃气管线及区域负荷需求进行布局。气源有CNG和LNG两种形式，统筹协调预测加气站需求。

1.2.1 需求规模预测

首先确定天然气车保有量及气化率预测。依据城市人口、经济发展和国家相关政策支持，进行公交汽车、出租汽车数量需求预测。同时汽车气化率在现状基础上稳步增加，根据国内天然气车改装速度，确定公交汽车、出租车的气化率。

根据得出的汽车总的用气负荷和选定的加气站类型进行加气站规模和数量的确定。

1.2.2 规划布局方法

天然气汽车加气站选址一般要结合燃气输配系统的配置进行布局。加气站选址一般位于城市外围、交通量大的外环路或主干道两侧，结合中高压燃气管线就近布置。

站址一般按照统筹规划、均衡布点、建管并举、协调发展的总要求，参照总体均衡分布、沿轴线布局、附近有车源优先的原则进行。在符合城市总体规划的前提下，统筹考虑消防、环保、交通等外部环境设置条件与周围建筑物情况，并进行加气站需求性分析和服务半径分析，保证各加气站的服务区域不重复，且对城区覆盖完整。

1.3 充电站（桩）发展

国家电网于2009年年底公布了电动汽车推广计划，总体计划分为三个阶段实施：第一阶段（2009～2010年）要实现的目标是初步建成电动汽车充电设施的网络架构，具体任务是在27个网省公司建设75座充电站与6209个充电桩，投资规模达3亿元；第二阶段（2011～2015年）要实现的目标是形成初步的电动汽车充电网络，同步进行电动汽车充放电技术的研究和充电站的试点工作，具体任务是使得建成的充电站规模达到4000座，与此同时积极开展充电桩的建设，投资规模将达到140亿元；第三阶

段（2016～2020年）要实现的目标是建成完整的充电网络，具体任务是使得建成的充电站规模达到10000座，并且全面进行充电桩的综合配置工作，投资规模将达到180亿元。

目前部分城市也已经进行了充电站（桩）的布局规划，主要结合公共停车场、小区和商业设置设计，符合条件的加油加气站配建等方式。电动汽车是国家政策大力推广的新能源汽车，利用加油站、加气站网点建电动汽车充电设施（包括电池更换设施）是一种便捷的方式。

2 三站协调建设需求预测和规划布局研究

在加油与加气网点融合建设方面，《液化天然气（LNG）汽车加气站技术规范》NB/T 1001-2011和《汽车加油加气站设计与施工规范》GB50156-2012对于加油和加气融合建站都做出了明确规定，肯定了加油和加气合建的方式。

充电站与加气、加油站合建，在满足安全间距的前提下，只要有适当的安全措施，合建站可以做到安全可靠。

2.1 需求规模预测

预测方式主要为汽车保有量的预测，结合汽车保有量分别预测每种类型汽车所占比例，按照单站服务能力预测站址数量。

规划加油站的数量预测可结合服务半径进行校核。一般考虑现有加油站布局不合理因素，以及部分区域加油站分布过密、服务范围重复等因素，预测数量按上限考虑。

规划加气站的总体设计供气规模必须满足天然气汽车需求总量，并有少许余量，一般以天然气汽车需求总量占加气站总设计规模的90%为宜。另外，规划中要注重协调加气站数量和规模之间的关系，宜设置规模适中、数量较多的加气站以方便汽车加气。

规划充电站数量主要结合服务半径因素进行考虑，电动汽车的充电将会成为电网承担的又一重要负荷，对电网的影响也不可小视。作为电动汽车的基础配套，充电站必须先行进行规划和建设。

2.2 规划布局方法

在测算的所需站总量的基础上，运用运筹学的知识对站的网络布局进行优化，提高站网络的整体功能。零售网点的建设实际上是建立一个销售网络，对于一个省或市不仅仅是一个或几个站的问题，而是一个全局性、系统性的问题。希望通过集合覆盖模型来提高站址网络整体功能。

所谓集合覆盖模型，是指用最少数量的加油站去覆盖所有的需求点。这样既可以满足所有的需求点，又可以防止站的供给量超过需求量。

针对不同类型的站址，其选址原则存在一定共有因素，都要求在城市车流量较大的主次干道，同时在规划设计中减少对城市道路交通的影响。

其选址不同之处主要取决于与周围建筑的安全距离及能源储存载体的区别。

对于新建站，用地规模充足的情况下，鼓励三站合建；对于现有加油站，用地及安全条件满足的情况下，鼓励增加加气、充电设施。

2.3 三站合建限制因素

（1）安全性

汽油和天然气均为易燃品，充电设施易产生火花，三站合建的安全防护要求要远大于油气合建站。三站合建的安全影响因素更加复杂。

（2）交通问题

三站合建，势必造成车流量增加，增加城市局部路段的拥堵程度。如何合理地处理好对城市交通系统的影响，需要做切实可行的调研分析。

（3）用地问题

由于安全距离增大、内部功能划分要求等因素影响，对用地面积要求更大。在城市中心区地段，很难找到面积合适的地块进行建设，从用地上已不经济。

3 结语

三站合建，有利于经营管理，也有利于燃气汽车等新能源汽车的发展，相对单站建设有利有弊。只要有恰当的安全措施，合建站可以做到安全可靠。但相对于城市中心区域来说，单纯三站合建在安全性和用地的经济性上，存在不足。三站合建在城市近郊区域，用地充足地段具有较大布局优势。

目前部分城市，如扬州正在做四站合建的尝试。社会公共停车场、加油站、加气站、充电（桩）站，四站合建与单纯三站合建相比，在经济上更具有发展优势。

参考文献

[1] 卢志成，黄云. 城市机动车加油站需求预测与规划布局方法探讨[J]. 城市规划，2011，2（27）：102-103.

[2] 贾文磊，张增刚，田贯三，王国磊. 天然气汽车加气站规划方法研究[N]. 山东建筑学报，2011，08（4）.

[3] 冯亮. 电动汽车充电站规划研究[D]. 天津大学，2013：100-130.

[4] 国家能源局. 液化天然气（LNG）汽车加气站技术规范NB/T 1001-2011，2011.

[5] 中华人民共和国住房与城乡建设部，中华人民共和国国家质量监督检验检疫总局. 汽车加油加气站设计与施工规范GB50156-2012，2012.

作者简介

张建，山东省滨州市规划设计研究院，工程师。

城乡电网规划对策与实施
——以菏泽市城乡电网规划为例

赵辉

摘　要：城乡电网规划不仅是电力部门专项规划，也是城乡规划的重要组成部分。本文以菏泽市城乡电网规划为例，研究分析现状城乡电网存在问题基础上提出电网发展解决对策，对电网规划在城乡规划体系和城乡规划管理中的实施进行了探讨。

关键词：城乡电网；问题；对策；管控；实施；菏泽

城乡电网既是电力系统的一个重要组成部分，又是为城乡功能服务和提供充足电力能源的一项重要基础设施[1]。目前城乡规划与电力行业发展规划分别由城乡规划部门和供电部门编制，两者由于各有侧重点，很难达到真正的协调统一。电网规划与城乡规划之间存在着诸多矛盾，随着国民经济的发展、人民生活水平的提高，人们对生活质量的要求越来越高。既要有安全可靠的电力满足生活用电的需要，又不能因为电力设施影响周围的环境。但因早期在电网规划建设中对电力设施给环境带来的影响考虑不足，致使居民对电力设施给环境造成影响的投诉非常多。另外，城乡电网建设与城乡其他基础设施建设之间的矛盾也是困扰着城乡电网健康发展的重要因素之一，如土地资源缺乏、电网规划难以顺利实施的问题，城乡建设规划中的电力专项规划不能满足电网建设的需要，电力负荷高速增长，城乡电网规划用地日益减少，城乡电网建设与城乡基础建设时有冲突，城乡电网经常对城乡环境造成影响。

1　菏泽城乡电网现状

1.1　菏泽概况

菏泽（古称曹州府）市位于山东省西南部。东与济宁市的嘉祥、金乡接壤，东南与江苏丰县、安徽的砀山毗邻；南隔黄河故道与河南省虞城县及商丘市接壤；西南与

图1　菏泽行政区划图

河南开封、兰考相望；西与河南濮阳毗邻；北与济宁的梁山、隔黄河与山东省聊城相望。是山东省最西部鲁苏豫皖交界地区，东部沿海地区和中部地区过渡地带和山东省向西拓展腹地的门户枢纽[2]。

1.2 行政区划

菏泽市域南北长145公里，东西宽146公里，总面积为12228平方公里，占全省总面积的8.5%左右。菏泽市域共辖八县三区，168个乡、镇、办事处（其中乡26个、镇113个）。2014年市域户籍人口965.4万，常住人口843.8万[3]。

1.3 现状电网情况

1.3.1 用电现状

2014年底国民生产总值达2215亿元，全社会用电量达169.48亿千瓦时，全社会最大负荷355.9万千瓦，统调最大负荷294万千瓦，居民生活用电总量34.82亿千瓦时。2014年菏泽市三产及民用电量比重由2010年5.90：58.91：9.08：26.11调整到2.66：66.97：9.82：20.55，二、三产业用电量增幅明显。

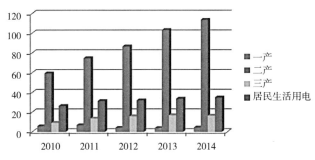

图2　一、二、三产及居民生活用电量对比

1.3.2 供电设施现状

现状全市共有变电站211座，变压器393台，变电总容量1704万千伏安。其中500kV变电站2座，分别为郓城500kV站和文亭500kV站，220kV变电站18座，110kV变电站73座（直供区20座），35kV变电站118座。

1.3.3 电网现状

现状共有500kV变电站2座（郓城站、文亭站），500kV线路3条，总长度746公里。菏泽电网通过3条220kV（祥三线、梁浒线、缗白线）输电线路分别与220kV系统相连接。220kV变电站18座（三里庙站、赵楼站、白庄站、曹城站、单城站、水浒站、东明站、仿山站、信义站、杜庄站、新兴站、开发站、章缝站、蔡庄站、潘渡站、党集站、四海站、屯西站），变电容量591万kVA，有220kV线路38条，总长度1123公里。直供区110kV线路50条，总长度215公里。

菏泽电网形成以菏泽电厂、500kV郓城站和500kV文亭站为中心，赵楼电厂为电源支撑，220kV主网架形成"两横、两纵"的供电格局。菏泽电厂主供菏泽中西部电网，郓城站主供菏泽东北部电网，文亭站主供菏泽南部电网。概括为"三中心、一支撑，两横、两纵"220kV主网架[4]。

2 存在的问题及规划对策

2.1 西部电网依然薄弱

（1）问题：西部220kV赵楼站、杜庄站、东明站3座变电站环网运行。220kV菏赵线与菏杜线同塔故障，菏明线过负荷。220kV赵杜线与菏杜线同塔故障，菏明线过负荷。切负荷量不满足要求，因东明站化工企业多，无多余可切负荷，唯一的办法是在赵楼站再上2套稳控装置，接收东明站发来的信号切除110kV出线负荷。因赵楼站、杜庄站110kV系统所供负荷均为市区负荷，切除后影响较大。

（2）对策：度夏前，菏泽电网将投运220kV仿山站至屯西站、东明站至屯西站线路，两线路在屯西站站外跨接，形成仿山站至东明站220kV线路，可大大缓解菏明线过流问题。

2.2 多座变电站仍不满足N-1

（1）问题：220kV厂站共8座厂站16台主变不满足N-1，较2014年减少2座厂站4台变压器。主要为东明站#2、#3主变，三里庙站#1、#2主变，水浒站#1、#2主变，赵楼站#1、#2主变，仿山站#1、#2主变，潘渡站#1、#2主变，章缝站#1、#2主变，菏泽电厂#1、#2主变。

直供110kV及以下变电站共19座变电站27台主变不满足N-1，同2014年持平。

县域110kV变电站共22座变电站32台主变不满足N-1。其中，正常方式下，北辰站#1主变满载，#2主变轻微过载，需宇泰站多接带北辰站部分负荷。

（2）对策：220kV系统对策：屯西站、武胜站投运后，东明站及仿山站主变N-1问题将减轻；赵楼站、三里庙站扩建#3主变后，主变N-1问题将得到解决；吕月屯站投运后，潘渡站、水浒站主变N-1问题将减轻；华西站投运后，菏泽电厂主变N-1问题将减轻。

110kV系统对策：华英站、天香站、长城站配出工程尽快投运接带市中站、西郊站、菏泽站负荷，加快推进110kV学院站、城中站建设，接带市中站、西郊站部分负荷；宇泰站配出工程尽早投运接带北辰站部分负荷；加快电网建设，完善电网结构，将不满足N-1变电站负荷调出；若主变并列运行或装设备投，需加装主变过流切负荷装置。

2.3 部分变电站仍然单电源

（1）问题：220kV信义站、110kV都司站、黄河站、皇镇站、东明唐庄站、郓城武安站、郓城侯集站、曹县龙跃站、曹县纪楼站单电源、巨野董官屯站、成武西洼站、郓城古泉站均为单电源。

（2）对策：尽快完善电网结构，加快建设上述变电站第二电源。

2.4 用户侧无功补偿配置不合理

（1）问题：存在无功补偿容量配置不足或无功补偿

装置调节性能不良的问题，造成对所属变电站集中补偿依赖大、所属变电站站内调压设备随用户生产周期频繁动作的问题。市公司运维管理变电站中，35kV黄集站该问题尤为突出，虽然站内无功补偿容量满足技术原则要求，但由于配电网和用户侧无功补偿严重不足，该站最大无功负荷在12～14MVar间波动，部分时段功率因数低、运行不经济。

（2）对策：加强配电网和用户侧的无功电压管理，形成统一规范和严格的监督机制，减轻对"集中补偿"的依赖，从根本上实现无功功率的"就地补偿"。

3 电网规划与城乡规划衔接

3.1 建立统一的规划体系

规划之间不能有机衔接是当前的共性问题，两个规划不协调所产生的后果是严重的。各类规划要与相关规划协调、下一级规划要与上位规划统一、专项规划要与总体规划衔接，城乡规划、电网规划也要与社会发展规划和土地利用规划相衔接。就市级电网规划而言，在层次上要考虑与国网、省级电网规划相衔接，在层面上要考虑与电源规划、特高压电网规划以及城配网规划、农网规划相衔接。城市总体规划是综合性规划，与之协调的有专项规划，专项规划包括环保、水利、交通、电力、电信等。下一级有详细规划，详细规划可分为控制性详细规划和修建性详细规划。本次城乡电网规划以城市总体规划为依据，规划变电站选址与总体规划和各级城乡规划协调统一，同时又强调总体规划中对于电网建设用地和廊道给予保障[5]。

3.2 建立有效的协调机制

电网企业和政府部门建立统一的规划信息平台，实现信息频道的互通，形成两个规划间的常态沟通机制。电网企业与城乡规划主管部门加强沟通联系，建立两个规划间的长效协调机制。本次城乡电网规划充分考虑城乡建设用地规划、产业发展情况和城镇化进程，与城乡产业、人口和用地增长进程协调一致。

3.3 处理好两个规划的关系

电网规划与城市总体规划的衔接关系十分必要。电网规划的目的就是在保证可靠性的前提下满足日益增长的电力需求，提高总体社会效益，是侧重于城乡空间内电网的科学合理布局，更多地强调技术和经济层面的合理性。城市总体规划更侧重于城乡未发展建设和空间布置，强调规划实施的管理与指导。两个规划有着共同的规划对象和目标，都涉及城乡建设用地的控制和空间走廊的控制。以往电网规划仅将规划项目建设纳入城乡规划之中，城区以外变电站位置和线路走廊都是未定数，规划部门难以预留与控制，往往形成"建时再定"、"随见随定"的状况，不能做到规划实施中的衔接。本次城乡电网规划是统筹性规划，是以往电网规划与城乡规划的有机衔接，重点确定规

划项目、站址和线路廊道的空间位置，以便纳入菏泽市新一轮总体规划，与城乡规划形成真正意义上的统一，便于实施。

3.4 共建资源节约型社会

电网规划要求根据社会经济和城乡发展需求进行科学合理的电网网架布局，确定建设规模和方案，需要预留站址用地和线路走廊。而城乡规划建设则更侧重科学合理布局和保护环境，城乡规划首先要考虑资源约束，寻求集约紧凑的布局模式，强调内涵发展，两者既相互联系又相互制约。负责编制规划的电网企业和城乡规划部门应本着城乡电网与城市设计协调原则，以创建资源节约型城市为目标，根据城乡综合布局，确定电网网架布局。电网企业应依据城乡建设规划，从电力建设适度超前和贯彻资源节约型社会要求出发，不断优化和完善电网结构。尽量使输电线路走廊与交通规划紧密结合，避开人口密集的城镇和村庄，将新建线路及改造老旧线路尽可能建设于规划走廊内，便于土地总体规划。新建变电站选址既考虑位于负荷中心，还应考虑占用荒地，合理控制用地，对距离居民区较近变电站，选用新型高科技设备，紧凑型布置、全封闭组合电器、低噪声变压器等先进技术以及典型设计，以尽量减少项目实施后对环境的影响。同时大力推广应用多回路杆塔、紧凑型设备、大容量导线，低噪声导线等技术，优化基础形式、铁塔结构、总平面布置等，少占土地，少占通道，少拆房屋。

3.5 要合理选择和使用负荷预测方法

一方面城市总体规划给出的基础数据主要是城市土地利用和人口信息，与电力专业规划主要依据历史负荷和地区经济预测信息有较大的不同，不能生搬硬套常用的曲线拟合、回归、灰色预测等数学方法来预测负荷；另一方面与城乡规划相结合后，电网规划所需的站址用地和走廊均要具体落实到城乡规划当中，对城乡规划造成影响，结果偏大会浪费城乡资源，偏小会限制城市发展。因此，合理的选择和使用负荷预测方法，是电网规划与城乡规划相结合能否成功的关键因素之一。

3.6 协调各城乡规划关系落实变电站和电力传输设施用地

与城市道路、煤气、供水、排水、电信等各专业管线协调，平衡各专业之间的关系，最终落实变电站和电力传输设施的用地，是电网规划与城市规划相结合效益的最终体现，也是规划真正具有可操作性的根本保障。除了应满足设计规范规定的建站条件外，规划变电站用地的落实还应注意以下几点：尽量在以前各阶段城乡规划中已预留的变电站用地基础上进行调整优化，这样可避免产生新的矛盾；优先结合大片的工业区、居民区开发配套预留变电站用地，使用地可控性更强；不足的站址应优先选用政府已

规划的工业用地，城乡规划和城乡电网规划都以城乡社会经济发展和人民群众生活服务为目标，因此需要城乡规划设计部门和城乡电网规划设计部门共同合作。不同行业的规划要相互备案，特别是线路走廊、电缆通道等的施工，要与其他市政设施的施工相互协调，互相通气，以避免重复挖掘的工作，保护脆弱的城乡环境以及充分利用有限的资金。政府应该牵头使供电部门和市政建设部门就道路改扩建与城乡电网建设问题签订协议。

4 城乡电网发展规划

4.1 电网结构

规划期末220kV环网将覆盖全市主要负荷中心和电源基地，菏泽电网形成以220kV电网为主网架，各县区均有两个及以上220kV变电站，供电区域清晰合理，高、中、低压各级电网协调发展，网架结构清晰、装备先进、调度灵活、运行稳定、安全可靠、经济合理的坚强智能电网。

完善菏泽电网结构，特别是菏泽东南部电网，改变东南部电网供电距离长、结构不合理、电能质量低的现状，同时兼顾负荷增长需求，合理增加220kV变电站布点，结合电源点建设新增220kV输电线路，优化网络结构。

4.2 电力电量需求预测

规划预测近期至2020年全市全社会用电负荷达594.67万千瓦，年均增长率9.39%；全社会用电量达294.89亿千瓦时，年均增长率9.52%。远期至2030年全市全社会用电负荷达977.71万千瓦，年均增长率4.67%；全社会用电量达476.59亿千瓦时，年均增长率4.91%[6]。

5 规划操作与管控

5.1 操作及调整修编

（1）城乡电网规划经审批备案后，可作为城乡电网建设项目规划依据。如无特殊因素，站址的选址和廊道的走向不得擅自修改。

（2）如必须对电网布局和城乡规划产生重要影响的站址选择和廊道进行修编时，征得城乡规划主管部门同意后，由地方电力部门向原审批机关提出申请，方可编制修改方案。

（3）如站址实施遇到困难，但对城乡电网布局和城乡规划几乎不产生影响的情况，调整内容征得城乡规划主管部门和原审批机关同意后，可根据实际在站址服务范围内进行微调。

（4）廊道在实施过程中，应保证原有走向和通道位置，可根据通道情况对单塔和同塔建设的具体情况进行调整，但调整后方案线杆外侧控制线应满足原要求。

（5）规划修编成果应与各城乡规划相协调，不得产生重大冲突。

（6）修编成果经本行业审批机关审批后，报政府备案。

（7）已批准完成的城乡电网规划成果调整应及时纳入各级城乡规划。

5.2 相关职能部门规划管控职责

（1）电力部门

负责所辖各区域电网之间的电力交易和调度，处理区域电网公司日常生产中的网间协调问题，实现安全、优质和高效运行。

根据国家法律、法规和有关政策，优化配置生产要素，组织实施重大投资活动和对投入产出效果负责。

组织和编制城乡电网发展规划，确保电力需求预测、电力供应、预测方案以及站址和廊道选择合理性，满足城乡电网建设需求的同时与城乡规划相协调。

（2）发改部门

发改委负责组织制订本市重大项目计划，与城乡电网重大项目相衔接。将电网规划项目列入市重点建设项目，待项目取得规划、用地、环评等意见后对项目进行核准立项。

（3）城乡规划主管部门

贯彻执行《中华人民共和国城乡规划法》相关要求。核准发放的建设项目选址意见书、建设用地规划许可证和建设工程规划许可证，根据依法审批的城乡规划和有关法律规范，对各项建设用地和各类电力建设工程进行组织、控制、引导和协调，使其纳入城乡规划的轨道。

（4）国土部门

组织编制和实施全市土地利用总体规划和其他专项规划，指导审核县区、乡（镇）土地利用总体规划，确保城乡电网规划与土地利用规划有效衔接，以及用地保障。

（5）环保部门

参与电网重大建设项目的决策和对大型建设项目、特殊工程、特定区域、特定污染物进行直接监督管理。

6 规划保障与实施

6.1 政策建议

电力系统是城乡基础设施的重要组成部分，关系到社会生活的各个领域，应当引起高度重视。

大力开展电力系统的建设，协调电网建设与规划、土地、环保等部门的关系，使其与城乡建设协调发展是构建社会主义和谐社会的必要措施。

（1）将电力专项规划纳入城市国民经济和社会发展规划、城市总体规划和土地利用规划，在规划中落实、控制和保护规划变电站站址和输电线路走廊，实现电网规划与城乡规划的协调一致。

（2）加强电力规划与市政规划的衔接，落实好变电站和电力传输设施用地。电缆通道规划应纳入城市综合管线系统，协调高压走廊和电缆隧道与城市道路、燃气、热力、供水、排水、电信等各专业管线，平衡各专业之间的关系，最终落实变电站和电力传输设施用地，体现电网规划与城乡规划相结合的效益，保障规划真正具有可操作性。同时还要及时上报规划成果和滚动修编规划。

（3）加强规划引导，推进节约型建设。

在变电站的建设中，要尽量节约用地，合理选用小型化、紧凑型、标准化设备。利用大截面导线减少线路回数，采用同塔多回线路架设，优先采用窄基塔或钢管塔，必要时可采用电缆线路。

（4）电力部门在制定相关的规划与计划时，应以本次电网规划为指导，落实好规划提出的目标和任务。

6.2 保障措施

（1）供电部门与国土部门、发改部门、规划部门建立城乡电网联合机制，保证电网项目的落实和可操作性。

（2）供电公司由于缺乏环保方面的技术标准，在电力设施建设和运行中，常处于被动地位。建议政府部门联合电力企业和环保机构，出台一些相关的标准，以作为处理纠纷时的依据。

（3）中心城区电网设施和线路布局与控制性详细规划相结合，指导城市用地和建设。

（4）项目前期经发改部门对该项目进行立项，建议开通电网建设立项绿色通道，进一步加快城乡电网工作进度。

结语

电网规划与城乡规划协调与否，不仅关系到城市建设能否顺利进行，而且关系到区域经济乃至整个国民经济的健康发展。城乡电网规划的编制，促进了电网规划和城乡各规划的衔接，使电力设施的布局、廊道和设施选址在城乡规划中更加合理。规划的修编、管控和实施对规划成果进一步落实提供了有效保障。

参考文献

[1] 胡威. 浅谈城网改造规划的编制[EB/OL]. http: //www. jianshe99. com/new/66_147/2009_12_17_li744459201712190021950. shtml.

[2] 《菏泽市空间发展战略研究》说明书.

[3] 《菏泽市城市总体规划（2015-2030）》说明书.

[4] 《菏泽市城乡电网规划（2015-2030）》报告.

[5] 电网规划与城市总体规划有效衔接之浅见[EB/OL]. http: //www. doc88. com/p-9552939775317. html.

[6] 《菏泽供电公司"十三五"配电网规划》报告.

作者简介

赵辉，女，本科，菏泽市城市规划设计研究院，工程师。

第三篇 ｜ 规划实践

济宁市新旧城间接合部改造规划探索

丁芝　王灿　毕泗霞

摘　要：在城市跨越式发展的趋势下，新老城区结合部形成城市发展的断裂带。本文探索了国内城乡接合部的发展模式，研究了如何借助大事件的推动，通过再认识新旧城结合部的价值、梳理升级改造的问题、深化升级改造的内容，提出有机缝合、功能打造、环境塑造策略，重点对空间整合规划进行了探讨，并在整体城市设计引导的基础上，突出了具有近期操作性的项目库计划，达成了近远期目标的协调。

关键词：城区结合部；模式；发展策略；有机缝合

随着我国城市化进程的加快，城乡接合部的战略意义凸显。城乡接合部的发展方向和定位决定着城市的空间发展模式，城乡接合部是我国推进城乡一体化进程、提高城市化质量、促进经济社会发展与人口资源环境相协调的重要空间载体。

1　国内城乡接合部发展模式

1.1　城乡接合部概念及类型

城乡接合部是指兼具城市和乡村土地利用性质的城市与乡村地区的过渡地带。一般来说，城乡接合部有三种类型：一是受行政隶属关系制约，属城市政府管辖，却又地处乡村包围的城市郊区；二是属城市政府管辖的县，在地理位置上又与城区接壤或"插花"的地带；三是受地域影响，处在城区外围，相对连接城乡的其他交接地带。

1.2　发展模式

基于对主导产业的理解，目前城乡接合部的模式主要有专业市场模式、都市菜篮子模式、工业配角模式、文化旅游点模式、新产业开发区模式、交通导向模式、居住扩展模式、大学城模式等。

专业市场模式是指以第三产业发展为特征的市场，成为城市民用产品在城乡接合部的展销地，同时也成为乡镇企业产品的集散地。都市菜篮子模式是指以都市型农业为特征，为城市创造生态效益和满足城市急需。工业配角模式主要以承接城市内部工业转移或者是新的开发项目为主。文化旅游点模式是以旅游业及其相关的服务业为特征。新产业开发区模式是指新产业综合开发为特征，接纳大型工业，形成新开发区或工业园区，产生规模效益。交通导向模式是指以开发完全依托交通优势的产业为特点，在城乡接合部的轨道交通车站、客流转换中心或几种运输方式的综合地区，建设城市集配中心，即城市物流中心。居住扩展模式是指以新的居住区开发为特征，也是最常见的模式。大学城模式是指以搬迁的或者新建的学校为特征，学校的建立迅速带动其周围服务业的发展。

1.3　小结

虽然笔者总结了各种发展模式，也就是对现今我国城乡接合部的一些现有的发展模式做简单的归纳总结，但是在针对某一具体地方时也是需要很多考察和研究的。就每个城乡接合部来说，由于历史和特色不同，所以适合其发展的模式也不同，即使都是发展某一种模式，也因为地方的不同，发展的经历和结果也会有差异。

2　研究区概况

改革开放以来，济宁的城市建设取得了很大进步。尤其是随着新一轮城市总体规划以及一批专业规划的相继编制与实施，城市建设得到大幅加速。济宁城市总体规划（2008～2030年）确定的城市空间发展方向以向东为主，控制北部，优化西部，适当发展南部，形成"双城六片，三心三轴"的布局结构。目前城市发展格局已形成了由市中区、任城区、高新区、北湖区四个板块组成的"一城四团"布局轮廓，呈现"一城四区、竞相发展"态势，且各组团正逐渐靠拢、连片集聚。

济宁市近期的主要发展方向为向南，跳跃式开发北湖新区，作为城市的主中心。本片区处在老城区与北湖新城区之间，为老城区与新城区的过渡区域（图1）。基地内城乡二元特征表现突出，城市边缘化功能较为集中。

3　研究区价值再认识

3.1　未来城市发展的拓展区

为拉开城市发展框架，济宁城市向南部北湖区的建设重点呈跳跃式发展。南部的拓展是过渡渐进式推进，是以生态新城引导型扩展。在特定时期内，老城区和北湖新区之间的结合区域成为城市发展的"断裂带"，但是随着市中区旧城更新进程的推进，两者间结合区域势必将成为未来城市发展的拓展区。因此，此新旧城结合部并非传统的城乡接合部，而是兼容旧城与新城的双重特点，既是城市发展展示的过渡区域，也是历史文化名城—生态新城文化轴线的衔接区域，应主动发掘新的高端城市功能。

3.2　城区整治升级的实验区

23届省运会的筹办、争创国家园林城市、产业结构调整、政府的主动引导等发展机遇的助推，为结合部的发展创造了良好条件，成为政府主动提升形象的试验区。为更好地提升城乡接合部的综合价值，我们必须深入挖掘和利用该地区的核心竞争资源。不同于以往的"被动整治"，我们采取了更为积极的"主动提升"策略，以功能带动价值，以价值带动整治，以"功能提升"为龙头，将其与"生态保护"和"社会治理"的目标捆绑解决，使新旧城有机缝合。

4　研究区现状特征分析

4.1　传统城郊

片区内功能板块拼贴迹象明显，各种功能混杂（图2）。整体风貌及建筑质量较差，以低矮的民房和旧厂房为主。道路通达性差，铁路与城市道路交叉口形成瓶颈地带。工业企业较多，对环境影响较大，生产工艺落后。市政基础设施比例较高，但公共服务设施匮乏。

4.2　交通门户

该片区西联嘉祥，东接邹城，车站西路、济邹路是都市区联系的重要通道，是嘉祥、济宁、邹城之间的重要联系通道。同时也是新老城区联系的咽喉，有六条城市主次干道穿过该片区，使本区域对外联系及与老城区、北湖新区的联系极为便利。片区内有济宁汽车总站和火车站，是对外联系的窗口、公共交通的枢纽（图3）。

图2　土地利用现状图

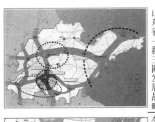

图1　区位图

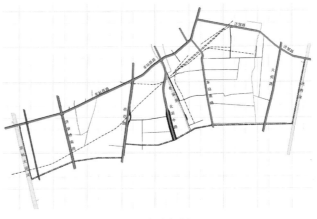

图3　现状道路分析图

4.3 文化生态载体

作为历史上的"江北水乡"，济宁曾是京杭运河沿线的重要节点城市，拥有深厚的运河文化。京杭大运河、老运河、洸府河分别从片区西、中、东部穿过，为该片区奠定了良好的生态环境基础。

5 研究区改造策略

5.1 目标

根据该片区不同时期的发展需求，分别制定近期和远期目标。通过新旧结合部的有机缝合、功能打造、环境塑造，将该片区建设成为和谐过渡区、活力新片区、魅力传承区。

近期目标：通过整治街道环境，疏解交通，民生工程建设，改造城中村，工业项目退城进园，为省运会的召开，构筑良好的城市环境，为济宁市打造城市品牌奠定良好基础。

远期目标：统筹全市发展，通过功能结构调整，用地功能重组，重塑地区活力，把新老城区间形成的断裂带进行有机缝合，实现城市发展的和谐有序。

5.2 定位

该片区的职能定位是新旧城区间的有机过渡区、城市中部的活力新片区。本项目结合片区资源条件、发展需求以及运营者的实力打造，形成以创意产业为领航功能，以科技信息、商务办公、交通枢纽为互动功能，以生活居住、商贸服务为基本功能的复合型城市新片区（图4）。

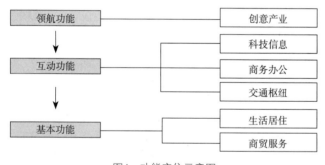

图4　功能定位示意图

5.3 策略

规划策略主要由三方面构成，一是通过功能复合带动片区活力塑造；二是通过产业升级带动片区有机更新；三是通过景观塑造提升城市空间品质。

6 研究区规划重点

6.1 空间整合规划

6.1.1 总体布局：有机缝合促发展

结合项目定位、规划策略及基地条件，规划形成"水城共生、交通引导、珠联绿带、商街成线"的布局特色

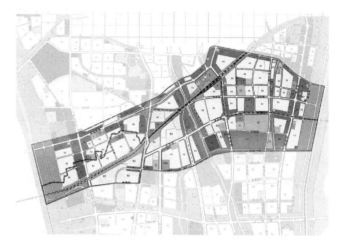

图5　土地利用规划图

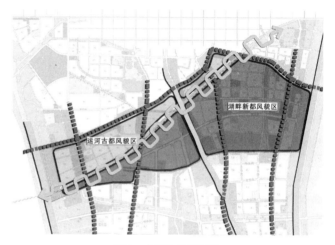

图6　空间结构规划图

（图5），形成由商务办公、商贸服务、文化娱乐、生活居住、旅游休闲、文化创意等功能相互支撑、互动发展的城市空间格局，实现土地效益的最优化。

发挥片区拥三河的自然生态特色，通过一带五轴的系统设计，有效衔接本区的运河古都风貌区与湖畔新都风貌区的特色，将新老城区有机缝合，形成"一带、两区、三水、五轴"的规划结构（图6）。"一带"指日菏铁路生态绿化防护带；"两区"指运河古都风貌区和湖畔新都风貌区；"三水"指京杭运河、老运河、洸府河；"五轴"指济安桥路景观轴线、荷花路历史文化轴、车站南路现代景观轴、火炬路景观轴、车站西路景观轴。

6.1.2 完善设施布局：延续与提升

（1）延续城市脉络：强化老运河作为城市公共服务设施走廊的串联作用，延续城市服务脉络。结合运河文化带建设以购物和休闲餐饮业及创意产业为主，形成由咖啡厅、俱乐部、艺术时尚设计、表演艺术等组成华丽时尚的

图7　公共设施分布图

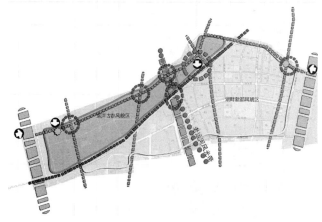

图9　景观风貌规划图

娱乐圣地；沿河形成古韵特色风光，延续运河文脉，激发片区活力。

（2）提升服务能级：完善结合部公共服务配套设施，构建市级公共设施—片区级公共设施—居住区公共设施三级服务体系（图7）。

6.1.3梳理内外交通：复合与通达

（1）复合的交通设施：根据片区现有路网框架及与周边地区的功能联系，规划预留轨道交通、高架交通系统，并规划火车站、汽车总站交通枢纽及城市公交枢纽，规划十处公共停车场（库），加强片区与周边地区的联系（图8）。

（2）通达的道路系统：规划以建立通达的道路系统为目标，该片区的道路结构分为主干路、次干路和支路三个等级。主干路有济安桥南路、荷花路、北湖中路、车站南路、火炬路、车站西路、济邹路。规划贯彻北湖生态新城提倡的慢行系统，在滨水区设置休闲健身道路，在城市内滨河地区，提供城市居民步行或非机动车方式的健身游憩活动。

6.1.4保护生态基底：绿带与廊道

基于片区内的生态条件，保护、提升生态环境的重点在于绿带与廊道的建设，并在此基础上完善片区的绿化网络。以水系生态资源为载体，构建以京杭运河、洸府河、老运河为主题的滨河的风光带（图9）。

同时，规划注重铁路沿线快速通道性质与景观打造的关系，建立生态防护带，丰富铁路沿线景观。

6.1.5省运会保障：管制、引导、疏解

通过对峰值人流积聚区，各县市区分场馆、运动员村分布，交通量主要承载道路的分析，确定了管制、引导、疏解的策略方法，保障省运会期间交通的通畅运行。

6.2 城市设计引导

本区城市设计要素由景观中心、景观节点、城市门户、城市地标、景观道路、景观轴、景观带、生态防护带、风貌区等构成。景观中心节点，城市门户地标，景观轴线廊道是本区域重点打造的地段。

6.3 项目库建设

便于近期重点项目的开展与落实，达到近远期协调，规划提出"分区——分类——分级"整治的方法。

根据建筑特点和用地功能及区域在城市中的位置，实行特色性分区段带动式整治方法。规划将结合部分为五个不同特色区域，分别为：东部活力新区、窗口核心区、运河文化片区、中部生活区、西部生活区（图10）。针对五个不同特色区域，采取不同规划整治措施，以确保规划切实可行。

建立以旧村改造、旧厂房改造、公益性设施（保障性住房、教育等）、基础设施、环境整治为主的近期项目库系统。通过对近期项目"五定"（定性质、定位置、定规模、定主体、定时序），以达到对近期项目的引导和控制。

图8　综合交通规划图

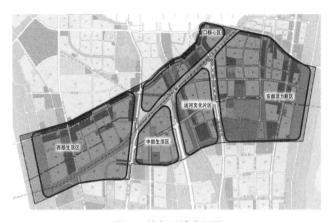

图10　特色区域分区图

7　结语

　　本规划是在广泛分析研究基础上的综合整治规划，是供政府决策的技术支撑和行动计划。规划内容在提出总体策略及整体城市设计引导的基础上，突出了具有近期操作性的项目库计划。

　　规划中对新旧城结合部的发展模式进行了一些积极的探索，强化有机缝合、兼顾改造时序、突出"功能提升、生态保护、社会治理"，旨在引导城市建设的健康化发展，提升城市的整体竞争实力。

参考文献

[1]　城乡接合部的发展模式—以大连为例[M]. 大连：大连理工大学. 2008.

[2]　城市化进程中城乡接合部生态环境治理研究[M]. 南京：南京理工大学. 2009

[3]　济宁市城市总体规划（2008～2030）[G]. 中国城市规划设计研究院，济宁市规划设计研究院.

作者简介

　　丁芝（1979-），女，大学本科，济宁市规划设计研究院工程师，E-mail：jnsghy0537@126.com。

　　王灿（1981-），女，大学本科，济宁市规划设计研究院工程师。

　　毕泗霞（1978-），女，大学本科，济宁市规划设计研究院工程师。

寻找城市缺失的"拼板"
——以淄博市高新区某街坊控规编制为例

李莹 寇建波 孙茹君

摘 要：目前，随着城市化的推进，城市的更新也以更大的规模、更宽的涉及面以及更高的速度进行着。城市的空间结构、产业布局、发展思路都需要进一步更新整合，城市的功能结构更需要进一步的完善。本文基于"拼板理念"的创新方法，通过对淄博市高新区某街坊地块的现状分析，与上位规划的衔接以及同周边规划的结合进行空间区域分析，按照加法与减法原理，剔除现状不适宜的功能部分，增加规划区内所需的其他功能，进行功能区的拼接和整合。力图探讨一种关于城市更新的适宜途径，寻找一种弥补城市缺失的"拼板"的方法，进一步提升城市功能结构，引导城市科学、合理的发展。

关键词："拼板"理念；城市更新；拼接 整合

1 引言

目前，随着城市化的推进，城市的更新也以更大的规模、更宽的涉及面以及更高的速度进行着。很多城市地区现有功能结构已不适应城市更新的步伐，现状仍旧存在着工业和居住混合的现象，城市建设用地的严重浪费，配套设施的严重缺乏，绿地开敞空间不足等，城市功能缺失的问题愈发明显、突出。特别是随着城市经济、社会的发展以及城市的不断更新，从区域的视角来看，一些城市的地块功能定位不仅仅是担负单一功能的责任，而是早已上升为区域的重要节点，甚至成为增长极的高度时，地块内的功能结构的缺失问题更是突现出来。所以，探讨一种关于城市更新的适宜途径，寻找一种弥补城市功能缺失的方法，将城市功能结构进一步提升，引导城市科学、合理的发展，这些都是我们所面临的问题，在淄博市高新区某街坊控制性详细规划的编制中，我们提出了一种"拼板理念"的方法，试图寻找解决这些问题的一种途径或方法。

2 "拼板理念"的演变由来及形成

2.1 相关理念的追述

2.1.1 《拼贴城市》

1970年代，美国著名建筑理论家柯林·罗（C.Rowe）出版了其颇具影响的《拼贴城市》一书。该书对现代城市面临的片段化的问题，提出"拼贴城市"的理念。主张以文脉主义（Contextualism）的对策探索城市如何在不同的片段中进行自我更新而又不失去整体。他的思想在1970年代得到广泛的响应（图1）。

2.1.2 "织补"城市

从1970年代末以来，很多西方城市通过各种规模的城

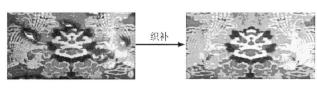

图1 "织补"图示

市建设项目，努力在功能上完善市政设施、激发城市活力；在形态上探寻具有围合感的城市建筑类型，重塑城市广场、街道以及有明确界限的城市开放空间，织补被战后城市建设肢解的城市肌理。1990年代初，两德统一后，合并的新柏林开始尝试从城市各个系统入手，提出织补城市的策略，使织补城市的概念得到进一步发展。2001年，巴黎为申办2008年奥运会，更是明确地提出织补城市（weaving the city）的主题口号（图2）。

图2　"智能拼板"示意图

2.2 "拼板理念"的由来

"智慧拼板"是一种关于拼图的智力游戏，游戏是将所有的拼板通过不同的组合方式，将其拼接在现有的模板中。

"智慧拼板"游戏的过程是对每一块拼板的形状属性做出判断，结合模板和周边已拼好的拼板的情况，来决定其存在方式的状态，将其安放在合适的位置。

2.3 "拼板理念"的形成

"智慧拼板"的过程可以说是一种寻找适合的拼板的过程。同理，我们可以认为每一块拼板代表着城市不同的功能分区，拼接的过程就如同在特定的区域内，结合区域周边的已有的功能状态，寻找适合区域内完美结合的功能状态。

随着淄博市城市建设步伐的加快，特别是近年来淄博高新技术产业开发区的快速发展，城市空间结构、产业布局、发展思路需要进一步更新整合，城市功能需要进一步完善。规划地块内部的现有功能结构早已不适应当下社会的发展，我们完全可以利用"智慧拼板"游戏中的启示，充分结合地块现状内可保留的功能区域，同时从区域的视角下审视地块应有的定位，结合周边已有的规划功能定位，寻找城市缺失的"拼板"。

3 "拼板理念"的基本原理
3.1 "拼板理念"特点
"拼板理念"的特点在于对城市现有已不适应的功能剔除，对城市应有功能的增加，它所强调的是一种减法与加法的原理，强调城市功能的拼接和整合。
3.2 "拼板理念"前提
对现状信息的充分掌握，注重宏观区域的分区和定位，结合周边规划的情况等都是"拼板理念"的建立基础。

4 "拼板理念"在淄博市高新区某街坊控规编制中的运用（图3）

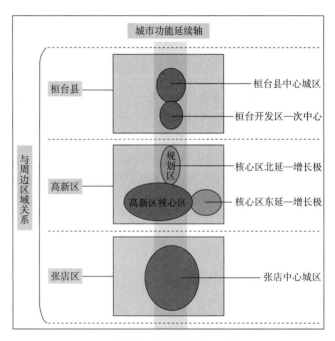

图3　规划区空间区域分析示意图

4.1 项目位置、范围
规划区位于淄博高新区的北部，高新区城市功能延续轴上。地块东侧是以山东金晶科技公司为主的功能玻璃产业园区，西侧为先进陶瓷、先进装备制造产业园。南邻济青高速公路，北与桓台县接壤。

规划范围：西至柳泉路，东至金晶大道，南至济青高速公路，北至高新区的行政边界，规划总用地共314.74公顷。
4.2 背景及相关规划
4.2.1 淄博市高新区简介
淄博国家高新技术产业开发区坐落于鲁中腹地，辖区面积121.13平方公里，是1992年11月经国务院批准设立的全国53家国家级高新技术产业开发区之一，科技部命名的国家新材料产业化基地。

4.2.2 相关规划定位

《淄博市城市总体规划》——本规划范围以居住、商业金融业、教育科研设计等用地性质为主。

《桓台县柳泉北路地块》——集行政办公、科教研发、商业服务、文化体育、休闲旅游和生态居住等功能于一体的功能复合型城市副中心。

《高新区先进陶瓷产业园》——形成自然生态、现代技术、商务运营、人居环境的先进陶瓷、先进装备制造高科技产业园。

4.2.3 周边概况

北部是桓台县的伊家村、前鲁村、后鲁村，东北侧为山东工业职业学院。西部是得益乳业、淄博活力生物产业园和金都花园生活区。南部是济青高速公路，东部是宝恩集团、山东金晶科技、淄博中材庞贝捷金晶玻纤、齐鲁石化腈纶厂等（图4）。

图4 规划区周边概况示意图

4.3 现状概况

4.3.1 土地利用现状

规划区现状用地由一类居住用地、二类居住用地、三类居住用地、行政办公用地、教育科研用地、文物古迹用地、商业用地、公共设施营业网点用地、二类工业用地、三类工业用地、城市道路用地、二类物流仓储用地、环境设施用地、其他公用设施用地、公园绿地、防护绿地、水域、农林用地、其他非建设用地和区域交通设施用地组成。

图5 规划区土地利用现状图

表1 现状用地汇总表

序号	用地代码		用地名称	用地面积（公顷）	占总用地比例（%）
1	R		居住用地	105.84	42.5
		其中	R1 一类居住用地	41.68	
			R2 二类居住用地	62.16	
			R22 二类服务设施用地	5.70	
			R3 三类居住用地	2.05	
2	A		公共管理与公共服务设施用地	5.79	2.30
		其中	A1 行政办公用地	4.99	
			A3 教育科研用地	0.63	
			A7 文物古迹用地	0.17	
3	B		商业服务业设施用地	12.74	5.10
		其中	B1 商业用地	10.55	
			B4 公共设施营业网点用地	2.19	
4	M		工业用地	61.01	24.5
		其中	M2 二类工业用地	43.19	
			M3 三类工业用地	17.82	
5	S		道路与交通设施用地	25.73	10.3
		其中	S1 城市道路用地	25.73	

续表

序号	用地代码	用地名称		用地面积（公顷）	占总用地比例（%）
6	W	物流仓储用地		1.35	0.50
		其中	W2 二类物流仓储用地	1.35	
7	U	公用设施用地		5.29	2.1
		其中	U2 环境设施用地	0.12	
			U9 其他公用设施用地	5.16	
8	G	绿地与广场用地		31.56	12.7
		其中	G1 公园绿地	23.47	
			G2 防护绿地	8.09	
9		城市建设用地		249.36	100.0
10	E	非建设用地		58.48	
		其中	E1 水域	4.43	
			E2 农林用地	28.79	
			E9 其他非建设用地	25.25	
11	H2	区域交通设施用地		6.90	
12		总用地		314.74	

4.3.2 道路交通

（1）周边道路

表2　周边道路控制情况一览表

道路名称	道路性质	红线宽度（米）	绿线宽度（米）	现状路面宽（米）
柳泉路	主干路	47	30	6+2.5+16+2.5+6
金晶大道	主干路	60	50	10+4+25+4+10
化北路	主干路	60	—	16
裕民路	主干路	47	—	16
北辛路	主干路	30	—	12
赵王路	支路	22	—	10
丁庄路	主干路	51	—	—

图7　现状照片

图6　规划区现状未利用地分析图

（2）内部道路

规划区内部现有城市道路化北路、北辛路、赵王路穿过，其中：化北路现状路宽19米；北辛路现状路面宽12米；赵王路现状路宽13米。其余现状主要道路路面宽度6~8米，次要道路路面宽度4~6米。

4.3.3未利用地分析

按照规划区土地使用情况将其分为已发选址用地、已批在建用地、现状保留用地和可利用地等类型。

表3 现状未利用地分析表

土地利用类型	用地面积（公顷）	占地比例（%）
规划总用地	314.74	100
已发选址用地	13.87	4.41
已批在建用地	26.72	8.49
保留用地	91.42	29.05
可利用地	132.41	42.07
其他用地	50.32	15.98

4.3.4现状存在突出问题

（1）现状用地功能混杂

规划范围内用地类别多，尤其是居住用地和二类工业用地、三类工业用地混合布置，对居民日常生活产生不同程度影响。

（2）现状设施配套欠缺

商业服务设施多是沿街低层商铺，甚至结合临时构筑物形成的商店，缺少商业氛围；文化体育设施配置不足；医疗卫生设施为卫生室，配置水平较低。

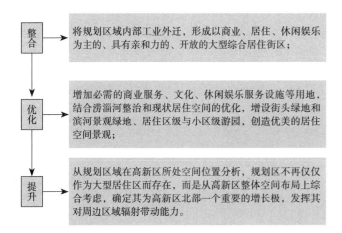

整合	将规划区域内部工业外迁，形成以商业、居住、休闲娱乐为主的、具有亲和力的、开放的大型综合居住街区；
优化	增加必需的商业服务、文化、休闲娱乐服务设施等用地，结合涝淄河整治和现状居住空间的优化，增设街头绿地和滨河景观绿地、居住区级与小区级游园，创造优美的居住空间景观；
提升	从规划区域在高新区所处空间位置分析，规划区不再仅仅作为大型居住区而存在，而是从高新区整体空间布局上综合考虑，确定其为高新区北部一个重要的增长极，发挥其对周边区域辐射带动能力。

图8 规划思路示意图

（3）现状开敞空间不足

居民活动健身场地严重不足，同时规划区域内的涝淄河亟待整治，环境卫生条件较差，对周边居民生活造成污染。

（4）现状城市景观较差

城市道路沿街景观差，特别是城市主干道柳泉路、金

晶大道的两侧建筑景观缺乏规划引导，道路两侧的工业厂房、城市公建与居住建筑混杂，建筑破旧，严重影响了城市形象；涝淄河缺乏整治，垃圾杂物沿河堆放；规划区内的建筑式样与风格缺乏有效地引导，城市特色不突出。

4.4 规划思路

"整合——优化——提升"

4.5 "拼板理念"的建立

通过现状分析及上位规划对规划区的功能定位，按照加法与减法原理，剔除不适合部分，增加规划区所需的其他功能，进行功能区拼接和整合。

4.6 "拼板理念"的运用

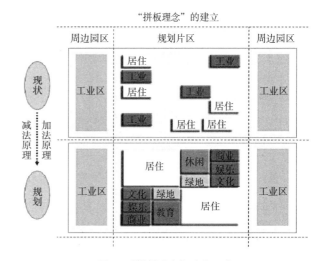

图9 "拼板理念"建立示意

4.6.1减法原理

规划片区随着自然发散状态的发展，很多旧村及工业厂房被后来城市发展包围在旧城中，城市的片断化布局特点十分鲜明。规划将原有工业用地、旧村用地及未利用地等已不适应现有规划区功能的地块"拼板"剔除出去，在

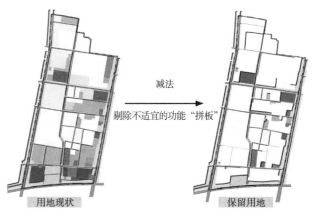

图10 减法原理示意图

原有的现状用地上做减法工序，将用地腾出做其应有的功能用途。

4.6.2 加法原理

结合现状分析、区域定位及相关规划的结合等方面，统筹兼顾，整体改善和提升旧城的产业结构，调整用地布局，在规划地块原有保留的"拼板"基础上，增加公共服务设施等用地；完善地块内基础设施；优化滨河及街头景观绿地，使规划区形成以商业、居住、休闲娱乐为主的、具有亲和力的、开放的大型综合居住街区。

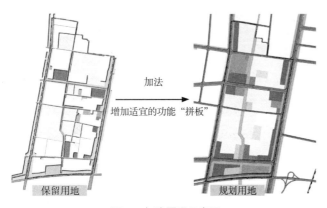

图11　加法原理示意图

4.6.3 公共服务设施

通过对规划地块现状及区域分析研究，规划地块急需完善各类公共设施、基础设施的拼板衔接。规划区的公共设施采用集中配置，成组成群，沿城市主次干道布置，使之形成该区域的商务办公、商业金融、文化娱乐、教育科研的中心。

4.6.4 商业业态布局

商业服务是本规划片区主导功能之一，既是高新区北部重要的公共服务中心，又是本片区重要的综合服务中心。通过规划功能的完善拼接，该片区的商业业态形成"一核——三街区"的布局结构。

4.6.5 道路网系统

城市干道系统已经基本成型，主要承担区域内外的混合交通功能，构成"三横两纵"的主干框架。规划道路系统依据总体规划确定的框架和道路红线宽度，主次干道均不做改动。

支路交通系统以最大限度地联系主次干道，保证道路交通连续性、承担城市交通疏散和主次干道有力补充为原则，充分考虑区内主次干道网密度的关系进行布置，同时考虑规划地段内划分出的地块的交通出入口设置问题。

4.6.6 生态景观系统

生态系统是城市生存发展的自然基础，建设可持续发展的城市必须以构建良好的生态环境为依托，这也是国

家提出建设两型社会的重要出发点之一。我们在规划中明确提出，禁止在沿江地区布置新的污染性工业，有计划地逐步整治、置换现状污染企业。梳理规划区内的水体环境和开放空间，加强结构性水体、绿脉的联系，进行生态恢复。规划区绿地系统呈"一脉、三轴、九节点"的布局。

4.6.7 拼接城市肌理，塑造特色空间

城市形态与肌理是城市空间的基本特质，规划逐步织补割裂、破碎的城市形态与肌理，首先要加强分散的绿地、开放空间之间的联系，完善其系统性，通过道路交通的整体改善提高其可达性和服务范围；结合旧城空间和功能结构的调整，整体控制城市建筑高度分区的布局和形态，凸显规划区特色；结合功能调整和改造项目，重点营造富有地方文化特色的城市场所。

4.7 规划方案

结合规划片区所处的地理空间位置，规划将其作为高新区核心区向北延伸的一个重要节点，将其打造成为高新区北部的增长极。创建高新区北部以商业、居住、休闲娱乐为主的、具有亲和力的、开放的大型综合居住街区，充分发挥其对周边区域的辐射带动力。

5　结语

城市"拼板"的更新和"拼板"的拼接是一项长期的系统工程，涉及社会、人口、经济、环境、政策等多方

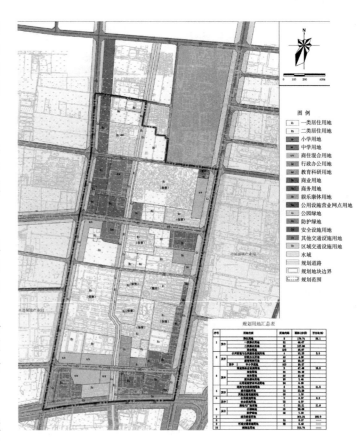

图12　土地利用规划图

面的内容，它的成败取决于一个城市的市民、商界、政府能否达成共识，共享愿景，同筑决心。城市规划应该从城市社区的共同利益出发，以可持续发展为宗旨，在刚性控制和弹性引导下，积极吸纳各界参与，在动态的实施过程中，协调各方面的利益与矛盾，反映民意，使城市真正成为展现社会文明与进步的场所。

参考文献

[1] 淄博市规划信息中心. 淄博市高新区某街坊控制性详细规划[G]. 2010，10.

[2] 张杰等. "织补城市"思想引导下的株洲旧城更新.中国城市规划年会论文集[G]. 2008.

[3] 陈柳钦.基于产业视角的城市功能研究[J]. 中国城市经济，2009（01）.

作者简介

李莹（1982-），女，大学本科，淄博市规划信息中心工程师，E-mail：ghysly@126.com。

寇建波（1977-），男，大学本科，淄博市规划信息中心副所长、工程师。

孙茹君（1983-），女，大学本科，淄博市规划信息中心助理工程师。

枣庄市建设安全社区的规划方法研究

常大鹏

摘 要：本文先提出了枣庄市建设安全社区的必要性，然后借鉴国内外相关理论及实践经验，对建设城市安全社区的规划方法进行研究分析，首先采用室外空间环境规划方法营造社区安全空间，主要从空间领域层次划分、活动场所空间、邻里交往空间和视域空间方面规划；接着采用居住建筑设计方法打造社区安全空间，主要从居住建筑特性、群体空间布局和构件设计方面进行细节设计；最后结合具体实例分析，营造安全的社区空间，实现社区安全。本文提出的规划举措，对今后的城市社区安全工作有一定的参考价值。

关键词：安全社区；空间环境规划；居住建筑设计

社区由人口、地域、制度、政策和机构五要素组成，是城市主要组成部分。社区安全是城市稳定发展的重要保障，除涉及人员、财产、空间环境安全外，还包括交通、家居、职业卫生和公共场所安全。其中居住区安全是保障社区安全的重要内容。近年来，枣庄城市社区的安全问题日益突出，给居民的生活和城市发展带来重大损失和隐患。

1 枣庄市建设安全社区的现状

1.1 枣庄城市社区主要安全事件统计分析

据消防、急救中心等部门统计，2009～2011年枣庄城市社区发生的安全事故主要有：1.治安事件。2009年1～7月发生治安事件268起。2.火灾。2009年1～7月发生火灾79起，其中居住建筑火灾23起。3.爆炸。2010年1～8月居住建筑水管重大爆炸事故18起。4.中毒。2010年6月处理CO中毒15次。5.高处坠落。2010年共发生坠楼事故20起。此外还发生多起灼烫、触电等事故。

结合居民访谈调查，可以发现枣庄城市社区目前存在的安全隐患以治安事件最突出，而盗抢事件又是其中发案率最高的，防盗安全是评判社区安全的重要依据，是人们最关心的社区安全问题。

社区盗抢事件发生，虽然与公安机关、居委会和社区物业防范不利有关，但从其特点分析得出，建筑设计和室外空间规划不当是其发生的主要原因。建筑细节设计的疏忽，为窃贼入室提供了方便；规划不合理的室外空间，居民不愿参与，因此缺乏交往、互不关心，对小区的归属感和责任感不明，这样的小区环境便于坏人隐藏，易于窃贼出入。

1.2 枣庄城市社区因室外空间规划不当造成的安全问题

社区的特点为：有一定的地理区域；有一定数量的人口；居民之间有共同的意识和利益；有较密切的社会交往。社区安全一般包括社区室外空间安全和社区建筑安全两个方面。

1.2.1 社区室外空间安全的特征

社区室外空间安全的主要特征是防盗安全。安全防盗可通过控制空间的领域性和开放性程度，从心理上有效地控制犯罪发生。安全的室外环境应该有明确的领域性、场所感、归属感、通达性和可识别性，使居民产生安全感；有满足居民需求的功能多样的室外活动设施，吸引居民参与其中，密切居民交往，形成对罪犯的自然监视，有效保障社区安全。

1.2.2社区室外空间主要存在的安全问题分析

（1）缺乏归属感

社区内各小区的活动场所少，庭院之间和组团之间缺少人行道、座椅等休息设施，景观环境差，不能吸引居民使用和参与，导致居民休闲活动少、交往少，对居住区域缺乏归属感。

（2）领域性不明确

社区内有些建筑功能复合（如商住楼、办公公寓楼），造成边界不清晰，居民对居所缺乏领域感，造成无人顾及的空间，带来安全隐患；社区空间层次划分不明，无半公共、半私密等过渡空间的划分，居民只关心明确属于自己的私密室内空间，却淡化了对走廊和过道等过渡空间的关心和利用，形成剩余空间，为窃贼提供了便利。

（3）场所感缺失

社区内活动场地少、功能少，缺乏邻里交往空间；小区中心广场活动空间不足，宅间绿地太少，人们无法驻足交谈；人流多的建筑入口缺乏休息设施；社区场所空间太开敞，无围合感，易于陌生人侵入；场所环境通道多，居民感到被窥视，不愿在其活动；对闯入者缺乏警觉，不能监视其行动。

（4）通达性弱

社区内立体化的建筑阻碍了居民对室外空间的视线，小区密植灌木、高大树木等不当景观，遮蔽了居民的视线，造成空间"死角"，居民无法看到室外的儿童、老人及陌生人，易被窃贼利用。视域不通透，空间不开阔、利用率低，不能形成自然监视。

枣庄城市社区室外空间存在的以上问题，均造成居民安全感缺失，严重影响了居民生活和住宅安全。

1.3 目前枣庄城市社区因建筑设计不当造成的安全问题

枣庄城市社区因建筑设计不当造成的安全隐患

（1）门、阳台、窗、落水管和空调架设计疏忽，罪犯很容易通过其进入室内，并且利用阳台进行串户作案，住户常忽略对底层阳台及较开敞的屋顶平台门的防护。

（2）楼梯间设计无助邻里交往。目前很多单元式住宅每户入户门都布置在楼梯间侧平台处，这种楼梯间功能单一、空间相对封闭，住户在楼梯间无停留沟通；梯内活动也不易为外界注意，入室行窃案件增多。

（3）屋顶联通通道设计利于罪犯逃脱。目前的单元式多高层住宅，屋顶联通通道的建立使屋顶具有避难空间。当发生火灾时，居民可通过楼梯上到屋顶，也可通过相邻单元楼梯转移到单元楼，但这也为罪犯逃脱提供了便利。

（4）住宅防盗窗及窗护栏，虽有一定的安全防护作用，但方便了犯罪分子攀爬，也不利于紧急事故发生时的人员撤离。例如2001年枣庄一小区居民家中发生火灾，大火将门厅通路阻断。消防人员欲从阳台施救，因防盗网延误了时间，造成一家五口两死三伤。

2 国内外建设安全社区的理论研究及实践经验

2.1 国外有关社区安全规划设计的理论研究

西方国家关于社区安全的规划研究比较早，理论成果较系统全面。现代西方国家经济和科技非常发达，电子安全防盗系统发展迅速，目前城市社区普遍采用智能化的高科技安防措施来防盗。以致关于防盗问题的解决在规划设计方面没有新的理论研究。

1963年《台劳斯宣言》即提出居住小区是社区最重要的组成部分。社区研究在美国社会学中占有重要地位。1933年的《雅典宪章》，提出了社区应设计成安全、舒适、方便、宁静的邻里单位。20世纪70年代，美国奥斯卡·纽曼提出了"可防卫空间"理论。20世纪80年代，美国杰斐利在著作"通过环境设计预防犯罪"中首先使用CPTED一词，引发对空间环境中犯罪及犯罪恐惧现象的更为广泛而深入的研究。

2.2 国内有关社区安全规划设计的理论研究

古代中国住宅建筑设计布局讲究礼制伦理，强调"礼，序也"，"礼别异，卑尊有分，上下有等，谓之礼"，与中国的风水理论及住宅设计实践结合起来，形成了中国传统民居，也形成了中国最早的有关社区规划设计的理论。

20世纪50年代中国从苏联引进了"小区规划"的理论，结合中国社区建设的特点，成为我国占主导地位的社区规划理论，在室外空间环境的设计上更多考虑人的心理、生理需要，对社区安全问题的解决提供了理论指导。

20世纪80年代以后，改革开放及住房制度的改革，中国的社区建设发生很大改变，人们对社区安全性的要求越来越高，原有理论已不能满足需要，这时出现了新的社区组织结构：社区级——小区级——组团——院落四个层级。清晰的小区结构层次，为居民划分出明确的公共空间——半公共空间——半私密空间——私密空间，增强了居民的空间领域感和归属感，使区内大大小小的空间都有一定的居民使用和管理，加强了居民对外界的监控，使窃贼无可遁形。

1989年以来，我国先后颁布实施了《关于改善和提高居民住宅整体安全防范能力的通知》、《关于加强城镇住宅安全防范设施建设与管理》和《城镇居民住宅安全防范设施管理条例》等社区安全建设法律法规。目前中国很多专家都展开了对社区规划内容的研究，但社区安全规划的内容有待研究。

2.3 国内外建设安全社区的实践经验

经验一：在社区安全建设中，社区建筑楼群的空间并非越大越集中好，而应相对分散、有层次，除了居住者的私有空间、公共空间外，还有利用周围的楼群形成的过渡空间，在这种空间里使用者感到亲切和安全，可以互相交往和照顾，建立起密切的邻里关系，有利于社区的安全防范。

经验二：将社区空间领域分层，形成由内向外、由表及里、由动到静、由公共向私有渐进的空间序列，明确社区不同空间领域的归属性，增强居住安全感。

经验三：安全规划设计，以人为主体，满足人的生理、心理和社会行为等各种需求。居民可以通过户外的走廊、大厅、公共庭院等发挥监视的作用，使限定的空间处于居民的控制下，阻止犯罪发生。

3 目前枣庄市建设安全社区的室外空间环境规划和建筑设计方法

3.1 城市社区的室外空间环境安全规划

3.1.1 营造古代四合院式院落空间

内向、封闭的院落增强室外空间围合感

中国古代四合院一般都坐北朝南，四面均建有房屋，合围出一个敞亮的院落。四合院内向、封闭的庭院空间创造出一种私有、宁静和安全的居住环境，也是当时人们采取的防止坏人入侵的措施。四合院式院落空间的特点是对外封闭，对内开放。围合感很强，给人安全感。偶尔开窗也是极小的高窗。对外封闭不但强化了居所的私密性，还可以保障居所安全。

党家村村落利用天然沟渠和构筑寨墙来抵御外来侵犯，保障安全，防御系统框架（图1）。

目前枣庄存有的四合院已由以前的一户居住，变为现在的多户租住，存在人员结构复杂、空间归属不明确、维护家园的责任感缺失和缺乏私密性等问题。枣庄未来旧

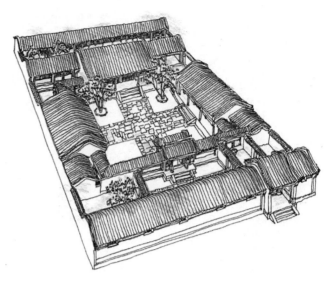

图2 枣庄旧四合院改造工程效果图

四合院改造（图2），努力保持传统四合院空间的优点，避免"大杂院"的不利因素，适当扩大院落规模，增添设施，建造宜人空间，增强居民领域感和归属感。

新四合院居住类型，在提供现代公寓住宅所有的便利生活设施与私密性的基础上，通过几进院落形成相对独立的邻里结构，提供居民交往的公共空间，增强了居民的安全感，创造了和睦相处的居住氛围。这种新四合院居住空间是一种可防卫的空间，能有效保障住区的安全。

3.1.2 建立有归属感的多层次领域空间

层次清晰的空间划分是解决社区安全问题的重要措施。社区的生活空间可以划分为私密空间、半私密空间、半公共空间和公共空间四个层次。

经调查发现，社区每一空间层次都有相对固定的社会活动和个人活动内容，如半私密空间中的活动：幼儿和儿童游戏、邻居间的交往；半公共空间中的活动：老年人健身、消闲、邻里交往、散步、青少年的体育活动以及家庭的休闲娱乐。自发性活动只有在适宜的空间环境中才会发生，而社会性活动则需要有一个相应的人群和进行活动的场所，适宜的场所塑造除了形式、比例、尺度等设计因素外，首先要考虑与这种活动相关的适宜的空间层次的构筑。社区的生活空间层次一般有两种布置形式：三级层次（私密空间——半私密空间——公共空间）；四级层次（私密空间——半私密空间——半公共空间——公共空间）。

3.1.3 营造宜人的交往场所

（1）提供居民室外活动的场所

室外活动场所可以增进邻里之间的交往，形成可防卫空间。一个有明确边界的场所，环境优雅洁净，有供休息的设施，人们会经常不约而同地来到这里。层次划分明确

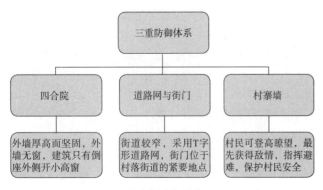

图1 党家村防御系统

下面是防御系统框架图的内容：

三重防御体系		
四合院	道路网与街门	村寨墙
外墙厚高而坚固，外墙无窗，建筑只有倒座外侧开小高窗	街道较窄，采用T字形道路网，街门位于村落街道的紧要地点	村民可登高瞭望，最先获得敌情，指挥避难，保护村民安全

的场所，人们可以坦然地坐下来晒太阳或乘凉、看报，而不必担心别人的窥视，外来的陌生人则会引起居民的注意和警觉，甚至干预。

（2）活动场所的设置

活动场所的内容要根据不同的活动主体的需要来安排场地、设施。居住人群中儿童自我保护意识差、活动范围有限、需要家长监控，有寻找同龄伙伴的需要；老年人体弱，活动范围有限，有安全交往的需要。

宅前宅后形成的空间中有各年龄段进行的活动包括交谈、休息、阅读、棋艺、球类、晨练等。在许多新建住区中，为满足多样化的要求，室外活动场地一般空间较大，容纳多项活动设施和丰富景观（图3）。

图3　活动设施完善的场所

枣庄未来新建居住小区楼群，可每120户共用一个独立庭院，以便儿童嬉戏和成人聊天、下棋和锻炼等，满足居民交往需要。

（3）增强场所的可识别性

识别性就是一个事物有别于其他事物的特征（图4）。通过加强场所的可识别性，可提高居住者对场所的认同感。树立标志建筑或标志物是加强景观环境可识别性的一种手段。作为标志，建筑物或构筑物应与众不同，人们一眼便可认出，如安排在社区主要位置。

3.1.4 营造利于安全监视的道路空间

（1）多层级的社区道路空间

多层级的社区道路，不仅有助于住宅的私密性，还促进了邻里交往，进而满足了住区的安全性。在此环境中，居民中潜在的领域性和归属感，可转化成为保证一个安全的、有效的和管理良好的居住空间的责任心，使潜在的罪犯们觉察到这个空间被它的居民们所控制，作为一名闯入者，他会很容易被认出，并受到盘问。亚历山大在《社区

图4　特殊的地下停车出口

与私密性》一书中曾提到，道路层级的设计对空间领域感的形成有一定作用，四通八达的道路无助于形成空间领域感。宅前道路采用尽端式，促进邻里的接触。局部的人车分行，有助于安全和形成宁静的空间，满足居民室外活动的需要。在"96上海住宅设计国际竞赛"中，清华大学的金奖方案就采用了局部人车分行的道路形式，并考虑了停车问题，方案还设计了完整的人行网络，住宅之间设计了"空中凉台廊"，以促进邻里交往。

（2）形成安全监视

首先在规划设计上要分清楚公共活动、私密活动等的界限，分清公共领域空间、私密领域空间等的界限；其次建筑要面向道路，从建筑内能看得到道路上的活动，形成自然监视；第三，街上要有不断的使用者，形成"人看人"，使环境富有活力，同时形成不断的监视，保证道路和住区的安全；第四，街道要有多种功能，满足居民的不同需求，吸引不同的使用者；第五，道路周边应用不同风格的建筑，使道路景观丰富具有可识别性；第六，应有足够的人口密度，低密度容易造成犯罪，适当的密度可保持活力。最后道路不易太长，以免深处僻静，利用率低，方便罪犯隐藏和逃脱。

3.1.5 营造街坊式围合庭院空间

街坊式居住形态是我国目前主要的一种小区规划模式。新街坊型住宅通常是指由城市道路或社区道路划分，用地大小不定，无固定规模的住宅建设地块，服务设施一般因条件而异，有时沿街建有商业设施，内部为住宅。街坊式住宅区通常具有一定的规模和围合度。

新街坊型住宅通常由多栋住宅楼沿着周边道路连续围合形成，具有一定的高度，并形成尺度适宜的公共院落空间。新街坊型住宅的围合空间具有很强的地段感和私密

山东城市规划 论文集（2015—2016）

性，易于空间限定和提供监视，可以减少和预防破坏行为的发生，增进居民之间的交往和提供良好的室外活动场所。

当前很多商住两用的新街坊住宅，下面临街的一层或二层为商店等设施，上面为住宅楼。为使居民拥有良好的私密空间，这就要求商店采取适当的措施，如出挑或凹进等，防止底层商店对上层居民的干扰，而且要处理好商店流线，保持内院的安静。可用绿篱、小品或小型水池置于庭院和住宅之间，或住宅在底层架空或抬高，作为停车场或居民休息与交谈的场所，以保证底层住户的私密性。

绿化由庭院延伸到架空层里面，形成流动的空间，视线没有太多的遮挡，连续通透的景致使人身心舒畅。利于对街道空间的观景需求和对进入小区的陌生人的监视，枣庄未来新建花园小区将运用此类设计，以期取得良好效果（图5）。

图5 枣庄幸福小区局部效果图

3.2 城市社区居住建筑的安全设计

3.2.1 住宅建筑空间形体布局的安全设计

（1）增强住区的可识别性

住宅建筑的空间组织、形态尺度、色彩质地等方面的不同设计手法，可形成小区特色环境，增强住区的可识别性。目前城市中的很多小高层住宅建筑，在功能合理的前提下，打破了住宅建筑呆板的、缺乏生气的行列式布局，通过采用高低相间，点面结合的建筑群体布局，不同的墙体颜色和质地，来增强可识别性。建筑形体的变化，包括天际轮廓线的变化，平面轮廓线的变化以及立面形体的变化，也可加强可识别性。我国传统城市民居也常采用高低相间的建筑来增强居所的可识别性。

（2）住宅建筑群体的良好空间组合可促进邻里交往

住宅建筑群体组合成组团布置的住宅，比自由松散或行列式布置的住宅更能激发起居民的归属感；居民在封闭性较强的空间比在开放的外向型空间，更具安全感。

住宅成组团布置，比松散的自由布局更能激发起居民

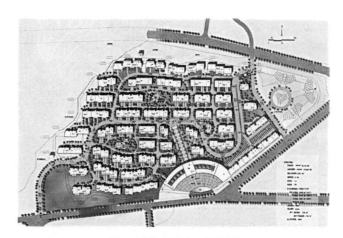

图6 枣庄幸福小区总平面

的归属感，利于居民的交往。

枣庄幸福小区（图6）的行列式布局单调、呆板，没有形成围合空间，不利于居民的邻里交往，影响了居住环境的安全。

3.2.2 住宅建筑的窗、阳台、雨篷等构件的安全设计

罪犯一般都是通过住宅的洞口，可攀缘的设施等进入住宅，如单元门、户门、外窗、阳台、落水管和防火爬梯等。对天棚、地沟、垃圾道洞口等用于检修人员出入的洞口常采取的安全措施是设铁门并上锁。下面对影响住宅安全的主要构件进行安全设计。

（1）窗的安全设计

两户相邻处的窗户为防窗口串户，净距应在1000毫米以上。在进行住宅设计时，对底层的所有外窗，靠近各层公用走道的窗，屋顶公用花园处的外窗等，均应设置为凹入墙内的装饰性金属防护栅栏或金属折叠窗。窗与落水管及防火爬梯等可攀缘设施应保持1.5米以上距离。

在住宅设计中设置镶嵌钢材网格的装饰框架，将部分做成特殊的图案、楼号标志，既满足居民对住宅个性和特色的追求，又加强了住宅的防盗功能。

（2）住宅平立面的安全设计

平面设计中应注意门窗的位置。相邻住户的窗户应保持适当的距离，遮阳板间距以大于1100毫米为宜。

立面上尽量避免可以攀沿的突出构件，若确需要，必须在位置、挑出高度和宽度上进行精确设计。坡屋顶是室外公共空间的造型要素。在创造具有地方性和历史文化特色的建筑时，坡屋顶也成为重要的造型符号（图7）。

住宅建筑设计要便于安装智能监控系统，使监视视线能覆盖住区的每一空间，消除死角空间；监控系统应该富有人性化，满足建筑设计"以人为本"的设计原则。

（3）阳台的安全设计

阳台应尽量避免连通，若确实需要，则要对分户隔板的宽度和构造方法，认真考虑使其成为不可翻越的障碍。

176

图7 坡屋顶住宅

目前城市住区住宅楼绝大多数窗、阳台防盗设施未做活动门。住区内造成众多居民伤亡的消防事故的一个重要原因就是窗、阳台全部被栅栏和防盗网封死，造成户内人员无法逃生。因此在设计防盗设施时应留设灵活通道，住宅的每个单元应留有阳台、窗等消防安全门。

（4）住宅楼梯间的安全设计

只有处理好楼梯间与周围阳台、窗洞的关系，才能达到防盗目的。设计中可这样考虑：将楼梯入户平台改设在楼梯间靠外墙一侧，并局部加宽放大，设置开敞阳台，在楼梯间里自然划分出公共交通空间和住户半私有空间两部分，半私有空间基本为同层内两住户所控制，外人一般不会介入。

（5）雨篷的安全设计

一般住宅底层入口处都设有雨篷和遮阳板，雨棚的高低与住宅层高和底层楼梯形式有关。为解决存在的安全弊端，底层入口处不设雨篷或底层入口旁的窗台（或阳台）离雨篷边的水平距离至少1500毫米。

（6）管道、空调主机的安全设计

设计时一般应将垂直管道尽量布置在室内；一般应有专用管道井；布置在厨房，卫生间的内角；楼梯间外平台的内角；阳台内角等处。这些管道由室外通向室内时，应设暗管，即室外管道由地面以下通往楼内各户；当不可避免要设在室外时，管道与窗户外沿或阳台的距离应在1100毫米以上。

3.2.3典型实例分析——枣庄锦苑小区

该住宅区一面靠山，另一面临宽阔的道路，经常有大量的游人、路人等从此经过。住区虽然景色优美，但安全现状令人担忧，如入室盗窃、抢劫等安全事故经常发生。为保证居住安全，现采取以下设计措施：

小区住宅靠山一侧采用花格栅栏封闭，另一侧设月亮门，用花格栅栏围成院落，院落空间设计成居民活动场所，如绿地、花坛、车棚、运动场、桌凳等。住宅单元门背侧设2.1米高围墙，为底层住户营造一个封闭的私家小院。

小区经过安全设计后，居民通过户外活动照常有沟通交往，栅栏、围墙使入侵者无法再轻易地进入住宅，形成住区的安全屏障。底层后窗增设的围墙，阻碍了入侵者直接靠近后窗，也限制了车辆和行人从住宅间的穿梭，有效保障了住区安全（图8）。

图8 枣庄锦苑小区鸟瞰图

4 结论

通过社区的室外空间环境安全规划和建筑安全设计，增强了社区居民安全感，保障了社会稳定及城市发展。然而城市社区安全建设除涉及规划设计师的责任心外，还涉及政府的住房政策、开发者的经济利益、居民的行为需求等众多因素，对社区安全建设的方法还有待进一步研究。

参考文献

[1] 宋春华. 小康社会初期的中国住宅建设[J]. 建筑学报，2002，14（1）：4-9.

[2] 赵冠谦. 2000年的住宅[M]. 北京：中国建筑工业出版社，1991，34-67.

[3] 雷波. 建筑设计与规划[M]. 北京：清华大学出版社，1989：52-78.

[4] 徐磊青. 以环境设计防止犯罪研究与实践[J]. 新建筑，2003，14（6）：5-8.

[5] Clarke RV. Situational Crime Prevention [M]. Albany：Harrow and Heston，1992，176-178.

[6] Crowe TD. Crime Prevention Through Environ-mental Design：Applications of Architectural Design and Space Management Concepts [M]. London：Butter worth-Heinemann，1991，125-127.

[7] Paul Cozens，David Hillier，Gwen Prescott. Crime and the design of residential property-exploring

the theoretical background （Part1）[J]. Property Management，2001，24（19）：136-1640

[8] Newman Oscar. Creating Defensible Space [M]. Washington：DC Dept. of Housing and Urban Development，1996，56-59.

[9] 李红卫. 城市规划原理[M]. 北京：中国建筑工业出版社，1981，135-154.

[10] 刘先觉. 现代建筑理论[M]. 北京：中国建筑工业出版社，1999，235-269.

[11] Greg Sayville. Searching for an neighborhood's crime threshold [J]. Subject to Debate，1996，（10）：1-6.

[12] （丹麦）杨·盖尔. 交往与空间[M]. 何人可，译. 北京：中国建筑工业出版社，1992，47-56.

[13] 荆其敏. 中国传统民居[M]. 天津：天津大学出版社，1994，45-57.

作者简介

常大鹏（1980-），女，硕士研究生，山东省滕州市规划局工程师。

综合型老年社区规划设计探索
——以威海新建安养社区为例

袁小棠　李文灿　王拓

摘　要：随着我国老年社会的加速到来，"老年社区"正以多种形式悄然兴起。本文梳理我国老年社区发展历程，以威海新建安养社区—南海福邸的规划设计为例，探讨适合目前社会老龄化情形下，包含养老住宅、养老公寓、养老设施等多种居住类型的综合型老年社区模式。

关键词：威海；老年社区；规划设计

威海作为一座新兴城市，据市民政局2012年9月调查统计，"目前60周岁以上老年人有52万人，占人口总数的20.5%，远高出全国的13.7%和全省的15.3%的人口比例，是全省乃至全国人口老龄化程度最高的城市之一"[①]。近几年，随着城市的快速发展，人口老龄化问题逐渐显现出来，年轻的威海也遇到"老"问题。目前全市有敬老院61处，各类老年公寓22处，各类养老机构拥有床位1.3万个，全市入住各类养老机构的老年人为6749人，仅占老年人总数的1.3%。在顺应老年人心理需求的前提下，突破传统养老模式，构建高品质综合型老年社区并提升其操作性，无疑将有力缓解老龄化加剧下的社会压力，这正是本文尝试探索的所在。

1　我国老年社区的兴起与发展

老年社区是近几年悄然兴起的一种全新养老理念和住宅开发模式。它在传统居家养老、养老院、老年公寓的逐步发展基础上，在现代社区兴建过程中植入养老理念和功能，是集养老医疗、文化娱乐、健身服务等配套功能于一身的综合型老年居住社区。

1.1　老年社区兴起的根本原因

我国老年社区兴起主要有四大根本原因：老龄化社会的来临、经济的发展、家庭结构的变化、观念的变化。

1.1.1老龄化社会的来临

目前中国60岁及以上老年人口达1.78亿人，占总人口的13.7%，占到世界老年人口的1/5，中国只用27年就完成了发达国家历时45年才能完成的过程。2014年中国将进入人口老龄化迅速发展时期，据估到2050年，山东60岁以上老年人将达34.97%，平均3人中就会有一个老人[②]。庞大的老年群体意味着会给社会、经济、政治、文化等方面带来深刻影响，相应的养老、医疗、社会服务需求压力也将增大。

1.1.2经济的发展

随着社会经济的发展、现阶段高收入人群的增加，未来老年人财力增强也将得以凸显，其自购房安度晚年成为可能；另一方面，高收入人群的低龄化、年轻一辈收入的

---

① 年轻的城市遇到"老"问题[N]. 威海晚报，2012.09.09.
② 山东65岁以上空巢老人9成需要居家养老服务[N]. 齐鲁晚报，2012.10.23.

增加，为给长辈购房提供物质基础。2000年我国离退休人员约为6000万人，可用于购买老年用品和服务的支出已达4000亿元人民币。未来老年人收入水平的提高，将为老年社区产业提供强大的消费支持。

1.1.3 家庭结构的变化

中国多代同堂的家庭结构在不断变化，小型"三口之家"比重在不断上升。由于计划生育政策的实施，目前4-2-1的供养关系不断增加，使中间一代承受压力很大，家庭矛盾也随之增加。目前老年人更多关心生活质量的提高，而不愿和子女同住，独老户的比重不断上升。

1.1.4 社会观念的转变

随着时代的发展，中国人养儿防老的观念正在发生变化，特别是文化程度较高、月收入中等以上、身体健康的老人，对子女的依赖性减弱、独立性增强，不再盲目地和子女挤在一起，而去寻找适合自己居住的空间，对老年住宅的认同感增加。随着观念的变化，对老年住宅的需求将快速增加。

1.2 老年社区的发展

1.2.1 普通型养老院

在改革开放前的养老院，主要为年老体衰的孤寡老人，自己愿意或被动员住进养老院。改革开放后的养老院虽有新发展，但是数量少水平低，多为三四个老人甚至六人合住一间房，个人套间较少普及。另外生活服务、医疗服务以及伙食水平等条件大多处于较低档次。

1.2.2 医护型养老院

通常指丧失自理能力的介护老人适用的养老院，养老院对这些老人进行24小时医护，包括吃药打针、穿衣吃饭、大小便、洗脸洗澡直至睡觉翻身。我国目前还没有专门的医护型养老院，多为在普通养老院中分出几间房24小时照顾生活不能自理的老人，使之兼有医护型养老院的职能。

1.2.3 老年公寓

随着社会经济发展，专供老年人集中居住，符合老年体能心态特征的公寓式老年住宅出现了。它多出现在普通住宅小区中，根据老年人居住要求设计，绝大多数为一室户和二室户，可租可售。老年公寓以个人经济收入缴纳公寓各项费用为主，与福利救济型的养老院等已经呈现不同的档次。

1.2.4 老年社区

近几年，老年社区悄然兴起，以老年人为主要居住和服务对象，成片开发建设，其方式为居家养老，这也是区别一般地产开发的重要因素。其中专门为老年人设置医护保健、家务服务、社会交往和文娱体育活动等设施，服务及时周到。

1.2.5 养老地产

随着物质水平攀升、老龄化人口的骤增、地产行业的成熟，人们养老意识的不断加强，对老年生活品质的要求已不能被普通老年社区所满足。未来的高品质养老地产不再只有单一的养老功能，而是与现在所倡导的"5+2"生活方式结合，融合养老和家庭悠闲于一体，创造"合家欢"的亲情时光。

2 威海新建安养社区概况

威海安养社区南海福邸，位于文登市南海新区，占地面积约12.3公顷，建筑面积近15万平方米。作为中国长寿之乡，文登造就了东方养生之都的美誉。社区周边1公里范围内拥有稀缺的天然氧吧万亩黑松林和滨海资源，为打造世界级安养圣地提供了得天独厚的自然优势（图1、图2）。

图1　南海福邸鸟瞰图

图2　南海福邸平面图

社区建设根据老年人需求打造核心功能体系和设施，但同时以家人温馨亲情的诉求为线索，在规划上导入安养度假概念，将社区从单纯性养老社区向悠闲康乐的安养社区转变。

2.1 规划设计要点

2.1.1 "居家养老"为主的产品类型

市民政局的抽样调查显示，绝大多数老人选择居家养老。在产品类型选择时，重视居家养老的可实现性，根据老人不同需求在社区中配备了多级居住产品。本次社区建设所做调查问卷中（详见附录），多数受访中老年群体选择一居或二居室、70平方米以下的养老居住面积，因此设置了老人专用一居室户型（部分可拆解为二居室）、为亲友探访预留的二居室户型、可合并的老少户户型、专业安养公寓等产品类型，方便老年人根据不同的居住习惯、身体状况需求来选择（图3）。住宅电梯满足单架使用，每个户型设置较大阳台，满足老年人生活起居习惯；走廊净宽可为轮椅顺利通过，并沿走廊布置扶手；卫生间、厨房都采用全明设计，在生理习惯上满足老年人使用要求。

· A户型建筑面积约45平方米（一居室）；
· B户型建筑面积约55平方米（一居室，可自行拆解为二居室，如B'）；
· C户型建筑面积约70平方米（二居室）；
· 使用过程中可AB合并、CB合并组合为老少户户型。

图3 典型住宅户型平面

2.1.2 符合老年人心理感受的室外活动场地

老年社区的室外活动场地不同于其他住宅项目，它更重视其在尺度形式上对老年人心理感受的影响。通常一般小区常采用长直轴线的空间处理，这种尺度往往容易令老人迷失，不易被其熟知掌握。为方便老年人进行散步休闲等日常活动，可采用"中心场地+分组团场地"的形式，利用组团间楼栋和绿化的亲切化围合，形成老年人容易熟悉、亲切的场地环境。

南海福邸室外活动空间的组织设计，以"一湾、两轴、多园"为主线，将开放动态空间和半私密静态空间相结合，适应老年人不同活动需求。"一湾"（图4）指的是结合中心广场、水景绿化、老年人门球场及半室外泛会所，共同打造社区15亩大型中央景观公园，为老年人提供大型集中健身休闲场所；"两轴"即贯通南北的景观步行道和主入口对景轴线，500米蜿蜒曲折的养生步道，步移景异易被老年人掌控，适合老年人体验悠闲散步的生活格调（图5）；"多园"在景观步行系统分支基础上，利用楼栋绿化的围合，打造符合老年人心理感受、各具特色的组团级亲切化场地（图6）。

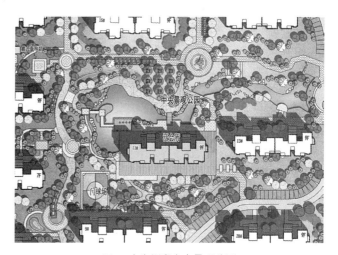

图4 南海福邸中央景观公园

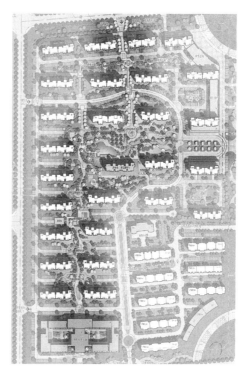

图5 南海福邸500米养生步道

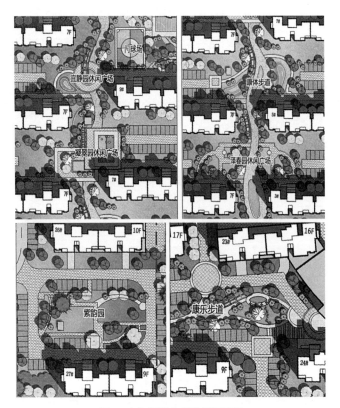

图6　南海福邸多样化组团园区

图7　安养公寓位置示意

2.1.3社区场地分担多样活动功能

在老年社区建设中，室外活动场地的安排不同于一般住宅项目，应考虑老年人体力的局限，方便其就近开展多类型活动。因此，南海福邸社区在考虑老年人活动场地安排之时，除社区中心安排大型集中活动场所、500米散步道贯穿全社区外，各组团级场地穿插建设多类型的小广场，均承担多样的活动功能，如棋牌、健身、休憩、照看儿童等，将不同功能均匀布置在各个组团中。

2.1.4专业老年设施嵌入社区中

目前，在许多常规社区中嵌入老年设施，较适合于现阶段的需求。例如在社区中可嵌入老年公寓或者老年护理中心，既可保证子女与老人的居住独立性，又方便两者比邻照料，同时也可选择老人就近护理或者由护理中心入户照料独自在家的老人。另外注意应将老年设施靠近社区出入口设置，首先方便老人紧急外出就医，其次便于外来子女探视不必穿行社区。

南海福邸社区在全面考虑常规居住单元符合一般老年人使用要求外，还在靠近城市主干道、社区次入口处设置专业级老年安养公寓（图7）。除基本居住单元外，其功能涵盖颐养健康护理服务、候鸟式养老服务、立体式生活配套、文化娱乐活动专区等。根据自理、介助、介护不同老年人的身体状况，提供相应系统化养生、居住、娱乐和护理服务。

2.2 社区养老配套设施

在整体规划充分考虑老年社区设计要点的基础上，南海福邸社区更将针对老年群体提供相应的养老设施硬性、软性配套服务。

2.2.1养老硬性配套设施

南海福邸的养老硬性配套设施主要体现在其强大的多功能复合的社区公共服务系统上，分别包括专业级别的安养公寓、半室外泛会所、养生会所，三者合理分配社区服务半径，保证硬件设施服务均享性。

（1）安养公寓

安养公寓整体呈退台式布置，通过南北向的走廊及公共服务空间，有效地将南北两侧公寓单元联系在一起，并形成尺度适宜的景观内庭院（图8）。功能布局完善，包

图8　安养公寓效果图

括医疗保健区、娱乐活动区、居住单元区以及公共服务区（图9），真正实现"管健康、管快乐、管生活"，为老年人提供周到完善的服务；考究人性化细节，公寓内部采用无障碍设计，方便老人安全到达所有公共空间，在每个居住单元区域内都设有护理中心，24小时为老人提供及时的医疗服务；户型的设计充分考虑老年人生理特点，整体风格温馨简洁，南向采光阳台，室内轮椅回转空间等，深入满足老人的舒适安全需求。

图11 养生会所效果图

图9 安养公寓首层平面

（2）半室外泛会所

在社区中心靠近中央广场水系的位置，利用住宅首层架空设置半室外活动场所——泛会所（图10），功能包括兴趣活动室、棋牌室、图书室、休闲茶座等，结合中央健身广场、老年门球场以及风雨廊、健身器材等休闲设施，为老年人提供丰富的集中休闲活动健身场所。

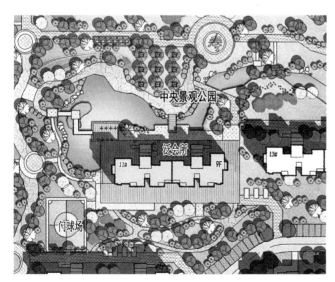
图10 泛会所位置示意

（3）养生会所

养生会所立面采用富有中式韵味的屏风式幕墙

（图11）。它以满足老年人身心健康为出发点，为其提供全方位安养服务——生活服务系统，以满足老年人心理健康为出发点，提供多项休闲娱乐服务，如老年大学、交友中心、书吧、影音室等设施；健康服务系统，以满足老年人身体健康为出发点，提供多项健康护理服务，如医疗专家坐诊、定制护理服务、体质监测中心、药膳调理室等设施；物业服务系统，以老年人生活便利舒适为出发点，提供私人管家、生活定制、代租代管、居所季度清扫等多项特色服务。

2.2.2养老软性配套设施

南海福邸的养老软性设施主要体现两大方面，一是符合老人认知感受的社区外在氛围，二是为老年业主健康提供的系列性人文关怀，使安养于此的老人们由外至内体会老年社区的专业保障。

（1）符合老年人认知感受的社区外在氛围

社区选用符合老年人审美特点的中式基调。在建筑上，底部设计采用纯粹的垂花门、石鼓、冰凌窗等元素，顶部以中式建筑特有的硬山坡屋顶与底部呼应，体现现代中式丰富的细节美感；在色彩的使用上，顺应老年人心理感受，以砖红暖色调为主，添加灰砖、暖构件等，使得建筑更加宜人亲切（图12）。

在景观陈设上，运用传统中式风格中的障景、漏景、点景等手法，融入仙鹤、荷花等寓意祥瑞的小品元素，配以海棠、银杏、石榴、松树等不同特色的植物，给人以静心舒心、气息清新的感官享受（图13）。

（2）为老年业主健康提供人文关怀

养生会所和安养公寓将为老年业主设立健康系统和家庭物管服务，包括建立业主健康档案，提供健康生活指导；上门护理诊疗、代约专家会诊、陪同体程；提供入户家政服务、事务代办、提供专业营养配餐等。另外社区将建设智能化控制系统，配备电子可视设备、无线求助定位系统、家中智能报警仪器等，应对老人突发疾病和其他服务。

图12　南海福邸中式住宅南、北效果图

图13　南海福邸景观意向

同时，社区将为老人提供丰富的精神文化生活，体现在设立老年大学，组织老年人趣味运动会、农场采摘等集体活动，为老人举办生日节日聚会、金婚纪念会等，以此营造社区大家庭温暖和睦的氛围。

3　小结

老年社区在我国是新兴事物，本文谨以威海南海福邸社区的规划设计为例，旨在通过多层面的研究和探索，提出适应于当前国内社会趋势下综合性老年社区建设模式的浅见，缓解老龄化社会问题，为老人提供悠闲康乐、颐养天年之所。

参考文献

[1]　穆光宗. 中国都市社会的养老问题——以北京为个案[J]. 中国人民大学学报，2002，（2）.
[2]　周燕珉，陈庆华. 日本老年人居住状况及养老模式的发展趋势[J]. 住区，2001，（3）.
[3]　马光，胡仁禄. 老年居住环境设计[M]. 北京：东南大学出版社，1995.
[4]　詹林. 老年人社会心理行为与老年住宅设计[J]. 住宅科技，2003
[5]　桂世勋. 独生子女父母年老后的照顾问题[M]. 上海：华东师大出版社，1996.

作者简介

袁小棠（1985.01-），女，硕士研究生，青岛北洋建筑设计有限公司，助理工程师，E-mail：xiaotang0807@163.com。

李文灿（1979.10-），男，大学本科，青岛北洋建筑设计有限公司，主任规划师、工程师。

王拓（1978.11-），男，大学本科，青岛北洋建筑设计有限公司，部门主任、高级工程师。

山地城乡统筹规划实践研究
——以贵州省兴义市为例

张东升 方健

摘 要：本研究通过兴义市城乡统筹规划实践，分析兴义市山区特色，探索山区城乡统筹的路径问题。注重由过去片面注重追求城市规模扩大、空间扩张，改变为以提升城乡文化、公共服务等内涵为中心，真正使城镇、农庄成为具有较高品质的适宜人居之所。通过实施生态保护乡村有责，生态效益为乡村所用的生态优先战略，贯彻外引内聚、南北有别的差异化战略，打造公共服务生活圈，方便农民生活的设施配套战略，发挥山区特色、民族特色，实现乡土文化延续的特色塑造战略，倡导乡村人口的有序、合理、高梯次转移，保障农民权益，以基础设施建设和社会公共服务设施建设为导向，提高城乡居民生活品质，推进生产要素与人口在城乡之间自由流动。

关键词：山地；城乡统筹；城乡规划

习近平总书记在健全城乡发展一体化体制机制第二十二次集体学习中强调，全面建成小康社会，最艰巨最繁重的任务在农村特别是农村贫困地区。要努力在统筹城乡关系上取得重大突破，特别是要在破解城乡二元结构、推进城乡要素平等交换和公共资源均衡配置上取得重大突破。城乡统筹规划处在城镇体系规划层面，兴义市城乡统筹发展总体规划定位为兴义市城乡空间总体发展纲要，是战略性、综合性的规划。城乡统筹规划应具体落实国家、省、市有关城乡统筹发展、新农村建设的方针政策，从城乡统筹角度体现规划的公共政策属性。本规划从城乡联动和城乡公平的视角研究发展问题。统筹城乡发展是在改革开放的关键时期对传统城镇化道路的反思，统筹城乡发展意味着自上而下与自下而上两种力量共同建设城市，发挥城乡的双重推动力；统筹城乡发展不是单纯的城市反哺农村，工业反哺农业，而是通过新的发展路径，盘活农村的存量资产，推进城镇化的进程。

贵州省经济发展水平低于东部沿海地区，山区农村经济发展更是滞后于城镇，从生态保护角度来看，兴义市依托优美的生态环境优势，地处珠江上游，是珠江上游重要生态屏障。从人居环境来看，兴义市依山傍水，生态优良，气候宜人。从公共服务领域来看，兴义市城乡公共服务设施、基础设施差异较大。因此，本研究分析兴义市乡村发展的基础条件，从城乡统筹的动力机制上着手，研究乡村发展要素的促动，从农民权益保障着手，研究农民生活品质的提高。

1 研究区域概况

兴义市国土总面积2908.2平方公里，总人口88.3万人，包括8个街道办事处、16个镇、5个乡、33个居委会、184个村委会。经济基础较好，2010年，GDP141.7亿元，人均2715美元，财政收入12.8亿元。综合经济位于西部百强县前列和贵州省20强县前列，是黔西南产业高地。2001年在中国西部百强排名第53位，2006年以后位次不断上升。因此，兴义被确定为贵州省城乡统筹发展综合配套改革试点。

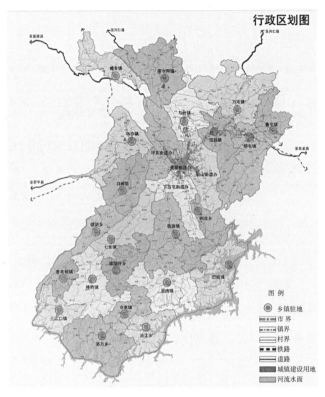

图1　兴义市行政区划图

图2　兴义市市域南北差异图

2　山区城乡统筹的基础与障碍

兴义市地处西南山区，珠江上游，生态保护与区域发展的矛盾突出。城乡统筹的障碍主要体现在受山区地形影响，人口、资源分布地域差异显著，基础设施、公共服务配套交通配套地域差异显著。

2.1　人口、资源分布南北差异明显，城乡统筹的基础南北分异

根据兴义市地域特点，将全市划分为低山丘陵、石山半石山以及沿江土山三大地区（图2）。低山丘陵区经济水平较高，是兴义市财政收入的主要来源，占全市财政收入的87%，虽然人口百分比是63%，但人均财政收入几乎是石山半石山区的三倍，是沿江土山区的32倍多（表1）。

表1　兴义市三地区综合经济状况

分区	国土面积百分比（%）	人口百分比（%）	财政收入百分比（%）	人均财政收入（元/人）
低山丘陵区			87	2231
石山半石山区			12	795
沿江土山区			1	68
合计			100	1630

由于南北地区的地形、资源、交通差异明显，导致南部地区人口稀少、以原始的商贸职能为主，经济发展缓慢；北部低山丘陵区是兴义市人口、经济集中区域，除商贸职能外还拥有较好的工业基础。从资源承载力来看，市域南北差异较大，北部资源承载力明显较强。

2.2　人口老龄化问题与经济布局错位、未富先老是城乡统筹的首要障碍

2001～2010年，总人口年均增长率19.4‰，户籍人口年均增长率14.4‰，总人口增速高于户籍人口增速，人口迁入大于迁出。说明兴义市在区域发展中具有优势。但人口分布北密南疏，老龄化情况南重北轻。2010年，市域常住人口88.3万人，其中户籍人口81.3万人，暂住人口7.0万人。市区一顶效一马岭一鲁屯一万屯一乌沙一白碗窑形成全市人口密集区。

兴义市已步入老龄化社会阶段，老龄化程度南北差异显著。2010年，老年人口系数（60岁以上人口比重）11.8%，少年人口系数26%，老少比为45.4%，年龄中位数为30岁以上，属于老年型社会。从空间分布上，南部地区人口老龄化程度更为严重。人口稀疏的南部地区经济落后，人口老龄化严重，实施城乡统筹对于南部地区压力更大（表2）。

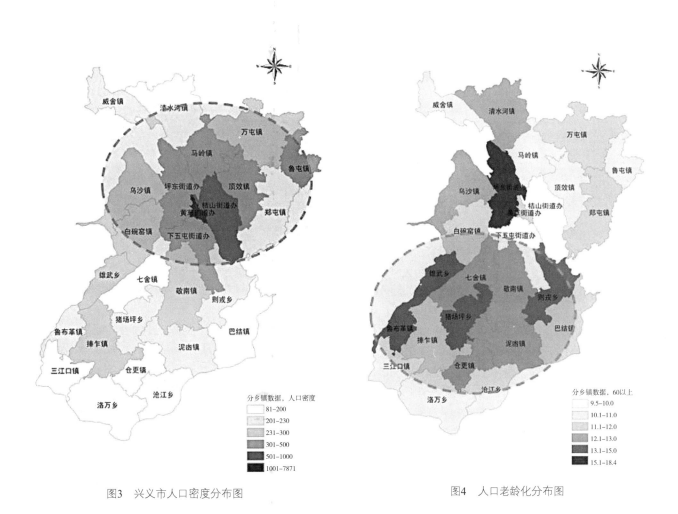

图3　兴义市人口密度分布图　　　　　　　　　　图4　人口老龄化分布图

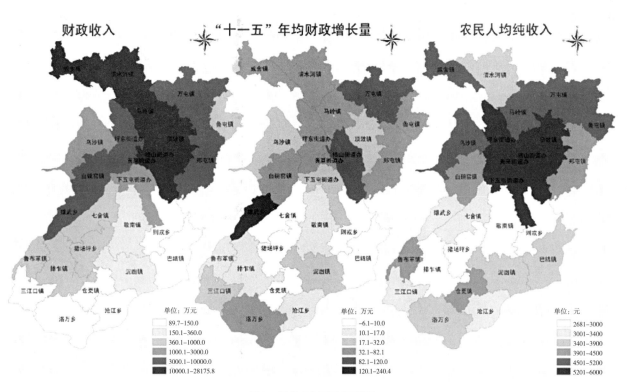

图5　兴义市经济布局概况

表2　人口年龄结构

类型	老年人口系数	少年人口系数	老少比	年龄中位数
年轻型	5%以下	40%以上	15%以下	20岁以下
成年型	5～10%	30～40%	15～30%	20～30岁
老年型	10%以上	30%以下	30%以上	30岁以上
兴义市	11.8%	26%	45.4%	30岁以上

2.3 居民点分布分散、住户更分散，乡村统筹如何便民成为棘手的难题

总体来看，居民点分布南北差异明显，北部低山丘陵区居民点相对集中，发展条件较好；中部石山半石山区居民点极度分散，石漠化较严重地区发展条件较差；沿江土山区居民点分布散，地质灾害较多。

兴义市作为西部强县，2010年农民人均纯收入仅为4651元，低于全国的5153元。经济落后导致一系列问题，比如由于村庄建设活动缺乏有效地控制和引导，居住点分布散，农村社会公共服务设施和基础设施配置更为困难，加之教育、养老、医疗等保障滞后，这成为山区城乡统筹最大的障碍。许多村庄具有良好的自然景观和丰富的旅游资源，且有一批保留较好的非物质文化遗产村落、特色村寨，但缺乏有效的开发与保护。

图6　兴义市居民点分布分散

2.4 生态保护压力大，土地开发面临瓶颈

兴义市森林覆盖率达40%，是珠江流域重要的水源涵养区，但石漠化面积占市域总面积的27.9%，石漠化被称为土地的癌症，单依靠农业发展难以实现区域经济的突破。兴义市地处峰林地带，地形起伏大，25°坡度以上区域占总面积的20%，城市建设应属于禁建区、退耕区；但是现状城乡建设用地，特别是大量村庄建设用地分布在这一区域。

2.5 农村上学难、就医难

农村缺乏幼儿园，多数农村儿童处于无园可入的状态。学前三年入园率不足10%，学前教育无法保证。农村地区地广人稀、生源分散，小学规模小，麻雀学校多，有相当数量的4班或6班小学，学生数仅为几十人。小学设施差，校舍简陋，硬件配备不达标，缺少食堂、操场、宿舍等配套设施。小学生上学远，部分学生上学单程需步行2个小时以上。究其原因，主要是由于城乡经济发展不均衡，城乡教育资源分配不平衡；农村地广人稀、生源分散的现状决定了农村办学难以达到规模经济，办学成本高。

医疗问题主要体现在看病贵、看病难。看病贵，农民人均纯收入水平低，难以承担医疗费用。看病难，卫生资源配置不平衡，卫生资源过于集中在城区，基层卫生机构技术力量薄弱。乡镇卫生院发展滞后，大多数乡镇卫生院仅能提供基本门诊医疗服务。基层卫生室条件简陋，卫生室服务质量及服务水平低，与群众医疗需求不相适应。基层医技力量不足，村级卫生室绝大部分都是个体行医，财政投入少。

3　兴义市城乡关系发展阶段判断与目标确定

3.1 城乡发展阶段判断

我国城乡发展情况基本可以分为城乡融合、城乡分离后期、城乡分离前期、乡育城市后期四个阶段。

乡育城市后期代表城市为巴中，基本特征是区域经济非常落后，工业化和城市化水平都很低，尚处于工业化起步阶段；城乡差异不大，处于低水平的均衡状态；落后的

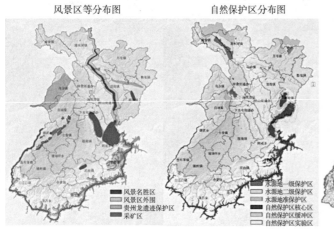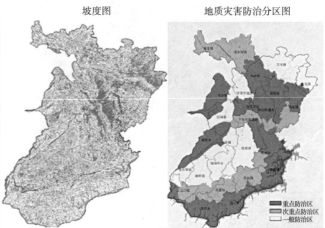

图7　生态保护要素图

城市和落后的乡村并存。城乡分离前期代表城市为重庆，基本特征是区域经济水平较落后，工业化和城镇化水平较低；城乡差异较明显，处于城乡差异扩大阶段；当前城乡关系矛盾的核心是较为发达的城市和落后的乡村并存，但市区自身不强，对乡村的带动能力有限；兴义市基本位于这一阶段。

城乡分离后期代表城市是成都，基本特征是区域经济较发达，工业化和城市化水平较高；城乡差异较明显，但处于城乡差异缩小阶段。城乡融合代表城市是苏州，基本特征是区域经济非常发达，工业化和城市化水平都很高；城乡差异不明显；以城市社会为主体（表3）。

表3　城乡发展阶段分析

城乡关系发展阶段	代表城市	第二产业人均GDP（万元）	城镇化水平（%）	城乡收入比	城乡人均GDP比值	城乡人均医院床位数比值
城乡融合	苏州	4.9	66.3	2.0：1	1	1.2
城乡分离后期	成都	1.6	55.6	2.6：1	2.7	2.4
城乡分离前期	重庆	1.2	51.6	3.3：1	3.8	2.2
兴义		0.7	47.3	3.2：1	3.2	2.2
乡育城市后期	巴中	0.2	29.2	3.2：1	1.1	0.8

3.2 统筹目标

兴义市城乡发展的总体目标是城乡关系以向城乡融合阶段发展为总目标，建设贵州省城乡统筹发展示范区，西南地区新的经济增长极，区域生态安全屏障。规划实现乡村发展的突破；实现乡村基础设施、公共服务设施配套完善、运转高效、便捷城乡；实现乡村公共服务有质的提高，切实保障农民生活。

4　城乡统筹战略

4.1 生态优先战略：生态保护乡村有责，生态效益为乡村所用

兴义市生态空间主要分布于乡村地区，作为珠江上游生态屏障，需要有合理的生态保护格局，优良的生态环境可以塑造大量旅游资源，乡村地区旅游开发收入应列入三农资金库；此外，根据国家生态补偿条例，应享受生态补偿政策，补偿的方式和数量需要依法确定，但核心是要用到农民身上。

区域生态安全格局是由确保区域内水环境安全为首要出发点的生态保护格局，由尺度较大的绿色开敞空间、尺度中等的生态斑块，以及联系绿色开敞空间和生态板块的绿色廊道组成。区域生态安全格局建设的根本载体就是区域绿地。本规划区域生态安全的构建也是基于"区域绿地——生态斑块——生态廊道"的出发点。区域绿地规划按照深山区、山前区、城镇区分层别类圈层布局；重要生态区域作为生态斑块严格保护，通过生态廊道加强生态防

图8　兴义市生态安全格局图

图9　兴义市绿道网规划

护，确保生态安全；从地域上看是农村包围城市的城乡一体化生态安全格局。此外，兴义规划为百万人口城市，需要有游憩空间，为了加强城市与乡村的生态联系，规划绿道网络，为城乡居民所用。兴义市规划郊区绿道4条线路，总长度130公里，24个休息站。

4.2 城镇化战略：贯彻外引内聚，南北有别的差异化战略

规划注重由过去片面注重追求城市规模扩大、空间扩张，改变为以提升城市的文化、公共服务等内涵为中心，真正使城镇成为具有较高品质的适宜人居之所。分析表明，兴义市城镇化发展的动力主要体现在以下四个方面：区域商贸物流、工业化是兴义市城镇化的核心动力；人地矛盾与城乡差距是兴义城镇化的根源动力；城镇扩展和新区建设带动兴义城镇化迅速提升；行政区划调整明显促进了人口城镇化。

鉴于此，兴义市应该实施南北有别的差异化战略（如下图）。第一，中心提升，积极整合市域内优势资源，推动腹地空间拓展，提升区域地位，加快城市中心服务功能的培育。对外应提升城市魅力，吸引黔西南州乃至更大范围人口向兴义积聚；对内需要积极促进农村地区人口向城镇集中，壮大城镇规模，提升规模效益。第二，北部突破，以清水河、威舍、马岭、郑屯、万屯等工业园区发展为依托，抓住贵州省实施工业强省战略、建成100个工业园区的发展机遇，整体构筑北部城镇产业板块，带动城乡功能发展实现新突破。第三，南部保护，退耕还林，加强生态保育，适度发展旅游。市域南部以农业产业化发展为动力，促进人口向城镇集中，向北部城镇转移。

4.3 设施配套战略：打造公共服务生活圈，方便农民生活

公共服务的分级辐射能力逐步消减，级别越多消减率

越高，因此规划按照"中心城区——中心镇——社区服务中心"三级进行服务设施布局，积极引导公共服务功能由城镇向农村延伸。

以社区服务中心为核心，构建乡村公共服务生活圈：通过对相邻的乡镇实行弱弱联合、强弱搭配，形成地域空间更大、人口数量更多的区域，弱化区域内的镇级公共服务设施，在其中的重点乡镇集中力量打造上规模、高等级的公共服务设施，形成以重点乡镇公共服务中心为龙头、社区公共服务中心为基础的两级公共服务体系，打造一般需求有社区基层服务设施、高级需求有重点乡镇服务设施的一小时公共服务生活圈。

具体而言，以城市和重点镇为依托，组织构筑城乡生活圈，分为城市生活圈和基本生活圈。城市生活圈通过完善路网结构，达到通勤距离在30~40分钟以内；生活圈内居民享受城市提供的各项公共服务。基本生活圈在每个基本生活圈内从工作、居住、休闲、就学、医疗等人的基本需求出发，配置社会服务供给系统；每个基本生活圈人口规模2~5万人。

4.4 特色塑造战略：发挥山区特色、民族特色，实现乡土文化的延续

为实现公共服务生活圈的配套实施，需要根据农村生产活动方式的要求选择生活圈中心，方便基层政府以新型农村社区为中心提供基本公共服务和社会管理。生活圈中心的选择不仅要尊重科学，尊重自然，确保安全和民安，更需要保护历史文化村寨，特色村寨。规划提出，乡村发展要避免大拆大建，充分发挥地方民族特色、资源特色，完善城乡基础设施，提升改造城乡人居环境。依托山区特色，民族特色和自然环境，发展休闲、生态、观光、旅游

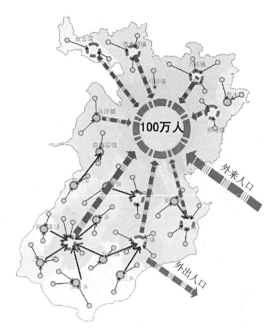

图10　人口城镇化模式

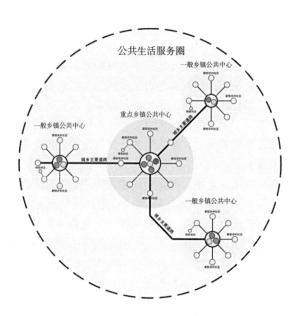

图11　公共服务生活圈示意图

服务等产业，建设为有特色的、适应当地文化的居住地。

5 小结

本研究通过对兴义市城乡统筹发展障碍的分析与研判，提出了生态优先战略、差异化发展的城镇化战略、打造公共服务生活圈的设施配套战略、特色塑造战略四大城乡统筹战略，以保障农民权益、提升农民生活质量为根本出发点，以基础设施建设和社会公共服务设施建设为载体，推进生产要素与人口在城乡之间自由流动。乡村地区的发展是一个综合的社会课题，与社会经济发展阶段、政策、民意诸多要素紧密关联，实现城乡统筹，特别是贵州山区的城乡统筹还任重道远，不是仅仅依靠规划能够解决的问题，需要政府、民众、社会各界共同努力。

作者简介

张东升，男，硕士，山东省城乡规划设计研究院，注册城市规划师，高级工程师。

方健，男，本科，山东省城乡规划设计研究院，高级工程师。

校企合作机制下的职业教育校园改扩建规划设计浅析
——以济宁职业技术学院规划设计为例

陈海涛

摘 要：职业教育是国民教育体系和人力资源开发的重要组成部分，肩负着培养多样化人才、传承技术技能、促进就业创业的重要职责。近年来，我国职业教育得到了快速发展，但同时也带来了办学结构、建设资金、校园规模、学生培养及就业等方面不能满足社会经济发展的需求；同时校园因不同时期的建设，建筑布局混乱无序，建筑造型风格多样，缺少和谐统一的校园环境，校园建设没有特色，不能可持续发展。针对以上问题，本文以济宁职业技术学院的改扩建规划为例，对职业教育类校园特色营建、完善办学体系、促进可持续发展等做了初步探讨，为今后其他同类设计提供参考。

关键词：职业教育；改扩建规划；校园特色营建；可持续发展

1 校园建设理念

1.1 知行合一：产学研一体化校园设计

加快构建现代职业教育体系：该校成立济宁职业技术学院校企合作委员会，有效推动校企深度融合，打破职业与教育、企业与学校、工作与学校之间的藩篱，使职业院校与行业企业形成"合作双赢"共同体，形成产教良性互动的"双赢"局面。另外加强专兼相结合师资队伍建设，形成与现代学徒制相适应的"校企共同、学岗直通"人才培养模式和教学管理与运行机制。在人才培养定位、人才培养方案制定、课程体系构建、课程标准制定、项目化教学设计与改造、课堂教学设计等方面形成了良好的教学管理体系。济宁市经信委则充分发挥资源优势，为校企双方搭建平台，提供信息资源，促进校企双方共同发展，积极推进工学结合的人才培养模式改革。

激发职业教育办学活力：建立合作企业兼职教学督导员队伍是济宁职业技术学院完善"双线监控、三级管理、四方评价"质量保障体系的有效措施，企业兼职督导既是学生实训实习的指导者，又是学生实习实训质量的监督者。校企教学督导定期进行交流，对于进一步加强名校建设、改进教学方法、提升该院人才培养质量发挥了重要作用。实行现代学徒制理念的教育发展模式，充分利用学校与企业、科研单位等多种不同教学环境和教学资源以及在人才培养方面的各自优势，把以课堂传授知识为主的学校教育与直接获取实际经验、实践能力为主的生产、科研实践有机结合。

校园建设的产学研一体化发展：济宁职业技术学院在校园西北角规划一组产学研综合楼，由学院和企业合力投资建设，企业出资建设，学院提供建设用地，双方以服务企业，满足产业需求，提高教学质量和科研水平，提升创新能力为目标，充分利用院校的技术、人力等资源以及先进成熟的技术成果，利用企业的生产条件，提高学校的科研能力，将科研成果尽快地转化为生产力。双方发挥各自优势，通过多种形式开展全面合作，共同构建产学研一体化的创新体系，建立产学研长期合作关系，形成专业、

图1

图2

产业相互促进共同发展，努力实现"校企合作、产学共赢"。

新规划的产学研综合楼既是传授知识的课堂，又是科研机构，也是实训企业，实行校企合作机制和实践与理论相结合的全新理念，采用"理论—实训一体化"的大跨度专业教室，而单一的理论教室结合图书信息中心设置，不再单独设计教学楼。专业教室根据知识点的不同，进行个性化布置，一侧布置多媒体教学，一侧布置实训车间，达到教学媒体和实习设备紧密结合。教学媒体和实习设备齐全，设备先进程度紧跟生产实际，完全满足教学需要及较高的设备利用率。

整个教学模式实现课程内容与职业标准对接、教学过程与生产过程对接、毕业证书与职业资格证书对接、职业教育与终身学习对接的产学研一体化校企合作新模式。从根本上解决学校教育与社会需求脱节的问题，缩小学校和社会对人才培养与需求之间的差距，增强了学生的社会竞争力。

1.2 资源共享：社会化智能校园设计

图书信息功能多元化：作为文献资源保障的图书馆，是高职院校整体办学水平的重要标志之一，也是全国示范性高职院校发展的子项目。因此，产教融合与校企合作下的高职图书馆，面临着服务转型的重要使命。高职院校培养的是高级技术型、应用型人才，要求学生参加实践活动，这就意味着学生一部分时间不在校内，不能以传统的方式利用图书馆，给学生的学习造成不便。高职图书馆可与手机移动阅读相互结合，打破传统图书馆受地域、馆舍、时间、载体等因素的限制，在时间、空间、内容上充

分满足学生的需要。

信息资源的社会共享化：图书馆的服务对象由单一的本校读者扩展到合作企业和社会的相关人员。通过与企业和社会建立密切合作关系，共建重点专业和学科方向的共享文献资源信息平台。该院与曲阜远东职业技术学院、济宁第一职业中等专业学校、微山县旅游局等签署结对帮扶签约协议，重点帮扶馆际互借、专业建设、师资队伍建设和实训基地共建共享等方面，利用其他高职院校、企业单位的数字图书馆藏和资源优势，来满足学生的培养需求，实现优势互补。同时实现信息服务导航工作，避免上网检索而造成的大量时间浪费。

校园图书馆建设：济宁职业技术学院紧跟国内知名高职院校的改革潮流，在校园西侧新建一栋图书信息中心，打造功能多元化的互联网+经验技术传播平台，实现大数据+资源的数字化共享，做好电子阅览室和多媒体信息服务功能，大力建设图书信息的无线网络服务，让使用者能够通过手机等电子设备随时随地的获取相关资源，面向社会、企业、互建、共赢！另外结合自己的行业特点，专业优势，形成全文数据库，最大限度地满足读者需求，最大限度地参与学校的实习实训平台建设，在馆内整合图书、模型、实物，建立示范性展览厅和模拟操作现场，用户在图书馆一边查阅资料，一边进行工业流程的模拟操作，实现查阅资料与实践相结合，达到教育培训的知行合一。

1.3 鉴古融今：传承文化校园设计

济宁职业技术学院坐落在山东省济宁市。济宁历史悠久，文化积淀深厚，有博大精神的儒家文化，兼容并蓄的运河文化，忠义豪放的水浒文化，浪漫唯美的梁祝文化等，源远流长，同时与现代文明交融辉映、相得益彰，具有浓厚的地方特色。这里地理位置优越，绿树成荫，环境优雅，是读书求知的理想境地。丰厚的文化底蕴成为我们取之不竭的构思源泉，规划方案从人文精神的物化形态

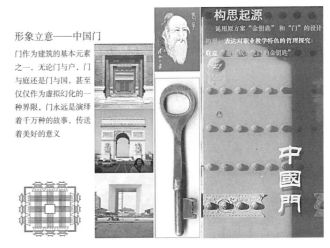

图3

里提取设计构思要素和空间场地形态，将"金钥匙"和"门"这两个构思要素运用到规划布局和建筑设计中，结合现代的设计理念和手法，展现时代特色的同时传承历史文脉和文化内涵。使校园不仅是传授知识的殿堂，更是精神交流的场所。打造以人的发展和素质培养为中心的开放式教育，强调科学理性和人文精神并重，学科之间互相交叉和渗透，培养创新性、应用型和复合型人才。使校园营造出充满理性、富有逻辑的精神特质及浪漫的人文精神的校园空间环境。

2 统一规划，可持续发展的校园布局

2.1 工程概况

校园位于济宁市区北部，汽车北站西侧，基地南到金宇路，北到新327国道，东邻建设路，西到共青团路，基地被中间的规划城市道路划分为南北两个地块。现状校园用地12.99公顷，位于规划城市道路南侧，用地较为平整，本次规划主要以改造为主；规划城市道路北侧地块为空地和水塘坑，北高南低，高差约3米，地形较为复杂。远期规划城市道路东西穿越地块，成为校园规划的不确定因素，规划中建筑预留退让空间。新地块的规划必须依附老校区的空间布局，延续原有设计理念。校园一期规划总用地28.20公顷，规划总建筑面积23.23万平方米；校园远期规划总用地约50.72公顷，规划总建筑面积约36.65万平方米，规划在校学生12000人。

2.2 规划构思

规划遵循校园可持续发展原则，结合高等职业院校的

发展趋势和办学特点，借鉴校园改建和扩建的成功经验，秉承"文化、科技、生态和可持续发展"的规划理念，挖掘济宁当地文化和职业教育的办学特色，以"开启职业之门"的金钥匙为设计构思，将"金钥匙"和"门"这两个构思要素运用到规划布局和建筑设计中，力争打造具有特色的现代化高等职业校园。对校园的整体建设进行有效统一和文化传承，使新旧校园形成一个有机整体，相融相生，可持续发展。

2.3 规划结构

本校园有两个独特的设计要点：一是如何解决不同时期校园用地扩张的规划衔接，便于校园分期实施；二是如何更好地实现新老校区的空间融合、功能协调及资源共享。基于以上考虑，结合"金钥匙"和"门"的设计构思，意寓一把金钥匙，开启两扇知识大门，确定了"一体添两翼，三门连多区"的规划布局结构。

一体：指现状校园和一期规划形成的金钥匙主体轴线空间，即贯穿校园南北的中轴线，统领整个校园空间格

"门"既是校园的门面、形象，也展现了校园发展的各个阶段

南门　　传承之门　　　起步阶段（起）

北门　　跨越之门　　　承上启下（承）

西北门　成功之门　　　转型升级（转）

西门　　崛起之门　　　名校风貌（合）

传承之门与跨越之门已建设完成，取得了良好的成绩，成功之门与崛起之门的打造及发展是本次规划的重点

图4

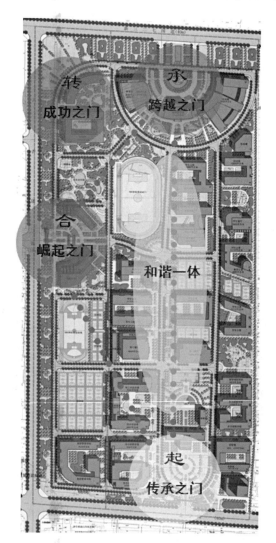

图5

局，有机联系新老校区，成为校园的核心空间。

两翼：指校园中轴两侧的原校园改造地块和新增校园建设用地，在满足校园主体教学功能的前提下，对老校区两侧现状改造提升，满足远期学校发展需求。

三门：指在校园不同的发展时期，形成的南、北、西三个学校大门，三个大门代表了学校发展的不同历史时期和阶段，展现了校园发展历史。

多区：新老校区内各功能区集中整合，以图书信息区和学生生活区分区为中心，向南北发散，形成了图书信息区、教学实训区、学生生活区、体育运动区和广场绿化区等多个功能分区。

2.4 建筑布局

根据现状南北高中间低的地形特点，在地势低洼、地质条件较差的区域布置400米运动场；在地势平缓的位置布置了教学及生活建筑，新老校园在整体设计上既有所呼应，又各具特色。以自由灵活的教学建筑群为主体，辅以规整的生活建筑院落，营造丰富的建筑组群和空间景观。建筑设计整体风格简约大气，注重细节处理，以深暖色调为主，局部点缀浅白色，建筑文化气息浓郁，大气稳重，具有较强的文化属性、归属感和识别性。

3 合理的道路交通系统

校园分别在金宇路、共青团路和新327国道上开设三个出入口，内部形成"三横、三纵、多环"路网结构，主路宽15米，次路宽7米，沿校园南北轴线和主要广场绿地上设置完整的步行系统，远期结合规划城市路预留过街天桥。另外规划结合校园出入口和主要建筑物布置机动车停车场，自行车则分散布置。

4 开放的绿地景观系统

在校园绿化设计上，整合现状校园绿地，充分营造中心生态绿带系统，强化校园南北向的中心生态绿化带，增加绿化品种，提高绿化质量。规划公共绿地比重为17.2%，平均公共绿地指标为5.6平方米。

校园景观规划主要以中轴为主体，结合沿路城市景观面设计，形成"内外兼修"的校园景观环境。沿周边城市道路均考虑建筑沿街景观和园林绿化开放空间的合理布置，让硬质建筑景观和软质绿化景观相辅相成，疏密相间，营造良好的大学校园形象。

5 总结

本项目充分挖掘了济宁市的历史文化内涵，传承了校园的原有文脉和发展肌理，使新旧校园相互融合，形成产学研于一体的多个组团式院落。既保证了合理的功能分区，又能适合校园的不断发展，为职业院校的改建、扩建，打造文化生态校园，完善办学体系，促进职业教育全面发展做出了良好的示范。校园已形成较为完整、优雅的环境，成为济宁市北部门户的标志性建筑景观群，丰富了城市空间和山水意境，为城市建设增加了亮点。

参考文献

[1] 王晓麟. 产教融合和校企合作背景下高职院校图书馆服务转型.
[2] 廖晓静. 高职数字图书馆建设发展相关问题的思考.
[3] 苏华. 高职图书馆的特色发展道路研究.
[4] 周和平. 在第三次全国数字图书馆建设与服务联席会议上的讲话.

作者简介

陈海涛，男，本科，山东建大建筑规划设计研究院，工程师。

济南东部新城经十路沿线山城一体空间构架研究

张宇　赵亮　吕大伟

摘　要：济南东部新城山体数量多且形态丰富，在规划建设中能够充分利用这一自然资源是打造城市特色风貌的有效途径。经十路作为东部新城东西重要轴线，两侧山城一体空间架构尤为重要。本文从济南东部新城山城一体形成机制及演进出发，对经十路两侧山体进行归类，针对不同类别的山体与城市的空间关系特点，分别提出空间控制策略，并从技术、政策方面对未来东部新城山城一体空间架构提出了展望。

关键词：济南东部新城；经十路沿线；城市设计；山城一体

1　济南东部新城发展概况

1.1　济南山体形成机制

济南市地处鲁中山地北缘和山前倾斜平原的交界地带，其南部为鲁中隆起，北部为济阳拗陷、淄博—茌平凹陷，地势南高北低，依次为低山丘陵、山前倾斜平原、黄河冲积平原，形成低山—丘陵—平原—涝洼的地貌结构。同时，由于济南古城南有山峦相拥，地势南高北低，其下为古生界寒武系、奥陶系石灰岩单斜构造，在古城周围有数条断层发育，形成地下水富集区的承压外溢。山、泉与城中湖大明湖相得益彰，形成了济南自古而今"一城山色半城湖"的城市特色风貌[1]（图1、图2）。

在2003年济南市"东拓西进"城市空间发展战略的指引下，城市空间逐步向东扩展，城市用地受地形地貌的影响，以老城区为核心向东西两翼延伸形成东西长、南北短的带状布局[2]。随着城市扩展，与山体的关系也从古时的"城望山"，历经"城倚山"而逐渐发展为如今"城倚山+城融山"（图3）。

1.2　东部新城山城空间概述

东部新城作为济南东部发展的腹地，随着近几年城市建设的不断投入已经初步形成规模，其西起二环东路，北至工业北路——老胶济铁路，东、南至中心城规划边界，总面积290.6平方公里。[3]新城建设主要沿经十路展开，形成

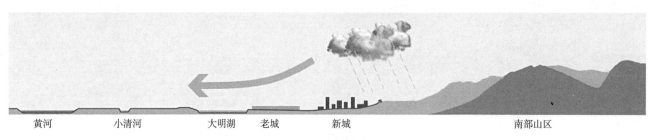

黄河　　　小清河　　　大明湖　老城　　新城　　　　　南部山区

图1　济南地貌概览

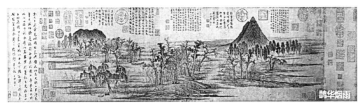

图2　济南自然山体风貌

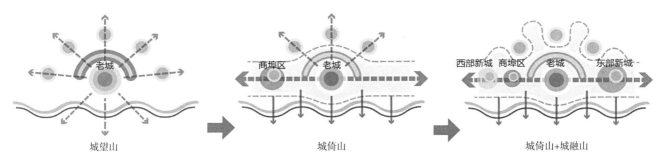

城望山　　　　　　　　　　城倚山　　　　　　　　城倚山+城融山

图3　济南山城关系演变

连接东西、辐射南北的城市发展带、社会发展带和生态景观带。

　　东部新城存在多处自然山体，其中南部多为连续山脉，北部为分散点状。自然山体是维持城市整体生态平衡、支撑城市经济社会持续性发展的基础，是"山、泉、湖、河、城"相融一体的济南城市风貌格局的重要组成部分。作为极具交通、景观意义的重要道路，经十路两侧规划建设应重视山体影响。本文以二环东路至邢村立交的经十路段为研究范围，探讨山城一体空间关系架构（图4）。

2　济南东部新城山城关系

　　山城关系的研究主要是对山城空间关系的提炼、解读，城市中的山体多种多样，在研究空间关系之前，应对城市山体进行归类，把握各类山体与城市之间关系特征，从而对未来建设中设计的不同山体做出针对性保护。我国已有学者进行过有关城市山体分类研究。郑雪玉根据城市山体的功能将其分为三类，分别为城市外围屏障的山体、城市格局构成要素山体和其他山体[4]。赖剑青、张德顺根据城市与山体的空间、生态、生活等相互关系，将城

市山体分为三类，分别为构成城市大背景的连绵山体、与城市建设相接地区的山体及市域内的城市山体[5]。本文从山体形态与经十路空间关系出发，将研究范围内山体分为点、线、群三类，并分别提炼与沿线城市空间的关系（表1）。

2.1　点状

　　点状的山体主要指距离经十路有一定距离的一座山峰，或者形态上集聚程度较大可充当一个整体的几座山峰。此类山体在研究范围内的"点景"作用比较明显，因此城市建设往往环绕此类山体进行，将其作为片区的景观核心。

　　点状山体一般体量相对较小，往往作为街区的景观焦点，也是沿经十路进行时的标志物，在经十路两侧城市用地扩张过程中，此类山体往往融入城市街区，形成"城融山"的空间关系，城市对其呈围合状态。

2.2　带状

　　带状山体指距经十路较近的连绵成线的若干山体组合，平行且限定性较强，与经十路之间往往只有进深相对较小带状的城市建设区或紧贴经十路。此类山体规模、长度较大，对城市扩展有较大限制，往往成为自然区域和人工区域的分界线。

　　带状山体与研究范围内城市空间主要为"城依山"关系。受山体的屏障式形态及其地形、体量的影响，城市建设沿山体线性展开，开发强度随地形升高而递减。沿经十路两侧的山体轮廓与城市天际线相互映衬，形成城市建筑依附山体的空间景观序列。

2.3　组群状

　　组群状山体指距离经十路较近，分布于两侧且形成团

图4　东部新城经十路两侧山体分布

表1　经十路两侧山体分类一览表

空间类型	点状	带状	组群状
山体名称	雪山、凤凰山、燕翅山、大山坡、玉顶山	千佛山、燕子山、狸猫山、围子山、莲花山、回龙山	凤凰山（经十东路）、转山-赶牛岭、鳌角山
与经十路关系	距离较远，散点状分布在两侧，相对独立，周边围合状建设	距离较近，之间有进深较小的线型建筑群或与路直接相邻	距离较近，多座组合对路形成半围合格局，建筑群与路、山相融
形态特征	一座明显山峰，周边无其他山体，"山缀城"的空间感	山体连绵成线，边界感明显，"城依山"的空间感	多个山峰组成，组团状，"城融山"的空间感
抽象示意图	（经十路　建设区　建设区）	（经十路　建设区　建设区　建设区）	（建设区　经十路　建设区）

状的若干座山体组合，沿线两侧城市建设在山体之间进行。建筑的体量、高度对相邻山体之间的景观、视线通廊有较大影响。

组群状山体多与研究范围内城市空间形成"城融山"关系，城市发展除沿经十路以外，还向两侧山体之间的平缓地带延伸，使山与城形成相互融合的格局。

3　经十路沿线山城一体空间架构研究

根据以上分析，可以看出不同类别的山体与经十路之间的空间界面不同，围绕界面而形成的城市组团相应的具有不同的形态、开发强度，对其分类控制有利于发挥不同山体的特色。同时，由于不同类型山体及所处片区的主体功能不同，对研究范围内规划建设的控制措施要求亦各有侧重。

3.1　点状—视线通透性

在此类山城关系中，出于对景观价值的普遍追求，围合建设难以避免，但过高强度的建设会导致将山体围"死"，使得原本距经十路较远的山体埋没于密集、高耸的建筑群中。中国园林讲究"透"，当今追求的园林城市，更要保证重点景观元素的"透气"。

对点状山体应发挥其标志物的作用，在规划设计中应选取街区周边的重要节点结合山景主体预留视线通廊，保证沿经十路行进时对远处点状山体的景观视廊的通透性，形成"围而不封"空间格局。经十路线型曲折，在很多情况下是沿着某路段直行时，可看到点状山体在正前方，对观察者的影响较大，因此对此视线内的建设应当有所控制，避免遮挡；反而，两侧的山由于距离较远，因临街建筑、街道空间高宽比的影响，原本就很难看到，在保障沿线开发的市场需求导向下，并不需要刻意的控制（图5、图6）。

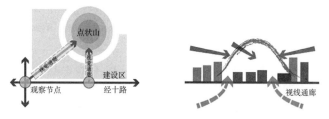

图5　点状山体周边控制图示

图6　研究范围内点状山体视线通廊控制

3.2　带状—界面完整性

带状山体与经十路之间基本成平行关系，部分区段山体与路之间还有建筑群阻隔，城市景观应重点发挥山作为建设背景的作用，体现山体景观的连续性，使山体轮廓在观察者的前进过程中动态的展现，最终展现给人以完整的形象。

体现带状山体界面完整性可通过控制建筑高度及设置开敞空间来实现。带状山体的轮廓呈线性，与经十路之间的建筑高度原则上不应超过山体轮廓，从而发挥山体的背景作用。对于距离经十路较近的山体，与路之间不宜再进行建设，而是设置开敞空间，方便市民进入其中近距离欣赏；山体与经十路之间的狭长地带应有所间隔，留出适当的观山视廊；同时，应考虑到经十路北侧主要南北向道路上的行人对山景的感受，其前方视线范围内的建筑天际线应得到控制并与山体轮廓相协调（图7、图8）。

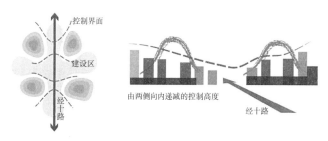

图9　组群状山体周边控制图示

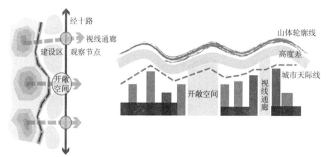

图7　带状山体周边控制图示

图8　研究范围内带状山体视线通廊及开敞空间控制

3.3 组群—绿景渗透性

在此类山城关系中，山体之间的景观渗透性是城市建设应予以保障的重点。城市组团所在空间本身就是山体之间的视线通廊，但不适当的高密度建设，也会造成景观障碍。在沿经十路的行进途中，城市组团应起到将观察者视线引向山体的作用，两侧的山体应能够为对侧城市组团提供"对景"。

体现组群山体之间景观渗透，应保证经十路两侧视廊的对应。此时应将组群及穿越其中的经十路作为整体考虑，根据两侧城市组团具体功能，选择合适的山体连线作为视线通廊，此连线范围内建筑高度不宜超过山体；考虑沿经十路某些路段前进时所能看到的组群山体的外在风貌完整，对山体前方城市建设区域的建筑密度、高度应有所控制，不宜过于密集而阻挡后方大部分山体。同时，沿经十路行进时所能看到的组群山体轮廓两侧建筑天际线，由外向内不宜越来越高，以免对山体"喧宾夺主"（图9、图10）。

4　总结

以上空间控制策略，最终目的是发挥山体在城市空间

图10　研究范围内组群状山体视线通廊及山体透景线控制

中所具备的积极性。通透性、完整性、渗透性等仅仅是对未来山城一体空间所提出的定性标准，经十路也仅仅是比较具有代表性的风貌轴。对于济南东部新城这一多山区域，山城一体的空间架构不仅需要空间设计，还需要技术、政策等一系列手段协同推进。

随着计算机遥感技术的日益成熟，其在城市规划中的实践价值也逐渐体现。通过计算机技术拟定一系列量化指标，衡量城市规划与山体保护之间的和谐程度，是未来山城一体空间架构的发展趋势。如对经十路两侧建筑的天际线曲折度、建筑群的离散度、开敞空间的景密度进行计算，得到合适的控制范围，在城市规划中予以考虑，从而保证山城一体控制的科学性。同时，制定对自然山体保护有关政策、加强管理，也是实现山城一体空间架构的重要途径，东部新城山体众多，要保护的面面俱到并不现实，在当今重视经济价值的社会背景下也是难以实现的，然而通过制定一系列政策对视线通廊内的开发强度进行控制仍具有相当大的可行性，如通过容积率转移的方式，降低视线通廊内的建筑密度、高度，而在其他非重点区域予以补偿。

总之，东部新城虽然跳出了泉城特色和历史文化保护的核心范围，但延续城市文脉、寻找文化共同点、制造创意点仍是构建城市系统时必须关注的，丰富的山体恰好是塑造城市风貌特色得天独厚的自然资源。山城一体的空间架构需要多领域的综合研究，空间设计、技术量化、政策管理三个环节缺一不可。

参考文献

[1] 张建华，王丽娜. 泉城济南泉水聚落空间环境与景观的层次类型研究[J]. 建筑学报，2003（3）.

[2] 王金江，戴淑虹. 济南城市空间形态演变与影响要素分析[J]. 规划师，2001（S1）.

[3] 毛蒋兴. 转型期城乡规划建设实践研究[M]. 广西：广西科学技术出版社，2012：8-12.

[4] 郑雪玉. 城市山体景观保护规划研究[J]. 福建建筑，2011（3）.

[5] 赖剑青，张德顺. 浅谈城市扩展过程中的城市自然山体的保护及对策[J]. 安徽建筑，2012（4）.

作者简介

张宇，男，硕士研究生，济南市规划设计研究院，助理工程师。

赵亮，男，硕士研究生，山东建筑大学建筑城规学院，副教授。

吕大伟，男，硕士研究生，济南市规划设计研究院，工程师，注册规划师。

小城镇的"两规合一"技术方法探索研究
——以莒南县大店镇为例

刘妍

摘 要：本文依托山东省土地综合整治服务中心组织的《乡镇国土空间整治规划编制及实施试点工作》试点工作，选取试点镇之一——莒南县大店镇作为案例，探索小城镇的"两规合一"。本文在对"两规"的差异与相关性分析的基础上，仅从编制内容上探讨"两规"的冲突性和解决措施。以大店镇为实例，重点研究"两规"在"建设用地规模与空间布局"、"规划人口预测"、"镇域空间管制"这三部分的冲突性，找出原因，提出解决措施，并对最终的"多规合一"进行展望分析。

关键词：两规合一；技术方法；编制内容

背景

党的十八大报告提出，需要加强国土空间的优化，进一步促进生态文明的建设。十八届三中全会进一步指出，划定"三线"（生产、生活、生态），实行严格的空间管制。习近平总书记在中央城镇化会议上指出，对规划的改革，可以尝试在县（市）探索"三规合一"或"多规合一"，使国民经济社会发展规划、城乡规划、土地利用规划三个规划统一起来，形成"一个城市一个规划一张图"的局面。由此可见，开展"多规合一"是我国规划的编制发展趋势，是我国国民经济发展和新农村建设的迫切需要，是促进生产力布局集约高效、优化国土空间布局的重要手段。

本文依托山东省土地综合整治服务中心组织的《乡镇国土空间整治规划编制及实施试点工作》试点工作，选取试点镇之一——莒南县大店镇作为案例，探索小城镇的"两规合一"，以期为解决小城镇总体规划与土地利用总体规划之间的矛盾与冲突提供参考。

1 概念界定

土地利用总体规划和城乡总体规划都涉及土地资源的合理利用。前者是对一定区域未来土地利用在时空上做出的超前性计划和安排；后者是指在一定时期内对城市发展的计划和各项建设的综合部署，是城市各项建设工程和管理的依据。因此，土地利用总体规划与城市规划（下文简称"两规"）存在密切联系，特别是在城镇建设用地规模上需要相互协调，否则用地控制将无所适从。

本文研究的"两规合一"并不是合成一个规划，而是指"两规"在空间上要协调、统一，两个部门不冲突，形成最后的"一张图"。即两个规划的用地在各自规划中都是有对应的，在这个基础上，相关政策要求和属性仍然由两个部门在各自规划中专门制定和实施。总而言之，"两规合一"就是要充分发挥两个规划的作用，扬长避短，不冲突，使其在一个统一的目标下协调共存，既要发挥土地利用总体规划的指标作用，还要兼顾城乡总体规划的空间安排。

2 "两规"的差异与相关性

2.1 目标定位差异

城乡总体规划主要内容是用地布局、建设时序安排，侧重于城乡空间布局；土地利用规划最重要的内容就是确定土地利用指标，包括耕地保护、建设用地、耕地占用量、土地整理和开垦等指标，并相应地向下级行政单元分解和分配。

2.2 法律地位差异

城乡总体规划的法律依据是《城乡规划法》，土地利用总体规划的法律依据是《土地管理法》。

2.3 编制审批差异

"两规"的编制和审批程序有很大差异，但大致都要经过"任务下达—纲要编写—纲要审批—调查研究—规划编制—方案优选—规划审批"几个阶段，整个过程都是动态过程。而城乡总体规划存在做大人口和用地规模以为未来发展争取更多资源的倾向，并没有严格意义上从上到下的规划体系，上级体系对下级体系约束性不强；而以保护耕地为目的的土地利用规划则是严格遵守自上而下的编制方式，下级体系严格按照上级体系控制指标、规模。

2.4 实施管理差异

"两规"出自不同的职能部门，两个部门的行政事权、目标计划、关注点等均不同，导致实施管理的差异很大。城乡总体规划是城乡规划部门，土地利用总体规划是国土资源部门。

2.5 技术平台差异

（1）用地分类标准

城乡总体规划的用地分类标准为《城市用地分类与规划建设用地标准》GB50137-2011，土地利用总体规划的用地分类标准为《土地利用现状分类》GB/T 21010-2007、

《土地规划用途分类》，两者的用地分类依据不同，导致一些用地分类产生冲突，比如：《城市用地分类与规划建设用地标准》的"非建设用地"分类所包含的"水库（E12）"、"滩涂"、"空闲地"在《土地利用现状分类》中却属于建设用地。

（2）规划范围

城乡总体规划以规划区为研究范围；而土地利用总体规划以市域行政管辖为范围，"多规"规划范围不统一。

（3）规划期限

"两规"规划期限不统一，具体表现在规划基期和规划期不统一。比如：大店镇总体规划基期年为2012年，规划期限是20年；土地利用总体规划基期年为2006年，规划期限是15年。基期年不一致导致起点数据不统一，难以有效融合两个规划。

（4）基础数据

"两规"的数据统计与预测的着眼点不同，数据统计口径存在差异。如：在人口预测上，土地利用总体规划使用的是户籍人口，小城镇总体规划使用的是常住人口和机械增长。

（5）基础图纸

"两规"由于编制部门不同，选用的基础图纸有差别。如：大店镇现状城乡居民点建设用地图是以2010年大店镇1：10000镇域地形图（cad版本）为基础，补上2010至2014年的审批项目及从航拍图中获得的新建地块信息；而国土部门的数据统计是以2013年大店镇土地利用现状图（mapgis版本）为基准。

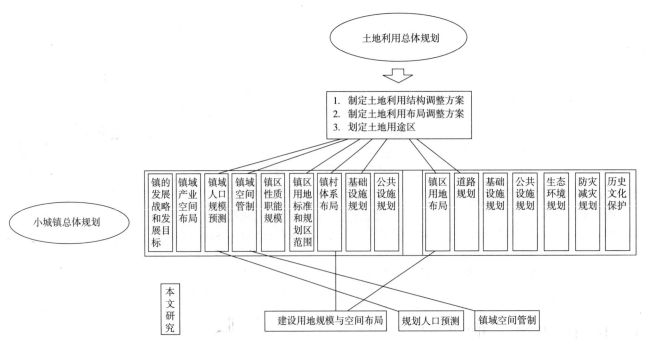

图1　"两规"内容相关性对比研究框架

2.6 "两规"相关性分析

在"两规"差异性分析的基础上，进一步找出"两规"编制内容的相交部分，对比"两规"的相关性。

从框架图可看出，小城镇总体规划与土地利用总体规划存在相关性的研究内容有"镇域人口规模预测"、"镇域空间管制"、"镇区用地标准和规划区范围"、"镇村体系布局"、"镇域基础设施规划"、"镇区用地布局"、"镇区道路规划"。

2.7 小结

从上述分析可以看出，在我国现行政治经济体制下，由于空间规划权力的部门分置，造成"两规"编制上"多头管理，各控标准"，内容上"互有交叉，各说自话"，实施上"效力相近，各行其道"。限于文章篇幅，本文仅从编制内容上探讨"两规"的冲突性和解决措施。以大店镇为实例，重点研究"两规"在"建设用地规模与空间布局"、"规划人口预测"、"镇域空间管制"这三部分的冲突性，并找出原因，提出解决措施。

3 大店镇"两规"编制冲突性研究

3.1 建设用地规模与空间布局冲突性及原因分析

3.1.1 "两规"对比

对《大店镇城镇总体规划（2012-2030）》中2020年的镇区规划与《大店镇土地利用总体规划（2006-2020）》中2020年的土地利用规划图对比分析（表1、图2）。

表1　2020年"总规"与2020年"土规"镇区城乡建设用地总量对比

名称	镇区城乡建设用地（ha）	总量差异（ha）
2020年总体规划	884.75	37.44
2020年土地利用总体规划	847.31	

将实施性的各社区规划的用地范围替代城镇总体规划2030年镇域规划中农村居民点布局，整合为既能体现镇区发展需求，又能体现农村居民点社区发展需求的2030

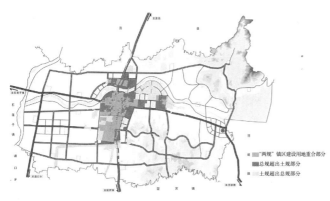

图2　2020年"总规"与2020年"土规"镇区城乡建设用地叠加分析图

年"村镇规划分析总图"。2030年"村镇规划分析总图"中的城乡建设用地与《大店镇土地利用总体规划（2006-2020）》中2020年的城乡建设用地对比分析（表2、图3）。

表2　2030年"村镇规划"和2020年"土规"城乡建设用地汇总表

2030年"村镇规划分析总图"中城乡建设用地			2020年"土规"中城乡建设用地		
用地名称	用地面积（ha）	比例	用地名称	用地面积（ha）	比例
镇区范围	1177.89	73.15%	镇区范围	847.31	54.77%
其中　镇区核心区	1004.31	85.26%	其中　城镇建设用地区	55.85	3.61%
薛家窑组团	173.58	14.74%	村镇建设用地区	791.46	51.16%
镇西工业区	189.22	11.75%	农村居民点	699.84	45.23%
农村居民点	243.16	15.10%	其中　城镇建设用地区	50.82	
			总计　村镇建设用地区	649.02	3.28%
总计	1610.27	100.00%		1547.15	41.95%

图3　2030年"村镇规划"和2020年"土规"城乡建设用地叠加分析

用2030年"村镇规划分析总图"中的城乡建设用地与《大店镇土地利用总体规划（2006-2020）》中2020年的生态红线和基本农田保护线对比分析（表3、图4）。

表3　2030年"村镇规划"与2020年"土规"基本农田冲突面积统计表

社区类别		建设用地（ha）	与基本农田冲突面积（ha）
镇区		1367.11	318.09
其中	镇区核心区（包括街疃社区）	1004.31	170.32
	薛家窑组团	173.58	83.09
	镇西工业区	189.22	64.68
农村居民点社区		243.16	42.14
合计		1610.27	360.23

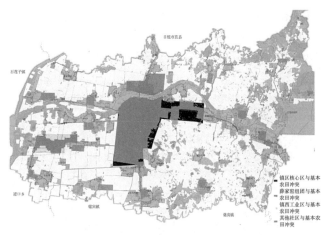

图4　2030年"村镇规划"与2020年"土规"基本农田叠加图

3.1.2 冲突性分析

（1）规划用地规模差异

规划用地规模方面。《大店镇城镇总体规划（2012-2030）》2030年农村居民点建设用地316.8公顷，而大店镇新型农村社区建设规划中各居民点社区规划用地总面积为366.04公顷，超出"总规"49.24公顷。"村镇规划"中2030年城乡建设用地为1610.27公顷，明显多于"土规"2020年城乡建设用地总量1547.15公顷。

（2）空间分布差异

"村镇规划"与"土规"总量差异不大，但在"镇—村"二级规模分配上差异较大。根据"村镇规划"，镇区建设用地1177.89公顷（"土规"是847.31公顷），是"土规"的1.39倍；农村居民点建设用地243.16公顷（"土规"是699.84公顷），只有"土规"的37.75%。

（3）建设用地与基本农田矛盾突出

"村镇规划"中涉及的城乡居民点规划建设用地与"土规"基本农田冲突面积总计360.23公顷。其中镇区核心区与规划基本农田冲突的总面积为170.32公顷。

3.1.3 原因分析

（1）小城镇总体规划以做大镇区为目的，镇区建设用地面积明显多于农村居民点，故"总规"中的镇区用地比"土规"中大很多。

（2）"总规"为了做到城乡统筹，加大了农村居民点的合并力度，比"土规"中的农村居民点的合并力度大很多，所以导致"总规"中的城乡居民点用地比"土规"中小很多。

（3）"两规"的出发点不一致，"土规"以严格保护耕地为前提，而"总规"以城镇发展建设用地空间布局为出发点，故导致对农村居民点的整合程度与位置选择不同。

（4）"总规"考虑更多的是城镇发展建设用地空间布局，对耕地保护考虑不多，故农村居民点的用地规模和位置选择上会与"土规"中基本农田冲突。

3.2 规划人口预测冲突性及原因分析

3.2.1 "两规"对比

基于《大店镇土地利用总体规划（2006-2020年）》、《大店镇城镇总体规划（2012—2030）》，以及各农村社区的修建性详细规划，构建三个模拟情景：

情景A：基于土地利用总体规划的人口预测，根据《大店镇土地利用总体规划（2006-2020年）》，2020年大店镇全镇总人口为7.52万人，镇区人口2.71万人，农村居民点人口4.81万人；2030年大店镇总人口为8.12万人，镇区人口2.93万人，农村居民点人口5.19万人。

情景B：基于城镇总体规划的人口预测，根据《大店镇城镇总体规划（2012-2030）》，2020年镇域人口12.0万人，镇区人口8.0万人，农村居民点人口4.0万人；2030年镇域人口14.5万人，镇区人口11.0万人，农村居民点人口3.5万人。

情景C：基于社区建设规划的人口预测，2030年大店镇总人口分别为17.87万人，镇区人口11.00万人，农村居民点人口6.87万人。

3.2.2 冲突性分析

基于三种情景规划的人口预测存在较大差别，具体如下：

情景A：基于土地利用总体规划的总人口预测值最低，2030年总人口只有8.12万人，镇区人口2.93万人。

情景B：城镇总体规划的人口增长幅度较大，2030年总人口14.50万人，镇区人口11.00万人，强调人口的机械增长。

情景C：基于实施规划的人口预测，主要是采用了各个农村居民点修建性详细规划中确定的人口数和城镇总体规划确定的镇区人口规模，因此该情景预测的人口规模最大，2030年总人口17.87万人，镇区人口11.00万人。（表4）。

表4　不同情景模拟的人口预测结果

（单位：万人）

年限	区域	情景A	情景B	情景C
2020年	镇区	2.71	8.00	—
	农村居民点	4.81	4.00	—
	总人口	7.52	12.00	—
2030年	镇区	2.93	11.00	11.00
	农村居民点	5.19	3.50	6.87
	总人口	8.12	14.50	17.87

3.2.3 原因分析

由于各规划在编制主体、价值取向、规划重点、统计口径、规划依据、规划期限等方面不同，从而造成规划人口规模的差异。

在建设用地价值取向方面，"土规"侧重保护耕地、供给约束，"总规"侧重功能完善、发展最大，社区布局规划侧重就近集中、现实需求。

在建设用地关注重点方面，"土规"重点关注建设用地的约束，"总规"强调做大镇区，社区布局规划则重点关注农村社区。

在人口预测方法上，"土规"使用的是户籍人口，"总规"使用的是常住人口（户籍人口和寄住人口数之和），社区布局规划主要使用现状安置人口，不考虑人口的变化趋势。

3.3 镇域空间管制冲突性及原因分析

3.3.1 "两规"对比

大店镇的土地利用总体规划和城镇总体规划两者都对镇域空间进行了全覆盖的分区控制，但其空间管制分区结果存在较明显的差异（表5、图5）。

表5　空间管制分区结构一览表

部门	文件名称	区划分类	区划面积（公顷）
规划	大店镇总体规划（2012-2030）	禁止建设区	8985
		限制建设区	2624
		适宜建设区	1451
国土	大店镇土地利用总体规划（2006-2020）	禁止建设区	520.03
		限制建设区	10966.04
		有条件建设区	11.48
		允许建设区	1659.22

3.3.2冲突性分析

"总规"与"土规"对于空间管制的分区差异很大，"总规"划分为三区：禁止建设区、限制建设区、适宜建设区；而"土规"划分为四区：允许建设区、有条件建设区、限制建设区、禁止建设区。"两规"的空间管制分区的划定差距很大，并且"两规"中对于空间管制分区中同样名字的分区（比如"两规"中的禁止建设区）的概念界定和范围划定亦不同。

3.3.3原因分析

（1）规划编制技术不一致

《省域城镇体系规划编制审批办法》、《城市规划编制办法》、《城市、镇控制性详细规划审批办法》等明确了"三区"（禁止建设区、限制建设区、适宜建设区），而《全国土地利用总体规划纲要（2006-2020年）》明确提出"建设用地空间管制"的概念和要求，形成"四区"（允许建设区、有条件建设区、限制建设区、禁止建设区）的要求。虽然在类型与名称上均相近，但划分技术标准却不统一

（2）用地分类体系不同

由于缺少衔接，导致双方对彼此的规划用地分类体系认识不到位，如：大店镇城乡规划中将农林用地与基本农田、一般农田、山体林地等概念混淆，导致划分结果产生歧义。

（3）管制分区目的侧重不同，管控内容不同

从两者分区内容可看出，"总规"空间管控重点聚焦建设和非建设的关系问题，关注点在于对各类开发建设活动的管控，"能不能建，建什么"是其控制的主要内容。而"土规"是基于耕地特殊保护的用途管制规划，关注点在于农用地"能不能种，种什么"、"能不能建"、"能不能调"的问题，更注重刚性指标的落实。

4　措施与展望

4.1 "两规合一"措施

通过以上分析，针对"两规"的建设用地规模与空间布局、规划人口预测和镇域空间管制冲突性，提出以下解决措施：

（1）统一建设用地规模与空间布局

按照"总量控制"的原则衔接用地规模。在城乡建设

土地利用总体规划

大店镇土地利用总体规划空间管制区划图（2006-2020）

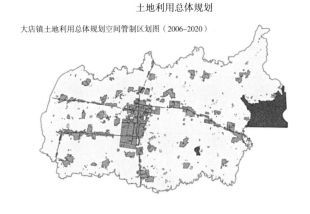

城镇总体规划

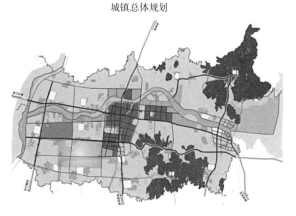

注：上图根据大店镇土地利用总体规划相关信息进行绘制　　注：上图为2010版大店镇总体规划空间管制图

图5　两规空间管制分区图对比

用地总规模不变的前提下，通过城乡建设用地增减挂钩、"三旧"改造、围填海造地等增加城镇建设用地规模；在耕地保有量和城镇建设用地规模保持不变的前提下，通过低效园地、山坡地改造、"三旧"改造、围填海造地等对耕地和建设用地位置进行调整。按照"城乡统筹，布局一致"的原则协调用地规划布局。在规划编制中以空间资源的优化配置为主线，根据产业布局、生态环境保护、基本农田保护等要求，科学进行各类用途的总体布局，最终使"两规"的建设用地规模与空间布局协调统一。

（2）统一规划人口预测

由于不同规划采用不同口径的数据，而且不同部门各自采集的基础数据也不同，导致人口预测差别很大。人口预测应"统一口径"，均使用常住人口作为统计口径，包括户籍人口和寄住人口数之和，并适当考虑流动人口与通勤人口。数据的来源也要统一，力求从数据的基础采集到最后的人口预测都一致、统一。

（3）统一镇域空间管制

统一规划编制技术，统一管制分区，制定统一管控内容与管理细则。规划部门重点管建设用地（包括已建和适建），国土部门重点管耕地保护区（禁建），通过划定建成区控制线、生态区控制线、规划建设区控制线、远景预留区控制线"四线"作为各部门管治的具体抓手。

4.2 "多规合一"展望

"多规合一"已经成为现阶段我国空间规划体系的主要创新改革方向，本文的"两规合一"在技术方法层面的研究只是"多规合一"的冰山一角。规划间的真正"合一"仍然面临着体制改革、技术创新等一系列现实问题：

（1）管理层面。由于"多规合一"涉及多个部门，体制改革涉及纵向和横向多层次协调，不是某个部门单独可以完成，必须建立一个强有力的协调机制。建议在编制之前，地方政府应成立"多规合一"工作领导小组，统筹协调规划编制工作。在编制审批上，形成协同管理平台，优化审批流程；实施联动审批，缩短审批时程；精简申报材料，形成系统审批，实现"一个平台，一步到位"。

（2）技术层面。首先要搭建统一的信息平台，统一"多规"的规划范围、规划期限、基础数据、基础图纸，形成一致的工作底图。其次要统一"多规"的技术标准，尤其要处理好"两规"之间用地分类标准、空间管制分区的差异。再次要研究规划成果的规范化表达，健全规划反馈机制。

作者简介

刘妍，女，硕士研究生，济南市规划设计研究院，助理工程师。

青岛市小城市试点镇规划建设的探索与研究

毕波　吴晓雷　丁帅夫

摘　要：新型城镇化提出以人的城镇化为核心，加快体制创新，推进公共服务等均化，构建大中小城市协调发展的道路等。本文基于新型城镇化背景，在对青岛市城乡发展现状与趋势分析的基础上，分析了小城市试点培育的必要性与紧迫性，指出小城市试点的建设既是机遇，也面临着挑战，并在借鉴了国内其他先进地区建设与发展经验的基础上，有前瞻性、针对性、探索性、创新性地提出了小城市在规划引领、产业发展、设施配套、政策保障等方面的探索与主要思路，以期能推进小城市试点更好更快的发展，充分发挥对区域发展的支撑与带动作用。

关键词：新型城镇化；人的城镇化；小城市；试点；创新

1　前言

纵观人类历史，城镇化是世界各国走向现代化的必由之路。新世纪以来，中央高度重视城镇化工作。党的十七大指出，走中国特色城镇化道路，按照统筹城乡、布局合理、节约土地、功能完善、以大带小的原则，促进大中小城市和小城镇协调发展。党的十八大将新型城镇化作为今后一段时期的重大战略内容，坚持走中国特色新型工业化、信息化、城镇化、农业现代化道路，促进工业化、信息化、城镇化、农业现代化同步发展；走大、中、小城市协调发展的道路[1]。新型城镇化是以人的城镇化为核心；把加快中小城市作为优化城镇规模结构的主攻方向，提升质量，增加数量；科学合理调整市建制镇，把发展潜力大的县城和中心镇培育成为中小城市[2]。

2　青岛市小城市试点培育的必要性与意义

近年来，青岛市城乡结构不断变化，逐步形成了特大城市—大城市—小城镇—农村的城乡结构体系（图1）。

由于中心城市集聚型模式主导了青岛市城镇化的进程，中心城区与次中心城市得到了较大的发展；但小城镇发展不足，大部分小城镇的人口与经济集聚规模较低、设施配套落后、服务水平较低，生态环境较差，没有很好地发挥对全市城镇化进程的有效推动作用。即使是作为青岛市重点培育的重点中心镇，其发展也显不足，与国内其他先进地区的重点镇存在较大的差距，如集聚规模仍显偏低，经济实力不足。青岛市重点镇镇均人口3.3万人，镇均财政收入0.72亿元，而江苏省苏南地区重点镇镇均镇区人口为3.8万人，镇均财政收入达到1.92亿元，浙江省重点中心镇镇均人口规模更是达到4.2万人，且有多个重点镇的人口规模达到14万人以上[1]。可以看出，青岛市的小城镇需要进一步发展与提升，尤其是重点中心镇更需要进一步的培育，需要实现跨越式发展，依据国家市建制镇的培育要求，结合青岛市发展的实际情况，有重点、有条件地向小城市转化。

---

① 为突出数据的可对比性，本数据是指本轮小城镇合并前的小城镇统计指标。

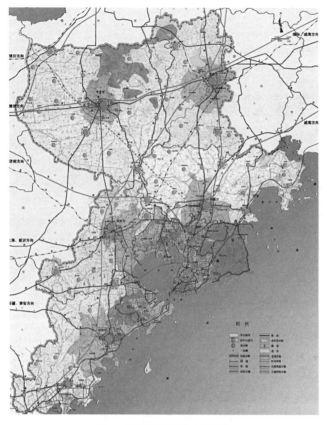

图1　青岛市现状城乡体系图

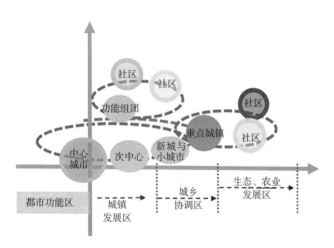

图2　青岛市新型城镇体系结构示意图

在新的城镇化背景下，未来青岛市将逐步转变城乡发展格局，形成特大城市—大城市—小城市—重点小城镇—新型农村社区的格局体系（图2）。可以看出，小城市处于农村之头、城市之尾，将成为未来城乡体系的重要组成单元，在城镇化发展中具有承上启下的作用；是整个格局体系中重要的功能节点，也是衔接小城镇、农村与大中城市的重要枢纽；既是工业化的重要载体，又是农业产业化的服务依托，对于促进城乡经济、社会一体化进程具有重要的战略意义。

从青岛市现状的43个小城镇中，有重点地选择经济基础优势突出、人口集聚规模高、设施配套较为完善、区位优势突出等特色优势突出的小城镇，将其培育成为小城市，有利于建设成为区域经济发展的增长极，更好地发挥对区域的示范带动作用；也有利于承接大中城市公共资源的转移、公共服务的覆盖和延伸，提升服务能力，就地吸纳农村地区劳动力就业，提高农民收入水平，改变农民生产和生活方式，对农村发展产生巨大的带动作用。

鉴于以上背景与发展条件等分析，青岛市探索性地确定了胶州市李哥庄镇、平度市南村镇、莱西市姜山镇、黄岛区泊里镇、即墨市蓝村镇五个小城镇作为试点小城市，这是山东省最先确定的试点小城市。

3　加快小城市发展的探索与对策

为更好地加快小城市的建设与发展，笔者借鉴了国内其他先进地区小城市试点发展的经验，依据青岛市城市发展的现实性与趋势性，提出了在小城市建设与发展中，对于其规划支撑、产业发展、设施配套、政策保障等方面深入的探索与研究，以指导小城市健康、良性发展。主要的思索与建议如下。

3.1　以规划为先导与引领，指导小城市建设有序开展

规划是小城市发展与建设的龙头与引领，是决定小城市未来发展的纲领性内容。青岛市应依据城市空间战略规划、总体规划及相关规划，从全域统筹的角度，将小城市的发展纳入整体发展的视角，高起点、前瞻性地编制小城市总体规划，确定小城市的发展定位、发展思路与发展目标等。并应体现彰显特色、集聚发展的要求，挖掘小城市的特色与品质，使小城市富有现代气息，又具有田园风情，注重挖掘历史文化底蕴，尤其要注重加强城镇和村落的历史文化遗产、非物质文化遗产的保护和传承，彰显城镇文化特色，提升城镇文化内涵。

同时，应实行多层级规划的统筹编制，科学编制产业发展、基础设施、生态环境、城市景观风貌等专项规划。依据总体规划及相关规划，尽快编制小城市重要地区的控制性详细规划，作为小城市建设的法定规划支撑，指导小城市更好地发展与建设。小城市所在区、市政府应按照城镇总体规划的要求，加快土地利用总体规划调整。为统筹把握小城市规划编制的内容与发展要求，小城市总体规划和土地利用总体规划应由青岛市政府审批。

为指导小城市规划与建设的稳步推进，应依据城市发展的条件及其他外部因素，科学确定小城市建设发展的时序，确定不同阶段的发展重点与建设内容。

3.2　加快城市产业发展，增强小城市发展的内在动力

产业拉动规律是城镇化的根本规律，良好的主导产业不仅有利于形成小城市发展的财力基础，吸纳聚集农村人

口，而且是决定小城市的经济形态和发展方向，是小城市更有生命力和延续性的重要条件。小城市建设首先需要充分挖掘和发挥当地的自然、经济、区位、地理、人文、技艺、资源等优势，因地制宜，错位发展，宜工则工、宜商则商、宜农则农、宜旅游则旅游。

根据城市经济特点，青岛市小城市应大力发展现代物流、商务、金融等现代服务业，因地制宜地发展旅游、商贸、文化等民生为主的服务业，主动承接中心城区制造业转移，改造提升传统产业，大力发展新能源、新材料等高新技术产业和节能环保等战略性新兴产业。同时，加强产业园区建设，支持小城市产业园区的进位升级，在每个小城市建设一个市级以上的产业园区，并有选择地确定部分产业园区升级为省级产业园区，引导工业向产业园区集聚，将市、区级招商项目优先安排到小城市产业园区，中心城区搬迁企业优先向小城市产业园区转移，打造产业链条，逐步提升小城市产业园区的集聚规模。对于符合小城市产业发展规划的项目，优先向小城市布局，加快培育百亿级产业集聚区。完善产业园区设施配套，不断提升产业园区的吸引力和承载力。

小城市的发展重点化解农村巨大的就业压力，所以要进一步完善创业扶持政策，帮助一批具有创业潜能的进城农民实现"创业梦"。同时扶持家庭农场和专业种养殖大户，培育专业化合作社、农产品加工龙头企业，建设设施农业基地、规模农业基地、特色农业基地、农产品加工（出口）基地，提升农业产业化水平，建立一批特色农业产业基地。

3.3 以城乡公共服务均等化为前提，加快推进小城市公共设施与基础设施的配套建设

新型城镇化提出了以人的城镇化为核心，重点是推进城镇化质量的提升，加快公共服务设施与基础设施的建设。小城市的发展重心之一是应该与城市公共服务设施与市政基础设施配套标准相衔接，参照青岛市市区公共服务设施配套标准完善公共服务、交通与市政设施的建设；重点完善居住小区与居住组团、新型农村社区的公共设施配套，逐步提升服务水平与服务能力。

对于各县级市安排的基础设施和社会事业项目，应优先向小城市试点镇布局。引导和支持大学、重点中学等在小城市设立分校、附属学校等，提升小城市的教育水平。加强医疗卫生服务体系建设，引导和支持市和区两级公立医疗卫生机构，采取托管、建立医疗联合体等方式参与建设，促进优质医疗卫生资源向试点小城市集聚。加快道路设施建设，提升道路密度与人均道路用地指标；加快污水处理厂、燃气站、供热站等重大设施的建设，逐步提升污水处理能力、燃气普及率与集中供热普及率等，加快生活垃圾处理能力，满足居民的配套服务需求，提升城市的环

境与品质。

3.4 加快体制改革与创新，加强政策的扶持与保障，实行适度的政策倾斜

小城市的发展，需要转变传统的发展思路，解放思想，强化改革与创新，重点是从要素保障、投融资、行政区划以及财政体制等方面进行改革，充分激发小城市发展的活力。同时，在现有政策机制、用地指标等方面给予适当的政策倾斜。

在政策机制方面，赋予小城市县级经济社会管理权限，享有县级职能部门相同的审批管理权限，独立办理各项审批事项，提高自我发展与积累的能力。配优配强小城市试点镇党政领导机构，可根据小城市试点的发展情况，高配为所在区市副区级干部。小城市产业园区的发展应享受老城区企业搬迁改造转移的有关扶持政策。

在资金扶持方面，安排一定规模的市财力资金，专项支持小城市建设。财政应单列资金用于小城市的考核奖励。小城市土地出让净收益地方留成部分、在小城市试点镇征收的城镇基础设施配套费全额返还试点镇。

在发展指标方面，小城市的建设用地指标不纳入所在区市的用地指标中，而应采用单列的方式单独划拨，不得挪用；在未来几年之内，每年应为试点小城市各计划单列500亩建设用地指标，且对于当年不用完部分，可留下年度累计继续使用。同时对于重大产业发展项目用地指标不足部分，应由青岛市层面统筹解决。

3.5 拓宽融资渠道，多方位筹措城市建设资金

小城市建设中，金融支持的力度、宽度、深度、频度、广度等都不足，小城市建设和城镇化发展都需要多渠道建立投融资机制以提供支撑。积极争取国家或上级政府支持，建立小城市投融资平台，承担小城市建设任务，并承接相关社会资助项目，尝试设立创业投资基金、产业投资基金和各种股权投资基金等，积极发展BT、BOT等多种融资模式，按照"谁投资谁受益"的原则，积极吸引国内外机构参与小城市的建设，成立小城镇建设投资公司，

采取政府出资组建国有独资公司或与大企业组建股份制公司的形式，建立小城市投融资平台，赋予资金筹措、项目建设、资金管理和债务偿还的职能。鼓励国有商业银行在小城市设立机构，下放业务。

3.6 推进户籍制度改革，完善保障机制建设

农民进城现实体现是户籍变更，小城市的发展就要全面放开落户限制，只要拥有合法稳定职业并有合法稳定住所的人员（包括户籍人口、农民工及随迁家属），可以在当地申请登记常住户口，在生育、就业、就学、就医等方面，依法享有权利。同时，完善小城市的农村产权保障、住房保障、养老保险、医疗保险、就业和失业、城乡教育、计划生育等保障机制，小城市农民既可享受市民待

遇，又可享受原有村庄优惠政策。

4　结语

小城市的发展，尤其是处于小城镇向小城市过渡阶段的发展，必然面临着许多的问题与挑战。相关政策、机制、发展环境等的探索与创新，对小城市的发展来说是一把双刃剑，一方面有利于小城市突破发展的门槛与瓶颈，实现快速发展；另一方面这些探索与创新也容易带来不可预见的各种问题，有些问题可能会阻碍这些小城市的稳步有序发展。笔者希望通过本文，引起更多学者对于山东省小城市试点进行思索与研究，以切实推进小城市的更好更快发展，发挥对新型城镇化的重要支撑作用。

参考文献

[1]　党的十八大报告.

[2]　陈玉光. 城镇化的根本规律：产业拉动规律[J]. 实事求是，2007，（6）：37-38.

[3]　植凤寅. 小城镇建设的投融资问题——以宁波市和三明市实践为例[J]. 中国金融，2010，（10）：83-85.

[4]　孙兆明，王宝海.青岛市小城镇建设与城乡一体化融合发展策略研究[J]. 青岛农业大学学报（社会科学版），2012，（1）：31-35.

[5]　城镇化发展规划（征求意见稿）.

[6]　中国城市发展报告no.6农业转移人口的市民化. 社会科学文件出版社，2013.

作者简介

毕波，男，硕士研究生，青岛市城市规划设计研究院，高级工程师。

吴晓雷，男，本科，青岛市城市规划设计研究院，工程师。

丁帅夫，男，本科，青岛市城市规划设计研究院，工程师。

城乡一体化视角下的农村社区规划探索
——以青岛市大沽河流域为例

冯启凤 吴晓雷 王瑛

摘 要：十八大报告提出，城乡发展一体化是解决"三农"问题的根本途径。受中国城乡二元结构的深刻影响，中国的城乡规划和建设管理也相应存在巨大的城乡差异。我们对城市研究多，对乡村认知少。本文探讨了在城乡一体化发展背景下，针对农村建设现状和存在的突出问题，通过借鉴国外推进乡村发展的经验，结合《青岛市大沽河流域农村社区布局规划》，探索了流域农村建设规划的内容和体系，希望能引起相关学者对农村社区更多的关注与研究，推动新型农村社区的更好更快建设，为实现城乡一体化发展奠定基础。

关键词：城乡一体化；农村社区规划；青岛市大沽河流域

从2006年国家提出社会主义新农村建设战略以来，全国各地进行了很多相关的实践活动，并取得了一些积极效应和宝贵的经验。党的十八大提出促进新型工业化、信息化、城镇化、农业现代化同步发展，让广大农民平等参与现代化进程、共同分享现代化成果。笔者以为，"三农"问题的解决不能只限于"三农"，必须从城乡一体的角度综合加以考虑；农村社区建设不是"新村"建设，更不是"村居"建设，而是涉及基础设施、产业发展、人居环境建设等诸多方面的综合性系统工程。要从长远使农村社区建设取得明显实效并步入良性循环轨道，必须找准切入点，从农民群众需求最迫切的、反映最强烈的问题入手，才能形成以工促农、以城带乡、工农互惠、城乡一体的新型工农城乡关系。

1 农村现状发展的基本特征

1.1 农村居民点建设分散，用地规模大造成建设用地浪费

在城乡二元结构体制背景下，我国特殊的户籍制度长期制约着农村人口的自由流动，大量农村人口禁锢在农村生活与生产，在农村申请宅地建房，导致庞大的农村居民点建设规模，居民点布局呈现"散、乱、小"的局面。同时，我国农村住宅建设缺乏有效的规划和土地管理手段，农村宅基地审批不严，管理混乱，"建新不拆旧、一户多宅"现象十分普遍，大批进城农民工难以落户成为市民，因而仍可合理合法地申请农村宅基地建房，造成了农民居民点用地规模不断扩展，用地指标大大超过国家规划标准，建设用地浪费严重。从青岛市大沽河流域村庄情况来看，截至2010年底，流域内的1455个村庄，人均建设用地约208平方米，大大高于同期城镇人均建设用地面积138平方米，这充分说明了村庄建设用地利用率低，土地资源浪费严重。因此，只有在调整现有农村居民点布局，集约建设农民住宅的前提下，才有可能切实改变农村建设用地浪费的现象，从而达到节约农村建设用地，保护好耕地的目的。

1.2 经济发展落后，现代化水平低

从总体来说，我国农村居民收入实现在较大幅的增长，但是多数农村还是以传统的以农业经济为主体和自给自足的农村生活生产为主要特征。受制于一家一户的落后

农业生产方式和耕作半径的限制，农业规模化经营化水平低，农业生产方式落后。大沽河流域是青岛的主要粮食、果蔬生产基地，2010年，区域每百户拥有的主要农用机械数量低于全国平均水平，表明农业机械化水平较低。此外，该区域规模化农业基地仅12处，距离实现农地规模化经营还有很大的差距。因此通过农村地区产业空间重塑，集中建设规模连片、高产优质的标准化基本农田，将有助于规模化、产业化、标准化的现代农业体系的形成，促进农民增收。

1.3 农村基础设施建设滞后，公共产品短缺

改革开以来，我国农村居民收入实现较大幅度的增长，近些年来，国家对农村公共投资也逐渐增大，但是由于农村经济发展传统积累少，农村基础设施和公共物品供给依然十分有限。究其原因，一方面，由于村庄分布散乱，造成基础设施投资成本的上升和大量耕地的占用；另一方面，农村居民点规模太小，难以达到设立村教育医疗设施、简易污水处理设备、小型垃圾转运站、集中供水与供暖等农村公共物品供给所需的门槛人口规模。据统计，青岛市大沽河流域1455个村庄，自来水普及率仅为33％，垃圾无害化处理率仅为23.2％，生活污水处理率仅为13.4％，燃气普及率为仅为12％。随着农村生活水平的提高和生活方式的转变，缺乏基础设施配套的散乱的村庄需要向具有完善基础设施配套的成体系的农村社区转型，这也是实现城乡基本公共服务均等化和农民生活现代化的需要。

1.4 人居环境较差，村庄特色缺失

由于村民环保意识不强，农村人居环境仍然较差。经调查，大沽河流域80%以上村庄存在村容村貌差、居住环境质量不高的现象，主要表现为生活垃圾、生活污水、农作物秸秆、废旧塑料袋、家禽粪便等随意排放；过量和不合理施用化肥和农药，不仅污染了土壤、地下水生态环境，还对农村生态、农产品质量造成不良影响，随着农村产业结构调整，禽畜养殖业从农户分散养殖转向集约化规模化养殖，禽畜粪便污染面明显扩大，对农村空气质量和水源质量的污染较大。此外，虽然各个村庄都具有丰富的景观要素条件，但普遍没有形成一个良好的景观意向，并受到建筑形式杂乱、墙面随意涂画、道路硬化、绿化稀落等不和谐因素影响，造成乡土景观整体面貌凌乱的现象。同时，村民未对宗族祠堂、古树名木、传统技艺等历史文化和建筑遗存的保护予以重视，置之于"自生自灭、顺其自由"的状态，在一定程度上都影响了村庄特色的建设。

2 城乡一体化是农村社区建设的要旨

城乡二元结构是造成城乡差距的最根本原因，而城乡发展一体化战略的实施旨在破解城乡二元结构。城乡一体

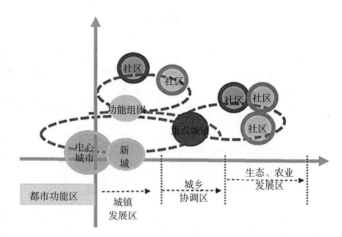

图1　青岛市未来城乡格局体系示意图

化不是单纯将经济社会资源从偏向城市转变为偏向农村，而是在理顺城乡关系的基础上优化城乡资源配置，通过统筹城乡产业结构战略性调整、统筹城乡劳动力结构和人口布局的优化、统筹城乡要素市场、统筹城乡规划建设、统筹城乡社会保障和公共服务体系、统筹城乡配套改革等多方面措施，进一步加快并协调城乡发展，逐步缩小城乡差距。因此，只有通过新型农村社区建设，以农村社区为平台整合配置城乡资源，促进农村地区的产业发展，才能最终实现农村地区经济、社会和人的全面发展，实现城乡之间的良性互动。

根据青岛市城乡发展的现状基础，结合未来的城乡发展趋势，在蓝色经济战略体系下，青岛市将逐步完善现有的特大城市—中等城市—小城镇—农村的城乡格局体系，将构建以大沽河为未来城乡发展的绿色中轴，以快速便捷的交通网络为重要支撑，由中心城区向外轴向辐射、点轴分布，各组团布局合理、有机衔接、功能完善的网络化城镇空间结构，形成核心城市—外围组团—重点城镇—新型农村社区的城乡体系。

可以看出，在新的城乡格局体系下，新型农村社区将成为城乡发展的重要枢纽节点，其发展对于促进青岛市经济发展、改善民生等具有重要的支撑意义。青岛市亟须将新型农村社区的发展作为青岛市城乡一体化发展的切入点，促进农村发展的增长点，加快新型农村社区的发展；通过新型社区的建设提升人口集聚规模，整合土地资源，提高发展集约程度；推进公共服务设施与市政基础设施集中配套建设，改善居民居住环境与生态环境。

3 国外推进农村发展的实践与启示

由于我们在新农村社区理论与方法创新方面处于探索阶段，有必要借鉴已基本完成工业化、城市化、现代化进程的西方发达国家促进乡村发展的实践，基于此，对英国、韩国、日本新农村规划建设进行介绍，寻求有益于推

动乡村现代化建设和城乡发展一体化的经验和启示，探索适合青岛市实际的新型农村社区建设路子。

3.1 英国："乡村中心居民点"政策

英国政府长期注重从政策层面消除城乡差别，"乡村中心居民点"政策（Key Settlement Policy）对推动乡村地区更新和发展起了巨大的作用。该政策的主要目标有两个方面：一是逐步把大部分乡村人口迁移到城镇体系中，同时在较大的村庄中建设完善的基础设施和公共服务设施，提高乡村居民的生活标准；二是利用规划控制住宅、生产建筑的无序建设，节约政府对乡村基础设施和公共设施的投资管理成本。通过推进"乡村中心居民点"建设、改善乡村住宅、建设完善的基础设施和公共服务设施，实现了"乡村中心居民点"在经济、社会和教育机会上与城镇的基本相近。

3.2 日本：村镇综合建设示范工程

1970年代，日本进入社会经济高速增长期，农村青壮劳动力不断涌向城市，农村相应出现了产业衰退、空心化等问题。为解决这些问题，日本启动了"村镇综合建设示范工程"，旨在改善农村生活环境，调整农村产业结构，增强乡村发展活力。村镇综合建设规划是村镇发展的总体规划，内容包括村镇综合建设构想、建设规划、地区行动计划等内容。

3.3 韩国：新村运动

1970年代，韩国针对城乡矛盾加剧、工农业发展失衡等问题发起了"新村运动"，目标是推动农业的转型和农村的现代化。"新村运动"的初始阶段着重于农村公共环境的改善，随后，新村运动注重进一步提高农村农民的居住环境和生活质量，如修建村民会馆、自来水设施、生产公用设施、新建住房和发展多种经营等。再随后更加关注乡村社区自我管理能力建设。通过持续的努力，韩国新村运动取得了积极成效，乡村人居环境大幅改善，农业现代化水平大幅提升，农民文化素质随之日渐提高。

3.4 经验启示

一是乡村发展是一项多措并举的综合策略，包括乡村产业振兴、人居环境改善、文化保护复兴以及制度建设安排等，但其中改善乡村居住环境和基础设施条件都是各国普遍的选择，即从物质环境的改善切入，推动经济社会发展和文明程度的提高。从国际实践经验看，乡村物质空间的改善还能够促进各种社会经济要素在城乡间的流动和优化重组，具有引导城乡生产力布局优化、城乡资源配置整合和高效利用等深层次的延伸效应。

二是各国乡村人居环境的改善都是从农民最急需且最直接受益的居住条件和基础设施、公共服务设施改善入手，对此仇保兴（2010年）指出，乡村建设应该从看得见、摸得着和真正使农民得到实惠的人居环境抓起。人与环境是相互联系影响的，环境好了，文明程度才能够提高。

4 规划探索——以《青岛市大沽河流域村庄规划》（以下简称《规划》）为例

4.1 形成以小城镇为中心的农村居民点体系是城乡一体化发展的关键

在未来的城镇化加速时期，城乡联系越来越紧密，加强城乡一体化发展，是为了加强城镇之间，城镇与乡村之间在经济、社会、生态和基础设施等方面的紧密联系，形成高度网络化的城乡同步发展、区域整体发展的新局面。而小城镇是农村地区政治、经济、文化中心，发挥着城市和乡村的联系纽带作用，在大沽河流域农村居民点体系重构推进过程中，要把加快发展小城镇、增强小城镇的吸引力和辐射力作为主要目标，使其成为服务农村的重要公共设施基地、农业产业化的综合载体和新农村建设的助推器，并依托小城镇建设，实现农民离土不离乡、就地城镇化的居住社区，作为农村人口向城镇转移的首要着陆点。大沽河流域作为青岛市的重要生态中轴，一些大企业和大项目一般落户于青岛市区和重要的产业园区，流域内

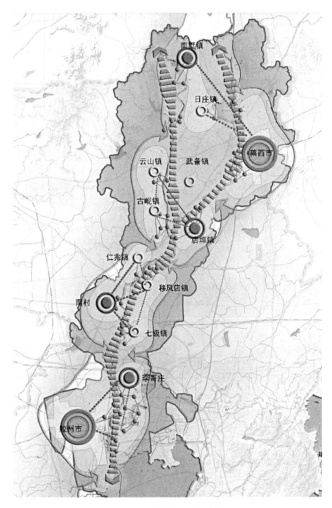

图2　流域城乡体系等级结构图

的小城镇不太可能成为重要工业项目的选址目的地。因此，在加快推进城镇化和新农村建设政策的引导下，流域内的小城镇应该重点发展面向周边农村地区的农业和乡村旅游等服务产业。流域内的农村发展必须依托小城镇，合理重构农村居民点发展的空间形态，建立农村地区配套齐全，使用方便的公共服务体系，形成城乡一体的生活圈。

《规划》形成"一轴四城七镇多社区"的镇村发展格局，逐步实现农村人口向小城市、特色镇和新型农村社区集聚，最终实现城乡生活等值化和城乡统筹目标。一轴指以大沽河作为联系城镇的蓝绿相融的生态轴线；四城指南村、李哥庄、南墅、店埠四座小城市；七镇指日庄、武备、云山、仁兆、古岘、移风店、七级等七个沽河沿岸旅游特色镇；多社区指沽河沿岸展现地方特色、历史文化特色的新型农村社区。

同时在规划中注意解决三个问题：一是合理确定村庄迁并时序。二是在村庄迁并中注重特色村庄的保护和建设。三是城镇、村庄建设必须与土地利用规划相结合。

4.2 农村产业布局是实现城乡一体化发展的重要支撑

农村社区规划解决的核心问题是农民收入的提高，而产业发展正是这一问题的重要途径。农村社区产业规划要注意的是二、三产业是当前农民增收的重要渠道，但是农村社区规划必须重视第一产业，以满足维护粮食安全、保持农村社会稳定的需要。《规划》突出体现了农村地区产业发展规划，合理调整三次产业结构，形成一、二、三产业互促共进、协调发展的产业格局。

4.2.1以特色农业推进农业现代化

强调发展设施农业、规模农业，在巩固粮食生产的基础上，现代农业产业选择以大力发展生态农业、休闲观光农业、特色农业为主，提升整个产业的发展水平。规划围绕土地利用结构优化和土地产出效率提升，制定农业综合区划，依托资源优势，积极优化"北果南蔬"的农业发展格局，科学引导，集群发展，打造大沽河高效农业聚集带，根据各自的有利条件，制约条件和农业发展基础，确

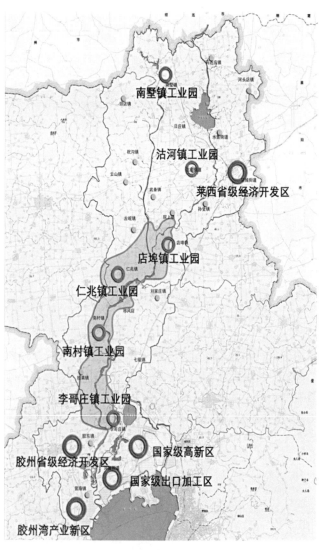

图3　流域农业产业布局图　　　　　　图4　流域绿色工业规划布局图

定农业发展的主导方向，对区域甜瓜、樱桃、苹果、草莓、葡萄、蒜薹生姜、食用菌、"胶州"大白菜等9个种类的主要优势农产品进行生产发展指引和布局。规划形成"一轴三片带九群"的农业布局结构。

4.2.2 发展低碳、绿色工业

工业是农民增收、解决农村劳动力转移的重要渠道，但是大沽河流域是青岛市的生态中轴，发展工业要提高企业准入门槛，严格控制污染型企业进入流域范围内工业园，引导发展生态环保型产业。同时，加大地下水库区内的工业园管理，加强园区污水处理厂及生态治污湿地的建设，消除工业生产对流域生态环境的影响。

4.2.3 发展以乡村旅游业为主导的第三产业

乡村旅游的产业发展是加快农村经济发展和农民增收的助推器。大沽河流域是孕育青岛历史文明、民俗文化与自然景观的摇篮，这为发展乡村旅游业提供了良好的条件。规划根据大沽河沿线的山体、湖泊、湿地、林带、田园、历史文化、民俗风情等不同旅游禀赋，形成了"三区十段"的旅游发展轴。

4.3 注重农村设施建设是实现城乡基本公共服务均等化的重要基础

《规划》强化基础设施体系由城市向农村延伸，将农村的相关设施与城市综合交通体系和市政公用设施系统对接。农村交通规划以农村公路网络和公共交通为重点。农村公路向网络化、等级化方向发展，形成比较完善的公路网络。在市政基础设施配套方面，突出市政基础设施与城市、镇设施的衔接，提升社区的供水、燃气等普及率，实现垃圾集中收集与处理；将农村社区污水处理纳入城市、镇区的污水处理系统，建设污水处理单元，提高污水处理率；垃圾转运站宜采用分类收集方式，并设置附属式再生资源回收点，建立户集、社区收、镇运、市处理的统一模式，同时加强沼气净化池的应用，推广厕所、畜圈、沼气池"三位一体"综合利用设施，加快"一池三改"的步伐，将"改厕、

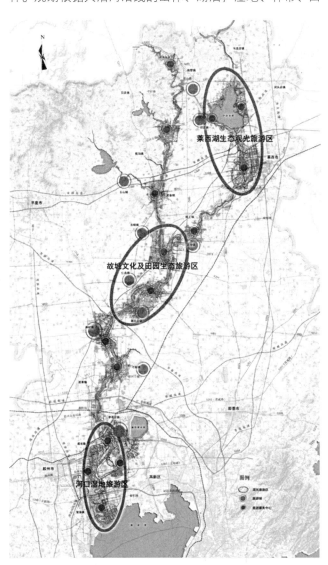

图5 流域乡村旅游规划图

图6 流域生态景观规划图

改厨、改圈"与"生活污水净化沼气池技术"、"人工湿地"相结合，联合治理农村社区的生活污水。

4.4 强调生态安全保护的人居环境建设是提升城乡生活质量的重要保障

农村生态环境的营造，不仅能改善农民的生产生活环境，对改善脆弱的城市生态环境的作用也是巨大的。

4.4.1 生态功能分区控制

根据生态环境要素、生态环境的敏感性和生态服务功能的空间分布规律，考虑人类活动对生态系统的影响，完善分区预控机制，维护区域生态安全和优化城乡生态格局。规划按照大沽河流域的发展特点，结合不同农村地区的生态环境特征，将流域划分为城镇建设区、生态保育、生态保护区3种类型，明确重点开发和重点保护区域，加强自然保护区、重点水源地的保护和管理，实现生态环境的整体优化控制。

4.4.2 生态景观建设

结合大沽河流域的众多河流、林地、湿地、湖泊、农田的景观资源优势，规划打造"一轴三带四区八园"的景观生态廊道，形成人与自然和谐发展的生态环境体系。

4.4.3 开展农村环境整治

建立政府领导，部门协作、公众参与的体制机制，组织推进农村环境工程建设，坚持以"节能、卫生、文明、生态"为目标，开展农村地区河道治理，使农村水系与大沽河流域水系沟通串联，加快水环境治理，同时发展农村循环经济，控制农业面源污染，建设"清洁水源、清洁家园、清洁田园"的新型农村社区环境。

5 结语

在城乡一体化发展的背景下推进农村社区建设，结合大沽河流域农村地区的发展特征，从空间优化、产业发展、设施配置、人居环境建设出发，寻找适合当地发展的思路，保障新农村合理有序和永续发展，逐步缩小城乡差距、消灭城乡二元结构，实现城乡统筹一体化发展。在新型城镇化发展时期，探讨城乡一体化背景下的新型农村社区建设，抛砖引玉，期望对今后该类规划编制起到一定的参考和借鉴作用。

参考文献

[1] 青岛大沽河流域镇村空间发展规划[Z]. 2011.
[2] 马晓萱，王亚男.大都市地区新农村建设规划探讨[J]. 城市规划，2009，增刊：26-30.
[3] 李建飞，陈玮.在历史新时期的新农村规划思考[J]. 城市规划，2009，增刊：78-81.
[4] 宋祎，胡木春.生态文明引领海南新农村建设[J]. 城市规划，2009，增刊：82-85.
[5] 王浩. 城乡统筹背景下镇域规划编制办法研究[J]. 规划师，2013，（5）：55-62.
[6] 王浩.武汉市城乡建设统筹规划探析[J]. 规划师，2013，（9）：41-48.
[7] 关于走符合我国国情的城镇化道路的认知和建议[R]. 2013.
[8] 曲占波，苗运涛，贾会敏. 城乡统筹背景下新农村建设与发展研究. 2013城市规划年会论文集.
[9] 周岚，于春，何培根.小村庄大战略——推动城乡发展一体化的江苏实践[J]. 城市规划，2013，（11）：20-27.
[10] 陈鹏. 基于城乡统筹的县域新农村建设规划探索[J]. 城市规划，2010，（2）47-53.
[11] 仇保兴. 生态文明时代的村镇规划与建设[J]. 中国名城，2010，（6）.

作者简介

冯启凤，女，硕士研究生，青岛市城市规划设计研究院，注册城市规划师/高级工程师。

吴晓雷，男，本科，青岛市城市规划设计研究院，工程师。

王瑛，女，本科，青岛市城市规划设计研究院，工程师。

昌邑市新型城镇化发展模式初探

齐乃源 齐飞

摘 要：2008年国际金融危机以来，特别是中央城镇化工作会议后，城镇化成为从中央到地方关注的热点。本文围绕昌邑市发展概况和特征，结合新型城镇化的内在要求，对适宜昌邑新型城镇化发展的方式进行探究，进而梳理引导带动昌邑城镇化快速、健康发展的五大模式，为昌邑城镇化的规划和发展提供借鉴。

关键词：昌邑；新型城镇化；发展模式

1 引言

2000年诺贝尔经济学奖获得者、世界银行首席经济学家斯蒂格利茨曾经论断：影响21世纪人类进程的有两件大事，一是以美国为首的新技术革命，包括生物基因技术、纳米技术、信息技术；二是中国的城镇化[1]。

2008年国际金融危机以来，中央高层对城镇化的认识上升到历史上从未有的高度，城镇化成为从中央到地方关注的热点。2011年中国的城镇化水平达到51.27%，城镇人口首次超过农村人口，标志着中国开始步入以城市型社会为主体的转型发展新阶段。而同时我国的户籍城镇化率只有35.29%。城镇化"由数量扩张向质量提升的转型势在必行"[2]。即，在经济发展转型的背景下，原有粗放式的城镇化模式难以持续、城乡二元分割的"非完全城镇化"道路难以持续、区域不协调的空间格局难以持续，中国城镇化到了转型的关键时期。

昌邑市位于山东半岛西北部，潍河下游、莱州湾畔，是全国综合实力百强县。近年来，昌邑城镇化进程不断推进，但在城镇化的过程中也出现了诸如水平不高和质量落后、动力不足等问题。本文将系统地梳理分析昌邑城镇化现状和问题，并根据新型城镇化的内在要求提出相应的应对策略，即昌邑城镇化发展的五大模式。

2 昌邑发展概况

2.1 人口与城镇化现状

2.1.1 人口现状

昌邑市辖3个街道、6个镇、1个经济发展区。至2013年底，昌邑常住人口61万人，其中户籍人口58.28万人，暂住人口约2.72万人，城镇人口30.2万人。

2.1.2 城镇化现状

城镇化水平的衡量一般有两种方法。一是用区域内非农业人口占总人口比重来表示非农城镇化水平。该方法的优点是口径统一，具有长时间的连续数据；其缺点是没有考虑已从事非农产业的农业人口，特别是常住外来人口，导致对城镇化进程的严重低估。二是用城镇人口占总人口的比重来衡量。这种方法由于对城镇人口统计范围的界定过于主观，从而导致出现多种不同口径的城镇化水平。随着人口流动越来越频繁，越来越多的农业人口实际上长期从事第二、三产业，客观上讲，后一种方法更能较为真实地反应某一地区的城镇化水平。根据第二种方法，2013年，昌邑市城镇化率为49.5%，全市城镇人口约为30.2万人。

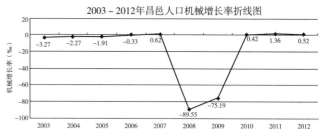

图2 2003～2012年昌邑人口自然增长率折线图

2.2 人口与城镇化的发展特点

2.2.1人口发展特点

（1）户籍人口持续增长

自新中国成立以来，昌邑户籍人口一直保持平稳增长的态势，从47.88万增加至58.28万，共增长10.4万人。近60年来，昌邑户籍人口出现了两次大的波动。即三年困难时期，人口从52.3万下降至45.6万。2008年昌邑行政区划调整，太保庄乡3.1万人划到坊子区，丈岭镇2.6万人划到坊子区；2009年，岞山镇4.5万人划到坊子区。两年人口共计减少约10万人。

表1 昌邑市1949-2013年户籍人口一览表

年份	户籍人口	年份	户籍人口	年份	户籍人口	年份	户籍人口
1949	478814	1966	549169	1983	638600	2000	684393
1950	486654	1967	559702	1984	638685	2001	682678
1951	488121	1968	568215	1985	639660	2002	680253
1952	489906	1969	578547	1986	644302	2003	677628
1953	501564	1970	598256	1987	653384	2004	677621
1954	506215	1971	608243	1988	658724	2005	678044
1955	513378	1972	612452	1989	665016	2006	679281
1956	517885	1973	617100	1990	671046	2007	680592
1957	522895	1974	621135	1991	672865	2008	624630
1958	502706	1975	625646	1992	671814	2009	580714
1959	479335	1976	624024	1993	669618	2010	581470
1960	455882	1977	624913	1994	668430	2011	582327
1961	475973	1978	624102	1995	669990	2012	582554
1962	509507	1979	623823	1996	671559	2013	582785
1963	523968	1980	623696	1997	679073		
1964	530038	1981	629334	1998	682823		
1965	543838	1982	634209	1999	684434		

（2）人口增长以自然增长为主

近几年来，昌邑人口呈现出"低出生率、低死亡率、低增长率"特点，人口增长主要以自然增长为主，自然增长率基本在5‰左右。

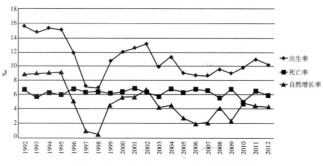

图1 1992～2012年昌邑人口自然增长率折线图

（3）人口空间分布不均匀

从空间分布来看，昌邑人口数量和密度分布呈现中间高、南北低的态势。人口密度最大的是奎聚街道，其次是围子街道和都昌街道，人口密度最小的是下营镇，每平方公里约114人。

（4）人口老龄化严重

性别结构：昌邑男女人口比例为100：83，属于基本稳定的人口类型。

年龄结构：从年龄结构看，昌邑人口老龄化明显，根据"五普"、"六普"相关资料，60岁以上人口比重10年间提高了3个百分点。劳动力的抚养负担较大，"五普"总扶养比约为43.49%，而"六普"总扶养比约为47.19%，

图3 昌邑现状人口密度分布图

10年间提高了4个百分点。

表2　五普、六普老龄人口变化一览表

	60 岁以上人口所占比重（%）			65 岁以上人口所占比重（%）		
	合计	城镇	农村	合计	城镇	农村
五普	14.28	2.70	11.58	10.42	1.86	8.56
六普	17.26	7.24	10.02	11.79	4.90	6.89

表3　五普、六普抚养比变化一览表

	总扶养比（%）	少儿扶养比（%）	老年扶养比（%）
五普	43.49	28.54	14.95
六普	47.19	21.79	25.4

（5）外来人口较少，人口流动性不强

按照"六普"统计，昌邑市不在户口所在地居住的流动人口数量为5.8万人，占常住人口的 9.5%。人口流动以市域内流动为主，流动人口中，省外及外市迁入人口2.72万，占全部常住人口的4.5%，占全部流动人口的47%，市内流动人口占总流动人口的53%。

2.2.2城镇化发展特点

（1）城镇化水平不高

2013年，昌邑常住人口城镇化率为49.5%，低于同期山东省城镇化率（52.4%）和潍坊市城镇化率（49.7%）。在全省91个县、市中居第44位，在潍坊六市两县中居第5位。

（2）城镇化发展不平衡

目前，昌邑城镇化率较高的区域主要分布在城区三个街道及距城区较近的柳疃镇、饮马镇。而距城区较远的北孟镇、下营镇城镇化率较低。各乡镇城镇化率相差较大，其中柳疃镇最高，为45%。龙池镇为38%，下营镇为26%，卜庄镇为28%，饮马镇为41%，北孟镇为21%，从数据上看，昌邑城镇化发展很不平衡。

（3）城镇化质量有待提高

依据《山东省城镇化发展报告》，选取"人口就业、经济发展、城镇建设、社会发展、居民生活、生态环境"6项二级指标，25项三级指标，对昌邑市城镇化发展质量进行分析可以发现：昌邑市生态环境、社会发展、居民生活相对较好，但其他方面都略显不足，尤其是城市建设、经济发展在全省排名相对靠后，城镇化质量有待提高。

2.3 人口与城镇化存在问题

综合对昌邑人口和城镇化现状、发展特点的分析，我们梳理出昌邑城镇化存在的五个问题，作为昌邑城镇化模式创新建议相对应的五个突破点。

2.3.1城镇化质量较低，存在大量"半城市化"人口

目前，昌邑共有城镇人口30.2万人，其中，包括农村人口约12万人，"半城市化"人口比重较大，在乡镇这种"半城市化"人口比例更高。"半城市化"现象的实质是进城农民既不能平等享有市民权利，又不能割断与土地、宅基地以及与原农村集体的联系。究其原因，在于长期执行的城乡分割的二元体制。由于存在大量"半城市化"人口，严重影响了城镇化质量的提升，也为未来昌邑城镇化

图4　昌邑市现状城镇化率分布图

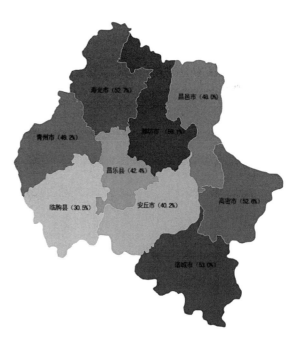

图5　潍坊市现状城镇化率分布图

率的提高带来了诸多困难。

2.3.2城镇化率落后于工业化率

通常用工业增加值占当年GDP的比重来表示工业化率（I），将它与城镇化水平（U）之比（IU比）视作衡量工业化与城镇化相互关系的一个指标。相关研究数据显示，1995年、2005年发达国家的IU比普遍低于0.4，其原因在于：一方面发达国家在20世纪50年代基本实现了城市化进程，之后又进一步实现了高度城市化，因而城市化水平很高；另一方面发达国家在实现了工业化后经济以现代服务业为主，工业产值在GDP中所占比重较小。

根据相关数据，2013年昌邑全市地区生产总值为326.50亿元，工业增加值为185.39亿元，IU约为1.2，远高于发达国家的IU。这说明昌邑城镇化进程明显滞后于工业化进程。

从第二、三产业就业人口来看，2013年，昌邑城镇化为49.5%，明显低于第二、三产业从业人员在昌邑从业总人员64%的水平。这说明，昌邑有相当一部从事第二、三产业的人员居住在农村地区。

2.3.3小城镇发展动力不足、空间格局亟待优化

就小城镇本身而言，由于规模小、集聚能力有限，自身难有发展动力；在市场化的竞争中，小城镇在产业、技术、人才等方面不具备竞争力，没有发展潜力[3]；在政府调控方面，地方政府只关心本行政区域内重点城镇的建设发展，特别是在建设用地指标方面，在"逐层分解"的制度框架下，小城镇可供发展的建设用地指标非常有限。

2.3.4产业结构不合理，就业吸纳能力不高

2013年三次产业比例为10.7：56.8：32.5，农业比重较高，沉淀劳动力偏多。工业结构偏重，就业拉动能力趋弱。服务业增加值占地区生产总值比重仅为32.5%，就业吸纳能力不足，很大程度上制约了农业劳动力人口向城区、镇区转移的步伐。从昌邑市历年三次产业构成看，第一产业持续下降，第二、三产业持续增加，但第三产增加的速率远小于第二产业。

2.3.5资源环境约束加剧，传统城镇化格局面临重构

城镇化发展盲目求快，指标盲目求高是中国现阶段的通病。昌邑本身具有非常好的生态本底，但是长期以来，重发展、轻治理的粗放式经济发展模式，对昌邑市生态环境造成了较大破坏。昌邑城镇化进程中万元GDP能耗较高、土地资源高位消费、水资源浪费和污染问题严重、生态环境愈加脆弱，城镇化的环境和资源成本较高。随着两型社会要求的不断束紧、市民环境意识的不断提升，传统城镇化的高耗能、高污染的老路已濒临尽头。同时，如何治理污染、优化生态环境，也是昌邑市城镇化进程中不得不面对的问题。

3 昌邑市城镇化特征

昌邑城镇化主要呈现出以下特征：土地城镇化快于人口城镇化、资源优势、劳动密集型。

3.1 以"土地城镇化快于人口城镇化"为特征的城镇化

以昌邑中心城区来说，2003年，城区人口14.04万人，城市建设用地面积14.1平方公里，人均城市建设用地100.43平方米。而2012年城区人口18.96万人，城市建设用地面积26平方公里，人均城市建设用地137.13平方米。城市建设用地面积增长到原来的1.84倍，而城镇人口仅增长到原来的1.35倍，土地城镇化远远快于人口城镇化。

从用地性质来看，居住用地从3.7平方公里增长至9.32平方公里，较2003年增长5.62平方公里；工业用地从3.36平方公里增长至5.89平方公里，较2003年增长2.53平方公里；而公共设施用地从1.82平方公里增长至2.75平方公里，较2003年增长仅0.93平方公里。

3.2 以"资源优势"为特征的城镇化

昌邑盐资源丰富，共有盐田面积90万亩，原盐年产量为400万～450万吨，溴素年产量4万吨，分别占中国海盐总产量的1/6和溴素总产量的1/4。目前全市共有盐及盐化工企业78家，其中规模以上63家，规模以上企业完成销售收入126.5亿元，实现利税11.3亿元，利润6.8亿元。

这种对资源过度依赖的城镇化在初期阶段由于对资源的大量开发，社会经济得到快速发展，从而带动城镇化

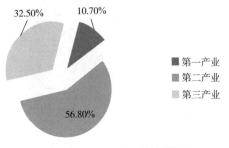

图6 昌邑市三次产业结构饼状图

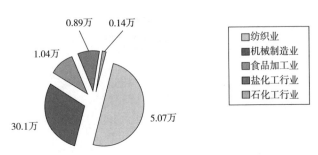

图7 昌邑市各行业从业人员柱状图

的快速发展。而随着资源的逐渐枯竭，会导致大量产业工人失业，进而影响到城镇化的健康发展。因此，昌邑应紧紧抓住产业转型的机会，培植"资源—产品—再生资源利用"的生态产业，拉长产业链，以保证未来城镇化的健康、快速发展。

3.3 以"劳动密集型"为特征的城镇化

到2012年末，昌邑市工业企业从业人员135369人，其中家纺产业50651人，食品行业10409人，石化行业1420人，盐化工行业8928人，机械行业30109人。可见，昌邑近一半的从业人员在劳动密集型的纺织企业就业。

据估算，随着昌邑城镇化的发展，每年大约会有1万人从农村转移到城市或乡镇。因此昌邑各乡镇应结合自身特点，大力发展劳动密集型产业，以应对大量农村人口转移带来的就业问题。

4　昌邑市新型城镇化发展模式探究

4.1 新型城镇化的内在要求

2013年12月，中央城镇化工作会议在京举行，会议要求，要以人为本，推进以人为核心的新型城镇化，提出了推进农业转移人口市民化、提高城镇建设用地利用效率、建立多元可持续的资金保障机制、优化城镇布局和形态、提高城镇建设水平、加强对城镇化的管理等六项推进城镇化的主要任务[4]。仇保兴认为，新型城镇化主要应侧重解决以下六个方面的突破：

4.1.1从城市优先发展的城镇化转向城乡互补协调发展的城镇化

昌邑是农业大市，因此妥善解决好"三农"问题是昌邑经济社会发展的重中之重。尊重城乡各自的发展规律、避免对城镇化的片面理解和对村庄的盲目整治、实现城乡差别化协调发展是昌邑解决"三农"问题，推进城乡一体的新型城镇化的必经之路。

4.1.2从高能耗的城镇化转向低能耗的城镇化

城市是二氧化碳的高排放地区，快速城镇化会带来城市能源消费量的增加，未来城市发展的方向是低碳模式。建设低碳城市、保护城市环境，也是当今世界各国的城市发展方向。对于昌邑而言，城市向低碳生态型发展，首先应构建紧凑型的城市空间布局，大力发展公共交通，增加可再生能源比例，进而实现低能耗的城镇化，这也是新型城镇化的发展方向之一。

4.1.3从数量增长型的城镇化转向质量提高型的城镇化

在昌邑市快速城镇化的过程中，只重数量、忽略质量的发展带来了上文中所提到的五个问题。完善公共服务和社会保障、加快产业转型升级、疏通新型城镇化的模式机制，提高城镇化的质量，进而以宜人风貌、社会安定、服务功能的高品质吸引人才和提升城市宜居性，不仅是提升城市综合竞争力的手段，也是实现"以人为本"的新型城

镇化的重要方式。

4.1.4从高环境冲击型的城镇化转向低环境冲击型的城镇化[5]

城市与自然界最大的差别在于城市的降解功能过弱，生产和消费功能过强，所以城市对周边环境的冲击极大[5]。传统的重末端治理模式带来了沉重的污染治理压力，针对昌邑生态环境保护与建设中存在的主要问题，本文提出"一、二、三、四"的生态保护对策。

一是因地制宜，构建城乡一体的生态安全格局；二是重点控制农业面源污染和工业点源污染两个方面；三是明确划定生态核心保护区、生态综合协调区、生态弹性备用区三个生态保护区；四是重点加强水源保护、林业保护和生态培育、大气污染控制、垃圾处理四个方面的生态保护与建设。

4.1.5从放任式机动化的城镇化转向集约式机动化的城镇化

由于历史发展时期的特殊性，我国机动化与城镇化同步发生。机动化交通具有"塑形性"、"锁定性"等特征，且根据当斯定律，"交通需求总量总是向超过交通供给的方向发展"。因此，从交通资源供给转向需求管理、慢行系统与快行公交系统并重、提倡公共交通出行、限制小汽车出行是下一步昌邑城镇化发展的关键。

4.1.6从少数人先富的城镇化转向社会和谐的城镇化

长期以来的城乡二元结构带来了城乡居民收入差距的逐步拉大，而农业机械化进程中不断提高的农业生产率带来了大量的农村剩余劳动力。农业转移人口对非农劳动技能的缺失则造成了农业转移人口与城市居民收入的进一步拉大。为实现社会和谐、贫富差距缩小的新型城镇化，昌邑宜加快实施"就业培训"和"创业融资"计划，完善公共就业创业服务体系；保障农业转移人口随迁子女平等享有受教育权利；加快产业培育和基础设施建设，增强吸纳农业转移人口的承载能力；扩大社会保障覆盖面，拓宽住房保障渠道；在市场在资源配置中起决定性作用的基础上更加注重社会公平。

4.2 昌邑新型城镇化的五大发展模式

为保证昌邑城镇化实现"提质加速"、实现"人的城镇化"，必须结合昌邑实际，探寻适合昌邑城镇化健康快速发展的正确道路。城镇化的健康发展离不开经济的发展，因此通过中心城区、开发区、大型建设项目、服务业的发展带动昌邑城镇化进程尤为重要。针对昌邑城镇化中存在的问题，结合以上对昌邑城镇化特点的分析和新型城镇化的内在要求，现提出以下五种城镇化发展模式。

4.2.1产城联动模式

针对城镇化质量较低和产业结构偏低、就业吸纳能力不高的问题，我们提出产城联动的发展模式，壮大城区

规模，积极发展现代服务业，增强城区的辐射带动作用，吸引周边（主要指都昌街道、奎聚街道、围子街道）农村剩余劳动力进入城区从事第二、三产业。通过产城互动发展，构建现代产业体系，增强就业支撑能力，实现产城融合发展。

4.2.2 园区带动模式

上文已经指出，昌邑存在城镇化率落后于工业化率的现象，城乡二元瓶颈难以突破。我们着眼于昌邑的产业布局，抓住昌邑劳动密集型产业的发展优势，在工业园区、项目区附近建设新型社区、完善配套设施，鼓励园区、项目区内的产业工人在此购房、居住，提高人口城镇化率向与工业化率相匹配的健康方向发展。有条件建设的园区带动型社区主要有下营项目区的浦东社区、柳疃项目区的青乡社区、龙池项目区的瓦城社区及石埠经济发展区内的石埠社区。另外，还有一些结合村办企业建立的社区，如南孟社区、角兰社区。

4.2.3 三产拉动模式

昌邑产业结构亟待优化，就业吸纳能力不高。对于第二、三产业，特别是服务业，在产业结构调整中应当着重培育，并拉动当地就业和人口城镇化的发展，依靠旅游项目、大型市场等第三产业的带动建立新的社区。昌邑市有条件建设旅游型社区的有山阳社区，大型市场型社区有小章社区。

4.2.4 驻地推动模式

昌邑小城镇发展动力不足、空间格局亟待优化，且存在大量"半城市化"人口。针对这些问题，我们提出"驻地推动模式"，即依托被撤销的乡镇驻地建立新型社区。这类社区由于配套设施较为完善，因而发展潜力较大，一般来说，社区规模也相对较大。具有良好社区发展潜力的主要有依托原夏店镇驻地建立的夏店社区、依托原双台乡驻地建立的双台社区、依托原宋庄镇驻地建立的宋庄社区、依托原塔尔堡镇驻地建立的塔尔堡社区。

4.2.5 农业驱动模式

上文中提到，昌邑近年来资源环境约束加剧，传统城镇化格局面临重构。传统高污染、高能耗的工业体系和重发展、轻治理的粗放式经济发展模式早已不适应可持续发展的要求。而在产业结构升级转型和城镇化快速健康发展

的过程中，昌邑发达的农业也大有用武之地。近年来昌邑农业园区基地建设发展较快，初步形成了"政府推动、企业主动、市场拉动"的良性互动局面，建成多处现代农业示范园区。因此，积极推动农业现代化步伐、加快土地流转，依托园区、基地推进城镇化建设，也是昌邑建设生态品质之城、推动城镇化健康发展的模式之一。

5 小结

本文通过对昌邑市人口和城镇化发展现状和特点的分析，梳理出昌邑市城镇化中存在的城镇化质量较低、存在大量"半城市化"人口，城镇化率落后于工业化率、小城镇发展动力不足、空间格局亟待优化，产业结构不合理、就业吸纳能力不强，资源环境约束加剧、传统城镇化格局面临重构等五大问题；结合昌邑城镇化中土地城镇化快于人口城镇化、资源优势和劳动密集型三大特征和新型城镇化六个方面的内在要求，创造性地提出了与所存在的问题相对应地、适宜昌邑城镇化发展的五大模式，即产城联动模式、园区带动模式、三产拉动模式、驻地推动模式和农业驱动模式，为昌邑下一步城镇化的快速健康发展提供可行的建议。

参考文献

[1] 常益飞. 新型城镇化发展道路研究[D]. 兰州大学，2010.

[2] 宫仁，夏青. 城镇化的发展之路[J]. 建筑工人，2013，（5）.

[3] 李景盛. "推拉"视角下小城镇人口集聚能力研究[J]. 法制与社会：旬刊，2014，（4）：206-207.

[4] 新华社. 中央城镇化工作会议提出城镇化工作六大任务[J]. 决策导刊，2013：1-1.

[5] 仇保兴. 新型城镇化：从概念到行动[J]. 行政管理改革，2013：12-14.

作者简介

齐乃源，男，本科，昌邑市规划局，工程技术应用研究员、注册规划师。

齐飞，男，本科，山东省城乡规划设计研究院，助理工程师。

关于城市色彩规划设计问题的探讨
——以山东菏泽为例

刘茹

摘　要：城市色彩是城市一张鲜明的名片，直接反映城市的特性和文化内涵。它不仅能美化城市环境、提升城市形象，而且与城市中的居民日常生活息息相关。

关键词：城市色彩；色彩规划；色彩谱系；规划策略；城市文脉

城市色彩是一个城市总体的颜色，城市色彩规划设计不仅是对一个城市色调的确定，在一定程度上还能反映城市的历史文脉，体现城市与自然的统一和谐。城市色彩是城市特色与品位的重要标志，是城市魅力的重要构成，也是城市的一种符号。城市色彩的效能主要体现在影响人居质量、凸显城市形象、展现城市特色、提升城市品位等方面。城市进行色彩规划要注重整体和谐、体现以人为本、符合地方文化特色及服从城市功能区分，等等。

1　城市色彩现状

菏泽，位于山东省西南部、鲁苏豫皖四省交界处，处于华北政治经济文化中心和华东地区的结合部，承东启西，引南联北。城市景观风貌基本要素有河、城、花、树，自然景观条件极佳。

城市色彩主要解决的对象是城市色彩主旋律语境中的建筑群外观色彩或单体建筑外立面色彩问题。色彩管理以提升建筑形象品质、维护城市景观的整体协调性为基本出发点。城市建筑外立面色彩属于社会公共景观，属城市居民共同所用，任何擅自变更建筑外立面色彩的行为都是不允许的。色彩是城市外观控制一个必要的环节，色彩变更必须有章可循，有据可依。

1.1　色彩现状

现况屋顶按色相排序汇总，得出屋顶色彩主要以红色系和灰色系为主，红褐色系次之，有少量蓝色穿插。

1.2　墙面色彩现状

将现况墙面按色相排序汇总，得出墙面色彩主要以黄灰色系和红色系为主，灰色系次之，有少量蓝绿色系穿插。墙面辅调色主要以黄灰色为主调，蓝绿色和灰色次之，有少量红褐色穿插。

1.3　点缀色彩现状

设施构筑物色彩趋于朱红色系与灰白色系占比较大，部分高艳度设施造成环境突兀，多数设施和构筑物用色单一，与环境对比单调。

城市流动色主要是车辆色彩，相比其他城市菏泽的暖色系车辆所占比重较大。越是低级小型车，社会车辆的艳度越高。

1.4　底环境色彩现状

现状道路基底未重视色彩关系，水泥路面、柏油路面灰白无色，与地面标线难以区分；道路护栏、灯杆无色感。人行道、广场铺装多用彩色小瓷砖，铺装单调零碎。城市建筑色彩规划下，需展现道路深灰基底色泽，与标线及护栏、杆柱等对比清晰，与植被环境形成整洁、大气的环境品质。城市流动色彩——服装、小商业：行人服装冬季以深色为主，同时高艳色系所占比重偏高。街边摊位小商业色彩特别明显，展现出的多是高艳色系。环境下色彩显现：光照是色彩的前提，菏泽由于自身地域性极大的环境因素，近年来灰雾、浮尘、雾霾天气日益增多，影响光照强度和光照质量，降低了能见度，极大地改变城市色彩的明度、艳度，破坏着城市品质。城市色彩营造在追求协调时，易变得暗淡、压抑，规划需适当考虑其因数。

1.5 特质色彩

牡丹九色，品种多，色彩丰富，各色牡丹争艳斗奇，更是丰富了生活乐趣和色调。菏泽道路、公园、水系、空地中绿植覆盖密集，环境色彩丰富，水系丰富，水网交织与城市格局、城市面貌相辅相成，菏泽水与建筑的色彩关系，影响着城市色彩的结构与演化

2 现状城市色彩问题

色彩现况问题概述：传统原生态色彩风貌消逝；传统色彩特色尚待发掘；整体色彩杂乱无序，缺乏用色指导；建筑用色单调，缺乏细节，色彩品质不高；现代建筑缺乏地域特色；急需研究适合现代城市发展需要的建筑用色方式。

2.1 古城原生态色彩风貌消逝

由于缺乏保护意识，建筑年久失修，使得原始建筑风貌逐渐消逝。再加之缺乏合理用色观念的城市美化，使得原本式微的传统色彩被掩盖，古城色彩风貌发生根本性的变化。

2.2 缺乏用色指导，特色待发掘

建筑用色不够整体，新建筑配色明度及色相反差过大。菏泽现代建筑在新材料运用时过于简单，导致色彩对比过于强烈。

2.3 建筑用色单调，缺乏细节

建筑用色不够整体，新建筑配色明度及色相反差过大。

2.4 沿街立面色彩无序

街道色彩缺乏合理的用色指导，部分建筑与街道整体色彩脱节，使建筑形象缺乏菏泽特色，配色品相较差。

2.5 广告用色艳混乱，对城市环境构成色彩污染

广告色艳度过高，各种色彩互相跳跃，广告单一且在建筑上使用面积过大，未考虑与建筑色彩的协调，对街区道路环境影响极大。

3 解决色彩问题策略

1. 外立面使用天然材质，对景观风貌影响不会很大，使用人工材料时就必须对色彩进行严格控制，加强论证和审核。

2. 建筑配色时降低对比度，丰富主、辅色彩的层次。结合当地材质，给出色彩搭配的概念图谱，指导建筑的色彩营造。单体建筑明度与色向谐调，并且建筑细节丰富。

3. 丰富建筑的主调色与辅调色彩；增加色彩细节。

建筑色彩都做到了丰富而又调和，主调色与辅调色相得益彰。

4. 运用色彩调和的方法，控制立面的色彩节奏与韵律。

5. 广告色彩与建筑色彩协调，规范广告面积尺寸，丰富广告样式。

6. 以现状建筑色彩归纳色，叠合牡丹色适合建筑、景观小品的色谱，叠合基底上适合的色谱，叠合传统建筑色谱，筛选出色彩总谱系统。

7. 菏泽城区新建或改建建筑，引导采用坡屋顶，色彩以中低明度，灰褐色系、暖灰色系为主。墙面色彩中黄褐及红色构成的暖色系占主导地位，中性灰色系比例略高于冷色系。点缀色总谱由黄、红、无彩、蓝、绿色系构成，黄红色系构成的暖色系比例高于蓝绿、无彩色系。

4 菏泽城区色彩分区

结合上位规划及城市色彩面貌划分色彩分区："一核、一心、四组团、两片区"，分别是老城核心区、新城中心区、城东组团、城南组团、城西组团、城北组团、南部新城片区、东南部新城片区。

一核是老城核心区，平面内方外圆，由环城大堤围合的圆形区域，规划面积12.45平方千米。老城区色彩规划目标：寻找有城市特质的宜人色彩，完整保护古城"外圆内方"的城址形态和色彩体系，形成菏泽富有韵味与节奏的老城色彩风貌。

菏泽老城是极为宝贵的历史文化财富。城区积淀成为厚重的历史文化氛围，"天圆地方"的空间格局独具特色。沿街多是一层商铺的商住混合建筑，3至6层低矮建筑居多。古城区功能单一，基础设施匮乏，传统风貌急待保护与恢复，建筑色彩普遍以中高明度、中艳度的黄色为主，建筑用色单一。墙面典型用色：以中高明度、中艳度的暖色调为主，或是中明度、中艳度的冷色调。屋顶典型用色：多采用中低明度、低艳度的冷暖灰或传统无彩灰瓦。建筑材料：古城内以青砖、石材、石砖、彩砂涂料等自然材料做墙面肌理，凸显文化历史感。

一心是新城中心区，规划面积15.7平方千米，集中了菏泽市行政中心、文化中心、商务中心以及商业中心等，是城市多功能复合地区。中心城区色彩规划目标：重点打造赵王河沿岸建筑景观风貌轴，以及中华路、人民路高层建筑群为主体的现代商业中心，打造高品位的南部商业金融功能区、中部文化商务功能区、北部行政办公功能区，优化中心区的核心概念。

中心城区大部分土地已建有建筑物，商业大楼多位于中华路，城市新建高层住宅多位于人民路周边，建筑色彩普遍以中高明度、中艳度的暖黄色为主，建筑用色单一是普遍存在问题。墙面典型用色：商务金融建筑区呈现中明

度、中低艳度的冷灰、暖灰色系；公建及住宅多采用中高明度、中艳度的暖色调，或是中明度、低艳度的冷色调。屋顶典型用色：高层建筑多为平屋顶，用中明度、低艳度的灰色；公建和住宅屋顶色彩是中低明度、中低艳度的灰色。建筑材料：商业楼宇多采用光泽材料，营造新锐科技感；住宅及公建多采用涂料、面砖。

四组团是城东组团、城南组团、城西组团、城北组团（包括各重点区块：雷泽湖、牡丹园、大学城、东部工业区、西部工业区等）。四组团色彩规划目标：建筑色彩与城市功能组团结合，在旅游景观片区打造靓丽活泼的色彩，特别是牡丹园片区；工业区配一定量的冷灰色系。

两片区是南部新城片区、东南部新城片区。作为城市未来的发展地块，城市色彩与城市建设可同步协调，营造更优异的区块形象。两片区色彩规划目标：建筑色彩与城市功能组团结合，大致区分出商业、住宅、工业区块，沿河色彩相对丰富。

只要我们能制定包括建筑色相、明度、饱和度在内的分区色彩控制标准并严格执行，便能逐步解决城市色彩混乱及平庸的问题。总之，只有城市功能区之间的色彩过渡渐变、协调一致，色彩的分区切合城市空间结构特点，才能形成美好的城市景观。

5　结语

通过全面的研究分析得出城市色彩主题"淡雅水邑，暖彩花都"。依托城市的人文历史、形态特征、城市面貌、城市特色等，提炼菏泽城市气质底蕴，明亮大气，多彩纷呈，牡丹之都，归纳出城市色彩主旋律——和谐整体、温润典雅、流淌交织、透亮绚丽、愉快迷人、时尚多元、牡丹九色。

"淡雅"的色彩主题能充分体现菏泽人文历史的气质底蕴，"水邑"则让菏泽城市的形态特征更加明亮大气，"暖彩"更能反映出菏泽多彩的城市面貌，"花都"则是菏泽作为牡丹之都不可缺少的色彩主题。

注重城市色彩设计，深化城市项目业态、建筑形态、色彩等元素的整体控制。将地域色彩元素有机融入城市景观和城市建筑，进一步彰显城市个性特色，加大城市品牌推广力度。色彩规划管理下的远景菏泽城市，将提升城市形象品质和居民生活质量，将具有美感的城市公共色彩环境。

城市是一个载体，也是历史发展的见证，城市文化是人类文化的重要组成部分，城市色彩把城市的气度和精神传递给人们，城市也需要情感设计。

参考文献

[1]　王蓉．浅谈城市色彩规划设计[J]．学园（教育科研），2012，21．

[2]　黄佳乐．城市色彩规划[D]．中南大学，2014．

作者简介

刘茹，女，本科，菏泽市城市规划技术服务中心，工程师。

资源枯竭型城市转型下的棚户区改造规划管理初探
——以枣庄中心城为例

闫业彪

摘 要：从资源枯竭型城市面临的困境及其转型与棚户区改造的辩证关系谈起，以资源枯竭型城市枣庄中心城棚户区改造为例，分析了棚户区改造规划管理控制方面存在的主要问题，并从增强规划审批管理的刚性，严肃查处违法建设，完善规划管理的协调工作机制及完善规划决策和监督机制方面提出了相应对策。

关键词：城市转型；棚户区改造；城市规划；规划管理控制

1 引言

我国有这样一些城市，它们因资源而闻名，因资源而富有，也最终因资源枯竭陷入发展困境。山东省枣庄市就是一座因煤而建、因煤而兴的老工业城市，随着煤炭资源的衰减枯竭，长期以来计划经济下的发展模式以及过度依赖煤炭资源开采的单一产业结构，使得枣庄市面临资源、环境和经济民生发展的巨大压力。为此，枣庄市委市政府借助国务院于2009年3月5日批复枣庄市为全国第二批资源枯竭转型试点城市的重大机遇，决定实施以棚户区改造为三大战役之一的资源枯竭型城市转型发展战略，对全市城市棚户区进行全面更新改造，打一场以棚户区改造为主要内容的城市建设"攻坚战"和"翻身仗"，自此拉开了枣庄市棚户区改造城市转型、城市蝶变的序幕。

枣庄中心城棚户区是枣庄市棚户区改造的重中之重，其改造范围之广、规模之大、数量之多、涉及情况之复杂，在枣庄旧城改造的历史上是前所未有的。同时，由于棚户区改造所特有的政策性，对其规划管控的难度与一般建设项目相比要大得多。分析资源枯竭型城市转型下的棚户区改造规划管理的现状问题，研究和探讨棚户区改造的规划管理控制对策，成为规划建设工作者面临并需探讨的一项重要课题。

2 棚户区改造与资源枯竭型城市转型发展的辩证关系

城市转型是指在城市的各个领域、各个方面发生的重大变化与转折，具有十分丰富的内涵。从城市转型的内容看，包含城市的发展转型、制度转型与空间转型，城市的空间转型服务于城市的发展转型。空间转型与空间重构作为城市转型的一个方面，可为城市的长期有序发展提供物质平台与强有力支撑，棚户区改造即通过城市土地的功能调整来实现城市空间的重构和转型。

棚户区改造在资源枯竭型城市转型中发挥着重要作用，棚户区改造与资源枯竭型城市转型发展具有共同的发展目标，是资源枯竭型城市可持续性转型发展的重要途径，也是贯彻落实资源枯竭型城市转型发展的具体行动，因此，棚户区改造与城市转型发展相辅相成，互为促进，互为发展，实施好棚户区改造对于资源枯竭型城市的转型发展具有重要的推动作用。

3 枣庄中心城棚户区改造概况

3.1 枣庄中心城棚户区的空间分布

枣庄市中心城由现状市薛城区、高新区、市中区、峄城区组成。枣庄中心城棚户区改造片区主要分布情况如下：市中区棚户区主要分布在原枣庄矿务局附近，东沙河、西沙河两岸，城区南部解放路两侧区域，城区西部西昌路东侧和光明大道两侧区域；峄城区棚户片区主要分布在206国道以南，中兴大道以东，承水路以北，峄城大沙河两岸区域；薛城区棚户片区主要分布在京沪铁路、天山路以东，临山路以北，永福路以西区域以及燕山路两侧区域和京福高速公路以东部分区域。

3.2 枣庄中心城棚户区改造概况

枣庄市大规模的集中连片棚户区改造于2010年2月2日正式拉开序幕。据不完全统计，截至2014年底，枣庄中心城累计已实施拆迁项目71个，完成拆迁面积约250余平方米，拆迁户数约4.1万户数，安置房开工建设约3.9万套，其中已竣工回迁工程39个，项目总占地面积约239万平方米，规划建筑面积（不含地下）约448万平方米，竣工约335万平方米，已竣工回迁约2.4万套，占已拆户数的58%，计220万平方米，近10万居民喜迁新居；与改造前的2009年相比，已实施项目总占地面积493万平方米，建筑

图1 改造前的燕山路棚户区

图2 改造后的燕山路片区

面积为577万平方米，建筑面积比改造前增加了327万平方米，新增商业商务用地约11万平方米，建筑面积约39.6万平方米，新增公共绿地约25万平方米，不仅使居民的住房条件和公共服务得到了极大改善，而且居住的环境也得到了极大改观。

通过分析几年来棚改工程规划和建设情况，枣庄中心城棚户区改造呈现出以下特点和态势：一是工程项目开工率较高，按期竣工率较低；二是改造地块规模差别较大，总体改造规模大，容积率普遍较高；三是规划手续办理状况参差不齐；四是棚户区改造进度趋缓；五是回迁安置压力大。

毋庸讳言，枣庄中心城棚户区改造除呈现上述特点和态势外，在改造过程中的规划管理方面也暴露出一些问题。

4 棚户区改造规划管理控制方面存在的不足

4.1 棚户区改造项目的规划标准要求和规划管理的刚性有待加强

在棚户区改造项目的实施过程中，未能按新区建设的标准来严格要求，加之，棚户区改造工程大多是政府工程，也是各级政府督办的重点工程，在建设单位的软磨硬泡下，棚户区改造规划审批的标准和审查要求有时被人为降低。同时，对建设单位和地方政府一些不合理的修改棚改修建性详规的要求，顶不住来自各方面的压力而迁就地方政府，进而对详规一改再改，致使规划执行不到位，约束力不强，规划实施符合率不高，规划执行的刚性大打折扣。

4.2 棚户区改造项目存在未批先建的违法现象且对其查处不力

4.2.1 棚户区改造过程中存在未批先建的违法建设现象

由于棚户区改造工程是列入各级政府年度计划的重点工程，受到各级政府和领导的重视和大力支持，在实施棚户区改造中，地方政府为急于完成上级下达的棚改任务和年度开工计划，要求棚改项目限期开工建设。一些建设单位和开发商，高举"政府工程"、"棚改工程"的大旗，在棚改工程建设项目规划方案未经规划管理部门审批并办理有关规划许可手续、土地手续等情况下，在地方政府"先上车，后买票"的默许声中及"抓紧开工"的督促声中先行仓促开工建设，个别地方甚至出现了先开发、后规划的情况，造成未批先建的违法事实。同时，城市管理执法部门碍于棚改工程为政府重点工程等多方面原因，对违法建设的监督、查处不及时，处理不力，致使违法建设在边查边建设中抢建完成，对其他非棚改项目和守法工程起了负面的示范效应，从而加大了规划管理工作的难度，严重破坏了正常的审批程序和建设秩序，城市规划的权威性不复存在。

4.2.2 棚户区改造项目批后监管力度不够

受项目多，任务重，管理人员严重短缺的制约以及棚

户区工程属于政府重点工程的顾虑，对棚改工程不能严格管理，而重审批，轻管理，批后不能及时进行监督检查，致使部分项目未经规划验线就擅自开工建设，特别是有些开发商忽视公众利益，违反规划审批要求，擅自对已审批的建筑改头换面、扩边展沿、穿靴戴帽，违法超建现象时有发生，使得已审批的规划方案执行不到位，政府意志不能很好地执行。

正是由于管理力度不够，执法不严，制裁不力，放任或纵容违法建筑抢建，造成未批先建和不按规划建设的情况时有发生，严重损害了城市规划的严肃性。

4.3 棚户区改造规划管理工作机制不协调

棚户区改造实施涉及规划、发改、国土、住建、房产、拆迁、环保、城管等多个政府部门，建设项目需要各部门办理有关审批许可，需要履行相关的程序，但在当前实施棚户区改造过程中，部门间沟通联系体制不畅，相关协作机制还不完善，相互协作配合还不尽如人意，一定程度上影响了棚户区改造项目的进度。如在规划执法管理、违法建设的查处协作配合方面，棚改计划的上报需征求规划意见方面，地形图基础数据和城市地理坐标系的统一以及按规划条件确定的范围出让土地等方面，还存在部门间工作配合上的不协调。

4.4 来自地方不当的行政影响

棚户区改造项目是列入省市棚户区年度改造计划，并纳入各级政府年度考核的重点工程，各级领导都非常重视。但在一些地方政府重视棚改、关心棚改的过程中，也出现了一些不恰当的干预项目规划情况。表现在：一味强调进度，默许项目边规划边建设，为完成任务贸然推进，致使后遗症颇多；过多计较棚改项目的规划建设成本，不顾城市的长远发展和大局，人为要求降低规划标准和档次；为使政府能获得较高的土地出让收入，插手出让地块容积率制定和规划方案的审批等，凡此种种，城市规划所具有的"超前性"、"长远性"和"整体性"的特点与作为行政权力核心的城市政府因面临任期内经济增长、任务目标、城市形象等政绩的压力，决策中偏重于"眼前的"、"局部的"利益之间的矛盾，使得工作中时常因短期的政绩而牺牲了"超前性"的城市规划及其所维护的城市的未来利益，以致长官意志代替了规划，出现了人为中断规划的连续性、"拍脑袋"工程、以权代法、干扰规划的执行等现象，规划的严肃性受到挑战。

俗话说得好："三分规划，七分管理"。旧城改造更是如此，规范、严格、高效的规划管理，是确保规划有效实施的关键。

5　棚户区改造的规划管理与控制对策

管理就是实施，管理就是落实，管理就是服务。棚户区改造是民生工程，更需充分发挥规划的调控引导作用，依法强化规划管理，为棚户区改造的实施服好务。

5.1　严把规划审批关口，增强规划审批管理的刚性

5.1.1 规范审批内容，严格审查标准和程序

进一步严格棚户区改造详细规划的审查、论证、批准和修改工作程序，依法审批建设用地和建设项目，实行规范化、程序化审批。以已批准的控制性详细规划和国家、地方有关规范、标准作为审查棚户区修建性详细规划方案的依据，并根据项目的大小、重要程度等，严格按照项目初审—建设项目技术审查会—专家评审会—建设项目审查例会—规划委员会五级审查程序进行严格把关。对不符合审查标准和程序的建设项目，要坚决退回纠正，发挥规划审查把关的决定作用，切实规范审批程序，提升审批管理水平。

5.1.2 加强规划审批的过程监管，提高规划审批管理的刚性

提高思想认识，加强自我约束，规划管理部门自身应进一步提高对棚户区改造的认识，高标准，严要求，严格执行法定的"一书两证"制度，严格审查，按章办事，减少和规范自由裁量权，减少弹性，切实增强规划审批管理的刚性；坚持内部层级审查制度，进一步建立健全规划审批管理的内部规章制度，对审批实行层层把关制，按照经办人详细审查，分管领导认真审核，主管领导最后把关的分级审查程序，确保审批依法依规进行；建立专家咨询论证制度，充分利用专家资源，对棚户区改造项目进行充分研究和论证，保证规划审批的质量。

5.2　加强监督管理，严肃查处违法建设

5.2.1 完善巡查制度，严肃处理未批先建违法建设行为

对违法棚户区建设工程，应按照法定程序和要求进行严格查处，不能因为是棚户区改造项目就网开一面，姑息迁就。违法建设查处部门应建立日常的违法建设巡查机制，进一步加大巡查频率，强化巡查手段，发现一起便及时查处一起，确保巡查效果。加大城市规划执法力度，对发现的未批先建违法建设行为，要及时责令停止违法建设，并按照法定程序进行严肃处理，该停工的停工，该整改的整改，该拆除的拆除。执法人员要秉公执法，敢于碰硬，对个别性质恶劣、影响较大的典型案件，按照法律程序进行公开处理、曝光，从严处理，并依法追究有关人员的责任，真正做到有法必依、执法必严、违法必究，切实维护棚户区改造的正常秩序，维护城市规划的权威性与严肃性。

5.2.2 加强棚改项目规划批后监管，严肃查处在建违法行为

进一步明确建设项目批后监管责任，落实执法责任制和"两错"责任追究制，实施批后跟踪卡管理模式，严肃查处违法建设。制定针对规划实施情况的建设工程动态跟

踪监察制度，建立规划实施跟踪管理台账，对规划批准实施的工程项目，定期或不定期进行全面巡查，跟踪监察，及时对违法违章建设行为进行纠偏处理，对不符合规划要求的要限期整改；及时发现苗头制止违法行为，努力将违法建设活动遏制在萌芽状态，严肃惩处擅自变更规划的行为，切实做到规划实施"不走样"，推动规划实施和管理的全闭合管理，保障棚户区改造规划全面、有效、高标准落地。

5.3 完善规划管理的协调工作机制

进一步健全完善棚户区改造政府部门联系协调机制，探索形成分工明确，部门联动，协调有力、运转高效的城乡规划决策、实施和监管执法体系和工作机制。

棚户区改造工程作为一项庞大而复杂的系统工程，需要在城市政府的统一领导下，由各部门相互配合、相互协作来完成，可由市政府牵头组建由规划、住建、国土、城管、房屋征收等政府部门组成的棚户区改造领导小组，加强对棚户区改造工作的协调领导，建立联席会议制度，定期召开联席会议，及时研究、协调、解决棚户区改造工作中出现的问题，建立起高效的指挥体系和运作平台，以保证棚户区改造工作顺利推进。

5.4 完善规划决策和监督机制，实现科学决策和民主决策

5.4.1 建立科学民主的城市规划决策机制

为实现棚户区改造规划、建设、管理的科学化、民主化，要坚持民主决策、科学决策。建立由领导、专家、市民参加的城市规划建设委员会定期审批规划制度，对棚户区改造的重要基础设施和重大问题进行集体讨论和研究决策，以解决个别地方政府的随意决策及对棚户区改造规划建设的瞎指挥、乱干预，有效避免规划建设的主观性、盲目性和随意性。各级领导干部要广泛听取各方面的意见和建议，尤其要尊重专家、学者的意见，多请教、多交流，广开言路、集思广益，保证城市规划决策的科学化和民主化。

5.4.2 加强规划行政层级监督

一方面，建立有效的城市规划行业内的业务监督机制，实现上级规划部门对下级的有效监督。上级城市规划主管部门要加强对下级部门的督导，及时纠正下级部门在管理中的违规行为和不当行政行为，促进城市规划依法行政。同时，贯彻落实好上级政府向下级派驻规划督察员的制度，依法对项目实施事前、事中监督，发挥规划督察员实时监督、层级监督、专家监督优势，及时制止违法违规行为，督促改进规划管理工作，减少规划决策失误，推进规划严格实施；另一方面，要强化人大、政协监督和指导力度，定期听取棚户区改造规划实施情况的汇报，及时督促规划管理部门查找和整改存在的问题，促进依法行政。

5.4.3 推行阳光规划和公众参与制度

一是推行公众参与机制。由于棚户区改造是城市建设中最复杂、涉及面最广的一项社会工程，直接涉及公众的切身利益，因此棚户区改造的规划和建设，要积极引入公众参与机制，走"民主化"的旧城改造之路。城市规划部门可以通过政务公开，让市民更多地了解、参与棚户区改造的规划和建设。这样，不仅使市民对政府规划管理工作进行监督，而且也能够取得市民的理解和认同，无疑对规划的顺利实施将起到积极作用。

二是深入推行"阳光"规划，实行城市规划公示制度。"权威的规划不仅是一致服从的规划，还应是一致赞同的规划"。改变封闭的管理体系，全面推行政务公开，主动接受社会监督。通过网站、电视、报纸、专栏等形式将规划编制、审批、管理的全过程，实行全方位公示，实行阳光审批，接受社会监督。对棚户区改造详细规划及建设项目进行批前公示和批后公示，进一步扩大城市规划工作的透明度，使得相关权益人对规划审批享有知情权、参与权、监督权，使棚户区改造的规划、建设、管理工作置于公众的视野和监督之下，以此推进城市棚户区改造公平、公正、公开地开展。

6 结论

棚户区改造是一项重大民生工程，也是城市建设中旧区改造的重要组成部分，其特有的政策性特点，给其项目的规划管理带来巨大挑战。上述结合枣庄中心城棚户区改造的规划建设和管理实际，从严把规划审批关口；查处违法建设；协调规划管理工作机制；完善规划决策和监督机制方面对棚户区改造规划管理控制的对策探讨还欠全面，认识可能偏颇，但其目的是为今后棚户区改造等旧城改造总结经验和教训，提供建议和参考，使这项暖民心、惠民生，保增长、促发展的惠民工程健康有序发展。

参考文献

[1] 枣庄市人民政府. 枣庄市促进资源型城市转型实施纲要（枣政发[2008]119号）. 枣庄市人民政府办公室自印资料，2008-3.

[2] 魏后凯. 论中国城市转型战略[J]. 城市与区域规划研究，2011.

[3] 李博韬. 城市设计导向下资源枯竭型城市转型中的空间重构[D]. 重庆：重庆大学，2013.

[4] 雷霄雁. 多元合作机制下的旧城更新之路[C]//中国城市规划学会. 城市时代，协同规划——2013中国城市规划年会论文集. 北京. 中国建筑工业出版社，2013.

[5] 欧阳日辉. 资源枯竭型城市转型知识读本[M]. 北京：中国文史出版社. 2012.

[6] 石楠. 编者絮语[J]. 城市规划，2001，（4）.

[7] 吴克练. 旧城社区合作更新机制研究[D]. 广州：广州大学，2012.

[8] 何强为. 法学理性与城市规划的发展——一个借鉴研究的成果[J]. 城市规划，2001，（11）.

[9] 余榕. 浅谈旧城改造中几点值得注意的问题[J]. 中国建设信息，2005，（7）.

[10] 全国城市规划执业制度管理委员会. 转型发展与城乡规划[M]. 北京：中国计划出版社. 2011.

[11] 枣庄市中心城棚户区改造规划. 山东省城乡规划设计研究院，枣庄市规划局，2010.

[12] 枣庄市人民政府办公室. 关于进一步加强城乡规划管理行政执法工作的意见. 枣庄政府网，2013.

[13] 中共枣庄市委枣庄市人民政府. 关于进一步加快推进棚户区改造的意见（枣发[2009]13号）. 2009.

作者简介

闫业彪，男，工程硕士，枣庄市规划局中心城区规划办公室，高级工程师，注册规划师。

传统建筑中"门"元素的使用
——以苏州东方之门"秋裤"楼为例

吴国峰　高炜

摘　要：近年许多城市出现了许多"奇奇怪怪的建筑"，比如被称为"秋裤"楼的苏州东方之门。笔者从苏州文化和建筑背景出发，分析了苏州东方之门在传统建筑元素运用上的不足，总结出"奇奇怪怪的建筑"之所以出现的原因。

关键词：东方之门；奇奇怪怪的建筑；传统建筑；东方建筑；门

1　引言

当前，许多城市都在打造自己的地标性建筑，在高度或造型上竭力创新，以求表达自己的城市精神或审美理想。然而，一栋栋高楼拔地而起，求新追奇，形成了许多"奇奇怪怪的建筑"，比如北京中央电视台"大裤衩"楼、北京人民日报"夜壶"楼、苏州东方之门"秋裤"楼等。

建筑是功能、审美等的综合，既有居住、办公等实用功能，也有审美属性。对于审美而言，没有可以量化的客观标准。比如东方之门"秋裤"楼，从效果图上看好像并没有那样"不堪"；再比如央视新大楼，有人说是丑陋的"大裤衩"，但也会有人觉得那种扭曲的后现代风格是一种美的极致。当然，建筑的美或丑在一定条件下或许是可以转化的，这也有先例，比如巴黎埃菲尔铁塔、悉尼歌剧院等。

2014年习近平总书记出席文艺工作座谈会并发表长篇讲话，谈及文艺对自己成长的影响，也强调不要搞"奇奇怪怪的建筑"。这是对当前一些部门、地方搞的"雷人建筑"的委婉批评。

有感于这些所谓奇怪的建筑，笔者试以苏州东方之门"秋裤"楼为实例，分析探讨这些建筑是如何产生的，从初始构思到建成到底经历了什么，探讨文化、理念、技术等要素是如何发挥影响的。

2　城市背景

苏州城始建于公元前514年，距今已有2500多年历史，目前仍坐落在春秋时代的位置上，基本保持着"水陆并行、河街相邻"的双棋盘格局，以"小桥流水、粉墙黛瓦、史迹名园"为独特风貌，是全国首批24个历史文化名城之一。平江、山塘历史街区分别被评为中国历史文化名街和中国最受欢迎的旅游历史文化名街。现有保存完好的苏州园林53个。拙政园、留园、网师园、环秀山庄、沧浪亭、狮子林、艺圃、耦园、退思园等9个古典园林被联合国列入《世界文化遗产名录》。

3　东方之门的建筑概况

东方之门是位于中国江苏省苏州市的一座301m高的摩天大楼，是一个外形为门的超高层建筑。该建筑位于苏州工业园区CBD轴线的东端，坐落于金鸡湖西岸，集商业、公寓式酒店、智能化写字楼和白金五星级酒店等功能于一体。其外形像一座巨大的拱门，项目总建筑面积约45万m²，是由两栋超高层建筑组成的双塔连体建筑，分南、北塔楼和南、北裙房等主要结构单元。苏州东方之门相当于法国凯旋门的6倍，被誉为"世界第一门"，为双塔、连体和带加强层及转换层的非对称复杂高层建筑结构。

苏州东方之门的设计由英国RMJM建筑设计公司、香港奥雅纳工程顾问公司和华东建筑设计研究院有限公司合作完成。塔楼总高度为281.1m，裙房总高度约50m，塔楼和裙房之间设防震缝。南北两栋塔楼地上分别为66层和60层，双塔在顶部230m高空相连，顶部高度约52m的连体部分为9层商用住宅，最顶部是层高达16.6m的总统套房。

4 东方之门的各方评论

笔者依据搜狐网一篇名为《专家认可"苏州之门"设计理念》（2012年09月06日，作者不详）的文章，直观展示各方对于该建筑的评论。

项目方苏州乾宁置业管理有限公司徐亢介绍："门形建筑形象取源于传统的花瓶门与城门的结合，又通过简单的几何曲线的处理，将传统文化与现代建筑融为一体，把苏州的水陆城门用现代化的手法演绎。寓意向西方发达世界敞开古老中国的历史文化、现代高速发展之门。"

东南大学教授周琦评价："作为一个门式建筑矗立在金鸡湖畔，象征腾飞，意义挺好。建筑的体量处理也不错，是一个曲面造型，门的最上面是一个柔和、圆滑的曲线，比较适合中国人圆润一统的感觉；门本身有些像西方的凯旋门，圆的拱顶，具有西方特色。我基本上持欣赏和肯定的态度。"

南京一位房地产人士表示："业内东方之门的建筑造型设计受到了高度评价，作为中国结构最复杂的超高层建筑之一，它通过简单的几何曲线处理，将传统文化与现代建筑融为一体，最大限度地传承苏州历史文化。"

该文还提出，读懂设计师的寓意，需要有一些文化底蕴，至少对东方文化、苏州城市的千年历史与城市格局有相当的了解与认知，最好能熟识当地历史文化、风土人情。缺少了这些知识储备，仅把"东方之门"看成"秋裤"，也就势必难免了。

图1 苏州东方之门建筑效果图（图片来源于网络）

图2 苏州东方之门实景照片（图片来源于网络）

通过项目方的介绍可知，苏州东方之门建筑方案的构思来源于城门和花瓶门的结合。笔者在上文列出了部分体现各方核心观点的词语和句子，下文将试着进一步分析，该建筑是否较好地演绎了花瓶门和水陆城门的元素？是否传承了苏州历史文化？

5 传统建筑中的"门"

5.1 城门

苏州人对于苏州的"门"有着特殊的感情。曾经辉煌的古城门是苏州千年文化的历史沉淀，保存完好的阊门、盘门等更是苏州历史文化名城最具风貌特色和历史价值的标志性建筑。

图3 盘门（图片来源于网络）

5.2 苏州园林的门

苏州园林主要有沧浪亭、狮子林、拙政园、留园、网师园、怡园等。苏州园林中的墙，多用来分割空间、衬托景物或遮蔽视线，是空间构图的一个重要因素。

苏州园林建筑密集，又要在小面积内划分许多空间，因此院墙用得很多。这种大量暴露在园内的墙面，原来比较突兀枯燥，可是经过建筑匠师用空窗和洞门进行巧妙处理，反而成了清新活泼的造园要素。

苏州园林中的洞门，造型独特，仅有门框而没有门扇，所以叫洞门。常见的有圆洞门，又称月洞门；还有葫芦、花瓶门、六角门、海棠门和扇形门，以及八角、圭角、长方、定胜、桃形、蕉叶等不同形状。

图4　花瓶门（图片来源于网络）

6　东方之门对城门和花瓶门传统元素的使用成功吗？

结合城门和花瓶门的建筑或构造样式，笔者认为苏州东方之门的使用并不能称其为成功。

图5　东方之门施工中照片（图片来源于网络）

6.1　未较好实现城门或花瓶门意向

东方之门构思来源于城门和花瓶门，可能在形体上部分实现了城门或花瓶门意向，但传统建筑的神韵体现得较少。换言之，"形有余而意不足"，设计单位由西方建筑师主创，并未充分把握东方建筑的神韵，就像一个穿着汉服的西方人，怎么也穿不出地道中国味。

6.2　建筑形体问题

曲线的弧度：城门和花瓶门，立面看都是直线和曲线的组合，不同的组合会导致不同的建筑效果。城门给人稳重、厚重、严肃的感觉，略有收分的两侧墙体和接近半圆的上部勾勒出城门，花瓶门等各类园林中的门洞则灵活多变，引人入胜。东方之门完全是曲线，具有了曲线的动感和犀利，却也失去了直线带来的稳重和庄严。东方之门的曲线实际上看起来更像是拉长的半个椭圆的门洞，从低到高，弧度迅速变得锐利，突兀有余而美感不足，没有很好地呼应苏州文化和建筑园林的特色。

虚实关系：东方之门的两侧塔楼和中间连接体作为实体勾勒出来虚的门洞，虚的部分少了，实和虚有平均用力之感，但虚实关系处理得并不够好，若是塔楼之间的距离能够拉大一些可能更好（当然，需要在技术合理的情况下）。有人把它比作法国的凯旋门，对比凯旋门可以看到，凯旋门的门洞上部更加厚重，以实为主，而且细节更加丰富，看起来并没有"秋裤"之感觉。

图6　法国巴黎凯旋门（图片来源于网络）

比例：洞口的高宽比较大，可能限于结构技术，门洞上部悬空部分不允许更加宽，但也应综合考虑，比如，如果将两侧塔楼的宽度适当加大，也会有优化的效果。

7　什么导致了苏州东方之门被认为丑？

7.1　建筑的拟物化

美的建筑无疑可以使人有美的感受，有继续深入"阅读"的感召力，而一旦一栋建筑极易被人想象为一个具体的东西，则失之于浅薄。东方之门不管出发时的构思有多少文化要素、传统建筑要素，但实际建成的效果告诉大众，它"确实"有点像具象的、具体的一个物体——"秋裤"。审美，笔者认为首先得要求客体有足够的内涵和细节，有"美"可以"审"，否则只能是看起来像什么就是什么了，大众给它取名"秋裤"也就自然而然了。

7.2 东方建筑元素的使用

东方传统建筑中，往往强调群体，而非独立的建筑单体，在营造门的过程中，首先设想两栋高层建筑，而高层建筑的"连接"是营造门的关键，也是门的意向在现代的投射，恰恰被建筑设计师所捕捉。

简而言之，关于体量、高度等的实际需求，在技术上限定了门的结构方式；关于传统文化的考量，则又导致了传统"门"的意向在此案例中的抽象化、元素化的使用。

7.3 西方建筑师在中国

为什么我们觉得苏州园林的门各具特色，很美，而应用在苏州之门建筑上就成丑的，并被人取笑为"秋裤"楼呢？可能在于中国建筑的特点，被轻易简化为几个经典的元素，如城门、大屋顶等。中国建筑的设计元素被抽取并简化使用，而不求整体美感或氛围，易导致建筑方案的失败。

改革开放以来，西方建筑师为中国带来了从科学角度进行分析研究的思维方法，从不同的视角解读中国建筑的趣味，客观上也促进了建筑设计水平的提高。但是，外来的和尚也不是万能的，西方建筑师对表象的解读往往多于本质的讨论，他们对材料的使用、屋顶和色彩这些表面现象关注的多，而对斗拱、院落等的精髓则很难把握。

7.4 建筑方案的审批

为什么，一个看起来如此明显地像秋裤的建筑可以通过审查呢？原因大概有两点，一是搞一言堂，以地方首脑意见为指导，各专业技术人员的参与不够充分；二是崇洋媚外，认为西方人做的就是现代的，就是时髦好看的。

8 结语

笔者有感于近年出现的影响比较大的"奇奇怪怪的建筑"，以苏州东方之门为例，进行了一些探讨。通过分析，我们梳理出了苏州"秋裤"楼之所以被称为丑的"秋裤"楼的深层次的原因，也为我们在未来的建筑设计工作中避免类似误区提供了一点经验教训。

参考文献
[1] 梁思成. 图像中国建筑史[M]. 费慰梅, 编. 梁从诫, 译. 天津: 百花文艺出版社, 2000: 23.
[2] 陈志华. 五十年后论是非[G]//建筑史论文集第二辑. 2003.
[3] 彭一刚. 中国古典园林分析[M]. 背景: 中国建筑工业出版社, 1982.

作者简介
吴国峰, 山东省滨州市规划设计研究院, 工程师。
高炜, 山东省滨州市规划设计研究院, 高级工程师。

资源枯竭城市的转型发展之路
——新泰市发展战略规划探究

王业训　陈晓晴　张萍

摘　要：城市问题作为当今世界重要的社会经济现象，数十年来一直是学术界关注的热点问题之一。20世纪80年代以来，我国国内城市迅速发展，区域城镇化、城乡一体化的水平不断提高，经济全球化的挑战使得城市规划不能局限于解决城市或区域内部的具体问题，要从更高的战略角度去规划成为增强区域自身吸引力和竞争力，以获得更多的发展机会的必然选择。城市间的竞争日益激烈，前瞻性地把握城市空间发展方向，营建优美的城市环境，发展具有地方特色的经济、文化则成为城市间竞争获胜的关键。城市发展战略规划作为一种新形势下的新的规划模式的探索近几年在我国许多地区兴起。本文探索了新泰市目前面临的问题，及基于问题所编制的发展战略规划。

关键词：发展战略规划；新泰市；转型；资源枯竭型城市

1　新泰市概况

1.1　新泰市目前发展情况

新泰市地处鲁中腹地，泰沂山脉中段，西靠五岳独尊的泰山，东接山东半岛沿海城市，南临孔子故里曲阜，北依三齐旧壤。截至2011年底，全市域总面积1946平方公里，人口139.9万，下辖20个乡镇及街道办事处。曾先后获得国家园林城市、中国优秀旅游城市、科技进步先进市、首届绿化模范市、服务业发展先进市等50余项省级以上荣誉称号。2011年第十一届全国县域经济百强县市评比，新泰市排名第23位，是山东省10强县市。

1.2　资源型城市的困境

1.2.1　区位忧患

偏离区域发展重心。从《山东省城镇体系规划（2011—2030）》来看，在新的山东省战略格局中，新泰处于济南都市圈的边缘，距离鲁南城镇带尚有一段距离，而且偏离济南—枣庄（京沪线）和济南—青岛（济青线）等全省城镇发展的主要轴线。

不占优势的区位条件，意味着无法争取到更多的来自于国家、省市的外部投入，却要面临更小的关注度、更弱的吸引力，以及更加残酷的竞争！

1.2.2　产业忧患

资源面临枯竭，新兴力量后劲不足。三次产业结构不

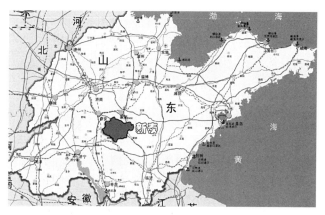

图1　新泰市区位图

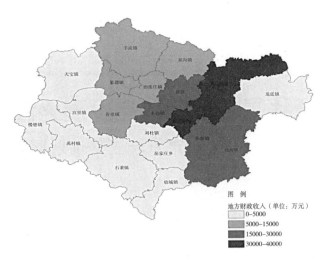

图2 新泰市域各乡镇街道地方财政收入分布

断优化，但二产内部严重不平衡。高新技术产业比重小，新兴产业发展滞后。企业规模偏小，缺乏龙头企业。外资吸引力逐年下降。产业能耗高，产出效益低。

1.2.3 空间忧患

空间制约因素复杂，整合和突破的难度大。市域空间发展不平衡，南北差异大。境内各乡镇发展差异较大，主城区偏于市域东部，对西、南辐射带动作用有限。

空间限制因素多，严重制约城市发展。煤矿采空区地质条件不宜建设，压煤线以内禁止永久性城市建设，地震断裂带上禁止建设重大工程建设，水源保护区周边200～1000米保护范围，油库周边危险品仓储控制区，交通走廊预留等多种因素严重分割了市域空间，极大限制了城市的建设与发展。

城市功能板块分离，行政管理主体分割。新泰主城区主要由青云和新汶两大城区整合而成，形成功能相对完整和独立的两大城市板块。由于历史以及行政体制，再加上压煤区等因素的影响，青云城区和新汶城区两大板块分离、独立发展，缺乏明确的分工与协作。

1.2.4 特色忧患

水源保护刚性约束，山水城市名不副实。新泰多年拥有"山水园林城市"的梦想，而现实依旧是：山是山、水是水、城是城，并不能深切感受到山水城市的意象，城市建设都忽略了与山水格局的互相呼应与结合，忽视对于滨水价值的利用。

青云湖作为水源保护区，对沿湖城市开发有着严格的限制，致使新泰没有条件塑造最理想的环湖开发的格局，因此，对于新泰而言，要展现山水城市意象，应当树立"大山水环境"观，构建大山水城市格局。

1.3 小结：新泰的真实困境

综合四个忧患，新泰面临的最核心问题是在于"动

力"和"空间"瓶颈。

一方面，资源面临枯竭、后续力量不足、区位又被边缘化，新泰未来的发展动力会在哪里？

另一方面，坐拥如此优越的山水环境，又面对如此复杂的空间要素，传统的空间发展模式走不通，新泰怎么办？

2 转型目标与策略

2.1 转型目标

新泰市打造成：国家资源型城市转型示范市、鲁中地区的现代工业强市、彰显齐鲁文化与山水特色的生态休闲之城。

2.2 总体发展战略

针对新泰当前面临的问题，规划以"多元协作、重心突破、精明增长、精致建设"为四大核心理念，提出四大发展战略：区域竞合战略、产业转型战略、空间统筹战略和品质提升战略。确立了区域协调战略为"对接山东省城镇体系新格局、融入济南都市圈、强化鲁中地区协调发展"，提出了相应的区域协调发展策略，促进区域共建、共享、共荣，并补充了区域协调规划图。

2.3 区域协作战略

积极融入省域空间格局。把握好山东省新型城镇化规划实施的契机，积极融入山东半岛城市群，充分利用好晋中南铁路和青岛保税港区新泰功能区两大资源，把新泰打造成为：鲁晋大通道的物流节点，青岛港、日照港的内陆保税功能区及配套物流港（旱码头），鲁中南地区的物资集散基地。

加强次区域协作。借助省会城市群经济圈的概念与机遇，推动与周边城市联动发展，尤其是推进与莱芜的同城化发展，争取共同打造成为省会"副中心城市"，实现新泰发展层级的提高，实现借势发展的战略。

2.4 资源型城市转型导向

产业转型导向：优先实行延长资源产业链的发展模式，在现有优势产业的基础上，依托新矿集团的技术、市场等要素条件，大力推进能源装备制造再制造产业，拓展其他与煤炭产业相关联的先进制造业。重点用高新技术改造传统优势产业，尽快形成新的主导产业。由政府主导，通过龙头示范、政策优惠、资金扶持等手段，抓紧培育竞争力强的替代产业。开展农业产业化经营，向二、三产业领域延伸，提高农产品附加值，推动传统农业向现代农业转型。加快发展第三产业，积极发展现代物流业和休闲服务业，把新泰建设成为区域性物流节点与鲁中休闲旅游胜地。

城市转型导向：调整城市内部结构，营造多元化发展的环境与空间。改善城市人居环境，重点建设城市新区。城市的多样性和活力是创新城市的关键。城市不光要打造各种消费场所，提供高质量服务，同时还要以文化设施开

发、文化活动组织为先导，重塑城市功能和形象。应重视重点大项目的运营和带动作用、优化投资发展环境、加强城市建设。

生态转型导向：加强深部采空区、特大型矿坑对地质结构、地下水文造成危害的基础性研究，制定治理办法。将塌陷土地作为"资源"利用，将塌陷土地改造成为农业或休闲娱乐业的运作场地。积极保护新泰的山水格局和水系资源。推进企业技术进步和技术改造，减少物资能源消耗和污染物排放，推广清洁生产技术，积极发展循环经济。

民生转型导向：加强职业培训，为产业发展与转型储备足够的本地人才。尽快完善城乡基本养老、失业、基本医疗等社会保险制度，尽快完成压煤区村庄搬迁，对失业人员和失地农民进行再就业培训和补偿。抓紧改造棚户区，改善职工的人居环境，强化矿区的城市服务水平。

2.5 品质提升战略

大美山水，厚重文化，精致新泰。珍惜得天独厚的山水资源，在保护的前提下，将山水格局与城市发展框架有机结合起来，建成"山、水、城、文"相互交融、相得益彰的真正意义上的山水园林城市；提炼、传承并发扬新泰深厚的儒学文化积淀和文化中的忧患意识，成为新时期的城市精神；强调城市的发展"不求规模，但求精致；不求速度，但求品质"，以"精致空间"建设为载体，展现新泰的人居内涵与人文精神。

3 城市转型策略：空间整合与突破

3.1 市域空间统筹规划

3.1.1市域总体空间布局规划

规划构建"一主两副、四线两翼"的市域空间结构，打造新兴增长极和增长轴线，增强城镇联系，促进市域平衡发展，强化与泰安、莱芜的对接，提升对鲁中南地区的

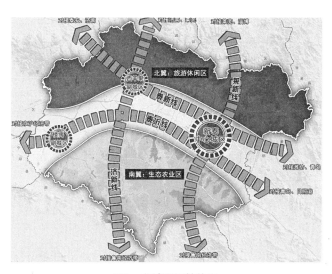

图3 市域空间结构图

辐射能力。

"一主"是指新泰中心城区。"两副"分别指西羊果副城区和楼禹副城区。"四线"分别指泰新线、泰沂线、莱新线和济新线。"两翼"分别指北翼旅游休闲区和南翼生态农业区。

3.1.2市域城乡统筹规划

发展壮大中心城区。整合青云、新汶和新甫三个街道和小协、东都两个乡镇，扩大中心城区容量，增强综合承载力和服务能力，更好地发挥对市域的要素集聚和辐射作用。到2030年，中心城区人口规模达到70万人，成为新泰市域城市发展中心极核，城镇化与新兴产业重点承载区，承担社会管理、居住、文化教育、现代服务业和装备制造业、新兴产业等职能。

着力培育两大副城区。加大西羊果和楼禹两大副城区的建设力度，以产业功能载体带动城镇化发展，吸引周边乡镇人口集聚，起到协助中心城区、平衡市域功能结构的作用。统筹西张庄、羊流和果都三个乡镇，完善体制机制建设，把西羊果副城区建设成为新泰市域北部产业增长极，重点发展以起重机械为主的装备制造业，并利用青岛保税港区新泰功能区建设的契机，加快区域物流产业的发展，集中建设副城中心服务区和生活区，合理布局产业和居住功能。楼禹副城区打造成为西部产业增长极，重点发展循环经济产业，建设循环经济产业园，沿蒙馆路北部布置生活区，完善其老城区的商业服务功能。

有选择地发展重点镇。选择基础条件较好并具有区域带动能力的两个城镇——天宝和石莱，建设成承担一定产业与居住职能，品质达到城市水准的重点镇，作为"一主两副"的补充。其中，天宝镇依托晋中南铁路站点，大力发展煤炭物流业；石莱镇发展成为南部片区服务中心，适度发展农产品加工和物流等产业。

整合一般镇建设。适当弱化中心城区和副城区周边的乡镇规模，不具备更高发展潜力的乡镇，进一步弱化为新型农村社区，因翟镇和泉沟全镇处于压煤区范围内，应当控制城镇发展，其中翟镇向中心城区迁移，泉沟的产业职能转移到西羊果副城，居住职能迁至莲花山旅游度假区。

3.1.3市域产业发展与布局规划

围绕城市总体目标定位和发展战略，抓住新一轮区域产业转型的契机，一方面要依托原有围绕煤炭资源形成的产业基础和市场优势，通过创新投入，推进接续产业的发展，另一方面，充分挖掘优越的区位交通和山水环境等，加快发展替代型产业。紧紧围绕"先进装备制造业、战略性新兴产业、现代服务业和生态高效农业"四大主导产业体系，由"单轮驱动"转向"四轮驱动"，为新泰城市转型提供新的发展动力。

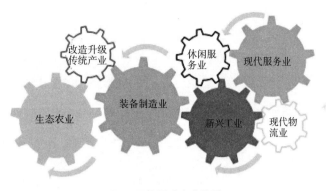

图4　四轮驱动产业体系

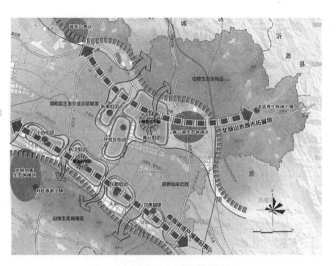

图5　大新泰区空间结构规划图

3.2 大新泰区总体空间结构

根据大新泰区板块构成特点和山水格局，构筑有机生长的双带组团结构，既能够满足城市空间拓展的需要，又能够使城市享有高品质的生态、人文、居住和产业环境，组团化布局还使得城市发展具有弹性。依托"双带"，规划确立七个发展组团，通过双带实现各功能组团的联系，构成紧凑、高效、生态、弹性而又可有机生长的空间发展格局。

"双带"是指北部山水城市拓展带和南部滨河产城融合带。

北部山水城市拓展带，承担行政管理、居住、商贸服务、文化旅游、休闲服务、新兴产业等职能。青云城区远期可跨越西周河建设新甫组团，与青云老城区互补发展，该轴线向西可进一步整合莲花山景区，重点向东拓展，可连接金斗水库、青云湖生态保护区和龙廷养生休闲小镇，将新泰最为精华的山水资源整合在内，完美呈现出大美山水的城市格局。

南部滨河产城融合带，承担先进装备制造业、现代物流业、配套居住和服务业等职能。整合新汶、小协、东都和汶南，形成四个差异化的发展组团，总体上体现以产业和物流为主导职能，城市主体居住和服务职能向北部拓展带集中，各组团在现有基础上根据产业导向拓展空间，组团之间预留生态廊道，根据产业发展需求配套居住和服务职能。

"七组团"是指青云组团、新甫组团、新汶组团、开发区组团、小协组团、东都组团和汶南组团。

4　结语

城市发展战略规划是对所规划的地区长期综合发展作深入的研究和论证，提出该地区发展的宏观框架和引导战略，指导下一层次规划的编制。新泰市城市发展战略规划是在新泰市及其经济区范围内，研究城市性质、基本职能、发展方向、空间布局等重大问题的城市发展大纲。其规划成果作为一种学术性技术文件，将用作政府制定城市发展政策的决策依据或参考，并作为法定城市规划的组成部分。深入研究贯彻战略规划精神，对城市规划发展具有积极的意义。

作者简介

王业训，男，硕士，新泰市规划局，高级工程师。

陈晓晴，女，硕士，新泰市规划局，助理工程师。

张萍，女，本科，新泰市规划局，工程师。

《新泰市城市总体规划（2004-2020）》实施评估研究

韦鲁苹 王燕 张萍

摘 要：城市总体规划作为一项公共政策，是城市发展战略和空间布局的纲领性文件。在现行的规划体系中，城市总规划的实施评估已经成为规划界的共识，是一个重要的不可或缺的组成部分，是实现城市规划滚动发展的重要环节，也是确定城市总体规划是否需要修编的重要依据。本文主要阐述了新泰市现行总规实施评估的主要内容，并提出修改的必要性。

关键词：城市总体规划；实施评估；新泰市

引言

开展城市总体规划实施评估是《中华人民共和国城乡规划法》、《城市规划编制办法》明确规定的内容。《新泰市城市总体规划（2004—2020）》（以下简称"现行总规"）自批准实施以来，有效地指导了新泰市的城乡建设活动。但随着国家战略政策的出台，国家对资源型城市转型的引导与扶持、区域重大基础设施建设，发展环境已经发生了重大转变。对现行总规的实施情况进行全面的评估，既是对总体规划的实施成果和实施效用的综合评定，又是应对新的发展形势、优化调整城乡规划的重要依据。

1 新泰市概况及现行总规的要点概述

1.1 新泰市概况

新泰市位于山东省中部，泰安市域东南部，泰沂山脉中段，北接莱芜，西邻泰安市岱岳区和宁阳县，东南面分别与沂源、蒙阴、平邑、泗水接壤。全境东西长 68公里，南北宽 53 公里，总面积1946平方公里。至2014年，辖3个街道、17个镇、1个乡、916个行政村及居委会。

京沪高速公路、莱新高速公路交会，分别穿越境内，二〇五国道、〇九公路、蒙馆公路、济临公路、新枣公路跨越境内。磁莱、东平和晋豫鲁三条铁路在新泰交会，形成了连接国内大城市和青岛、日照等山东省沿海港口城市的快速交通网络。从新泰1小时可达济南国际机场，2小时可达青岛港，经泰安乘坐京沪高铁 2 小时可达北京，3小时可达上海。

1.2 现行总规的要点概述

规划期限：2004～2020年。

城市规划区范围：北至金斗山以北，南至光明水库、新汶森林公园和京沪高速公路一线，西至迈莱河，东至滨枣高速公路和青云湖风景区。

涉及现青云街道办事处、新汶办事处等共10个行政单元，总面积约430平方公里。

市域空间结构：规划市域城镇空间结构体系为"一心、一带、三轴"（图1）。

城市性质：鲁中地区以煤炭和现代化工业为主导的山水园林城市。

人口用地规模：规划中心城区2010年人口规模为42万人，城市建设用地规模约48平方公里，人均113平方米。

规划中心城区2020年人口规模为55万人，城市建设用地规模约60平方公里，人均110平方米。

城市发展方向：青云区以向东、向南发展为主；新汶

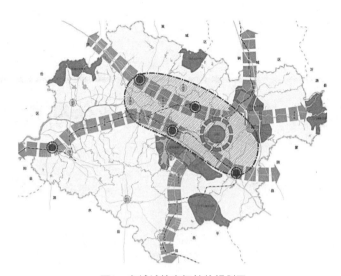

图1　市域城镇空间结构规划图

区向南发展为主，向东发展为辅。

城市用地布局结构：主城区形成"一城三片"的整体布局，三片区分别是青云区、新汶区和产业区（图2）。

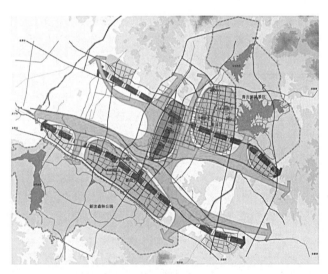

图2　中心城区用地结构图

2　评估的背景及方式方法

2.1　宏观背景

党中央积极倡导以"五个统筹"和"科学发展观"来指导经济发展和城市建设。党的十八大以来，进一步提出"新型城镇化"的发展思路。在城市总体规划实施评估中，同样也要求落实这些新的发展理念和要求。

《中华人民共和国城乡规划法》第四十六条、《城市规划编制办法》第十二条明确规定，城市人民政府提出编制城市总体规划前，应当对现行城市总体规划以及各专项规划的实施情况进行总结评估。本次实施评估严格按照法律法规要求的内容进行。

2.2　现实诉求

新泰市属于资源型城市，但随着煤炭储量日趋枯竭，转型发展迫在眉睫。随着被列入沂蒙革命老区和国家第三批资源枯竭城市，总体规划确定 "鲁中地区以煤炭和现代化工业为主导的山水园林城市"的城市性质定位需要重新思考。

2011年3月，新矿集团划定了新的压煤区边界，将现行总规确定的城市建设用地纳入压煤区，致使总体规划确定的建设用地成为禁止建设区，严重影响了城市的正常发展和对上一版总体规划的深入实施。

现行总规确定建立在城乡二元结构基础上的 "城区—重点镇——般镇—中心村—基层村"五级村镇体系结构，与《城乡规划法》要求各城市打破传统的城乡二元结构发展模式，建立统一的城乡统筹一体化发展模式不一致，导致现行总规在指导村镇建设方面存在不足。

现行总规确定至近期2010年，中心城区人口规模为42万，城市建设用地面积48平方公里。到2012年新泰中心城区人口已超过49万人，城区建成区面积约53平方公里，大大超出了总体规划对近期发展的预测。

晋中南铁路及天宝火车站、东平铁路的建设，市域主要交通干道新建、道路等级提升等，对市域城镇经济社会发展和空间布局产生了较大的影响，要求对总体规划确定的发展策略、用地布局进行更加科学合理的调整。

2.3　评估的方式方法

2.3.1评估范围

与现行总规确定的研究范围一致，本次城市总体规划实施评估从市域层面和中心城区层面两个层面展开。

2.3.2评估思路

城市总体规划实施评估工作是一项"回顾与展望"交织、"客观与主观"并存的活动，它站在规划基年和规划远期年中间的某一点上，向前回顾过去——评价在过去的时段内现行总体规划的实施绩效（实施程度、实施效用、实施满意度）和实施保障；向后展望未来——预测在今后的发展环境中现行城市总体规划的可持续性（图3）。

2.3.3评估方法

（1）定量与定性相结合的方法

在城市总体规划实施程度、实施效用评估中，通过对照规划目标与当前发展状况、规划基年状况与当前发展状况，采用定量分析与定性分析相结合的方法来获得对于规划实施绩效的客观评价。在城市总体规划实施满意度、实施保障、实施环境评估中，采用定性分析为主。

对于2004版总体规划使用的城市建设用地分类标准为原《城市用地分类与规划建设用地标准》GBJ137-90，为便于对比及更好地指导城市的发展，本次评估对原用地标准各项数据按照新用地标准《城市用地分类与规划建设用

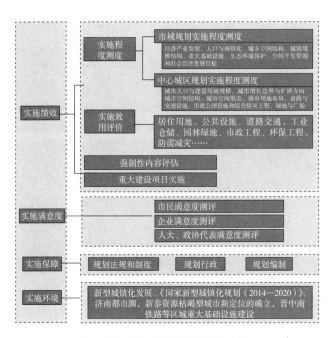

图3　城市总体规划评估思路示意图

地标准》GB 50137-2011进行转换，统一按照新标准进行比较分析。

（2）社会调研方法

采用多种社会调研方法。评估工作中，课题组首先对市民、企业和人大、政协代表分别进行了问卷调查。通过问卷调查，课题组获取了市民、企业、人大、政协代表对现行总规实施情况的反馈意见以及对城市未来发展的建议。对城市总体规划的实施机构——规划局进行了访谈。

（3）满意度测评模型

满意度测评中主要借鉴了美国政府顾客满意度指数模型（原型为美国顾客满意度指数模型ASCI），根据我国的实际情况对模型进行了修正，构建本次评估的公众满意度测度模型。

3　现行总规实施评估的主要内容

城市总体规划实施评估内容，涉及全面地考察现行城市总体规划的实施绩效，即测度本轮总体规划在各个层面和专业领域的实施程度、实施效用和实施满意度；分析评价城市总体规划强制性内容实施情况，近期重大建设项目实施测度；系统评价现行总规规划的实施保障，即考察规划法规体系、行政体系和编制体系的完善程度；深入分析现行总体规划的实施环境，即分析城市发展的内、外部环境变迁及其要求，具体包括以下六个方面内容。

3.1　城市总体规划实施绩效评估

城市总规规划实施程度评估可分为两个层次进行，第一个层次是市域城镇体系规划的实施程度评估；第二个层次是中心城区总体规划的实施程度评估。

3.1.1 市域城镇体系规划评估

在 2003 年至 2011 年间，在城市总体规划的指导和控制下，经过 8 年的经济发展与城乡建设，总体规划确定的市域人口与城镇化水平、城镇等级规模结构、城镇空间布局结构、人口与城镇化水平、市域综合交通系统等已基本得以落实，规划实施水平较高。

市域城镇等级规模结构：已经初步形成了五个等级的城镇规模等级体系。

市政公用设施：基本上遵循了市域市政公用设施规划，能够较好地进行落实。市域建设未能达到规划的预期目标，特别是乡镇设施。

空间管制规划：市域空间可持续性发展规划划定的严格保护区和生态敏感区落实情况较好，但历史文化遗迹保护、非物质文化遗产保护的开发利用工作仍需进一步加强（图4）。

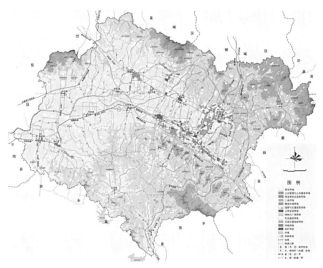

图4　2012年新泰市域城镇空间布局现状图

3.1.2　中心城区总体规划的实施程度评估

人口规模：城市新增人口超过规划远期目标一半，说明中心城区人口集聚高于规划预期。从空间分布来看，新汶片区人口发展速度超过规划远期目标，而青云片区发展速度低于新汶片区。

城市建设用地：城市建设用地规模实施程度较高，已经突破规划确定的近期建设目标；居住、工业用地指标较高，公共管理与公共服务设施用地、绿地建设有待进一步提升。

城市增长边界在青云片区，对城市建设用地边界突破主要集中在城市北侧；在新汶片区，对城市建设用地的突破现象较为明显，在东都、中心城区与小协交界处、沿柴汶河南侧等地段，均存在突破用地边界现象（图5）。

城市发展方向、城市空间结构：与现行总规确定的基

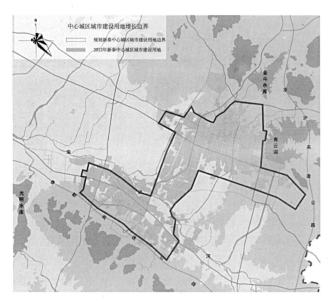

图5　城市建设用地边界实施测度图

本保持一致。

城市空间形态：由带状分散布局形态向紧凑、团块式布局形态转变的发展态势显著增强，未来空间布局形态将继续以内敛式、集约化发展为主。

专项用地实施测评：居住用地扩张迅速，超出远期规划目标（图6）；工业用地规模增加迅速；商业服务业设施用地、公共管理与公共服务设施用地规模增加缓慢，未能达到预期规划目标，规划确定的市级行政中心、商业中心建设进程缓慢，整体实施水平低。

城市道路与交通设施：从用地规模、路网格局和交通设施布局规划三个方面进行评价，道路交通设施规划实施率较高，大部分指标接近或达到远期规划目标。

市政公用设施：多数未能达到规划确定的数量和规模，但是部分领域实施重点突出，公用设施建设取得了一定的成效，但是公用设施建设普遍存在缺乏整体规划、统筹协调的问题。

环境保护：新泰城区各项环境质量指标均未能达到现行总规的规划要求。

综合防灾：新泰城市各项防灾建设普遍未能达到现行总规的要求。

3.2　城市总体规划实施满意度测评

从不同评价主体出发，本次规划实施满意度调查主要包括4个部分，规划实施机构满意度测评、市民满意度测评、企业满意度测评和人大、政协代表满意度测评。其中，市民满意度测评和企业满意度调查采取问卷调查的方式，规划实施机构满意度测评和人大、政协代表满意度测评采取访谈的形式。

通过对一系列数据的分析，市民满意度普遍在65%以上，实施机构满意度测评中社会服务设施中教育与医疗设施存在超负荷运转的情况，其他方面评价较高。总体来说，被调查企业对新泰城市建设的满意程度较高，选择非常满意和比较满意的比例高达79%。人大、政协代表满意度较高认为可结合资源枯竭城市转型发展的历史机遇，理顺城乡建设与煤炭资源开采利用、塌陷区治理等关系，实现城乡建设、经济社会发展、环境保护、矿产资源保护和利用的协调。

3.3　强制性内容实施评估

现行总规文本中强制性内容共有100条，按照《城市规划编制办法》、《城市规划强制性内容暂行规定》规定的强制性内容，在原文本的基础上，重新整理为26条，通过逐条评估得出。

城市规划区范围、市域水源保护规划、市域风景名胜

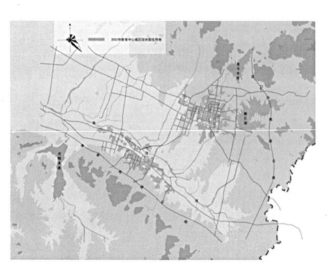

图6　2003年与2012年居住用地比较图

区、湿地资源保护规划、城市发展方向、教育设施用地布局、医疗卫生设施、城市道路网布局规划、给水工程规划、排水工程规划、环境保护规划、防震工程规划、地下空间利用及主城区人防工程规划、优秀历史建筑保护等方面通过评估得出基本与现行总规保持一致，按照现行总规来实施。而在城市建设用地规模、矿产资源保护、文化设施用地布局、体育设施用地布局、停车场布局规划、绿地与广场规划布局、电力系统规划、供热工程规划、燃气工程规划、防洪工程规划、地质灾害预防规划、城市近期建设用地规模、近期建设重点等方面存在实施度不够或用地规模超出现行总规的要求。

3.4 重大建设项目实施评估

在现行总规确定的近期建设内容中，结合新泰当时经济社会发展、城乡建设的实际需求，对近期规划建设的重点项目提出了明确的内容和目标。行政、商业服务业设施近期重大项目实施程度较低，居住近期重点建设项目实施程度较高，道路与交通设施重大项目实施程度最高。道路网络骨架已经基本形成，为城市的快速发展奠定坚实的基础。在十二五期间，应着重加强公共管理与公共服务设施、商业服务业设施重大项目的建设力度，同时进一步加强居住社区建设，从而促进经济社会、城市建设的全面、快速、高效发展。

3.5 城市总体规划实施保障评估

对现行总规的实施保障机制进行评估，重点从规划法规体系和制度建设、规划行政体系、规划编制体系三个方面进行分析。现行总体规划实施的初期，由于相关法规、监督体制不健全，职能部门及其权责范围不明确等问题，规划的主体地位和法定地位并未得到足够的尊重。但近年来，已逐步注重城市规划决策和规划法规宣传，坚持规划在城市发展和建设中的决策作用和法律效率，信息公布和公众参与制度也在向较好的方向发展。行政体制建设上，城乡规划委员会制度已经建立。规划实施决策和保障机制的建设状况可以为新泰城乡规划的实施构建较为科学坚固的基础，能够基本保障城乡规划在区域协调和城乡统筹等方面的作用。

3.6 城市总体规划实施环境分析

城市总体规划实施环境是对城市总体规划主体之外重大发展因素的概括和归纳。城市总体规划实施环境从实施政策环境和区域发展环境两个方面着眼，重点新型城镇化、资源型城市转型、区域协同、生态文明建设、重大设施引领五个方面进行分析。

中共中央、国务院发布《国家新型城镇化规划（2014—2020年）》提出在发挥中心城市辐射带动作用的同时，要加快中小城市的发展，有重点地发展小城镇。2011年新泰市被列为全国第三批资源枯竭城市，享受到国

家沂蒙革命老区特殊政策，2004版总体规划由于编制时间较早，未能体现这些政策内容。

充分利用《黄河三角洲高效生态经济区发展规划》与《山东半岛蓝色经济区发展规划》两大国家级战略，及《山东省城镇体系规划（2011-2030）》提出的构建济南—淄博—泰安—莱芜城市群，新泰被确立为2030年山东省22个人口规模在50万~100万的大城市之一，同时也是山东省着力打造的33个强市强县之一，重新梳理城市定位。

晋中南铁路的建设，新泰成为内地出海大通道上的潜力节点，董家口至范县的高速公路建设，为煤炭资源的开发利用和产业提升、转型发展提供了新的契机。铁路、公路等重大设施环境的改善，使新泰在自身空间发展支撑系统得以极大提升的同时，其接受区域经济辐射、拓展区域影响的能力也得以增强。

4 总体规划实施的成效及修改的建议

4.1 总体规划实施的成效

按照现行总体规划制定的战略方向引导，城市空间整合优化得到了明显推进，城市人居环境得到了较大改善，城市综合交通建设成绩显著，城市生态环境保护与基础设施建设力度加大，规划编制体系与管理制度逐步完善。主要体现在以下几个方面：

引导经济的快速发展，阶段性目标已经实现。规划确定的地区生产总值、人均生产总值等已基本得以落实，各项指标对近期规划目标的实施率均超过200%，对远期2020年的规划实施率也超过50%。

城镇化率得到了显著提升，城镇化进程加速。至2011年底，市域城镇化率达到52.1%，近期规划目标实施率超过100%，进入城镇化的快速发展阶段。

交通、市政基础设施建设成效显著。市域公路网络、铁路网络及场站建设均超出近期规划预期，接近远期规划目标，市域综合交通系统进一步优化，整体实施率高，有力提升了区位交通条件，为市域城镇体系的进一步优化发展提供了强有力的支撑。

现行总体规划自批准实施以来，有效地指导了城乡建设发展，通过对规划目标的实施评价，可以看出在市域经济产业、城镇化发展、城镇结构优化、空间布局实施、综合交通建设方面，已经超出了规划确定的远期目标；从中心城发展规模控制、建设用地结构、空间布局及环境保护等方面，在不同程度上出现了与规划目标的偏差。

综上所述，外部环境的变化、城市性质的不适应性、国务院批准的重大建设工程对城市发展提出新的要求以及通过对总体规划实施展开全面的评估后，可以看出现行总规已经不能适应新泰未来发展的需求，建议对总体规划开

展修编工作。

依据《中华人民共和国城乡规划法》已具备修编条件，同时建议将规划期限调整至2030年。

4.2 城市总体规划修编建议

针对区域形势的变化，重新进行定位；协调城乡空间布局，城乡统筹一体化发展；科学预测人口规模，合理确定城镇化发展目标与城镇等级规模结构；优化交通网络与设施布局，实现交通与城乡空间的协调发展；生态优先，核算资源承载，走可持续发展道路；统筹城乡基础设施布局，重视综合防灾；重视城市景观风貌塑造，反映本土特色；加强相关机制研究，降低规划实施的难度及其与目标的偏差。

参考文献

[1] 朱振旗. 城市总体规划实施评估的内容探讨[J]. 城市建设理论研究，2013，（05）：42-48.

[2] 《新泰市城市总体规划（2004-2020）》实施评估报告.

[3] 孙诗文，周宇. 城市规划实施评价的理论与方法[J]. 城市规划汇刊，2003，（3）：63-68.

作者简介

韦鲁苹，女，硕士，新泰市规划局，高级工程师、国家注册规划师。

王燕，女，硕士，新泰市规划局，工程师。

张萍，女，本科，新泰市规划局，工程师。

面向市域一体化的城乡规划体系探讨

——以邹城市为例

李华 张亭

摘 要：规划是城乡建设的基础性工作，也是引领科学发展的蓝图。长期以来，规划体系不完善、重城轻乡等问题成为制约市域一体化发展的瓶颈。直面新型城镇化建设的现实需要，全面落实市域一体化发展要求，更加科学务实地编制规划，构建完善的城乡规划体系，成为当前城市发展面临的重要课题。近年来，作为全国百强县市，邹城市始终坚持规划引领战略，在扎实推进市域一体化发展的进程中，构建了富有特色的城乡规划体系。本文以邹城市为例，突出问题导向，研究了城乡发展中的现实挑战，着重分析和阐述城乡规划体系的典型特征和基本架构，希望为类似地区的城乡规划体系建设提供有益参考。

关键词：邹城市；市域一体化；城乡规划体系；特征分析；基本架构

1 引言

城市规划在城市发展中起着重要引领作用，考察一个城市首先看规划。面对市域一体化和新型城镇化发展的新要求，围绕如何贯彻落实"以人为本"的基本理念，更加科学务实规划，构建完善的城乡规划体系，成为有效指导城乡建设的重要课题。在中央政治局第22次集体学习时，习近平总书记强调，要完善规划体制，通盘考虑城乡发展规划编制，一体设计，多规合一，切实解决规划上城乡脱节、重城市轻农村的问题。

邹城市位于济宁东部，是我国古代著名思想家、教育家孟子的故里，国家历史文化名城、中国优秀旅游城市、全国综合实力百强县市。全市总面积1616平方公里，总人口120万，辖16个镇街、2个省级经济开发区、895个行政村（居）。近年来，邹城市紧紧围绕"五化融合、城乡统筹"的总思路，全面贯彻实施规划引领战略，聚焦城乡、区域发展不均衡，资源型城市转型发展，规划体系不完善等现实问题，抢抓被纳入国家、山东省新型城镇化试点工作的机遇，搞好规划体系建设的顶层设计，完善体制机制，构建了完善的城乡规划体系，有力促进了邹城市城乡一体化快速发展。

2 邹城城乡规划工作面临的问题挑战

因地制宜、准确把握城乡发展过程中的现实问题挑战，正是邹城规划事业鲜活生命力的根源所在，主要有以下方面。

2.1 城镇化滞后工业化，城镇化水平有待提高

2014年，邹城市城镇化率为53.26%，低于山东省1.75%，低于全国1.51%。2011～2014年，全市城镇化水平年均增长2.17%，城镇化水平及增速位于济宁市中游队列。城镇化与工业化地位不匹配。1991～2014年全市城镇化与工业化的比值由0.45增长到0.93，但仍远低于工业化和城镇化协调发展的合理比值1.4～1.5，城镇化明显滞后工业化。

2.2 区域发展不平衡，东西部发展差异大

邹城地缘特征明显，东部具有典型的山区丘陵地貌特征，西部为平原工业区；西部乡镇平均非农化率大于30%，而东部乡镇平均非农化率低于15%。根据2014年统

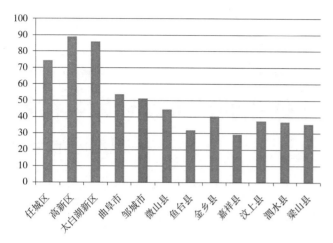

图1　2014年济宁市下辖各县区市城镇化水平比较

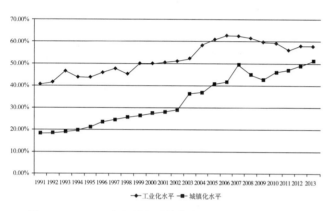

图2　1991～2013年邹城市城镇化水平和工业化率变化曲线

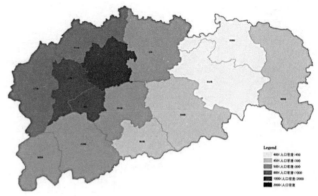

图3　邹城市各乡镇人口密度分布情况

计数据，中心城人口密度最大达到2800人/平方公里，西部乡镇平均人口密度大于800人/平方公里，东部乡镇平均人口密度小于500人/平方公里，全市人口密度自中心城区向外逐渐圈层递减，人口分布"西密东疏"。在经济发展上，西部工业镇经济实力远大于东部山区镇，东西部镇街人均生产总值最高与最低相差3.68倍。

2.3 产业结构不尽合理，重工业比重高

2014年，邹城市三次产业结构调整为6.5：56.6：36.9，其中煤炭、热电等能源产业占工业总产值的74%，整体产业结构重工业化比例明显。特别是面临资源型城市转型的现实压力，第三产业比重不高，对丰富的历史文化资源和生态旅游资源挖掘整合、利用程度不高，尚未形成发展合力。

2.4 城乡规划工作进展不平衡，规划之间统筹协调不高

规划编制存在一定的重城区轻镇村问题，中心城区规划体系相对完善，镇村规划相对缺乏。2011年之前，邹城市除了部分镇完成了总体规划的编制外，镇区控规、专项规划几乎为空白，且原有的镇总体规划编制时间过早，科学性、指导性不强。同时，由于规划编制工作的系统性、综合性和复杂性特点，往往涉及国土、发改、住建、环保、农林等多个部门，仅靠规划部门力量，难以形成有效合力，在市级层面缺少专项协调机构，部门联动机制不健全，致使空间规划和各行业规划不协调。此外，由于部分规划编制时间、时限不同，标准不一，加之相关规范标准的更新变化，也造成了规划间的冲突。

3　邹城规划体系的特征分析

3.1 规划编制突出问题导向

邹城市突出问题导向，精准编制规划，提高规划的科学性和实用性。例如，针对产业结构不合理，资源型城市转型的现实压力，编制了《邹西大工业板块产业规划》、《商贸物流产业发展规划》、《现代服务业发展规划》、《现代农业发展规划》、《旅游发展总体规划》等产业规划，为全市经济产业结构调整提供指导；如此等等。

3.2 工作机制的顶层设计完善

为加强部门协同、加大规划编制统筹协调力度，2012年，邹城市成立了由市委书记、市长任组长的高规格全市规划编制工作领导小组，市直属各相关部门、各镇街为成员单位，规划部门具体牵头负责领导小组办公室的日常工作。制定完善了工作制度，优化部门联动机制。所有规划编制前，都要形成具体工作方案，明确责任部门。运用系统工程理论，优化规划编制流程，完善城乡规划前期研究、规划编制、衔接协调、专家论证、公众参与、审查审批、实施管理、评估修编等工作程序，以工匠精神提高规划编制科学化水平。

3.3 全市规划体系有机完备

邹城规划体系具有显著的层级性特点，层次清晰，重点明确，形成了以法定规划为主，行业规划为辅的有机规划体系。在积极对接上位规划的基础上，从市域、城区、镇域、镇区、村庄（社区）等不同层面，逐层编制完善相关规划，构建起"区域、中心城区、镇区、农村新型社区和美丽乡村村庄"的四级空间规划层级。纵向看，形成了以村镇体系规划、城市总规、镇总规、城镇驻地控规、修建性详规为框架的法定规划体系；横向看，形成道路交

通、供水、供电、供气、排水、环卫、抗震防灾、风貌等专项规划及由现代农业、水利、商贸物流、教育卫生、文化旅游等规划构成的门类齐全的行业规划体系。

3.4 规划设计突出区域特色

邹城市突出地域特色、区域特色和资源特色，围绕"一核四区"主体功能区定位和任务导向，开展各片区规划编制。例如，在中心城区以提质发展，完善配套为重点，对十多个城区片区实行控规覆盖，并就商业网点、农贸市场、停车场等配套进行规划编制；在邹东山区，以优质的生态资源为重点，按照"全域统筹、总体布局，多规合一、融合发展，资源整合、特色发展"原则，结合美丽乡村片区、旅游区、退耕还林区三大片区的空间分布，本着集聚叠合发展的思路，规划形成"十三个融区、十九点"的布局体系，打造美丽乡村升级版。

4 邹城规划体系的基本架构

4.1 主动融入都市区发展格局，推进资源共享共建

邹城市坚持高点站位，在深入研究国家和山东省主体功能区规划、西部隆起带规划等上位规划的基础上，打破行政壁垒，全方位搞好与济宁都市区总体规划、济宁市域综合交通规划的对接，编制了《邹城市域综合交通规划》、《邹西生态绿心概念规划》、《新济邹路沿线控制性详细规划》、《临菏路高铁连接线沿线控规》等规划，并在发展目标、城市性质、发展战略、产业发展、重大基础设施建设、生态旅游等方面加强与都市区之间的协调对接，主动在区域发展大格局中搞好规划定位和发展布局，主动融入济宁都市区一体化规划，实现资源共建共享。

4.2 坚持城乡统筹规划布局，推进市域一体化发展

2011年，邹城市率先启动了城乡统筹发展规划，确立了"一核四区"的主体功能区划，即城市核心区、邹西平原工业区、峄山旅游度假区、孟子湖新区和邹东生态农业生态旅游区。在规划的指引下，邹城市加速推进城乡规划布局、产业发展、城镇建设、文化建设、生态文明、社会建设、党的建设"七个一体化"，取得显著成效。按照各主体功能区发展定位，先后编制了《邹西大工业板块产业发展规划》、《峄山风景名胜区总体规划》、《邹鲁生态园概念规划》、《孟子新区概念规划》、《孟子湖片区产业策划和城市设计》、《生态邹东建设规划》、《乡村旅游发展规划》、《美丽邹城乡村综合发展规划》等各类规划。2015年，邹城市列入省级、国家级新型城镇化试点，编制完成了《新型城镇化发展规划》，同步启动"多规合一"工作，重点推进以人的城镇化为核心的城乡一体化发展。

4.3 完善城区规划控制体系，推进城区提质发展

城区作为一个城市发展的核心区域，也是城市规划的重点控制区，邹城市围绕主城区规划，先后分片区编制了《东城区南片区控制性详细规划》等十二个片区的控制性详细规划，实现城区控规全覆盖。在此基础上，启动了《中心城区控规整合规划》工作，对各片区控规进行了科学整合，真正实现城区控规管理"一张图"，这项工作走在了全省前列。

图5 邹城市域综合交通规划图

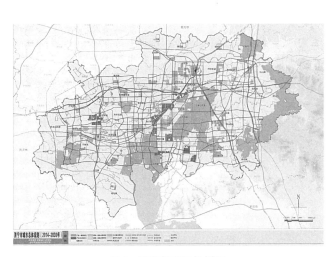

图4 济宁都市区规划图

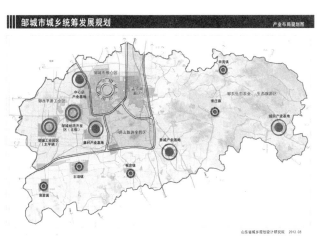

图6 邹城"一核四区"主体功能

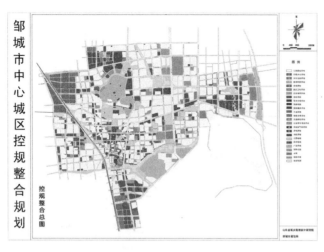

图7　邹城市城区控规整合规划图

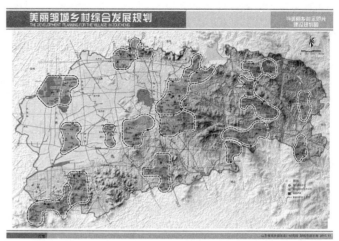

图8　美丽邹城乡村综合发展规划

此外，面对老城区配套设施老化不足的难题，编制完成了城区道路交通、城市色彩、地下空间、燃气、热力、绿地、防震减灾等城市专项规划，开展了城区交通秩序整治专项规划和停车场、农贸市场、洗车园、修车园布点规划研究工作，实现片区管控规划的进一步细化。2016年，邹城市紧密结合中央城市工作会议要求，启动了《管线综合规划和地下管廊综合规划》、《海绵城市专项规划和建设方案》的编制。这些控规和专项规划的完善，为城区建设优化管控以及配套建设，提质发展提供了重要依据。

4.4　加强镇村规划编制服务力度，构建基础规划体系

镇村规划作为规划领域的薄弱环节，直接影响市域一体化建设水平。邹城市将镇村规划作为工作重点，规划资金、技术力量向镇村倾斜，弥补规划短板。至2013年，顺利完成13个镇的总体规划修编，并编制完成所有镇驻地重要地段的控制性详细规划，实现镇总规和镇区核心片区控规的全覆盖。其中，《太平镇总体规划（2013—2030）》和《城前镇总体规划（2014—2030）》均荣获山东省示范镇总体规划评优一等奖。加大对传统村落、历史文化名村、美丽乡村挖掘，对列入市级及以上范围的村落，均编制了规划。2016年，根据住建部和省住建厅要求，启动编制《市域乡村建设规划》和村庄规划，力争至2018年达到市域村庄规划全覆盖，实现乡村规划建设水平的精准提升。此外，针对镇村规划技术水平普遍较低的问题，邹城市在加强镇村规划人才引进的基础上，每年定期举办2期规划培训班，创新实施规划联络员制度，确保镇村规划各项工作健康、顺利开展。

4.5　积极创新规划理念，丰富完善专项规划

专项规划作为城乡规划体系的有机组成部分，关系着城乡基础设施的统筹布局、综合协调和功能完善。邹城市坚持民生优先，统筹城乡设施一体化规划布局，编制完成了城乡供水、环卫、供电、教育设施、抗震防灾、养老服务设施、地下空间、加油加气站布点等专项规划，扎实推进了城乡配套一体化建设。

在完善专项规划的同时，邹城市创新规划理念方法，注重特色资源的规划保护和利用，着重体现在：一是重视历史文化前期的业态研究，在《历史街区文化研究和记忆》、《三街一区产业研究》等文化挖掘和产业业态研究工作完成的基础上，编制完成了《三街一区修建性详细规划》、《思孟台遗址区规划设计》、《儒家文化研修区概念规划》；二是拓展"多规合一"理念，即将空间上的"多规合一"理念应用于美丽乡村规划中，统筹片区美丽乡村、乡村旅游、退耕还林、交通路网、现代农业、农田水利等优势资源，空间叠合分析规划，编制《市域美丽乡村综合发展规划》；三是突出塌陷地综合治理，破解塌陷地治理复杂困境，将资源开发、城镇建设、产业发展、生态环境保护等有机结合，充分衔接区域内湿地公园、塌陷地治理和人工湿地等相关专业规划，编制《邹西生态绿心概念规划》，打造国家塌陷地治理示范区。

5　结语

城乡规划体系的完善，是长期的系统工程，需要结合国家政策要求、区域战略变化和自身发展实际，在动态更新中不断完善。这样的规划体系才具生命力，规划成果更有指导性，更具操作性。尽管邹城市的城乡规划体系已经相对完善，但同样需要不断更新规划理念，在城镇规划过程中，要将扩张性规划逐步转向限定城镇边界、优化空间结构的规划，进一步完善镇村专项规划，科学找寻和发现新的经济增长点和创新发展动力，切实发挥规划科学的最大效益，提升规划生产力和推进市域一体化发展的水平。

作者简介

李华，男，硕士，邹城市规划局局长。
张亭，男，硕士，邹城市规划局。

济南市绿色健康空间布局与利用

朱旻

摘　要：在我国快速城镇化的进程中，生产力水平的提升带动居民生活水平的改善，居民的物质文化需求更加丰富多样，对于室外活动的需求也日益强烈。在城市中，绿色健康空间承载了市民多数的室外活动，一个城市绿色健康空间的布局对市民的生活水平有重要的影响。本文主要介绍济南市绿色健康空间的布局，通过图片与数据分析得出济南市绿色健康空间的分布较为均衡但利用情况不太乐观，并给出相应的建议。

关键词：绿色健康空间；公园；空间布局；室外活动

1　城市绿色健康空间的重要性

1.1　绿色健康空间的概念

健康的城市空间包括两个方面的内容：①健康的环境系统；②健康的行为系统。本文提及的绿色健康空间指的是在城市中供市民进行有益于身心健康的室外活动的空间，这些空间的规模能够满足使用者进行一般的室外活动，如健身运动、小范围球类运动、骑自行车、散步等的要求，并有充足的绿化和日照。

1.2　绿色健康空间与居民健康息息相关

世界卫生组织公布的健康城市的标准规定中，第6条规定：提供各种娱乐和休闲活动场所，以方便市民之间的沟通和联系。健康城市的发展目标是：创建有利于健康的支持性环境，提高居民的生活质量，满足居民基本的卫生需求，提高卫生服务的可及性。

我国城镇化进程中，经济与科技的飞速发展引起了城市环境和居民生活方式、生活水平的改善，但，城市在为居民提供丰富多彩的生活服务与空间享受的同时，也引发了一系列的健康问题。发展与污染相伴而生，城市环境改变引起的污染问题严重威胁到市民的健康，例如全国各大城市出现的雾霾天气、令人闻之色变的PM2.5等等。由于空气污染等原因而引起的心脑血管疾病、呼吸系统疾病等慢性病正在成为威胁市民健康的重要原因。生物病理不是唯一的慢性病致病因素，造成当前慢性病多发的一个主要原因是体力活动缺乏，而城市空间作为居民日常活动健身的场所，其质量的高低则会影响居民这些行为活动发生的频率和增长。与此同时，建立在共同活动基础上的居民社会交往也会随之降低，带来心理疾病和邻里淡漠等心理和社会层面的健康问题。

居民有生理健康和心理健康的需求，国外研究证实，城市绿色空间和城市中的自然环境对公众的健康具有改善和提升的作用：城市中的自然环境和绿色空间对减轻紧张情绪、减少暴力和促进心理健康等方面具有积极的作用。利用城市绿色空间提升公众的健康早在19世纪就已经在西方开始使用，通过增加城市中的绿色空间来促进居民室外活动行为的产生，增加室外活动行为的发生概率，同时能够改善周边的环境，提升市民对于城市的认同感和安全感。

2　济南市绿色健康空间布局

由表1可以看出，济南市的绿地面积在逐年增长，

2012年底城市园林绿地面积较2007年同期增长了24%，同时市内公园面积增长了1391万平方米，增长比例达91%。

表1　2007～2012年济南市的绿地面积

指标	单位	2007年	2008年	2009年	2010年	2011年	2012年
年末园林绿地面积	公顷	12531	12827	13677	14588	14864	15556
公园面积	万平方米	1515	2141	2293	2455	2861	2906

图1　济南市绿地系统现状图

由图1可以看出，2010年济南市的绿地系统由团块状的绿地和带状绿地组成，团块状绿地为G1公园绿地与R11、R21的住区小游园，带状绿地为沿河道与道路的带状绿化。其中，大型的开放公园数量较少，住区小游园占很大比例。这主要是因为小游园是市民进行室外活动距离较近的场所，而公园因为数量较少而且分布较为分散，吸引的人群较小游园少。可供市民进行活动的场所多为小区游园，集中在中心城区，规模较小，东西部城区绿色空间少且不成规模。济南市内除泉城公园、济南市森林公园、百花公园、园博园为地形平坦的后期开发建设的公园外，其他如天下第一泉景区、千佛山风景名胜区、郎茂山公园等均为借助现有的自然条件开发而成。山地公园如洪山公园、郎茂山公园、腊山公园等因为保护山地林木的需要而不能给市民提供较多的进行室外活动的空间和设施。总体来看，2010年之前的济南市绿色空间体系较为分散，不成体系，不能满足市民对于绿色健康活动的需求。

根据济南市公园绿地规划（图2），济南市2020年底将在中心城范围内新增30处公园绿地，同时，现状城区内的小型绿地如小游园等将不同程度地扩大面积或缩小面积。规划新建的公园主要集中在东西部城区，适应济南市东拓西进的发展战略。新规划的公园用地较少，依靠现有山体划定，多为后期开发修建。由图2可以看到，济南市公园分布在2020年将达到较为均衡的布局模式，以开放的公园绿地（辐射半径为3千米）为主，小型的住区小游园（辐射半径为600米）为辅。

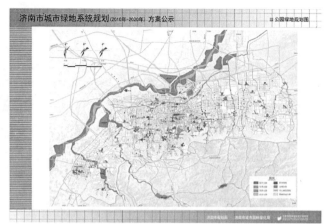

图2　济南市公园绿地规划图

3　济南市绿色健康空间的利用

紧张快节奏的城市生活、时而来袭的恶劣天气和亲近自然的理念使得居民对于进行健康的室外活动和对室外绿色健康空间的渴望越来越强烈。随着生活水平和生活质量的不断提高，可供市民选择的室外活动项目也日益增多，不再局限于简单的散步、慢跑和球类运动，市民需要更大的空间和密度更高的绿化空间来满足需求。

2010年，济南市内可供市民进行室外活动的公园广场共有45处，多分布在中心城区。至2020年，这一数字会上升到75处，公园多结合现有山地、周边商业、居住区而设置，除少数收费的景区外，其他公园均可对市民免费开放，满足市民进行室外活动的需求，同时美化环境。

市民的室外活动时间因年龄阶段不同而有所差异，儿童的室外活动时间多集中在放学后的时间以及周末，青年以及中年人的活动时间集中在早晨、晚上以及周末，老年人活动时间集中在早晨和下午。对于室外活动场所的选择多受可支配时间与出行距离的影响。有晨练和晚上运动散步的市民往往选择离住所较近的室外空间，例如千佛山景区周边3千米范围内的居民会选择在千佛山晨练，英雄山公园周边半径1.5千米的居民会在早晨、晚上的时间到英雄山攀爬或锻炼。周末市民往往会选择环境优美、空间开敞的空间进行室外活动，如泉城公园会在晴朗的周末达到人流高峰，大明湖景区周末的人流中本地市民也占很大比例。目前济南市民活动的空间除距离较近的公园绿地和广场外，还包括距离住所较近的大学校园，如山师大老校区、山大千佛山校区、济南大学东西校区等，街头小广场如花园路街头广场，以及许多公共设施的前广场，如省博物馆广场、历山剧院前广场等。从社会效应来看，越来越密集的绿色健康空间为市民提供了越来越多的活动机会，促进了市民进行室外活动行为的发生，而通过室外活动亲近自然，能够缓解紧张的工作生活带来的压力，有益于市民身体素质与心理素质的保持与提升。从环境效益来看，系统均衡布置的绿色空间体系可以缓冲不同性质用地之间的冲突，优化片区环境，提升城市环境质量。

4　济南市发展绿色健康空间的建议

目前济南市已建成可供居民使用的绿色健康空间为65个，从空间上看除中心城区的天下第一泉公园景区、百花公园、中山公园、泉城广场、泉城公园等大型公园保留并适当扩大规模外，受用地条件的限制，没有足够的用地用以建设绿色空间，东西部城区因开发较晚且正处在大规模开发建设的时期，公园分布较为均衡而且密度较大，其中，东西部城区尤其注重社区公园的建设。但，目前济南市民的室外活动需求与绿色健康空间的可供给程度仍然存在矛盾。市民希望能够就近进行室外活动，且合理的活动需求不受空间规模的限制，而目前市内的绿色空间多为树木围合的草坪和可供散步的小路，公园内广场空间划分单一，不能满足多个项目的共同使用。笔者认为，在绿色空间的规划中应该放开对于大学校园、公共设施前广场的使用权限，同时增加相应的绿植。在已建成的公园绿地中，优化可活动空间的布局，保证绿色空间的开敞，鼓励使用者正确合理、文明地使用草坪等绿化空间进行活动。加强各公园绿地之间的联系，在东西部城区能够形成成体系的绿色空间，为市民提供更多的活动空间。

5　结语

在快速城镇化与生态环境日益脆弱，城市人口越来越密集和资源越发紧缺的背景下，复杂的健康问题与快速增长的健康需求之间的矛盾正慢慢凸显出来。改善与增加城市的绿色健康空间并提高其使用效率能够促进市民室外活动行为的发生，提高市民的身体与心理素质，有利于社会稳定与发展。济南市的绿色健康空间布局以优化中心城区为先导，着重打造东西部新城区均衡的空间系统，丰富了城市绿色健康空间，在城市绿地系统规划的指引下将为市民提供便捷多样的活动空间，满足市民的活动需求。

参考文献

[1] 董晶晶，金广君. 论健康城市空间的双重属性[J]. 城市规划学刊，2009，(4).

[2] 王金江，戴淑虹. 济南城市空间形态演变与影响要素分析[J]. 规划师，2007，23(1).

[3] 金经元. 奥姆斯特德与波士顿公园系统（上）[J]. 城市管理，2002，（2）.

[4] 叶玉瑶，张虹鸥，周春山等. "生态导向"的城市空间结构研究评述[J]. 城市规划，2008，（5）.

[5] 尹逸闲，李海鹏. "带形城市"理论在济南城市形态发展中的体现[J]. 城市建设，2010，（16）.

[6] GILES-CORTI Environmental and lifestyle factors associated with overweight and obesity in Perth，Amtralia[J]. 2003，(01).

[7] 杨海涛，林刚，侯艳玉. 青岛城市化中健康城市的发展战略[J]. 城市建设理论研究（电子版），2012，（30）.

作者简介

朱旻，男，本科，山东省城乡规划设计研究院，规划师，高级工程师。

第四篇 | 保护更新

传承·更新
——浅谈当代历史文化名城的保护与发展

胡由之

摘 要：随着工业文明的到来，城市化进程不断加剧和城市规模相继扩大，使人类的生活方式以及生活悄然改变，城市整体特色缺失，城市建筑"千篇一律"等问题也随之而来，尤其是历史文化名城，由于城市与建筑的国际化、营造工艺与材料的进步以及文化与审美心理的更新，城市形象的新与老之间产生了或多或少的冲突与矛盾，原本鲜明的城市整体特色正在逐渐减弱，同时缺乏合理的保护发展策略，为求发展，简单的推倒重建令人惋惜。鉴于此，本文提出，在文化制胜的全球趋势下，城市之间的竞争实质上也是文化之间的竞争。而历史文化名城凝聚了城市历史的变迁，是传统文化的缩影，饱含历史人文的积淀，作为城市风貌的精彩华章，是当代最具特色的宝贵历史文化遗产。在当代城市发展的重要时期，尊重城市历史文脉、传承特色地域文化，将城市自然风貌、历史人文景观与新的城市建设有机结合，是完善城市功能，保持城市活力，实现当代城市发展突破的关键。

关键词：历史文化名城发展；城市规划；城市特色；旧城保护

1 当代城市发展与保护之间的矛盾

在《城市德行与功能》中有这样一段精辟的论断："如果说在过去许多世代里，一些名都大邑如巴比伦、雅典、巴格达、北京、巴黎和伦敦都曾经成功地主导过他们各自国家民族历史的话，那首先是因为这些大都城始终能够成功地代表各自的民族历史文化，并将其绝大部分流传给后世。"布拉什（Vidal de la Blache）也提出"每个区域都是一枚反映本地区民族的徽章"。可见，历史文脉是维系城市生存发展、挑战国际竞争的生命力所在。

而近年来，伴随着世界范围内，特别是以中国为代表的发展中国家城市化进程的加速，城市美化运动此起彼伏，中国城市原有的面貌发生了翻天覆地的改变，这些改变一方面带给我们发展的喜悦，一方面，也带来城市形态千篇一律的烦忧。据统计，中国近年来，每年在建筑业约支出3750亿美元，但由于城市与建筑的国际化、营造工艺与材料的进步以及文化与审美心理的更新，城市规模日益扩大，功能分区日趋多元化，城市文化生态环境也悄然改变。一些具有鲜明中国地方特色的城市，其城市形象的新与老之间产生了或多或少的冲突与矛盾，原本鲜明的城市整体特色正在逐渐减弱。

早在几年前，德国的《明镜》周刊上刊登了这样一段文字："由于外国的侵略，如今圆明园一片废墟，但是古老的北京城，连同它的城墙、宫殿、寺庙、公园这些文明的象征横遭破坏，则要由中国人自己负责了……现在的北京，与其说是一座城市，毋宁说是街道、建筑物和空地的堆砌……沿马路走上几个小时，竟然看不到一座前两个世纪留下的古建筑物，更不用说具有引人注目的建筑风格了。"这段话在一定程度上反映了北京在当代遭遇到的尴尬。还有青岛，作为一个典型的侵入型城市，青岛的外来文化历经侵入、竞争、选择与适应，形成了稳定的特色城

图1　青岛天主教堂——地标性建筑在不断的城市建设中失去原有地位

市文化景观。如今，文化全球化、文化交流日趋频繁，对青岛的城市空间产生了影响。建筑国际风格的蔓延，使城市与建筑的地区性、民族性逐渐淡化、消亡，导致城市空间特色的沦丧，在青岛沿海区域能够清晰地感受到这种变化。如青岛的重要地标天主教堂（图1）在新的文化景观侵入体影响下，失去了原有的文化地位和景观意义；与此同时，青岛城市原有的文化群落也遭遇"老化"，随着城市新区的发展，旧的文化群落得不到更新的发展，在基础设施、生活质量、居住环境等方面都出现了不同程度的衰落现象（图2），也导致了空间衰退、居民外迁等问题；甚至，一部分具有悠久历史的建筑得不到有力的保护，面临解体的危险。

图2　城市发展中的旧城的衰落现象

自古以来，人类对城市的研究就不曾停止，各国学者都曾从不同角度对城市发展规划展开大量分析并取得了丰富的研究成果。在这个城市化、工业化、全球化的时代里，人口密集、文化特色缺失、城市面貌雷同成为城市发展所面临的突出问题，尤其是曾经的历史文化名城，凝聚了城市历史的变迁，是传统文化的缩影，饱含历史人文的积淀，作为当代最具特色的历史文化遗产，丧失了原本的城市魅力，令人惋惜。如何使历史文化名城在当代重新散发国际魅力，彰显城市的人文风貌与特色，达到发展与保护之间的和谐共处，是现阶段中国城市发展最紧迫的议题之一。

2　提升城市活力，构建以人为本的城市空间模式

要期望城市能够适应当代社会的变化而有进一步的发展，就不能瞻前顾后，但这并不意味着，可以对城市进行全盘改造，割断城市的历史文脉。城市作为人类现代文

明的标志，其发展变化是一个连续而复杂的过程。古往今来，城市的环境景观、经济技术、社会观念以及文化心理等，都是城市发展中至关重要的因素，并势必在较长时期内对城市的规划建设有深远的影响。可见，城市的规划是与城市实际发展情况相结合，在漫长的历史进程中逐渐形成的，要想在短时期内，实现城市面貌的焕然一新，同时彰显城市特色，就必须结合城市的历史文脉，了解城市的历史，根据实际情况进行分析。对城市文化的了解不仅是对过去城市发展的认识与评价，更是为了使城市良好的形态和文脉得以延续，寻找出当前城市发展中出现的一些问题的症结所在。

《中国大百科全书》定义城市为"依一定的生产力和生产方式，把一定的地域组织起来的居住点，是该地域或更大腹地的经济、政治和文化生活的中心。"先哲亚里士多德的城市论更加言简意赅：Man come together in cities for security；They stay together for the good life——人民为了安全，来到城市；为了美好的生活，聚居于城市。可见，人才是城市真正的核心。城市的发展归根结底是为人类发展服务的，城市从本质上讲是承载人类文化的容器。因而对于城市的研究决不能停留于器物层面，而应涉及城市的主体——人，深入到城市的灵魂——文化。

西方国家在20世纪五六十年代面临城市发展与保护的瓶颈时，雅各布斯（Jacobs·J）在《美国大城市的死与生》中告诫城市管理者："城市规划的首要目标是城市活力，旧城的发展必须围绕促进和保持活力来做文章。"新的发展态势提醒我们，简单的推倒重建和肆无忌惮地扩建都会给城市带来不可恢复的损失，要保持城市文化不被外来文化同化，首要问题是要加强自身城市文化的建设，挖掘和探索城市特色，以人为本，营造适宜百姓居住、与原有环境相协调的城市空间，在此基础上，才能提升历史文化名城的现代活力。

3　着眼于人本回归、延续历史文脉的旧城保护与发展策略

既然在迅捷变化的城市化进程中，历史文化名城的保护更新、特色延续与各种文化的协调互动已成为时代的主题，那么，城市文化作为城市的根脉，就是城市可持续发展的最好契入点。

3.1　保护与发展的基本原则

柏拉图在《理想国》中描述了这样一段对话"之所以要建立一个城邦，在我看来，是因为我们每一个人不能光靠自己的力量使自己满足，我们还需要很多别的东西。"，虽然城邦不完全等同于城市，但城邦的本质就是城市所享有的文明的特殊地位所依据的本质。无论是最整洁的城市还是最美丽、最富有的城市，都不一定是最好的城市。最好的城市应该是人类不断完善自己的场所。联合

国教科文组织"人与生物圈计划"(MAB)曾对现代城市的建设提出5项原则：①生态保护战略；②生态基础设施；③居民生活标准；④文化历史的保护；⑤将自然与人工环境相融合。这些原则提倡对文化历史的保护，提出可持续性的城市建设，其根本就是尊重人类情感与地域特色，实现城市与人的共同进步，使居住者与城市达到共同演进、和谐发展、共生共荣和可持续发展的模式。

3.2 保护与发展的基本策略

贵阳市南明河上的甲秀楼（图3）有清人刘玉山题写的一对长联，下联的最后一句是："款款登临，领略这金碧亭台，画图烟景。恍觉蓬州咫尺，频呼仙侣话游踪"。一座不大的三层楼阁，就能使人产生这样的热情，关键在于它唤起了人的"感知"，启发了强有力的"意象"，继而转化为一种城市文化符号，成为城市发展的动因，这正是当代城市建设所要达到的目标。

图3　贵州省贵阳甲秀楼

合理的城市建设与规划策略的基本观点应源于对城市文脉的理解和认识，尊重城市自然地貌和城市历史格局，保持有价值的自然、历史文化要素，挖掘城市文脉，建设具有丰富人文内涵的城市空间。

3.2.1具备系统、整体的规划观

在城市建设、尤其是历史文化名城的建设改造中，应注重城市和自然环境以及城市新、旧区域的过渡和融合：控制高密度、大体量的建筑叠加；避免连续式建筑排列对自然山体的遮挡和城市自然景观的破坏；控制建筑层次性和协调性的有机统一，对建筑的形体特征、形式、风格以及色调等方面进行协调，强化建筑外轮廓线与周边环境的融合，使建筑与建筑之间、建筑与自然环境以及传统与现代之间协调和融合。

3.2.2尊重、保护传统风貌

把握城市文脉，结合城市特色。运用现代的设计方法，塑造可识别性强、多样性的街道空间；注意街道间隔，建立适宜的活动场所和行人驻足点，丰富空间层次，

强化街道景观的连续性；结合环境设置绿化、保护和利用自然风貌，营造体现城市特色和文化内涵的空间氛围。

3.2.3新、旧界面的有机联系

保护和更新有艺术价值的传统建筑，以弘扬城市风貌、传承历史文化、促进旅游业发展；借鉴和提取传统建筑元素，建立现代与传统间的合理过渡；注重人文关怀，营造具有人情味的亲切尺度，灵活处理建筑立面与细部，活跃城市空间界面和天际轮廓，形成层次丰富、整体协调的城市风貌。

总之，特有的人文历史景观和深厚的文化积淀是城市发展进步的源泉，也是城市的重要资源。因地制宜，因时制宜，协调城市保护与发展之间的矛盾，在保护的前提下谋求发展，坚持时代性、民族性与地方性的多元结合，才能创造出富有特色的城市空间。

4　结语

城市的人文历史特征是城市的魅力所在，是城市生存的基础和市民生活的精神支柱。在旧城改造和城市发展中，保护与发展并重，既要融合时代精神，也需要延续城市的历史文脉，为城市的可持续发展提供良好的生态基质，这样才能塑造个性鲜明的地域文化代表。因此，在当代城市发展的重要时期，合理地认识城市的历史脉络，将城市自然风貌、历史人文景观与新的城市建设有机结合，适时地进行城市更新，完善城市功能，是保持城市活力，发展新型地域文化的关键。

参考文献

[1]　张燕. 中国需要什么样的城市[J]. 工程与建设，2007（02）.

[2]　王凤云，李育霞. 对天津文化生态系统建构的思考[J]. 山西大学学报，2006，05.

[3]　冯天瑜. 文化生态学论纲[J]. 知识工程，1990（04）.

[4]　曲新英. 科学发展观视野下的青岛生态文化建设[J]. 中共青岛市委党校（青岛行政学院）学报，2008（02）.

[5]　俞孔坚. 文化城市时代的景观探索与实践——从生态学"入世"到文化身份的认同[J]. 建筑与文化，2009（03）.

[6]　李东泉. 近代青岛城市规划与城市发展关系的历史研究及启示[J]. 中国历史地理论丛·22卷第2辑，2007（04）.

[7]　杨健. 城市磁体还是容器[J]. 读书，2007，12.

[8]　杨爱平. 环境完整城市作为居所的意义[J]. 城市问题，1999（03）.

作者简介

胡由之（1985-），男，硕士研究生，龙口市住房和城市规划建设管理局规划处办公室负责人，助理工程师，E-mail：yoyo66800723@126.com.

重塑历史感觉，再现江北水乡古韵
——台儿庄古城重建项目（二期）规划设计探索

张瑞涛 张宏

摘 要：近年来，古城的开发建设成为一种新的热潮，而山东台儿庄古城作为一座经历战火洗礼，与华沙齐名的二战古城，其本身的特殊的历史文化背景给台儿庄古城蕴含了更多的文化意义。笔者从规划的角度对如何在全面保护重现台儿庄古城历史文化特色、突出古城的运河文化和台儿庄大战文化特点、保护台儿庄南北交融的水乡建筑风貌等方面进行探讨。

关键词：台儿庄古城；规划；历史文化

1 背景

1.1 台儿庄形成于汉，发展于元，繁荣于明、清。据《峄县志》记载："台庄跨漕渠，当南北孔道，商旅所萃，居民饶给，村镇之大，甲于一邑，俗称'天下第一庄'"。

台儿庄具有千年运河上最完整的运河文化遗产体系，是一座南北交融、中西合璧的运河历史文化名城，城内集八种建筑风格、七十二庙宇于一体，城脉肌理完整，文化基因延续，生活形态原始，被世界旅游组织誉为"活着的运河"、"京杭运河仅存的遗产村庄"。

1938年春的台儿庄大捷，使台儿庄成为中国抗战史上的名城，被誉为"中华民族扬威不屈之地"。

2006年，枣庄市政府果断叫停了古城原址上一个6亿元的房地产项目，复建了两平方公里的台儿庄古城。按照"大战故地、运河古城、江北水乡、时尚生活"的定位，遵循"存古、复古、创古"的理念，将保存下来的大战遗址、古城墙、古码头、古民居、古街巷、古商埠、古庙宇、古会馆等历史遗产科学地进行修复。

1.2 台儿庄古城区规划的二期部分，基本上包括了台儿庄旧城遗址中台湾街两侧部分，自东向西沿线长约1.1公里。规划总用地面积约30公顷。

2 规划理念

2.1 规划坚持以深化古城区的功能与布局，强调休闲、度假、健康、会议的功能进行定位；

2.2 坚持"以人为本、以水为魂、以文为根"的思想。使古城能够成为独具特色的东方古水城，再现康熙皇帝曾说过的台儿庄"风光与江南水乡别无二致"情景。

2.3 坚持建设生态古城的思想。充分考虑古城周边运河湿地生态工程的水处理系统，利用南水北调的水源完善古城的生态系统。倡导使用环保节能产品材料、器具，尽量使用太阳能、风能等天然洁净能源，实现生态、环保、节能古城的建设目标。

3 规划重点

3.1 寻找历史的感觉，把握古城历史感觉从以下几方面入手：

3.1.1 追溯运河古城历史源流，为体现齐（鲁）文化为主，齐楚文化并存兼而有之的多元文化特征，二期项目规划以北方建筑，鲁南建筑，水乡建筑等体现历史遗留的踪影和痕迹。还应有历史的东西存在（像已经开始挖掘的泰山娘娘庙，基础已显露出来，有部分石碑，据说还有一石婆婆塑像待开挖寻找），这才是古城真正的历史文化价值。北京胡同里的四合院，上海的石库门、南京夫子庙均能体现当地历史风貌，古城里也应保护好传统历史遗产，并避免过度商业化，对历史遗产类的古建筑加以分类恢复和保护；

3.1.2枣庄的"移民"特色也是历史上存在的显著特色，自明初开始的六百余年的历史移民，改善和优化了当地的人口结构，带来了新的文化理念和文化符号和建筑风格，形成汉、回等多民族同生共荣和谐相处的历史背景；以清真寺为代表的回族文化建筑及明、清时代的各种老建筑及寺庙遗存等古建筑特色均是二期项目规划所重点关注的，也是建筑风貌控制中注重研究和尊重的历史，这还同时体现了枣庄地区南北结合和谐分布的建筑风格及历史特色。老中兴公司建筑风格及建筑元素还应体现，如红砖墙面的哥特式建筑风格的天主教堂的，部分20世纪20年代的私人住所（博物馆）等，如晋派大院、闽南建筑、徽派建筑等也应穿插于二期中。

3.1.3传统饮食文化建筑也是古城规划中注重打造的特色，结合当地饮食文化特征处理能体现老字号饮食建筑特征的店面，给人们展示历史信息。

3.1.4枣庄运河两岸爆发过的中日之间的台儿庄大战场景，在二期规划中将继续加以完善，以体现巷战特色的街巷及弹孔墙、纪念壁画反映历史史实，唤起人们对抗战历史的追忆。

3.2 空间尺度的把握

二期项目规划延续一期的空间尺度，对巷战街以一、二层的老房子体现当年照片中的景象。对正在恢复重建的泰山庙，城隍庙等房屋需按规制及历史记载、老人回忆尺度重建，对部分能唤起人们记忆的老街斜巷等体现原有道路的走向和位置，体现历史性。

泰山娘娘庙的尺度控制约30米×80米，天齐庙约20米×60米用地，符合泰山庙前后两进院。天齐庙为一进院，均为坐北朝南布局，娘娘庙的总体建筑时代确定在明

代，天齐庙是清代风格。

在对西门广场的把握上，采取了符合传统古城（平遥）规划的手法，不做大广场及特别通透的设计，以小尺度的广场进行人员分流和疏导。用转折的道路布局将入城的游人引导至台湾街或繁荣街，对会议中心进行景观过渡及遮挡，避免大尺度建筑同古城相邻建筑之间差异及对比，入口广场的设计考虑了入口对景、空间的起承转合，同时也考虑了交通游线的引导性作用。

3.3 总体风貌的控制

3.3.1二期项目规划从一期繁荣街北侧建筑边缘向北至北城墙，总体风貌为河网密布、小巷纵横的江北水乡特色。

行大船的水街宽度12～15米，沿河两侧留路，在部分段落做下沉处理，河两侧的路宽3～5米，沿路布置店面及大院、民居、寺庙等，形成水乡主干河道风貌，设置不同种类的码头，满足登岸游览需要。

行小船的河网规划以3～7米为主，为水巷及一侧有路的水街，布置亲水平台及小巧的半私密空间，在水巷上设置一些廊桥、高拱桥等景观桥，水巷中设置自带码头的临水院落，风格以北派建筑结合江南建筑的做法，不应显得太厚实，立面以本质墙面及木质窗、木质平台体现南方建筑的轻巧特色，以北方屋顶及山墙体现当地传统建筑风格。

对历史上就存在的龟汪、蝎子汪、两半汪、牛市汪、庙后汪，依原地原貌保护修复，将汪边缘的水岸同景观结合起来，做成亲水水岸风貌，将这些汪塘作为古城风貌系统中的关键节点定位，尽可能保持原貌。

对于历史文化风貌的延伸，将一期的风貌特点顺延至二期，在鲁南大院的外观形象及平面布局均考虑500平方米左右为一个模块，利用宽街窄巷的道路肌理来整合这些院落分布，强调风貌的协调性。

3.3.2在借鉴江南著名水乡的特色后，提取江南水乡的精华特点针对台儿庄特殊地理位置设计集大成于一体的江北水乡。

水：调整了原规划中平直单一的水系，使其迂回弯曲、或收或放，形成了转船湾、曲风塘、菏泽万家和斗酒湾四处特色节点。

码头：整体规划河道两侧的码头分布，形成间隔错落，大小不一，与临水建筑相结合的特色，密布在古城水乡内作为水乡建筑的特色之一。

桥：根据表现需要参照全国各地古城名桥，设计造型优美的桥，其中重点设计了分水桥、掬虹桥和双桥三个景观点。

船：考虑旅游发展需要，统一规划各类小船，穿梭往来于内河中，形成既实用又美观的活动风景。

图1　总平面图

小桥、流水、人家的江南水乡是人们最憧憬的生活，在这鲁南大地上，水岸人家鳞次栉比、出门见水、相映成趣，将江南水乡的情调演绎成独具特色的江北风格。

3.4 文化脉络的延续

古城二期项目规划以历史名人、当代名人，大家族宅地、池塘及不同体量、不同类型的庙宇形成二期的文化脉络。

以王家祠堂（王羲之后代）、徽派会馆、晋商会馆、漕帮大院等为大院文化的依托，建设泰山庙（明代），天齐庙、城隍庙、武公祠等历史上就存在的寺庙。城隍庙规划经过论证认为设在城北在县丞的左上首位置合适，耶稣教堂设在箭道街西侧符合历史记载和当地老人的回忆，在东门里设文昌阁（供奉文昌帝），为兰陵书院旧址。

魁星阁，位于牛市汪上沿，清真寺东南角，三层高，五间大殿；清凉庵三间殿，位于大北门至小北门之间，北临圩沟之间，相邻清凉庵为江南风格的私家园林，属于历史上江南商人所造，现代作为私人博物馆使用。

古城重建项目二期项目规划，力争使各种历史记录的史实得以实现，做好历史遗迹的保护及历史文化风貌区的复原，对收集到的历史文化信息进行真实再现。

"临水而居，逐汪而居"的文脉继续延续，再创新一些适合游客体验和消费的灵动的滨水休闲空间，使环境空间更加丰富，更加适合游客的需求。

3.5 城市功能的完善

城市功能设计上应遵循以人为本的设计理念，"给人古城的感觉，现代化的生活"。

规划中考虑的城市功能应重点考虑设置会议、度假功能的酒店及配套服务设施，以北侧的四栋企业会所（面积1500平方米左右），同陈家大院780平方米的尺度加大了一倍，可满足功能要求，二期项目规划拟布置5000床的旅游度假酒店，约125000平方米。

在二期项目规划中结合地形设部分地下室，布置水、电、暖等设备用房，布置泳池等康乐设施，以健康为着力点，设健康会所、SPA会所等完善城市功能配套，200米左

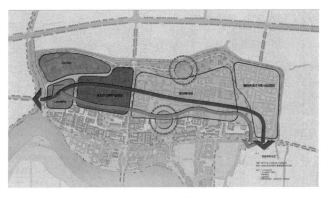

图2　功能结构规划图

右设厕所一个，结合绿化用地、背街小巷布置盥洗用房等。

3.6 注重业态分布的规划

为了体现古城区的传统商业文化内涵，引导游客进行参与，根据古城区传统商业的不同类型特色和现有空间分布状况，对古城区的传统商业业态布局进行相应的考量和布置。

3.7 可持续发展原则

台儿庄古城复兴强调可持续发展的城市理念。规划在尊重古城历史格局和空间结构的前提下，结合现代环保技术理念与设计手法，发展可持续的生态环保古城。规划通过利用数字技术发展的智能化、信息化和网络化，实现台儿庄古城的景区、社区的集中管理、数字交流和立体导游的功能。

4 用地布局规划

4.1 用地规划原则

4.1.1用地功能布局混合性较强，充分考虑古城区改造与现状的协调。

4.1.2交通可达性的强化，以人的基本活动尺度为依据，道路网紧凑简洁，充分考虑地形标高的特征。

4.1.3注重滨水自然生态环境的营造，同时注重绿化开放空间的设置。

4.2 用地结构与布局

本次古城重建项目二期项目规划从规划结构上可以概述为"双街、双园、五区"。

"双街"即改造后的台湾街与新规划的特色水街。台湾街主要贯穿连接创意产业园区、高档会议酒店区及东侧台地度假宾馆区。特色水街是二期范围内主要游览街道，通过水面的特殊处理，结合沿街商业业态的考量，集中体现出特色水街良好的商业气息。

"双园"即结合北侧现状绿地加以整治形成的湿地公园与蝎子汪景观公园，周边结合现代新型住区的布置，将园林渗透到人们的居住生活之中。

"五区"即入口商业服务区、Block创业产业园区、旅游接待区、企业会所区、高档宾馆及创业园区。入口商业服务区满足人流分散与集结，对人群进行有目的的引导，也是游客进入古城的第一印象，为游客提供旅游信息咨询服务，处理旅客投诉等服务内容。企业会所区及高档宾馆及创业园区为二期项目规划的重要组成部分。

5 功能定位

5.1 从台儿庄古城区旅游景点的功能关系来看，古城一期所强调的是综合服务功能。这里面包括商业、文化服务等功能。台儿庄古城二期的功能定位为：

具有代表台儿庄古城风土人情特色的生活街巷，集客栈服务、商贸服务、Block创意园、城市RBD、私人博物馆、名人纪念馆、高档公馆会所、文化娱乐及部分益智性文化产业、互动活动区域为主导的旅游休闲型功能。

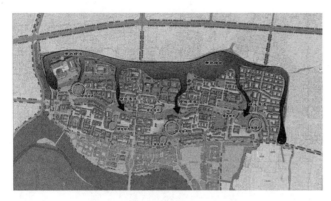

图3　绿地系统规划图

考虑今后古城的旅游产业发展。京沪高铁二日游活动已开始，2.5小时交通圈内高铁与城市交通已形成"零换乘"，已实现高铁与BRT的站内衔接，高铁旅游"度假仓"已形成，为古城的旅游业发展提供了保障。

5.2 依照《枣庄市城市总体规划》中的规定，台儿庄南主要商业活动将由西向东沿着金光路扩散，至古城区将围绕台湾街展开。

结合台儿庄近期打造的古城一期旅游景点，为加强一期和二期古城区的联系，沿一期规划边缘向北、现台湾街两侧均设置Block街区，以北方四合院为主要风貌特色，沿河布置水乡建筑，以Block作为创业产业园，提供大量能够满足青年人创业要求的低租金工作室。并穿插商贸及高档品牌商业，场地地形创造起伏、落差，营造丰富的空间层次变化。

5.3 古城集八种建筑风格于一体，北方大院、鲁南民居、徽派、欧式建筑、伊斯兰建筑、福建会馆、客家建筑（广东会馆）、山陕会馆融于一城，更体现了运河商业中心的地位和特色。近代西方建筑如哥特式建筑（火车站）、耶稣教堂，丁字街上的民居可谓中西合璧。于是，一个完整的古城古韵便展现出来，古城的骨架、血脉、要穴、血肉全部具备。

6　绿地景观系统

6.1 规划形成"一片一环两轴多节点"的绿地景观系统。
一片：江南园林公园；

一环：内河滨河景观带；
两轴：东西大道景观轴、南北大道景观轴；
多节点：各个汪塘水景。

6.2 规划以护城河滨水景观带为依托，以二期东西、南北大道景观轴为景观骨架，江南园林公园为景观片区，由内河滨河环状景观带，依次串联起西门入口公园、市楼广场、复兴楼广场、牛市汪、两半汪等为"点"状水景。东西向主干道作为古城主要的交通干道，南北向主干道作为连接一期和二期交通干道，要形成优美的路网格局；分散的广场公园、湖面为"点"状绿地，通过多条主次干道沿路绿地和多条滨河绿地相连，构成"点"、"线"、"面"相结合的绿地系统。

6.3 本区绿地系统，南侧与一期运河滨河绿地核心区融为一体，东侧与一期护城河滨水景观绿地相衔接，共同围合，形成完整统一的台儿庄古城绿地系统。

7　结语

台儿庄古城二期规划坚持"以人为本、以水为魂、以文为根"的思想，着力体现台儿庄古城的"运河文化、大战文化、南北兼容的水乡风貌"，使台儿庄古城能够成为独具特色的东方古水城，再现康熙皇帝曾说过的台儿庄"风光与江南水乡别无二致"的情景。

参考文献

[1] 中华人民共和国文物保护法[S]. 2002.
[2] 历史文化名镇名村保护条例[S]. 2008.
[3] 京杭大运河（台儿庄城区段）与台儿庄大战旧址保护规划及台儿庄大运河历史街区保护与发展规划[S]. 2008.
[4] 阮仪三. 城市遗产保护论[M]. 上海：上海科学技术出版社，2005.

作者简介

张瑞涛（1983-），男，大学本科，枣庄市城乡规划设计研究院工程师，E-mail：Zrt777@126.com。

张宏（1972-），男，大学本科，枣庄市城乡规划设计研究院高级工程师

古城特色的塑造与保护
——以菏泽古城为例

张萍

摘　要：菏泽历史悠久，是古代军事重镇。菏泽古城位于菏泽市的中西部，是菏泽最为宝贵的历史文化资源。《菏泽市古城控制性城市设计》从老城的空间特色、文化特色、建筑特色出发，将老城功能定位为：多种功能并存，具有活力和吸引力人气，以传统的商业服务、文化娱乐、旅游休闲为主，适宜人居，具有传统风貌和地方特色的功能分区。对传统风貌采取整体保护、重点保护、维修改造等多种方式，为促进菏泽城市的可持续发展，延续其原有的功能和用途，将具有重要意义。

关键词：菏泽古城；特色；塑造与开发

菏泽历史悠久，是古代军事重镇。古城位于菏泽市的中西部，是菏泽最为宝贵的历史文化资源。古城选址于古瀤水（今赵王河）和古濮水（今七里河、北七里河）之间的河滨地带，水陆交通方便，地形优越。受中国传统文化提倡"天人合一"、效法自然的朴素哲学思想的影响，古城格局为"天圆地方"的形式，独具特色。内城为方形，周长十二华里，原有城墙。始建于1446年（明正统十一年）至1466年（明成化二年），1512年（明正德七年）修缮。古城内坑塘密布，居民的日常生活与水系密不可分。外圈的圆形护城堤是1522年（明嘉靖元年）由知州沈韩离城5里而筑，主要功能为防水排涝。临水筑城还有利于确保城市水源，提高城市防御能力，并充分发挥航运之便，以利繁荣经济。

对这样一座保存较为完整，能体现中国传统营城理念与空间尺度，城市格局独具特色的古城，通过规划将其与新城进行有机结合，充分保留古城的文化积淀。从而展现出一座既具传统文化又富鲜明时代性与地方特色的、亲切宜人、适宜人居、富有生机与活力的城中之城。

1　古城特色
1.1　空间格局特色
1.1.1 营城

古城有东南西北城门四座，每门各有其名，门上建戍楼，门外有吊桥，城墙四角及城门左右都建有敌台。出于古代防御的考虑，城池的南北门并不正对，城北门与城市南北干道也是错开的。护城河在四个城门外向外分为两路，对城门呈合抱之势，加强防御。城门口的这种独特形式直到20世纪五十年代仍保留完整，是非常难得的一种形态。1522年离城五里筑环堤防水。1735年四门外修建八座桥梁。后来改造城墙，在城墙遗址上种树，现已成为环城绿带。

1.1.2 水系特色
（1）外圆内方

菏泽古城外圆形护城堤和方形护城河造就的类似古代钱币的外圆内方的水系格局是菏泽区别于中国其他城市的一大特色。方形的护城河对古城起到防御外敌的作用。圆形护城堤和方形城墙以及其附属的护堤河、护城河筑成两道防洪屏障，在黄河多次改道泛滥之时为保护菏泽城市立下不朽的功勋。如今，原堤和护城河在菏泽防灾方面仍然扮演着重要的角色。

（2）水抱瓮城

从20世纪50年代地形图上可以清晰地见到，古城东南西北四面原城门位置均有两条环抱水系。

《曹州府志》中也有记载："沿池及四关皆缭以郛郭，环以沟堑。城外有吊桥，有郭门，有关门。"可见此环抱水系应为当时环抱瓮城的护城河部分。现在虽然城墙、瓮城均已不在，环抱水系在20世纪50年代之后有部分填埋，但若能部分恢复这种格局，相信必将成为菏泽古城的一大特色（图1）。

图1　水系演变图

（3）坑塘点缀

菏泽市内素有"七十二坑塘"之说。可见，坑塘是菏泽古城格局的一大特色。菏泽的坑塘与江南水乡的河湖在格局上可谓风格迥异。江南水乡河湖往往是线性分布，以河流之线串湖泊之点，城市沿河而建。而菏泽的坑塘则是网点状分布。坑塘以点状散布在各个街区之中，几乎每个街区都有一个或是一个以上的坑塘。坑塘之间有涵管连接，最终通向护城河，在通过沟渠与赵王河、洙水河、东鱼河北支等联系。宛如颗颗明珠散落在方格网的城市之中，用"星罗棋布"来形容真是恰当不过。

1.1.3 围棋盘状道路体系

清代古城内道路成围棋盘状，纵横各7条，交叉点成隅首，共23个。隅首状街分为若干段大体相等的巷，东西巷32条，南北巷26条，清光绪年间，改巷为街。有官道直通京师，城北门1.2公里处设有接官亭。1933年，统一称街

巷命名，纵横各36条，路面各宽约4米。自20世纪60年代初，菏泽市政府有计划地拓宽道路，并延伸出城。

1.1.4 文化和建筑特色

菏泽古城为地方行政、文化和军事中心。历史上的府署、学宫、书院三大机构占据城北部中间三个大的街坊，基本上三面被水环绕。城内原有诸多庙宇——城隍庙、关帝庙、火神庙、将军庙、石马庙等，均分布在居住街坊内，他们和街坊中间的水面都是居民生活的中心。城外还设有祭坛四座。古城内跨路建有楼阁和大量牌坊，包括府署前现状八一街附近的钟楼、鼓楼、魁星楼和正对府署的南华街上的万民坊等。他们构成了丰富的城市景观。

1.2 传统风貌现状

现状的传统风貌保存较为完好的有方城、护城河水系、瓮城形制、外环防护堤和防护沟；较为完整的古城道路结构，风貌较好的位于古城西北和东南的居住街区，以及尚存的坑塘水面等。文物建筑和有历史价值的包括道碑街西端的清真寺、城外的济渎庙，曹州宾馆附近的方屋，苏联风格的市展览馆、光福大街北段路东的革命建筑、市农校内的点将台等。值得保留的建筑包括人民影剧院等。值得恢复的建筑包括钟楼、鼓楼、魁星楼、城隍庙等。

菏泽历史上是宗教集中的区域，城内有庙宇若干，"文革"期间大多遭到破坏。菏泽的宗教建筑包括伊斯兰教和基督教等。伊斯兰教教民主要集中生活在古城内的清真寺周围，该地区的建筑具有典型的伊斯兰装饰风格。基督教原在道碑街东侧有教堂，但目前已被破坏。

2 现状存在的主要问题

2.1 开放空间体系缺乏

现状没有明确的城市生态绿化开放空间体系和城市功能性的开放空间。表现在城市的各级开放空间场地与设施匮乏，各层次的开放空间体系之间缺少必然的联系。现状河道水体的填埋、淤塞严重，水质恶化，两条环状水体之间和城区内的坑塘之间缺少直接的联系；古城内缺少适宜人尺度的城市广场，包括各级商业、文化、休闲、纪念广场等；居住区内缺少集中的休闲绿化场地（图2）。

2.2 基础设施缺乏

现状古城区内的东方红大街、考棚街、解放路等承担了区域内的城市交通功能，造成部分机动车穿越古城区，带来不必要的交通压力和污染；现状沿路摆台设点严重、人车混行，道路绿化缺乏、树种单一，交通环境质量较差。与居民日常生活相关的基础设施匮乏或配套管网等设施老化严重。

2.3 功能单一

随着菏泽新区的城市建设、市委市政府的迁移，现状古城区的城市功能主要为居住和部分沿街商业，原先旧城

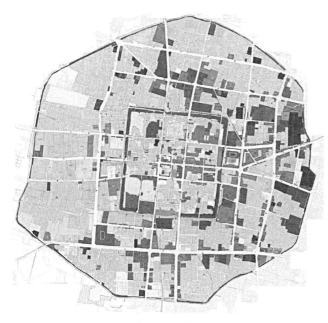

图2　现状图

内政治、文化、宗教、娱乐、商业等多种功能并存的现象正在消失，造成古城区的城市活力下降，城市的环境质量降低。

2.4 传统风貌亟待保护与恢复

菏泽悠久的历史给现状古城及周围区域遗留了丰富历史文化资源，包括城池的独特格局，城墙遗址、具有鲁西南风貌特色的街区和历史文物景点等。由于历史原因，一些具有文化和历史价值的建筑被拆除，现存的少量文物、街区的周边环境较差，亟待整治。

3　规划指导思想

菏泽古城控制性城市设计规划范围为环城大堤以内的用地，包括大堤两侧的城市绿化生态开放空间。以护城河为界将用地分为护城河以内的古城区和护城河到大堤之间的古城区周边用地。用地面积为1501.13公顷。根据《菏泽市城市总体规划（2003—2020）》及《菏泽市古城控制性城市设计》，古城功能定位为"具有地方传统特色的商业和生活居住区"。

目前，菏泽古城尚未被划定为历史文化名城，规划可以较少受相应法律法规的制约，根据自身特点对其历史街区主动进行保护规划，以发展为目的，以营造特色城市为目标，采取更灵活、兼容的改造方法，既为古城留下了宝贵的历史积淀，又更新了古城的整体环境，同时也满足房地产开发及城市经济和旅游发展的要求。

通过对古城原有的空间格局及尺度的保护性继承，以及对传统文化和风貌要素的创新性继承，保护与局部恢复古城区的城墙遗址（包括独具特色的"水瓮城"形制）和文物古迹、控制城墙遗址及护城河周边的城市建设、整治

城内坑塘水系周边及主要街道环境、吸引传统居住街坊的道路肌理与空间逻辑，实现塑造城市特色，提升城市整体环境质量的战略目标。

4　用地布局规划

在综合分析现状的基础上，根据保护古城传统空间格局、城市可持续发展等多重需要，对原有的土地利用进行了调整，为城市提供完善的绿色网络，整合古城区的用地，使古城的核心区域成为整个城市最有价值的地区。

4.1　布局结构

外圆内方的空间格局将规划用地划分为两部分：方形的古城区和古城区与大堤之间的环绕古城的周边地区。利用联系圆形大堤的绿色生态环和方形的环城公园绿色景观环之间的12条绿色生态景观通道，将环绕古城的周边地区划分成12片以居住为主的综合生活片区；中心地带包括5个片区，分别为：主要包括东方红大街区域，以传统商业零售业为主，区域两侧为商住综合的综合区；古城的西北和东南两片区为具有菏泽地区传统历史风貌特色的居住街区；古城的北部以菏泽一中为主形成文教区；西南部结合环城公园和青年湖的整治，利用现状看守所等置换的用地形成文化娱乐片区。

4.2　用地布局规划（图3）

4.2.1 居住用地

居住用地包括两部分，一部分是传统的私人住宅自改自建用地；另一部分是统一开发的居住用地。这两部分居住用地的规划布局都包含两个层次上的内容——旧城改造和旧村改造。首先，对古城中非商业繁华地段的几片传统住区采取由当地居民自改自建的小规模、渐进式更新模

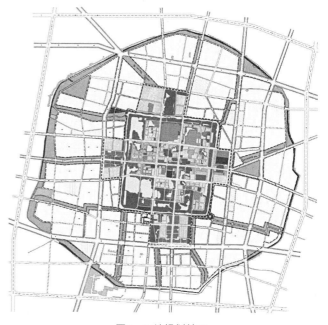

图3　用地规划总图

式，既有利于留住老城的一部分居民，使特定地域的居民组成、社会关系及文化脉络有一个延续的"土壤"，又利于传统建筑风貌的保护。自改自建用地范围内的建筑可以由原民居的产权人进行改建翻新，也可以由他人在合法取得该基地土地使用权后进行重新建设。无论是新建还是改建的建筑，基于风貌保护的需要，必须遵守以下规定：第一，必须是坡屋顶的合院式建筑；第二，建筑体量、色彩及饰材必须与其周围保留的传统建筑相协调；第三，建筑层数总体控制为二层，视具体情况允许局部建三层。

规划将老城中靠西北侧的一大片、东北侧的一小片及南部沿环城南路的3个相对集中的片区作为"统一开发居住用地"来安排。由于这些地块历史上多位于城墙脚及城墙外，所以至今保留下来的传统风貌建筑很少，且质量较差。对这三个片区进行统一开发建设，一方面是更新与提高老城整体空间环境品质的重要举措，同时可以采用高回报、高收益的新区整体开发模式来带动与平衡老城内部经济收益较低的环境改造及建设项目，最终实现总体上的经济效益、社会效益和环境效益的统一。

护城河以内的古城区属于旧城改造，考虑到传统历史风貌的延续和坑塘水系遍布的特色，改造与整治的居住用地应保持原有的风貌格局，维持原有建筑与坑塘等水系空间上的关系，注重亲水空间的塑造。对于已经填埋、淤塞的坑塘要恢复原有的空间形态，疏通与周边水系的连通关系。居住设计采用底层高密度的手法，风貌上与原有传统的肌理保持一致。

古城西北与东南两片区现状风貌保存较为完好的街区，设计时注重原有肌理的恢复，结合社区内坑塘水系的环境整治，局部可以设计成为传统历史街区的形式，功能上考虑部分作为有地方特色家庭旅馆。

古城区到大堤之间的居住用地大部分为旧村改造项目，设计注重环境的改善，形成配套设施完整、环境优美、具有地方特色的居住小区。

4.2.2商业服务业用地

商业服务业整治改造的原则是在延续传统历史风貌的基础上，引入与现代化生活相匹配的物质生活方式。通过小规模的经营改造，恢复古城区内用地多种使用功能并存的格局，使古城区恢复足够的经济活力并适应时代发展的需要，重视弱势群体和低收入阶层的利益，为他们的生活、就业提供保障。

古城区内商业业态以小规模、小体量的传统名优品牌为主体。引进带有集聚和辐射能力的特色老字号和知名品牌入驻，重点扶植部分中介服务业和娱乐业。包括洽谈、展示、博览、交易、会务、设计、制作以及为之配套的各种中介业务，如：律师、会计、审计、评估、信贷、保险、通讯、货运等。做到形态、功能、设施、管理四个领先，使东方红大街等主要街道成为地方传统特色、名优品牌云集、商业服务种类繁多的地区。

历史文化保护需要同古城核心位置的旧城更新相结合，与原有老城多样化的城市生活形态的重建相结合。在古城区的城市更新中，市民的观念进步是极其重要的一个因素。历史文化保护是政府的行为，同时也与普通市民日常生活密切相关，应密切关注城市更新带来的商业机会，为古城区和周边居民提供可以生存的载体。

古城区外将结合青年路的改造，沿青年路两侧形成具有现代商业、商务、金融等服务业的场所。在居住用地集中的区域配套居住区级商业服务用地。

4.2.3文化娱乐业用地

注重提高地区的文化品位，积极培育衍生的文化娱乐业，注重塑造新的空间生活形态。积极利用地域的优势，吸引与培育如设计、咨询、展示、广告、礼仪、文物、艺术品拍卖、书店、演艺、旅游、家政服务等文化商业和娱乐业，并特别注重其小型化、多样性和文化性。达到真正意义上的文化品位，支持地区的综合更新向深层发展。同时古城区的文化娱乐业应该注重与市民的日常生活需求密切结合，在功能上与总体规划划定的市级文化娱乐功能相互补。

4.2.4体育休闲设施用地

除了现状位于体育路西侧和东方红大街东侧的两处体育场外，与居民日常生活密切相关的休闲体育设施匮乏。设计结合坑塘、城墙与护城河水系的恢复整治，在居民集中与居民方便到达的地方上设置多处体育休闲设施。沿城墙与主要的开敞水系周边设置供市民漫步的健身休闲道。

4.2.5文物古迹、历史遗产用地

除了重点保护好现有的文物古迹，整治其周边环境外，对于历史上有重要文化意义的建筑、景点等，结合实际情况，可以部分的恢复，或恢复其周边的环境氛围。如古城区四个城门的瓮城、钟楼、鼓楼，主要街道上的牌坊等。

5　传统风貌的整体保护、塑造与再利用

国内外许多实践表明，在整体保护思想的指导下，妥善、合理地使用传统建筑是维护它们并传之久远的最好方法，它不仅有助于保护工作的落实，而且赋予传统建筑以新的活力。因此，根据各类传统建筑原来的不同功能和保护等级，进行重点保护，延续其原有功能或重新定位改作他用。具体做法：

首先，按照整体保护的理念，划定保护范围。对保护范围内的建设活动、社会活动提出相应的规划禁止和建设控制要求，以期保护传统格局、风貌和空间尺度，防止改变与其相互依存的自然景观和环境，达到整体保护的目的。其次，城墙遗址的保护与恢复和护城河道的整治。包括城墙与护城河绿色开放空间的建设；青年湖、双月湖等

主要水体的恢复与改造；瓮城等重要城市节点的整治与恢复；特色街区、清真寺、民俗博物馆等重要公共建筑的整治与选址等。一方面维护城墙遗址的历史性和完整性，通过对遗址周边环境的清理，将城墙遗址风貌清晰地展示出来；通过恢复和改造，青年湖、双月湖等构成古城区内主要的面状开敞空间，层次丰富，景观优美；古城四个方向残存的瓮城形状，根据不同的形状，各有侧重的复原原有瓮城的空间形态。再次，从东方红大街着手，在现状基础上进行适度的外观改造，使之形成既有传统特色，又具有新的文化内涵的步行商业街；保护好以传统风貌为主的民居。传统的街巷空间是古城城市的精髓所在，是古城风貌的重要组成部分。通过对街巷空间和院落空间体系的保护与延伸，达到保持古城城市肌理的目的。

另外，对古城采取恢复水系、营造小型绿化空间、重点保护传统文化建筑等的举措正是为了强化与凸显古城的形象特征。例如，针对古城中现存尚好的寺庙、民居等，

可在其周围开辟小而灵活的绿化空间，在净化其周围环境的基础上达到亮化的目的；对古城中的教堂、寺庙、牌坊等，可以采取修复与重建的手法使之重放光彩。另一方面，发掘与创新，即对失落的有形遗产和隐形史实进行符合时代需求的创新性再现。例如，对钟楼、鼓楼、魁星楼、城隍庙等表现为物质形态的有形遗产，则应该结合今天的需要，运用创造性的手法进行主题性再现。

参考文献

[1]　清华大学建筑学院. 菏泽市古城及其周边地区控制性城市设计[G]，2006.1.

[2]　山东省菏泽市史志编撰委员会. 菏泽市志[M]. 济南：齐鲁书社，1993.

作者简介

张萍，女，硕士研究生，菏泽市测绘研究院，工程师。

存量用地下老城更新规划编制研究初探
——以德州城隍庙地块老城更新为例

喻晓　王康　张宣峰

摘　要：城市快速发展中，增量空间发展潜力逐渐变小，规划正面临由增量规划转向存量规划的趋势。老城核心区正是存量用地的密集区域，但由于其用地权属复杂，且多为零星用地开发，缺少系统性规划。为更好地落实总体规划、增加控规的可操作性、适应市场的灵活性，研究老城更新规划编制构思、更新策略、控制模式，分层、分步的管控老城存量用地。

关键词：存量用地；老城更新；可实施性

城市快速发展中，增量空间发展潜力逐渐变小，规划正面临由增量规划转向存量规划的趋势。老城核心区正是存量用地的密集区域，但由于其用地权属复杂，且多为零星用地开发，缺少系统性规划。为更好地落实总体规划、增加控规的可操作性、适应市场的灵活性，研究老城更新规划编制构思、更新策略、控制模式，分层、分步的管控老城存量用地。

1　概念解读

1.1　增量规划与存量规划定义

增量土地是指在城市开发建设中，由于城市扩展，突破原有城市边界所占用的耕地或空闲土地，其注重物质空间的外拓；存量土地是指在城乡建设用地边界内已被占有或使用的土地。[1]

增量规划注重分配和组合资源，已达成最优的公共服务水准。存量规划是将现有的资源，转移给能为城市贡献最大的使用者。[2]

1.2　存量规划特点

存量规划一般是在城市的老城区进行规划的，现状用地权属复杂，开发难度较大，相较于增量规划的特点如下：[3]

（1）权属复杂，再开发难度大

存量用地使用权分散在各个土地使用者手中，政府不能随意干涉。且由于开发建设时序不同，各权属用地交错，再开发会牵扯多个权属主体，因此，再开发需要考虑资本和实施的可行性。

（2）历史文化特色突出

由于再开发地块的发展建设年代早，多能够体现历史文化印记，在如今，特色风貌逐渐消失的当代，更应该注重历史文化特色的保留和挖掘利用，体现城市特色。

2　规划思路

2.1　存量模式控制体系

存量型用地的更新改造以空间改造和政策改造作为控制重点，其中空间改造控制指标体系结合实际已经建设的情况来控制容积率、建筑密度和绿地率等指标，同时对已建设地块进行公共设施评估，如果公共设施数量不足，则补充相应的公共设施，补充的公共设施优先布置在可改造的地块，以保证城市的生活品质。针对政策改造，规划以政策引导为主，并补充相应的城市设计引导策略。政策改造主要以规划管理部门制定的补偿计划来实施，因此编制规划时应提出相应的补偿措施，以保证改造计划的可实施性。[1]

2.2 存量规划建议

2.2.1 强调政府统筹整体规划[3]

一是要强调政府的统筹主导作用。通过政府主导组织规划，利益各方充分参与，共编共管共用；二是强调空间的统筹规划。应以功能区作为更新改造单元实施连片规划，优先确保路网、公建配套、公共空间等的统筹安排和实施，避免城市发展的碎片化。

2.2.2 尊重历史、寻求个性的特色规划

应充分尊重和保护存量再开发片区的历史资源，打造各具特色的城市功能片区。其次，通过历史资源的挖掘能有效地提升地区的建设品位，使工作思路由向强度要价值到向品位要价值的转变。

2.2.3 面向实施的可接受规划

存量地区规划方案是建立在产权的尊重、利益的平衡、多方的博弈之后协调而成的，因此需要确立不追求最优的方案，而是寻求各方可接受的、面向实施的规划方案的编制思维。体现在规划方法上，更为强调多元主体的参与，充分尊重各方意见。

2.3 本次项目规划思路

项目基地是德州市发展最早的区域，兼具老城核心区及对外门户双重优势，承载功能繁多（图1～图3）。因此，本次编研主要任务为梳理现状用地，确定功能定位，论证开发容量，完善配套设施，深入挖掘城市特色。以编研地块为目标，站在城市公共利益角度，从单元、街坊两个层面提出问题、分析问题和解决问题。在地块出让之前建立一个指导其系统发展的框架，达到"合理可行，刚柔并济"的规划管控目的。

因此，确定本次编研思路：

一是整合资源，连片改造。结合权属空间分布，统筹单元内路网、配套设施及公共空间的布局，做到整体规划和分期实施相协调，避免城市发展的碎片化。

二是多方参与，面向实施。采取政府主导组织规划，利益各方充分参与，通过空间形态设计、图则等确定强制性和引导性内容，增强规划实施的可操作性。

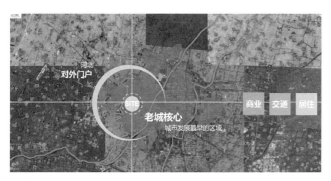

图1　基地区位及承载功能

图2　基地研究范围

图3　基地研究范围

3　主要内容

3.1 项目概况

项目位于老城核心区，东临新湖，西到京沪铁路，具有九达天衢、神京门户的重要区位，总用地面积约75.8公顷，现状依托火车站形成多种商业业态，城市面貌混乱。本次编研依据周边道路、用地等将规划范围定义为单元研究范围。

3.2 功能定位

城市的功能定位主要依据上位规划、城市发展格局、周边环境、政府及公众意愿和片区的现状条件来确定。规划应结合现状问题进行分析，首先应考虑各类利益主体对基地发展的诉求；其次应充分了解基地周边发展状况；最后具体落实到基地各地块的用地性质上。从原有的政府主导转变为政府和各企业多方协商共同指引，再结合公众参与来确定城市的功能定位，提高规划建设的可实施性。[1]

本编研从宏观德州市区层面、中观德城区层面、微观地块及周边层面研究，通过分析交通、用地功能、开发价值、客流等内容，确定功能定位为：以商业商贸、休闲娱

乐、交通为核心功能，展示城市形象的重要片区。

3.3 更新策略

3.3.1 开发容量分析[4]

（1）构建合理的开发强度分区

结合公共交通站点布置用地功能。对公共交通站点周边土地进行开发强度的划分、合理规划和控制土地开发强度，提高土地的利用效率。

①核心区（0～300米）即高密度开发区，应进行高强度、混合用地开发，主要以商业、办公用地为主，建设购物中心、商业楼群、高层住宅区等开发项目。

②主体区（300～600米）即中密度开发区，以居住用地为主，部分地块也可设置办公用地。

③辐射带动区（600～1000米）作为低密度开发区，主要作为城市公园、绿地等公共设施配套用地。

3.3.2 产业业态分析

以东京六本木为例分析城市中心区在更新中的产业业态构成。六本木新城集办公、购物、博物馆、影院、酒店、餐饮、娱乐、教育机构、媒体机构、会议设施、住宅、公园等功能于一身。主要建筑功能构成比例为：办公38%，住宅17%，文化商业设施12%。

空间分布上以六本木象征性建筑——54层的"森大厦"为例，地面下面部分作为商业店铺；中部作为办公楼；顶部作为文化艺术中心。

3.3.3 空间发展模式分析

（1）功能的立体化组织

①站点与商业空间

商业空间的开放度较高，商业空间与站点流线联系紧密，通过点、线、面的综合体系的立体化组织共同构成综合体。商业空间与站点之间通过在停留层设置出入口直接通往商铺，使得商业可以垂直并过渡到室外；同时，商业空间也作为一种过渡空间连接办公和住宅空间。

②站点与住宅空间

住宅与办公空间在空间属性上属于私密空间。因此在出入口的设置上要独立，避免与站点内的流线交叉。在立体化空间体系中，住宅与办公空间位于楼体的上层且与站点出口较远。同时在一个楼体中，它们在垂直方向上贯穿于整个空间。在商业、办公、住宅等功能与站点相连之处，对节点部分有个处理，保证非公共空间的相对独立。

（2）地下空间规划

现在，我国城市建设多忽视地下空间的开发建设，降低了土地的空间利用效率，并产生多种"城市病"，包括各类交通、人流的疏解等问题。

地下空间的开发没有容积率规定，视地面用地性质与开发强度而定。以商业开发结合商务办公、居住等综合功能的片区更新，地下一层主要安排商业、娱乐、餐饮、停车、步行街、仓库、医疗、市政管廊等功能；地下二层主要安排部分商业、停车、轨道交通站点、人防等功能；地下三层安排停车、轨道交通站点、设备等功能。[4]

3.3.4 公共交通体系构建

实现地上、地面、地下的"零换乘"。在公共交通站点周边设置机动车、自行车停车场，并构建完整的步行网络系统。包括地面、地下、地上的步行系统的衔接。地面通过人行步道及公园相连接，地下通过地下通道相连接，地上通过各个建筑之间的连廊进行连接。

3.4 单元规划

单元规划是以总体规划和相关规划为依据，梳理单元的现状建设、交通需求、公众参与等内容，确定可出让用地，并对单元内总体规划的道路和用地布局进行了调整，安排公共设施和开放空间，注入新的业态功能，通过多方案对比确定单元的用地布局、交通组织、设施配套要求等内容（图4）。

3.5 街坊规划

街坊规划是对控制内容的进一步细化，主要控制街坊内建设用地面积、建设容量、公共绿地及配套设施安排等，并形成规划图则，直接指导下层次的"规划设计条件"的制定，从而明晰有效地指导地块开发建设。街坊层面的强制性内容包括主导属性、建设用地面积、建设容

图4 单元规划

量、公共绿地及配套设施总量等。引导性内容主要为配套设施的位置、城市形态环境的控制等。

根据单元规划的用地功能，共划分为5个街坊。各街坊通过现状用地、拆迁保留建筑、拆迁时序，确定功能定位（图5）。

通过形体设计、空间结构，引导控制开发建设量及空间形态。确定强制性内容，保障公共利益。最终形成新建与保留建筑相协调的循环渐进式更新发展形态。

4 规划创新特色

4.1 老城更新，存量盘活

我们通过用地性质、土地权属、拆迁建设、建筑质量等内容分析老城更新难度、规划实施的可操作性和经济性，提出"微循环渐进式"的更新模式，一是增加微循环的毛细道路，解决地块内部的交通，二是采取渐进式的地块更新模式，01、02街坊采取连片开发，其他街坊以保留整修为主，避免大拆大建，最终形成存量用地开发模式下的功能定位、用地布局、形体设计引导等，为政府决策提供可靠依据。

4.2 产权联合，分期实施

现状用地普遍存在产权多元，权属空间交错，再开发实施不易等问题。通过梳理整合现状权属，实行整体规划，分期实施相协调的开发方式，先开发01、02街坊，再开发其他街坊，形成合理有序的开发时序。

4.3 分层控制，刚弹结合

建立"分层控制、刚弹结合"的规划管理体系。通过"单元-街坊"两个层次进行研究，根据不同层次的任务提出不同的要求，并通过不同层次的强制性指标和引导性指标指导老城区街坊的开发建设。

4.4 空间引导、产业优化

以公共空间营造和形象展示为出发点，通过城市设计的手段，从空间形态、体量、天际线等方面提出控制与引导要求，进行地块空间管制和协调。优化用地布局与道路交通，校核容积率、建筑高度等控制指标。通过产业升级转型，激活老城活力，提升城市品质形象。

5 编研意义

本次老城核心区地块编研是对控规的深化和细化，立足老城区错综复杂的现状情况，综合研究改造更新存在的矛盾，为政府实施老城区改造，土地储备和统一规划管控提供良好的研究成果，老城区改造更新的可操作性和管控性更强。

分层规划、总量控制、动态平衡的规划特点改变了传统的规划条件照搬控规成果的简单做法，将规划管理从终极蓝图转向动态控制实施管理，解决了法律的强制性与市场的不确定性和技术的合理性之间的矛盾，保障了规划决策的有效实施。本次规划编研成果为地块内道路改造、地块建设、地块更新和土地储备提供了技术支持和规划指导，如火车站改造、百脑汇资讯广场、金茂大厦及南营街以北、迎宾大街以东项目建设等。

参考文献

[1] 张波，于姗姗，成亮，廉政. 存量型控制性详细规划编制—以西安浐灞生态区A片区控制性详细规划为例[J]. 规划师，2015：43-48.

[2] 赵燕菁. 存量规划：理论与实践[J]. 北京规划建设，2015：153-156.

[3] 林隽、吴军. 存量型规划编制思路与策略探索：广钢新城规划的实践[J]. 华中建筑，2014：96-102.

[4] 赵怡. 存量规划视野下的宁波城市中心区更新策略研究[D]. 2015.4.

作者简介

喻晓，女，硕士研究生，山东建大建筑规划设计研究院，助理工程师。

王康，男，本科，山东建大建筑规划设计研究院，助理工程师。

张宣峰，男，本科，山东建大建筑规划设计研究院，工程师。

图5 各街坊功能定位

保泉与建设

——基于技术和政策的保护行动纲领

宋丽　周升波　苗玉生

摘　要：泉水作为最具特色的地域资产应得到充分保护和利用。根据济南泉水成因、泉水出露点的布局、类型与特点，总结提炼了"渗、流、蓄、出、补、汇、透、控"等保泉八字方针。通过研究泉水体系，以法律法规为保障、以海绵城市建设为途径，以整治河湖水系和景观风貌为抓手，结合相关规划建立近期行动纲领，形成完备的保护体系，为应对泉水抢救性保护。

关键词：泉水之都；保泉；渗漏；行动纲领

"泉城"济南是国内外罕见的天然岩溶泉水聚集地，市域内约781处泉水出露点（2011年普查）集中出露形成十大泉群，涵盖了点状（面状）溢出泉、潜流溢出湿地泉等上升泉以及洞窟泉、崖泉和瀑布等下降泉。济南的泉水不仅数量多，而且形态各异，"家家泉水，户户垂杨"的景色勾勒出了北方城市少有的绮丽风光。

1　泉水之都建设需求

泉水是济南的灵魂，也是济南人的文化标记，更是这座城市闻名于世界的标志。泉水作为最具特色的地域资产应得到充分保护和利用，形成保泉机制，推动泉水申遗，彰显泉城特色，全面保护和建设"因泉而生，因泉而名，因泉而特，因泉而存"的泉城济南，从而促使其成为中国城市特色鲜明的泉水之都。

2　保泉与城市建设的矛盾

纵观50世纪50年代泉水喷涌常态化记录以来，济南泉水经历了常年喷涌到地下水肆意开采造成的季节性断流，后通过控制地采、补源等措施实现2003年至今的泉水连续喷涌。但随着城市建设扩展，泉水保护与城市发展的矛盾日益突出。

2.1　泉水成因

济南的泉水拥有复杂的循环体系，南高北低的地貌以及特殊的岩溶地下水系统是泉水成因的重要因素。依据相对独立的地质构造可将市域泉水分为四大泉域，其成因略有差别。

图1　济南泉水与城市变迁

以趵突泉泉域为例，南部山区降水通过岩溶裂隙下渗并汇入复杂的地下水系统，向北遇不透水的岩浆岩后向上喷涌，形成中心城范围内的趵突泉等集中喷涌的泉水出露点。

通过多年连续数据观测，大气降水是泉水补给的最终来源，泉域当年和前一年的降水对泉流量有较大的影响，且尤以当年降水的影响为主。在不改变自然地质构造的情况下，大量的降水通过可透水岩层渗透进入地下水循环系统。通过天然地下水岩溶体系汇流至出露点附近，或通过人工开采进行排泄。

2.2 保泉与城市建设

济南城市规模向南扩展不可避免地占用了大量耕地、林地，改变了自然状态的土地。人类活动造成了岩溶地下

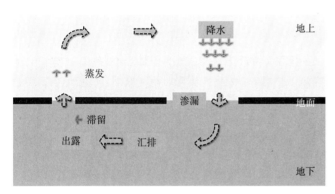

图2 济南市区泉水循环示意图

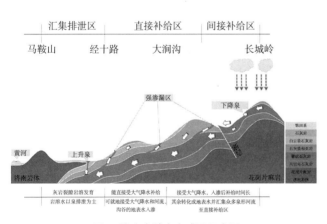

图3 济南泉域泉水成因示意图

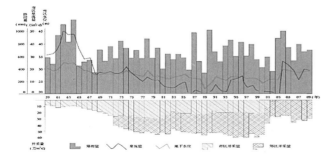

图4 泉水流量、水位与降雨量动态关系曲线

水量和水质的变化，影响泉水入渗、阻碍地下汇流，并且有逐渐加重的趋势，影响泉群正常喷涌，泉水、岩溶地下水水质破坏。20世纪70年代出现的泉水断流与城市大规模建设导致的地下水无节制地开采有直接影响。

2.3 相关保护规划

为捍卫济南的"泉城"城市名片，政府和有关部门采取了一系列的规划措施。从总规层面提出泉水保护的总体要求，通过水生态文明创建、地表水水功能区划、现代农业特色品牌基地建设、南部山区和长清山区的保护与发展规划等专项规划单独提出泉水保护篇章，对泉水补给区、重点渗漏带、泉水出露区进行分类保护措施研究。但除总规外其他专项规划仅针对主要规划对象提出原则性的保泉要求，未形成完善的规划体系。

3 保泉行动纲领的意义与目标

2015年5月13日，在济南名泉保护工作及五库连通工程专题会议上，济南市委书记王文涛指出：泉水是济南的灵魂、文化标记、世界标志，保泉必先保山，保山必先保林。各部门协同合作，共同开展保护工作。梳理泉水布局、泉水径流空间分布形态，优化名泉的功能定位、空间布局、泉域生态保护、泉水控制保护、景观环境等核心内容，建立规划体系。

根据济南泉水成因、泉水出露点的布局、类型与特点，在长期持续的人—泉互动过程中因借自然，总结提炼了"渗、流、蓄、出、补、汇、透、控"等八字方针。通过研究泉水体系，在保护行动纲领中——落实保护，形成完备的保护体系。

"补"，即保自然补源、合理人工补给。济南泉水的补给来源分为大气降水、地表水下渗、土质凝结水以及人工补给，其中大气降水和人工补给是泉水比较重要的两个来源，维持补给区的自然补给能力，保护自然植被以及地形，适时适量的通过人工降雨和人工回灌增加人工补给。

"透"，即保渗透地貌、控透水面积。济南泉域经勘查存在24处重点渗漏带，特定地质构造发育使其具有重要的地下水下渗、泉水补给功能。重点渗漏带入渗补给系数

图5 泉水补源

是常规地区的1.5～2.0倍。应该严格保护重点渗漏带的地形地貌，控制可透水用地的面积保证泉水的补给来源。

"渗"，即保入渗水质、增入渗水量。补给区的农业活动等人类活动带来地表污染，威胁地下水质。特别是在每年7至8月雨量充沛，保证入渗水质尤为重要。为了保证连续喷涌，每年12月至次年3月的枯水期应适当进行人工降雨。

"汇"，即防洪保渗、客水回源。重点保护市郊的山区型河流，拦蓄洪水、增补入渗，同时充分利用客水资源，保证补给回灌。

"流"，即保流通畅、控节流开采。城市大型公共建筑的建设、地铁线的选线应避免垂直于地下径流方向、避免与较大断裂带垂直交叉。重点保护近山平原及湖泊周边。加快山区村庄集中供水的规划建设。

"蓄"，即统筹保量、技术保质。地下水应合理开发，并考虑多渠道供水，合理开采地下水，严格执行开发

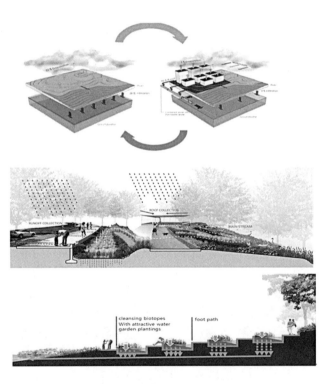

图6　泉水渗漏带保护措施示意

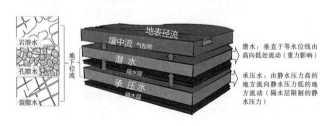

图7　地下潜流和地表径流的转换

总量，完善监测系统。同时考虑用黄河水、地表水置换地下水灌溉，以水网为依托科学调配区域水资源。雨污集中处理及回收利用。

"出"，即保汇及通道、控排泄建设。保护泉水径流排泄通道，控制地下空间开发深度。同时应保护出露区周边环境，禁止矿产开采、地下水开采等人为干预，保持天然出露状态。

"控"，即生态与环保协同，建设与非建双控。保护生态环境、控制水土流失，防治水源污染、控制区域开发，保护非建边界、控制开发模式（FAR、入渗率、地下空间），保护名泉设施、维护泉水体系。

4　近期行动纲领

名泉保护是一项长期的系统性工程，功在当代，利在千秋。为应对泉水抢救性保护，充分调动社会各界的保护意识，整合城市资源，促进城市经济、旅游、文化等方面的发展，建议以法律法规为保障、以海绵城市建设为途径，以整治河湖水系和景观风貌为抓手，防止污染，结合相关规划建立近期行动纲领。

4.1　立法保护

2005年济南市颁布实行《名泉保护条例》，确定72名泉泉水出露点和泉水保护的基本原则。2015年初该条例已列入2015年济南市人大规章制定计划，属于调研立法项目，最快2016年进入立法程序。保泉重在保源，应尽快划定泉水补给区保护红线，由国土、规划、园林等政府部门共同监管，依托法律法规实行最严格的林地保护、山体保护和水库周边、河道两岸的生态保护，努力维护完整的泉水生态系统。

4.2　海绵城市

济南是国家第一批海绵城市建设试点城市，借鉴海绵城市建设方针对已经开发建设的用地进行整治，缓解城市排洪压力的同时，增加单位用地的蓄水能力。针对建成区内试点片区，实施风景区建设改造，建设下沉式绿地和植

图8　近期重点保护河水水系及水源保护地

草沟、生态透水铺装、雨水收集、拦蓄及利用设施等；实施城区街头绿地、游园、道路绿地建设改造，增加苗木数量、丰富植物配置，提升绿地汇集雨水、防洪排涝、补充地下水等功能。

4.3 河湖水系

泉水补给区内河流的河床渗透能力较强，是泉水补给的重要来源，也是泉水汇集的地面渠道。泉水汇集排泄区的河道是串联泉群内大大小小泉水出露点的纽带。因此，应加强补给区周边河道蓄水和下渗能力，控制北大沙河、玉符河等重要河流两侧的绿化带；选择适宜地点修建塘坝拦截雨季洪水；控制古城、峨眉山、大杨庄、长清、桥子李等水源地的开采规模，对地下水取水实行总量控制。同时加快推进五库连通工程。

4.4 风景区保护

结合《济南市历史文化名城保护规划》，在老城区的保护改造中注重泉水保护。尽量恢复历史泉水联通水道，将原有暗渠修复为明渠。不宜修复的暗渠则应定期疏通；保护特色泉水民居；进行山体整治，推进山体绿化建设工程。以保护风景名胜区为首要任务，坚持开发与保护并行。

4.5 近期整治

结合保泉趋势、旅游发展趋势，制定近期由于开发占用或年代久远需更新和抢救性保护的泉水出露点，合理建设构筑物划定出露区范围的基础，健全出露点标识系统。对于集中或有重要观赏价值的出露点。出露区范围大于2.0公顷的应进行统一规划，建设成为湿地公园，并结合地质情况，划定分级保护区。出露区范围小于2.0公顷的，在城市建设用地范围内应划定为公共绿地，在非建设用地范围内，其周围10米应保持其原生态或进行低密度开发。

探索并推进泉水先观后用工作，选取重点片区进行试点，实施泉水直饮水入户，让更多市民、游客喝上泉水，进一步提升泉城的城市品牌和吸引力。

5 保障机制措施

5.1 法规性措施

我市先后出台了《济南市城市节约用水管理办法》

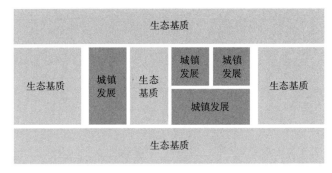

图9 生态保护与城市发展

《济南市名泉保护管理办法》《济南市水土保持管理办法》《济南市名泉保护条例》《济南市保持泉水喷涌应急预案》等一系列法律法规，而且涉及泉域范围地下水的开发利用、泉域补给区的水土保持。

但面对日益严峻的保泉形势，立法保护势在必行，以法制手段对补给区的分区实行用途管制，保证依法行政、依法保泉的可操作性。应出台相关法规，严禁在保护补给区核心保护区的非建设用地实施各项开发建设，杜绝新的水土流失。鼓励补给区重点保护区建设用地内的村镇进行生态移民。一方面发展规划时以区域水资源的承载能力为重要依据；另一方面采取政策补贴，鼓励生态移民。

5.2 行政性措施

科学完善的保泉管理制度是泉水持续喷涌的保障。实行用水总量控制和定额管理，严格执行地下水取水许可管理制度和取水工程审批程序，对取水工程一律要求进行水资源论证。

首先，应明确环境用水权。在城市公共供水管网覆盖范围内严格禁止开凿新的自备水井，所有取水单位均实行计划取水。进一步完善补给区内地下水开采检测系统，禁止区域内大型工业企业私自进行地下水开采。

第二，应逐步建立水资源的宏观控制体系。科学地将水量分配到各县级行政区域和各行业各部门，建立水资源微观定额体系。制定各行业生产用水和生活用水定额，使各个行业、每一项工作都明确自己的用水指标。补给区内已建的工业企业应进行年度用水量评估，建议以1.2的系数进行校核后纳入额定体系；补给区计划建设的工业企业应在建设初向所在辖区缴纳一定的水权使用费。

第三，建议建立"蓝色图章"管理制度，加强各项涉及名泉保护项目建设的审批和管理。供水与土地出让挂钩，政府采用公共方式直接提供和通过政策刺激等方式引导私人企业提供的间接提供方式。

第四，制定名泉保护巡查、跟踪检查制度。在巡查、跟踪检查中发现的问题，应当及时处理。加大舆论宣传力度，增强市民参与性，提高全民保泉护泉意识，调动社会参与热情和积极性，把保泉变成全社会共同的自觉行动。

5.3 技术性措施

济南市已建立"城市地下水实时动态监测系统"，但仅限于一定区域。应进一步完善系统，实现对全市地下水位、地下水取水量、泉流量的实时自动监测。同时应建立泉水喷涌预警系统，利用软件对泉域岩溶水进行数值模拟。确定模型的模拟范围、含水层结构的概化、边界条件的概化并处理地下水的补给和排泄各项，然后建立研究区的水文地质模型。划分计算区，并对含水层、初始水位、降水补给、井和农业开采回灌及生活用水进行模型处理，从而预报地下水动态。

5.4 经济性措施

首先，应建立健全名泉保护的投融资机制，为振兴泉文化提供资金支持。建立以政府投入为引导，企业投入为主体和广泛利用海内外社会资金的投融资体制，支持保泉产业的发展很有必要。一是政府设立专项基金，专款专用。二是借鉴我国江苏、福建等省市对自然景观采用基金保护、开发的运作方式，设立名泉保护基金会。基金会可通过基金会吸纳海内外资金，支持从泉水开发角度所进行的城市建设、经济、旅游、文化、研究等企事业发展的一切活动，如同杭州打造"西湖"品牌一样，打造济南自己的"泉水"品牌。

其次，完善项目补偿机制，为保护地区的可持续发展打下了基础。保护区由于生态保护的原因不得不拒接一些效益好，但是有污染的企业项目，即使其污染程度很低也不能存在保护地区。应将保护区规划重点工程项目列为优先支持生态保护项目，给以资金和技术上的支持。对保护区生态环境保护、水土保持、农村环境综合治理、环境监测能力建设等项目上给予优先考虑，得到国家更多的支持和帮助。在市域范围内开展项目补偿，帮助保护区群众建立替代产业，或者对低污染产业给予补助以发展生态经济产业。市域范围内确定的有较大资金支持的生态产业优先安排在保护区，积极争取中央、省、市等三级的生态产业财政补偿资金。

第三，建议适当提高地下水资源费（税）标准，改革目前的水价体系。在市域范围内合理制定资源水价，一方面适当的提升以鼓励使用地表水和客水，另一方面完善阶梯水价制度，计划内用水由政府补贴，实行定额水价，对超计划和超定额用水实行累进加价收费制度，对高耗水用户实行季节浮动水价。实施财政转移支付政策，对补给区非建设用地的宜林荒山进行水土流失综合治理。

第四，引入普遍性生态补偿响应机制，设立紧急响应补偿机制。生态补偿机制作为一种新型的资源环境管理模式，是有效解决生态环境保护资金供求矛盾的重要手段。定期进行水质监测，出现水质问题查明问题，积极采取应对措施；定期巡检规划划定范围内的违规现象，并对发生的违规现象采取积极应对措施；设立名泉群众接待处，接收群众的意见、建议及发现的问题，及时上报处理；极端气候下（如干旱），政府部门积极采取应对措施，保证泉水持续喷涌。

6 建设泉水之都

自《水经注》起，古都济南即存在以泉水相依相承的城市格局记载。天下泉水不尽数，而与城市结合如此紧密的唯独济南一处。为延续"家家垂杨，户户泉水"的传统城市风貌，建设泉水之都的需求刻不容缓。应以蓄泉源为基础，保喷涌为目标，形成完善的泉水保护体系，通过立法保护、海绵城市建设措施，注重河流水系和风景名胜区的保护，通过法规性措施、行政性措施、技术性措施以及经济型措施全面开展近期行动纲领。

参考文献

[1] 张建华，马明春. 体验旅游与济南历史文化名城景观塑造问题的思考[J]. 城市发展研究，2008（03）.

[2] 张建华，王丽娜. 泉城济南泉水聚落空间环境与景观的层次类型研究[J]. 建筑学报，2007（07）.

[3] 董贺轩，胡嘉渝. 城市历史街区生存与发展的经济学分析[J]. 规划师，2005（08）.

[4] 李铁锡，李岚，刘业筠. 济南泉水特征及影响因素系统分析[J]. 山东国土资源，2003（03）.

[5] 唐益群，余觊. 济南保泉综论[J]. 安徽农业科学，2009（26）.

[6] 李建江. 济南泉水保护研究[J]. 水土保持研究，2003（03）.

[7] 李铁锡，李岚，刘业筠. 济南泉水特征及影响因素系统分析[J]. 山东国土资源，2003（03）.

作者简介

宋丽，女，硕士研究生，济南市规划设计研究院，助理工程师。

周升波，男，本科，济南市规划设计研究院，工程师。

苗玉生，男，硕士研究生，济南市规划设计研究院，工程师。

综合要素影响下的历史文化名城保护与发展
——以世界历史文化名城伊斯坦布尔为例

孔德智

摘　要：历史文化名城是带有文化符号和历史记忆的城市财富，对历史文化名城的保护功在当代、利在千秋。同时，历史文化名城也肩负着不断发展的使命。地处欧亚交界，至今已2600年历史的伊斯坦布尔，是历史文化名城保护与发展的世界典范之一。本文从分析伊斯坦布尔历史城区的形成和变迁入手，进而总结出影响其保护与发展的综合要素，包括良好的自身基础、保护规划的及时引导、政府行为的有效管控和城市公众的积极参与等，最后对伊斯坦布尔保护与发展的现状进行评析，以期对国内历史文化名城的保护与发展提供借鉴。

关键词：历史文化名城；保护与发展；伊斯坦布尔；历史城区

1　引言

历史资源是一个城市不可多得、无法再生的记忆和宝贵资产。很多历史文化名城，老城承载着保留璀璨历史和回忆的重任，同时自身也是国际化大都市和区域性中心城市，面临着发展的强烈诉求，常成为城市建设的重点和焦点，很多老城都面临着保护与发展的矛盾。

我国正由GDP导向的粗放式经济发展向"新常态"下理性发展转变，伴随着城镇化进程的不断加快，如何处理好历史文化名城保护与发展的关系，最终达到城市可持续的和谐发展，是城市规划和城市建设中面临的重要问题。

拥有2600多年历史和1500万人口的伊斯坦布尔，在保护历史城区的基础上，发展成为世界著名的旅游胜地、繁华的国际大都市和全国的经济中心，是历史文化名城保护与发展的世界典范之一。影响伊斯坦布尔历史文化名城保护与发展综合要素的研究具有重要的借鉴意义。

2　伊斯坦布尔城市概况及历史沿革

2.1　城市概况

世界历史文化名城伊斯坦布尔是唯一地跨亚、欧两洲的城市，位于土耳其西北部，马尔马拉海、博斯普鲁斯海峡和金角湾围绕形成的半岛上，被评选为2010年欧洲文化之都和2012年欧洲体育之都。

伊斯坦布尔分为欧洲部分和亚洲部分，而欧洲部分又由天然港口金角湾分为南部的历史城区和北部的新城区。位于伊斯坦布尔金角湾南部的历史城区是历史上的伊斯坦布尔古城，靠近人类文明的发源地，是古代丝绸之路的亚洲终点。历史上一直是交通、军事、商业和宗教的重镇，也成了东西方文化的交汇点。先后成为罗马帝国、拜占庭帝国、奥斯曼帝国三大帝国的首都。

在伊斯坦布尔的历史城区内保存了大量集宗教历史、艺术文化之大成的人文古迹，这些古迹见证了伊斯坦布尔的历史变迁和东西方文化的荟萃。时间跨度达2000多年的历史中，在一个城市汇聚过如此众多的历史文明，在全世界都十分罕见，伊斯坦布尔的保护与发展具有极高价值和典型意义。伊斯坦布尔把面积为1562公顷的历史城区确定为历史保护区。联合国教科文组织UNESCO于1985年将伊斯坦布尔历史城区列入世界遗产名单中。

图1　伊斯坦布尔在世界和全国的区位图

图2　伊斯坦布尔城区分布图

2.2 历史城区的形成和变迁

公元前660年，古希腊在今天伊斯坦布尔历史城区的位置建设移民城市，公元330年罗马帝国对其进行了改建和扩建，命名为君士坦丁堡。公元395年成为拜占庭帝国首都，发展形成了今天伊斯坦布尔历史城区的雏形。全城分为14个区，修建了大道、城墙、皇宫、大赛马场、卫城、教堂等主要建筑，梅塞大道等主要道路，引水道，贮水池，建墓地，形成鱼骨状（方格路网的变形）道路系统。

1453年，奥斯曼土耳其帝国时期，君士坦丁堡改名为伊斯坦布尔，并成为伊斯兰城市。城市空间组织与伊斯兰教要求一致，清真寺成为城市生活的中心。新建了大清真寺和大巴扎（大市场），城市以此为中心发展起来。部分道路系统在原有基础上由直变曲。

1839年，政府聘请德国专家将伊斯坦布尔作为一个整体进行路网规划，建立连接城市中心、行政区和商业区到古城门的宽阔街道，以便为伊斯坦布尔提供一个通畅的交通网。在清真寺或其他纪念性的建筑前面建立大众广场。伴随着西方文明楔入和现代化进程，伊斯坦布尔的市容开始发生现代化转变。

1868年，政府制订了城市总体规划，对伊斯坦布尔历史遗产进行保护。在金角湾两边建立了通衢大道，清理了纪念物周围的建筑，建立巨大的广场。道路改进委员会积极帮助居民用砖重建危旧的住房和商店，并建立砖和水泥工厂，向重建住房的人提供廉价材料，支持居民自发重建。

1877年，政府模仿巴黎把城市划分为20个区，一年后减少为10个。随后城市进一步发展，拥有了自来水公司和伊斯坦布尔煤气局。通过这些努力，伊斯坦布尔的部分迷宫似的街区得到整齐的规划。

19世纪末开始，奥斯曼帝国严重衰落，伊斯坦布尔在历史上形成的结构逐渐遭到破坏，在历史城区的北部，

金角湾南岸的坡地上出现了大量土耳其木屋特征的联排住宅。

1923年土耳其共和国成立，伊斯坦布尔的居民不断增加，历史城区内的私人产权错综复杂，贫民区和违法建筑增多，交通拥挤混乱。历史城区面临被破坏的危险。

1979年，土耳其当局接受联合国教科文组织的关注和协助，对伊斯坦布尔历史城区制订了根本和详细的保全规划，该规划通过分区管理、环境整治、建筑控制、产业引导等措施，保障了历史城区整体保护和发展。

3　影响保护与发展的综合要素

3.1 良好的自身基础

3.1.1 布局合理，后续适用

自罗马帝国时期、拜占庭帝国时期、奥斯曼土耳其帝国时期一直到近现代，纵观建设和发展的历史，伊斯坦布尔历史城区基本是在各时期城市规划思想的引导下进行的。

作为各时期的帝国首都，伊斯坦布尔采用了各时期最先进的规划设计方法及理念，如合理的功能分区、重要建筑物的选址及附属公共管空间预留、便捷高效的道路系统、较宽的道路断面等，使其规划布局具备一定的整体合理性和后续适用性。使其在各个历史时期包括现在，都能够承担一定的城市功能，盘活自身历史资源并融入新时期的城市发展，创造了良好的先天条件和基础。

3.1.2 建设标准高，建筑质量好

伊斯坦布尔在历史上一直是各时期的帝国首都，采用了各时期最高的城市建设标准，包括大量花岗岩、大理石、砖石材料、金属构件及透水路面等的使用。比如在圣索菲亚大教堂的建设中，大拱顶由4根巨型石柱支撑，是世界有名的五大拱顶之一。教堂的布局属于以穹窿覆盖的巴西利卡式，中央穹窿突出，教堂穹顶以空心陶罐为材料，很大程度上减轻了顶部的重量，提高了建筑的使用寿命。高标准使伊斯坦布尔历史城区的建设质量出色，能够在历史长河中更大限度地保留下来。

3.2 保护规划的及时引导

对伊斯坦布尔历史城区的保护和发展至关重要的，是1979年制定1980年开始实施的，类似于历史文化名城保护规划的《伊斯坦布尔历史城区保全规划》。保全规划制定和实施之前，大量的古建筑因长期缺乏良好的维护正濒临毁坏，主要古建筑虽然结构坚固，远离毁坏风险，但建筑的周围环境不断恶化。保全规划的制定和实施，起到了及时引导的作用。

3.2.1 分区控制

根据历史城区的现状，分为严格和详细控制A区，及粗放控制B区。对于历史上著名的建筑、快速恶化的环境、缺乏公共服务设施的区域，划分为A区。其他地区划分为B区。

3.2.2分类修复

在详细调查研究和鉴定基础之上，具有典型历史特点和建筑质量较好的区域，作为重点保护对象，有价值的进行修复和复原。对某些具有民族特点的街道，只修复沿街建筑立面。对保存价值不大并且破坏较严重的地段则进行改造。

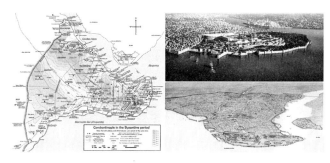

图3　拜占庭帝国时期的伊斯坦布尔布局图
（现在的历史城区）

图4　伊斯坦布尔主要历史建筑之一:圣索菲亚大教堂

3.2.3综合整治

不仅仅维护古建筑本身，更关注于古建筑与周边环境的综合整治。主要措施是提供完整的给排水系统，改善道路交通，迁移有恶劣影响的工厂，设立停车场，增加绿地，为未来旅游发展创造条件。

3.2.4优化功能

并非历史城区内的布局完全不变，而是合理增加城市建设，优化历史城区的功能。既不失传统特征，又给城市生活带来新的活力，使保护与发展有机结合，而不是顾此

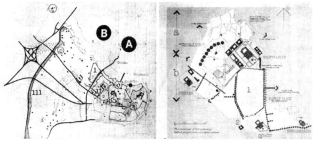

图5　伊斯坦布尔历史城区保全规划

失彼。主要措施是增加商店、市场、广场、儿童游戏场，修缮原住民的住宅，或以新住宅代替。

3.2.5严格限高

严格控制历史城区内新建和改建建筑物的高度，目的是保护具有悠久历史的城市天际轮廓线。得益于该规划政策长期的严格实施和引导，历史城区内传统的天际线被成功地保全下来。

3.2.6重视旅游

在1979年就对旅游引起重视是较有前瞻性的，也为今天历史城区旅游的发展打下了良好基础。在保全规划中，重视保护古迹与旅游观光结合，如对古城墙的保护规划，没有全部修复，而是在现状古城墙的基础上修复几个旅游者常集中的点，对其他部分只保证其不再继续破坏，并为人的活动提供场地，使古迹更好地为现代生活服务，兼顾保护与发展。

3.3 政府行为的有效管控

政府主要通过组织编制城市规划和依据法律管控城市建设等方面保障历史城区乃至整个伊斯坦布尔的保护和发展。

3.3.1组织编制城市规划

土耳其政府组织编制《伊斯坦布尔历史城区保全规划》后，国家进一步将权力下放给大城市，地方政府获得了更大的自治权。在此背景下，1984年土耳其政府颁布法案，赋予重组伊斯坦布尔市政府的权力，对涉及城市发展的主要基础设施投资和建设项目进行战略性规划，并对伊斯坦布尔制定总体规划，实施保护古城，发展新城的全市规划战略，对历史城区的保护与发展起到顶层设计的作用。

3.3.2颁布法律管控城市建设

政府陆续颁布历史建筑保护和城市建设的相关法律，对历史文化资源进行尽可能多的保护。依据法律，通过清除和改造的措施来规范、整理历史城区内的违章建筑。首先，对位于优秀历史建筑周围的违章建筑予以清除，并通过适当放慢城市扩张的步伐来抑制违章建房的速度。其次，使一部分已经存在的、建筑质量较好的、建筑风格与周边较协调的违章建筑合法化，并对其进行适当的改造。

3.4 城市公众的积极参与

3.4.1全民保护意识

伊斯坦布尔位于欧亚交界，受到欧洲政治、经济、文化、思想的深远影响。对历史城区的保护意识始于古罗马时代，文艺复兴时期又有了进一步发展，并逐渐形成了一种保护传统建筑和纪念物的民族意识。普通公众的保护意识逐渐形成，在城市的不断建设发展中，成为保护历史城区的重要力量。随着越来越多的民间组织参与，对文化遗产的保护已经成为全民的事情，涉及组织、机构和个人。

3.4.2建立建筑协会

伊斯坦布尔有公众组成的建筑协会，工作涉及跟建筑相关的所有事宜，比如城市规划、建筑改造、建筑教育等，管理和保护城市居民的建筑、公众的建筑等，并举办各种展览和活动，提高公众保护历史文化的意识。

伴随着伊斯坦布尔的高速发展，规划和城市建设有时难免受到开发商的影响，可能会对历史城区和历史文化造成一定的负面作用，有些还涉及老建筑的拆除。这些规划和城市建设将使城市流失几千年历史，同时也未必能给城市的发展带来良好的作用。类似情况下建筑协会一定会反对，不允许该类事情发生。

4　保护与发展的现状

在综合要素影响下，伊斯坦布尔历史城区及其临近地区（城墙外的苏莱曼地区、宰里克地区和考古公园）都受到良好的保护，并保存有丰富的历史古迹，包括城市每个阶段的历史精品：罗马帝国（君士坦丁竞技场，324年）、拜占庭帝国（圣索菲亚教堂，6世纪）和奥斯曼帝国（苏莱曼清真寺，550～1557年）。伊斯坦布尔历史城区成功保存了独一无二的古迹和建筑的精品。

同时，历史城区周边区域也得到了较好的保护与发

图6　伊斯坦布尔历史城区布局现状及重要建筑物现状

图7　伊斯坦布尔历史城区与新城区的发展现状

展。作为历史文化名城，伊斯坦布尔全市的城市建设都以保护为主，新建的高层建筑不多，仅在历史城区北部的新城区核心位置，有为数不多的高层塔楼，其他区域都较好地保存了几个世纪以来低层建筑高密度布局的城市历史肌理。

历史城区以保护为主，控制城市建设。面对发展的诉求，伊斯坦布尔大量的新增开发建设避开了历史城区。新增加的城市建设用地、人口、居住和产业主要布局于北部的新城区和东部的亚洲区，形成了"保护旧城，另建新区"的良好格局。

历史城区利用现有建筑发展旅游、商业、文化、教育等功能，北部新城区形成商业贸易中心，亚洲区成为市民的主要居住区。伊斯坦布尔在历史保护的基础上同步推进了城市的现代化建设，是全球发展速度最快的都市经济区之一和人口最多的城市之一，也成为全世界历史文化名城保护与发展的典范。

参考文献

[1] 奥尔罕·帕慕克. 伊斯坦布尔：一座城市的记忆[M]. 何佩桦，译. 上海：上海人民出版社，2010.

[2] 车效梅. 挑战与应战冲突与融合——伊斯坦布尔城市现代化历程[J]. 世界历史，2008，（3）.

[3] 韩媛媛. 混搭伊斯坦布尔[J]. 商务旅行，2010，（43）.

[4] 苏一. 轻揭"夏日迷城"的面纱——记规划有致的伊斯坦布尔[J]. 中华建设，2013，（9）.

[5] 程里尧. 历史名城伊斯坦布尔的古城保全规划[J]. 世界建筑，1985，（6）.

[6] 吴竹涟. 生命与历史同步——持续发展中的伊斯坦布尔[J]. 建筑创作，2002，（10）.

[7] 昝涛. "土耳其模式"：历史与现实[J]. 新疆师范大学学报，2012，（3）.

作者简介

孔德智，男，硕士研究生，青岛市城市规划设计研究院，注册规划师。

论水源保护区中的发展问题
——以临沂市水源保护区为例

石永强　徐磊

摘　要：水源保护区规划中重点强化保护与发展的辩证关系，以发展促保护，使水源保护区规划建设走可持续发展道路。

关键词：水源保护区；规划；保护；发展

在经济高速发展的同时，关系到人民群众切身利益的饮水安全已受到严重威胁。饮用水水源地保护问题已成为关系到国计民生的重大社会问题，尽管各地对水源保护做了大量工作，并取得了一定成就，但由于受地域条件、经济发展水平和资源总量的影响，饮用水源地保护与地区经济发展并不平衡，部分地区甚至冲突严重。

因此制定科学合理的饮用水源地规划、坚持水源保护与经济发展并重的规划策略是规划实施的重要保障。笔者以假期参与的《蒙阴县云蒙湖生态区总体规划》（2012—2030）规划设计项目为例，对以保护与发展并重为原则的水源保护区规划内容做初步探讨。

水源保护区规划的重点内容应体现在保护区的目标定位、生态保护规划、水源保护规划、产业发展规划、空间管制规划、城乡用地布局规划等几个方面。

1　目标定位

水源地保护规划的基本思路是以目标导向和问题导向为主线，首先确定水源地的发展目标，并对影响实现该目标的问题进行分析，进而提出规划的重点任务，从而保证规划目标的落实与实现。

一般来讲，水源保护区规划确定的目标导向和问题导向着重体现在以下几个方面。

目标导向：确保水源地水质安全；保护地区生态环境；促进地方经济发展。

问题导向：快速发展对水质保护和生态环境的冲击；经济规模与结构对发展目标与发展风险的影响；功能的独立性与系统协调性的矛盾。

云蒙湖位于山东省临沂市蒙阴县城东，为山东省第二大水库，现为临沂市城市水源地。临沂市是山东省南部的重要城市，市区人口162.66万人，规划2020年临沂城区远期最高日规划用水量需62万立方米，其中53万立方米取自云蒙湖水源地。云蒙湖生态区水源地对临沂市的供水安全起到举足轻重的作用。

由于水源保护区用地范围较大，其内存在集中居住区，且部分地区人口密度较大。针对水源保护与居民经济发展的不同要求，规划应对水源保护区的职能地位做深入研究和分析，其基本职能应包括以下几个方面：

（1）保护水源水质；

（2）维护与重建保护区内生态功能，确保生态系统的良性循环发展；

（3）调整产业结构，发展生态经济，提高居民物质文化生活水平；

（4）优化生态区的人口布局，创造良好空间形态，实现经济、社会和生态效益的协调发展。

水源保护区规划必须体现出保护与发展的主题，突出

"蓝色、绿色"的自然生态特征。水源保护区发展的核心问题是保护，在保护的同时必须实现地区的综合发展。随着流域内社会经济的持续高速发展，水源保护区内必须维护绿色的生态环境、绿色的生产生活方式，以维护水质的绝对安全。

2　生态保护规划

生态保护规划是确保水源水质安全的生态基础。在宏观上形成水源保护区的基本生态框架，建立融入区域的生态安全格局。

云蒙湖水源保护区规划着眼于水源涵养和水质保护，并结合水源保护区内山地起伏、沟壑纵横、植被覆盖处在山体中上部的特点，规划重点保护9个森林生态斑块。

规划在水源地一级保护区范围内全部实现退耕还林，建设一级保护区的防护绿带。

3　水源保护规划

以水源地保护为根本目的，兼顾流域经济发展，以发展促保护。规划水源保护主要内容如下。

3.1　水源保护分区

按照国家《饮用水水源保护区划分技术规范》HJ/T338-2007中关于湖泊、水库型饮用水水源保护区的划分方法规定和要求，结合水库实际情况，并根据政府防汛抗旱部门的要求确定水源地汛末蓄水位。

规划一级保护区包括以下几个范围：（1）汛末蓄水位以下全部水域；（2）取水口侧水位线以上200米范围；（3）河流入库口100米范围；（4）除上述地区外汛末蓄水位水位线外侧50米范围。

二级保护区陆域范围的确定，应依据流域内主要环境问题，结合地形条件分析确定。依据环境问题分析法，当水源水质受保护区附近点污染源影响严重时，应将污染源集中分布的区域划入二级保护区管理范围，以利于这些污染源的有效控制。

准保护区：二级保护区以外至分水岭线的汇水区域设定为准保护区。

3.2　水污染防治规划

（1）一级保护区的水污染控制

水源地一级保护区采取的工程措施有：隔离防护工程、跨湖桥路防侧翻工程、污水收集系统工程、库滨带建设工程、保水型生态渔业建设工程等。

（2）二级保护区水污染防治规划

主要包括：污染严重的企业整治工程、乡镇污水处理建设改造工程、中水回用工程、户用沼气工程、秸秆综合利用工程、农村垃圾处理处置工程、生态清洁小流域建设工程、绿色生态农业建设工程、农田径流控制工程、沟河治理工程等。

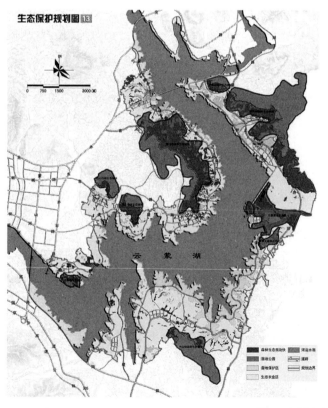
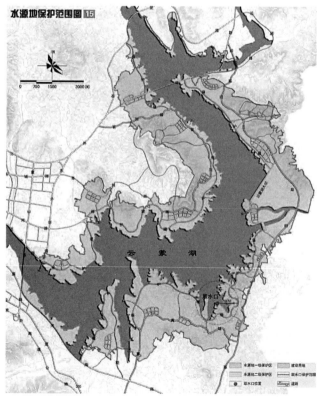

图1　水源地生态保护规划图

3.3 突发性水污染防治规划

（1）建立突发性水污染预警体系

主要措施包括：设立环境突发事件应急预警监测站、建立应急监测预警制度、建立饮用水水源地保护区内重点污染源事故预警体系、建设对突发事件的快速反应和联动体系等。

（2）提高突发性水污染监测水平

主要措施：为提高水环境监测能力与分析水平、增加应急监测项目、建立健全环境应急长效机制等。

3.4 周边地区生态环境建设规划

立足流域的地理特点，本着保护自然资源和合理开发利用有机结合的原则，全面规划、合理调整水库周边产业结构，建设水源保护区以林为主，林、农、牧、副业相结合的生态农业，开展以保护水源、治理水土流失、保护生态环境的小流域治理工作，实现引水保源、绿山平田、育林筑路、美化家园的生态建设目标。

4　产业发展规划

产业规划以保护生态环境为主导，同时大力发展湖区经济，提高居民的生活水平，以发展促保护。由于不同地区的水资源保护区发展条件不同，因而必须选择适合本地区特点的产业类型和发展模式。

规划云蒙湖生态区的产业发展规划为：休闲渔业规划、林业及观光农业规划、湿地经济规划、生态旅游规划。

4.1 休闲渔业规划

休闲渔业是指人们劳逸结合的渔业活动方式。休闲渔业是把休闲观光、水族观赏等休闲活动与现代渔业方式有机结合起来，实现第一产业与第三产业的结合配置，以提高综合效益的一种新型渔业。规划休闲渔业园区形成五种形态，分别为：运动形态、体验形态、食鱼形态、游览形态、教育文化形态。休闲渔业布局分为湖面养殖、鱼塘养殖区、湿地养殖区、教育观赏区和文化展示区。休闲渔业的配套设施包括管理设施、服务设施、水质保障设施与生态保障设施。

4.2 林业及观光农业规划

为维护良好的生态环境和持续的经济效益，规划水源保护区内应积极发展林业及观光农业。

林果业：在坡度不大（15°～25°）的山腰地区，发展林果业，一方面形成生态区的良好景观，另一方面发展生态观光农业，增加农民的收入，发展集休闲度假、体验农家丰收喜悦、生态旅游为一体的采摘业。

生态经济林：在地形坡度大（25°以上）的区域发展生态经济林，此外，对已经开垦的土壤薄、产量低的农田和果园予以退耕还林、还草，提高森林覆盖率，减少水土流失以及对水质的污染。

观光农业：是指具有保护环境、生态美化环境和观光旅游等功能的农业。观光农业主要有以下几种形态：观光农园、农业公园、教育农园、森林公园、民俗观光村等。

4.3 湿地经济规划

湿地具有极高的生态价值，对保持生物多样性具有非常重要的作用，是生物多样性丰富的重要地区和濒危鸟类、迁徙候鸟以及其他野生动物的栖息繁殖地，依赖湿地生存、繁衍的野生动植物极为丰富。湿地可降解污染物，保持水源水质。同时湿地可提供丰富的动植物产品，具有较强的经济效益。

规划在水源入口处设立湿地公园。依托湿地公园的建设，湿地表流种植水草、香蒲、菖蒲以及部分荷花、水莲，营造了湿地水生植被和湖滨植被带。

湿地可以发展芦苇业种植，对芦苇进行深加工，延长产业链，增加产品附加值。在湿地水域可发展水产养殖业，进一步提高水面利用率，使水产养殖业走市场化、产业化、规范化、集约化、科学化的路子，提高周边居民的收入水平。

4.4 生态旅游规划

生态旅游的目的地是保护生态地区完整的自然和文化生态系统，参与者能够获得与众不同的经历，这种经历具有原始性、独特性的特点。生态旅游强调旅游规模的小型化，限定在环境承受能力范围之内，这样有利于游人的观光质量，又不会对生态区环境造成大的破坏。

5　空间管制规划

为了实现对水源保护区内不同地区发展的分类指导，规划按照下表分区标准划定空间管制分区。空间管制分区为禁止建设区、限制建设区、适宜建设区三种空间管制类型。根据不同的管制分区，规划提出不同的空间管制措施。

表1　生态区空间管制分区标准

类型	要素	禁止建设区	限制建设区	适宜建设区中的低密度控制区
自然与文化	历史文化保护区	文保单位保护范围	文保单位建设控制地带、地下文物富集区	环境协调区
	山体	坡度大于25%	其他山体保护区	
区域绿地	河湖湿地	河湖湿地绝对生态控制区	河湖湿地建设控制区	
	农田	基本农田保护区	一般农田	
	绿地	绿线控制范围、道路两侧绿化带	绿化隔离地区、生态保护林带、经济林、森林公园、退耕还林区	生态绿地
水源保护	地表饮用水源地保护区	一级保护区	二级保护区	准保护区
	地下水源保护区	核心区	防护区	补给区
生态安全	行滞洪区		行滞洪区	
	地质环境	不适宜建设区	较不适宜区	

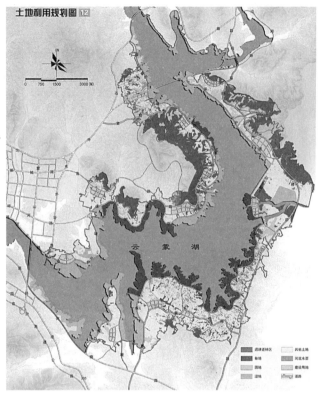

图2 用地和土地利用规划图

6 城乡用地布局规划

城乡用地指行政区范围内所有土地，包括建设用地与非建设用地。建设用地包括城乡居民点建设用地、区域交通设施用地、区域公共设施用地、特殊用地、采矿用地以及其他建设用地。非建设用地包括水域、农林用地以及其他非建设用地。规划对各类用地进行整理，建设科学合理的用地布局结构。规划通过建设集中居民点，对部分居民点进行搬迁改造一方面可以有效减低生态区内人口密度，降低生态风险，另一方面可以节约建设用地，实现土地的集约化经营，有利于流域内经济发展。

7 建立实施保障制度

水源地保护规划的实施是一个系统性的工程，必须贯彻保护与发展并重的基本思路，建立现实可行的保障体系。按照水源保护区的情况不同，可采取不同的实施措施，但一般应包括以下几方面的内容。

（1）严格执行各类规划

加强生态区用地范围内村庄的改造更新，提高土地利用率，加大规划管理力度，健全规划管理程序，规划范围内的各项建设必须符合规划。

（2）建立经济支援和损害补偿机制

应建立保护水资源、恢复生态环境的经济补偿机制。补偿方式包括资金补偿、财政转移支付、实物补偿、项目补偿、产业补偿、技术和智力补偿等。

（3）建立资源保护市场机制

逐步把市场经济体制引入到生态区资源保护工作中。

（4）提高水源管理水平增强规划宣传力度

参考文献

[1] 山东省城乡规划设计研究院. 蒙阴县云蒙湖生态区总体规划（2012—2030），2013.

[2] 临沂市水利局. 临沂城饮用水源地岸堤水库保护规划（2009），2012.

作者简介

石永强，男，大学本科，临沂市城乡规划编制研究中心，研究室主任，高级规划师。

徐磊，男，硕士研究生，山东省城乡规划设计研究院，规划六所，研究员。

基于新常态下的历史地段保护与更新

高炜 吴国峰

提要：简要梳理了历史地段的概念和认知历程，分析我国目前所处的新常态，试图简要说明新常态概念以及经济新常态与历史地段保护之间有何联系。结合作者对新常态的理解，在经济、政策规划制定和社会公众参与等方面，探讨提出新常态下历史地段保护与更新的方法。

关键词：历史地段；新常态；保护与更新方法

我国有悠久的历史，城市往往是重大历史事件、人民生活方式等的发生地，是历史自然而然的承载体，体现出每个时代的政治、经济和文化等方面所达到的最高成就。我国许多城市都有蕴含深厚历史文化氛围的街区，这些地段所具有的历史感、场所感和独特魅力，是城市文化的重要组成部分。历史地段往往位于城市的中心地带，城市的经济发展、文化传承离不开历史地段的保护与合理利用。

新中国成立后，我国经历了经济恢复和缓慢发展的阶段后，1978年的改革开放政策带来了经济高速、超高速发展的30年。经济的发展带来了城市扩张、城市更新的快速进行，同时，作为承载城市文化的历史街区和历史地段，也经历了大拆大建的破坏。随着经济新常态的到来，经济发展不再是高速发展，而是进入中高速、中速发展的阶段，社会政治、文化等各个方面都进入了新的状态。在此形势下，鉴于城市的发展质量与文化密不可分的关系，探讨在新常态下历史地段的保护和更新，对城市文化建设、城市品位提升具有重要的参考和研究意义。

1 历史地段的概念

历史地段是国际上通用的概念。可以是文物古迹比较集中连片的地段，也可以是能较完整体现出历史风貌或地方特色的区域。地段内可以有文物保护单位，也可以没有文物保护单位，历史地段可以是街区，也可以是建筑群、小镇、村寨等。

在国家标准《历史文化名城保护规划规范》中，历史地段是指保留遗存较为丰富，能够比较完整、真实地反映一定历史时期传统风貌或民族、地方特色，存有较多文物古迹、近现代史迹和历史建筑，并具有一定规模的地区。经省、自治区、直辖市人民政府核定公布应予重点保护的历史地段，称为历史文化街区。

2 历史地段的认知历程

国际上历史地段的保护大致经历了三次保护思潮。第一次保护思潮注意力集中在保护单体建筑上。第二次保护思潮保护范围扩大到历史建筑群、城市景观和建筑环境上。Bur tenshaw[4]对此评价为：除了视觉的、建筑的和历史的品质外，对地区功能特征以及对保护建筑有利的经济功能的考虑都作为了保护的重点。到了第三次保护思潮时期，具有针对性的地方性保护政策的制定成为主角。与早期的保护政策关注遗产本身的历史特性相比，现在的保护政策更注重遗产的未来。Ashworth 和Tunbridge[5]认为当前与未来的土地利用、交通系统、地区人口及社会结构等，都应包括在实施保护时所必须考虑的问题中。王川[6]对近百年来中国对历史地段的保护进行了总结，并提出新中国成立初期以具有社会主义特色的保护观念为主，1980年代起逐渐与国际接轨，开始重视对近代历史地段的保护。赵中枢[3]认为1949年以后我国历史地段的保护经历了三个阶段：文物保护单位、历史文化名城和历史文化保护区。李燕、司徒尚纪[7]把近年来我国历史地段的研究归纳为保护概念的形成、保护原则和方法、经济理念和价值观念、持续整治、保护规划编制方法五个方面。

3 "新常态"的概念

"新常态"这一概念，在中国共产党中央经济工作会议中被作为一个正式理念提出。这个概念初始由美国的一位实业家在全球金融危机之后提出，主旨是美国原来的"高消费、低储蓄、多借债"模式已经不可持续，要进入一个新的状态当中，所以他提出了"新常态"这一概念。

我国经济发展进入新常态，是中国共产党十八大以来中央针对我国经济发展的阶段性特征所做出的战略判断。经济发展进入新常态后，增长速度正从高速增长转向中高速增长，经济发展方式正从规模速度型粗放增长转向质量效率型集约增长，经济结构正从增量扩能为主转向调整存量、做优增量并存的深度调整，经济发展动力正从传统增长点转向新的增长点。

4 "新常态"前的历史地段保护概况

我国经济发展进入"新常态"，新之所以叫新，是相对以前的经济发展方式、经济结构和发展动力而言的，是集约相对于粗放，是经济结构提升，是发展动力换挡。目前，对于"新常态"一词有相当多的滥用，比如"政治新常态"、"文化新常态"等，实际上，新常态当然离不开深入的改革开放，包括政治体制、文化教育方面的改革，但是其核心是经济发展的"新常态"。

近些年来，伴随着快速的城镇化进程，在经济驱动的强大动力下，城市中富有地域文化特色的"历史片段"在如火如荼的城市建设美化过程中被破坏，城市的"记忆"也不断被现代化裹挟下的大规模城市建设改造所破坏。由于历史地段多处于城市的中心地段，区位优势明显，具有极其优质的商业和文化开发潜力，一些地区无视历史地段所处的生态环境基底，对保留下来的传统历史建筑、街区肆意粗暴拆除，大量具有历史文化价值的城市代表性建筑在拆迁中被破坏乃至毁灭。

相对于新常态，城市高速、超高速发展的"旧常态"下，"经营城市"思想占据主导，城市粗放发展，野蛮扩张而不重内涵发展，许多城市的历史建筑和街区遭到相当程度的破坏。尤其是房地产业成为炙手可热的支柱产业，城市政府由于文化或管理水平的限制，对开发企业的粗暴拆迁缺乏有效控制，在此情况下，一些尚未进行保护的有价值的历史地段被拆除，造成城市文化遗产的不可弥补的遗憾。

经济的发展和城市更新，出现了许多较为成功的案例，如上海新天地改造、福州三坊七巷改造等。上述项目提供了历史地段保护与更新在经济、社会、文化等方面的宝贵经验教训，也为其他项目提供了学习与借鉴。

5 历史地段的保护原则与确定标准

国家标准《历史文化名城保护规划规范》，在历史文化名城、历史文化街区和文物保护单位保护规划制定中，提出了三条原则：保护历史真实载体；保护历史环境；合理利用、永续利用。

对于如何确定历史地段的具体标准，主要在于以下三方面：（1）较完善的历史风貌。有历史典型性和鲜明的特色，能够反映城市的历史风貌，代表城市的传统特色；（2）真实的历史遗存。地区内的建筑、街道及院墙、驳岸等反映历史面貌的物质实体应是历史遗存的原物，不是仿古假造的。由于年代久远，能成片保护至今是十分难得的，其中难免有后代改动的建筑存在，但应该只占少部分，而且风格是统一的；（3）具有一定规模。视野所及范围内风貌基本一致。之所以强调有一定规模，是因为只有达到一定规模，才能构成一种环境气氛，使人从中得到历史回归的感受，只有寥寥几栋房子是不够的。

6 "新常态"下历史地段保护与更新方法探讨

6.1 综合把握历史地段的价值

做好历史地段保护和开发的关键，是提高对历史地段的认知，研究历史地段保护规划的原理和方法，一定要充分掌握历史遗存的情况，必须坚持整治的方式，严禁采用大拆大建的改造方式。要正确处理保护和发展的关系，就不能肆意开发，也不能过度控制。关键是要把握好允许变化的程度和规模，并且制定出保护地段历史特征的控制方法。

6.2 提升新常态下政策的可操作性

政府应当在新常态下，遵照客观规律，规范发展运行；政府法规制定和规划决策要体现民意，在制定历史地段保护计划时体现兼顾保护和开发的指导思想，对历史地段的保护和保存进行了灵活的处理，并为城市应对新常态下城市建设与更新中如何保护历史文化遗产提供借鉴和参考；历史地段保护规划编制者要对经济、社会、文化进行详细的调查研究。

6.3 引入多学科合作

乔晓红[8]和莫天伟、岑伟[9]以上海新天地广场为例，在城市中心地段旧城改造中引入行为环境设计法和生态环境重建法。在强调可持续发展延续传统风貌的前提下，提出控制和开发策略。常青、王云峰[10]从人类学的视角对历史地段保护与开发进行了思考。王均[11]从行为地理学和人本主义地理学的思路出发，主张利用城市意象来对历史地段进行保护和开发。积极利用IT、互联网等工具，加强虚拟现实技术在历史地段保护与更新中的应用。

6.4 促进社会全方位参与

历史地段和历史建筑的复兴和保护涉及方方面面。城市历史地段的保护与开发要从五个方面着手：政治、文化、社会、经济、城市化影响。城市发展的需求与城市历史特征的整体性保护的关系处理是历史性城市正在面临的问题。新常态下，随着经济结构调整，互联网深入影响着社会的方方面面，社会参与度逐渐提升，政府也应逐步顺应这种趋势，并为社会公众参与历史地段保护和更新创造体制和机制条件。

7　结语

通过上文论述，梳理了历史地段的概念、认知里程和保护原则，明确了新常态的概念，通过对照"新常态"前的历史地段保护情况，提出了在"新常态"下历史地段应采取的保护与更新方法。

参考文献

[1] 刘易斯·芒福德. 城市发展史——起源、演变和前景[M]. 宋俊岭，倪文彦译. 北京：中国建筑工业出版社，2005.

[2] 简·雅各布斯. 美国大城市的死与生[M]. 金衡山译. 南京：译林出版社，2006.

[3] 赵中枢. 从文物保护到历史文化名城保护[J]. 城市规划，2001，25（10）：33-36.

[4] Bu rtensh aw D，Bateman M，Ashworth GJ，The Europeancity：A western perspective [M]. London：David FultonPublishers，1991.

[5] Ashworth GJ，Tun bridge J E. The tourist - historic city[M]. London：Belh aven press，1990.

[6] 王川. 近百年来中国对文物建筑与历史地段的保护[J]. 西华师范大学学报：哲社版，2003，（5）：64-69.

[7] 李燕，司徒尚. 近年来我国历史文化名城保护研究的进展. 人文地理[J]. 2001，16（5）：44-48.

[8] 乔晓红. 历史地段建筑环境的再生与创新[J]. 建筑学报，2001（3）：12-15.

[9] 莫天伟，岑伟. 新天地地段——淮海中路东段城市旧式里弄再开发与生活形态重建[J]. 城市规划汇刊，2001，134（4）：1-3.

[10] 常青，王云峰. 梅溪实验——陈芳故居保护与利用设计研究[J]. 建筑学报，2002，（4）：22-25.

[11] 王均. 现象与意象：近现代时期北京城市的文学感知[J]. 中国历史地理论丛，2002，17（2）：28-36.

作者简介

高炜，山东省滨州市规划设计研究院，高级工程师。
吴国峰，山东省滨州市规划设计研究院，工程师。

工业遗产保护与利用理论与实践概述

张戈

摘 要：工业是城市发展的产物，其发展及转变反映了城市的发展历程，形成了社会发展的缩影。工业遗址作为城市文化重要组成部分以及体现城市发展的载体，具有重要的保护价值。在城市化快速推进、产业不断升级、城市由生产型向服务型转化的背景下，大量工业遗存面临被破坏拆除的危险，急需保护。本文主要针对工业遗址的保护背景、概念、价值、保护理念及相应措施等对工业遗产保护进行描述。

关键词：工业遗址；城市文化；保护模式

1 工业遗产保护背景

后工业化社会是相较于以农业为主导的前工业化社会和以制造业为主导的工业化社会而言，即经济社会形态由工业社会向后工业社会转变的一种社会现象。不同于工业社会中对资源的掠夺，后工业化社会转变为对市场的掠夺，在经济上由制造业向服务业转变，在职业上专业与技术人员处于主导地位。由此工业用地的绝对需求的相对需求量都会下降，同时技术创新以及"退二进三"式的城市发展也使得传统工业遗产的更新保护面临严峻的挑战。我国第一个关于工业遗产保护的纲领性文件是于2006年4月在江苏无锡举行的"中国工业遗产保护论坛"中形成的《无锡建议——注重经济高速发展时期的工业遗产保护》。由于起步较晚，大量珍贵的工业遗产已被拆除。

2 工业遗产的内涵

2.1 工业遗产的定义

19世纪末，人们对于工业遗产作为人类文明进步的化石标本意义的认识逐渐加深，由此提出了工业考古的概念。2003年，《下塔尔宪章》中提到工业遗产的定义为：由工业文化的遗留物组成，这些遗留物拥有历史的、技术的、社会的、建筑的或者还是科学上的价值。这些遗留物具体是由建筑和机械设备、车间、工厂，矿山以及处理精炼遗址，仓库和储藏室，能源生产、传送、使用和运输以及所有地下构造所处的场地组成，与工业相联系的社会活动场所，例如住宅、教育机构等都包含在工业遗产的范畴之内。

2.2 工业遗产的构成

物质要素：包括其自身包含的建筑物、构筑物、机械设备等以及其所依附的自然要素，山林水木资源、矿产资源等，如北京首钢和永定河的关系。

非物质要素：包括工业遗产所包含的文化内涵、历史人物事迹、工艺流程、企业文化、企业精神等。

2.3 工业遗产的价值

2.3.1 经济价值

工业遗产作为物质生产的载体除具有基本的经济价值外，在改造再利用的过程中，工业遗址改建可以避免大量的建筑拆除和新建成本，相较于重建同类规模的工业厂房来说，具有较高的经济效益，在改造利用后，城市赋予工业遗址的文化内涵使得工业遗产具有较高的经济附加值。

2.3.2文化价值

工业遗产作为城市发展的展示平台、产业和城市文化发展的见证、历史信息的传递媒介，充分体现了城市的传统产业风貌和历史特色，具有重要的纪念意义和教育意义。同时一些传统工业中的生产制作方法、具有特色的工艺流程等也具有很高的传承以及借鉴价值。

2.3.3区位价值

工业遗址，尤其是近代中国的一些工业遗址一般位于交通区位较方便的地区或者市中心，多数占地面积较大，可满足创造多元化的城市空间的区位条件，满足其对各项基础设施的需求，具有较高的区位价值。

2.3.4艺术价值

主要体现在工业遗址中建筑物、构筑物和景观的设计建造方面，例如当时所采用的材料工艺、建筑风格流派、建筑空间组合方式等。

3 保护理论及实践

3.1 基于体现城市特色文化理念的工业遗产保护

城市作为文化的容器，体现了各个时期不同文化的传承及转变，工业遗产见证了社会生活的变革，留存了城市文化底蕴，同时可以向人们展示产业发展以及城市发展的印记，这些特性与城市传承文化、体现特色这一要求相契合。

工业遗产本身所具有的各项设施及空间为体现城市特色文化提供了基本的空间载体，同时由其本身具有的文化内涵所衍生出来的文化主题和文化事件也为城市文化的展现提供了可行性（图1）。

该模式主要通过将工业遗产改造成文化设施、景观设施、休闲体验设施等实现，如文化博物馆、主题公园、体验区等。

例如：英国朗达遗址公园，德国波鸿矿业博物馆等（图2、图3）。对工业遗址的保护和利用比较到位，充分体现工业遗址的文化属性，但因其模式不以盈利为主的特殊性，有时会造成政府的财政压力。

3.2 基于创建多元化产业结构理念的工业遗产保护理论

充分利用工业遗址中的建筑物、构筑物，引入多元化的产业机构，建立多元化的基础设施，如商业、旅游、科技研发、教育等，利用工业遗址周围的交通等基础设施优势，在工业遗址内重新注入活力。

例如：德国鲁尔工业区中以文化旅游为主导，将商业、教育机构、企业单位等综合在一起，无论从大型企业和中小企业的规模，还是从工业和服务业等各类行业的范围看，都显出了多元化趋势。德国鲁尔区的文化之路始于1998年，它采取了一体化的模式，包括统一的市场营销推广和景点规划等包括十四个标志性观景点、二十五个参观点、六个国家级工业技术和社会博物馆、十三个有代表性的工人居住点（图4、图5）。

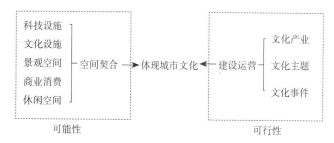

图1 工业遗产对于体现城市文化可能性及可行性示意图

图2 德国波鸿矿业博物馆

图3 人们在朗达工业遗址可体验采矿过程

3.3 基于城市功能渗透理念的工业遗址保护

将工业遗址更新改造的功能作为城市的某种功能的补充或延伸，如改造为影剧院、培训机构、图书馆、酒店等，在工业遗址的完整性得到保护的前提下，既实现了对城市进行完善和修补的目的，又使工业遗产得到了充分的保护和利用。该种方式强调功能上的紧密结合，使传统工业遗产得到更新后能更好地适应现代生活方式。

例如：苏州第一丝织厂改造为五星级酒店，芬兰坦佩雷城市利用原有制鞋车间作为培训教室。

图4 鲁尔工业区内的商业环境

图5 鲁尔工业区内文化之路示意图

4 工业遗产用地开发模式

4.1 行政划拨模式

一般用于非营利性的设施，例如教育设施、文化设施、体育设施、科研机构等等，建设单位可以按照行政划拨的方式取得用地的使用权，但这模式因其非营利的性质较难维持下去。

例如：杭州市土特产有限公司仓库改为中国伞博物馆等。

4.2 公开出让模式

指工业遗产建筑用于经营性质的用途，建设单位通过公开出让（招标、挂牌等）的方式取得用地的使用权，该种方式被广泛采用，但不利于工业遗产自身的保护。

例如：杭州市重型机械厂工业遗址建筑开发为杭州创新创业新天地项目等。

4.3 功能更新模式

指一种自下而上的保护模式，即保持现有的土地权属和土地用途，临时改变工业建筑的使用功能，以较低的租金吸引一些产业，尤其是创意产业进驻，从而形成群聚效应。

例如：北京798艺术区、上海8号创意产业园等。

5 问题

国内由于工业遗产保护起步较晚，还未形成一条完整的关于工业遗产保护的管理体系，工业遗产缺乏针对性的法律保障，造成不少工业遗产因缺乏法律保护而面临被拆除的危险；同时由于工业遗产保护涉及发改委、规划、国土、建设等多个部门，其部门之间协调困难，行政服务效率低下，为工业遗产保护增加了阻力；由于工业遗产的建设主体和使用功能的不确定性以及工业遗产地块空间尺度大、运用灵活等特点，其规划用地性质及其指标也难以界定，导致保护难以实施。

6 实施策略和保护建议

6.1 统一定义，确立原则，体系构建

统一对工业遗产含义的界定，对具有保留价值的工业遗产进行现状研究，确立工业遗产保护原则，依据原则建立完整保护框架，树立系统整体的观念，采用分类、分级、分层等方式对不同类型和等级的工业遗产采取相对应的保护模式。

6.2 健全法规，探索模式，政府支持

建立有针对性的法律法法规，使工业遗产保护做到有法可依，同时积极探索各类保护模式，例如将工业遗产与教育旅游生态相结合，使工业遗产保护与现代社会发展相适应。

参考文献

[1] 王晶，李浩. 城市工业遗产保护更新——构建创意城市的重要途径[J]. 国际城市规划，2012，（3）:27-34.

[2] 刘伯英. 城市工业用地更新与工业遗产保护[M]. 北京：中国建筑工业出版社，2009.

[3] 夏健. 基于城市特色的苏州工业遗产保护框架与再利用模式[J]. 规划师，2015，（4）:110-116.

[4] 刘晓东，杨毅栋，舒渊等. 城市工业遗产建筑保护与利用规划管理研究——以杭州市为例[J]. 城市规划，2013，37（4）：81-85.

[5] 李欣，胡莲，王琳等. 工业遗产改造更新的影响因素分析——以北京、天津、上海、苏州纺织厂为例[J]. 建筑与文化，2015，（6）：32-37.

作者简介

张戈，男，本科，山东省城乡规划设计研究院，工程师。

维吾尔族民居的保护与发展

武栋　方健

摘　要：维吾尔族庭院式民居有三种主要形式：辟希阿以旺、阿克赛乃和阿以旺。新疆特殊的气候对维吾尔族民居产生了很大的影响。维吾尔民居的空间、建筑装饰和构造等都和汉族民居有很大的不同。

关键词：维吾尔族；阿以旺；气候；庭院；装饰；构造

前言

维吾尔族庭院式民居有三种主要形式：辟希阿以旺、阿克赛乃和阿以旺。辟希阿以旺是一种接近汉族民居檐廊的建筑形式，但比檐廊深，一般在2米以上，主要设置为实心的土炕。阿克赛乃是一种方形的庭院，四周加盖一圈屋顶，就像四个辟希阿以旺围合在一起，比辟希阿以旺更私密安静，更舒适，更像是在室内。"阿以旺"在维吾尔语中意为"明亮的处所"，形式上是在阿克赛乃中间开敞的空间上再加上一个屋顶，屋顶与庭院之间是四个侧面的天窗，作为采光通风的出入口。天窗一般高40~80厘米，用木栅、花棂木隔扇或漏空花板作窗扇。内部还有木柱、梁檩、顶棚，在它们和炕边的部分，是建筑装饰最为集中也最为讲究的地方。所以阿以旺既是一个完全封闭的室内空间，又是一个带天窗的大庭院。

"阿以旺"式住宅是新疆维吾尔族庭院式民居的一种，以新疆南部于田为代表。这是一种古代即在昆仑山北麓的东部地方盛行的形式，是一种敞开的活动场所向室内过渡的半封闭式"庭院"建筑，家庭共用的起居室和接待客人的重要场所是住宅建筑的中心。

1　维吾尔族简析

维吾尔族是新疆的主体民族，是中国历史悠久的民族之一。史籍记载：维吾尔族原是公元3世纪游牧于中国北方和西北贝加尔湖以南、额尔齐斯河和巴尔喀什湖一带的牧民。由于受部落间战争的影响，各个部落的分支逐渐迁徙西域（今新疆），先后曾被译为"韦纥"、"乌纥"、"袁纥"、"回鹘"、"畏兀儿"，以后才改为"维吾尔"，沿袭至今。

"维吾尔"是维吾尔族的自称，意为"团结"或"联合"。维吾尔族主要聚居在物产丰富的新疆维吾尔自治区天山以南的喀什、和田一带和阿克苏、库尔勒地区，其余散居在天山以北的伊犁等地，少量居住在湖南桃源、常德等地。新中国成立后，推广使用以拉丁字母为基础的新文字，现两种文字并用。

维吾尔族素有歌舞民族的称号。多少世纪以来，舞蹈和音乐一直是维吾尔族人民生活中的一项重要内容；维吾尔族的民间音乐很多，其中歌曲音乐和舞蹈音乐最为发达；维吾尔族的文学具有悠久的历史传统，在维吾尔族文化中占有重要地位，他主要以口头文学和文学创作形式组成；维吾尔族信仰伊斯兰教，由于伊斯兰教反对偶像崇拜，故维吾尔族民间编织物和刺绣品及建筑装饰等多为植物花卉和几何纹样；维吾尔族是一个好客的民族，崇尚礼仪，待人讲究礼貌。故家庭共用的起居室和接待客人的重要场所往往是住宅建筑的中心。

2　气候对维吾尔族民居的影响（以南疆为例）

在新疆南部地带，气候干燥少雨，年降雨量平均约为50毫米，蒸发量为降雨量的30~40倍；风沙大；夏天炎热，气温有时高达40℃以上，冬季气温最低不低于-25℃；干旱少雨，日照时间长，昼夜温差大，是典型的大陆性气候。俗谚"早穿棉袄午穿纱，围着火炉吃西瓜"正是该地气候的真实写照。

过去民居宅旁植树庇荫防风沙，或利用果园作为室外活动场所。裸露的沙漠土壤是高温的，土壤的温度受季节、每时段的温度和日晒的影响。最好的保护性盖体式植物，在植物的能量交换作用中，可减少土的温度并调节微小气候。故在南疆地区很多农家都有果园，果园面积在几十平方米到几百平方米不等，在果园和住房之间多以葡萄架连接过渡，人们就在屋外的大树和葡萄架下活动。作为采光天井的葡萄架庭院如同一个空气调节器，引导空气在庭院周围的房间内流动。

夏季，葡萄架有三个空气循环功能，使夏季每天的室内温度有所改善。第一个循环在凉爽的夜晚，空气下降到庭院之中并充满周围的房间。庭院则把白天的热量反射到天空，起到散热作用，庭院也是夏季户外睡眠之所；第二个循环正当中午，太阳高度角很高，直接加热庭院的地面，凉爽的空气开始被置换并从周围的房间中漏出，太阳下的高温围绕着建筑的外部流动。厚墙则阻断外部的热量传导到室内；第三个循环式午后，由于热空气的对流使房屋及庭院变暖，夜晚凉爽的空气受到日晒而排出房间。午后由于密集的民居所形成的阴影受到一定的保护。当日落时，空气的温度又快速下降，凉爽的空气又降入庭院之中。在三个循环过程之中，葡萄架提供一些冷气蒸发，有助于干燥空气的加湿，而使居住条件舒适，同时那些摆放在庭院之中充满水的陶罐也起到调节温度的作用。

3　生活习惯对维吾尔族民居的影响

自古以来，维吾尔人就习惯于室外活动。民居建筑小的三、四、五间，大的数十间，多数民居房间较多，面积大，并与畜棚牛厩相连。居民平时待客、做家务甚至休息都在室外。旧时人们每年约有一半时间夜宿户外。居民的户外活动场所主要有五部分，包括果园（巴克）、庭院（哈以拉）、外廊（辟希阿以旺）、无盖的内部空间（阿赛克乃）、有盖的内部空间（阿以旺）。一般来说，这五部分是相互协调搭配的，而且多以其中之一为中心布置，也有少部分难分主次地多个中心设置。

4　维吾尔族民居空间简析

维吾尔族分布于全疆各地，定居生活。由于南北疆文化、气候、经济等条件不尽相同，故将维吾尔族民居分为有代表性的四种类型：即和田型、喀什型、伊犁型及吐鲁番型。

4.1　和田型维吾尔族民居

和田型维吾尔族民居由四种基本生活空间组成：

（1）全室内空间，一般用于布置居室、客房等私密要求较高的房间，具有抵御自然侵袭的能力；

（2）半室内空间（辟希阿以旺），是在室外的有盖、有柱的生活空间，这种形式以"廊"的空间形式展现，是喜爱户外生活的维吾尔人必不可少的空间；

（3）半室外空间（阿以旺），在功能上是公共活动空间，作为待客、婚丧聚会、歌舞的地方，是居住的核心，各房间均以此为中心围绕布置；

（4）室外空间，果园、葡萄架等阴凉的可供室外活动的空间。

4.2　喀什型维吾尔民居

喀什位于塔里木盆地西缘，气候条件和和田相似。但是由于城市用地狭小，地形复杂，故建筑多巧妙利用地形，就势而建，街巷密集弯曲。由于用地紧张，二、三层的建筑比比皆是，并修建地下室，利用狭小的街道建造许多过街楼，增添了小巷特有的气氛。由于风沙落尘明显小于和田，所以"阿以旺"式建筑被无盖天井庭院所取代。在这里生活空间已经演变为三种：室内空间、半室内空间和室外空间。

4.3　伊犁型维吾尔族民居

伊犁河谷气候温和，降水多，水草丰茂。当地维吾尔人对生活空间的需求明显不同于南疆。民居形式转向开敞型，住居一般为一字形，讲究朝向，争取正房南向，以利日照。半室外空间的柱廊形式仍然存在，但它的功能已经发生变化，从纯粹的起居空间，转变为作为交通廊道、冬季晒太阳、夏季劳作的空间。另外一个特点是半室内空间的演变，在伊犁民居中住居大门口大都有很好的门廊，有顶有柱，两侧有似汉族建筑中美人靠的长凳，所以住宅入口别具风格，特别突出，且装修精致，是住宅中最为精华之处。

4.4　吐鲁番型维吾尔民居

吐鲁番型维吾尔民居主要有以下三个特点：

（1）室内空间的变化。为降低室温，室内空间向地下发展，侧窗少而小，为保证室内凉爽，开天窗透气采光为常见；

（2）半室内空间——"辟希阿以旺"和和田民居一样保留了下来，不仅形式相同，作用也完全相同，作为夏季户外起居之用；

（3）室外环境空间——葡萄架空间，大多与住宅相连，是重要的户外活动空间，夏季待客、起居都在这里，甚至在此露宿。

5　维吾尔民居的建筑装饰

维吾尔民居的建筑艺术风格，带有东西方文化交汇的明显影响。其装饰重点突出，在建筑外观上，以外廊和大门为重点，外墙面几乎是表露无遗的原生土特性。室内以客室和主要室内外过渡性空间的户外活动处为重点，在具体构件和部位上，亦是有重点地区分繁简，如墙面和柱等则将装饰放在视线最集中的位置。装饰中以几何线条和植物蔓、叶、花、果等纹样为主，组合灵活、手法奇妙，色彩的运用或素净或富丽，则以环境不同部位各异，而应用自如，亲切协调令人赏心悦目。

和田民居装修主要在柱廊、阿以旺的侧窗等部分。以木刻造型为主。雕刻精巧，十分动人。还利用厚墙挖制各种形式的壁龛，实用又美观，喀什地区廊柱花饰和墙壁的石膏花饰简直到了奢侈的程度，且用色艳丽、富丽堂皇，极其美观。室内的壁龛因墙体渐薄以砖代土，故已不多见，但满墙石膏花已属平常，图案均为树木藤蔓花草图案，十分生动。室内墙面的装饰一般只在近天棚处或壁台下做圈式花边。承重的柱、梁、檩等处也多有极具地方特色的精美装饰，在这不做过多的介绍。门上的装饰主要在门框，手法有刨线、镶边、刻花、贴花及复合式。窗子的装饰也就是窗棂等细部的构造形式，主要有直棂窗、花板窗、花棂木格窗等。

伊犁民居中的入口门廊是一大特色，受中亚、欧洲文化影响较深，精细的木刻，廊下的长凳……很有住居气氛，室内也有类似南疆的石膏花饰，可见其一脉相承了。室内家具布置，则有明显的俄罗斯风格了。

吐鲁番民居的装修比起其他三地要简朴得多。没有华丽装饰，都以实用为主，室内大多以挂毯为饰，席地而坐的习惯南北相同。

6　维吾尔族民居的构造特点

维吾尔族民居建筑结构可分为三类。

6.1　木构架密梁平屋顶体系

这种结构形式是中国古代建筑木构架体系之一，具有西部特点，构造系统有底部卧梁和上部顶梁（圈梁），以立柱支撑构成框架式，屋盖部分为密置小梁，大多为密铺小椽条上作草泥屋面，结构受力明确，布柱和置梁灵活，取材方便，抗震性能好，围护材料适应性强。

6.2　生土墙土坯拱顶体系

墙体以土坯砌筑或为版筑墙，侧墙承重，墙厚50~80厘米，拱跨3米左右，以土坯砌成筒拱。就地取材、造价低廉、冬暖夏凉，但开间较小，空间适应性差。

6.3　土木（砖木）结构体系

墙体以土坯墙、夯筑墙为主。屋面梁直接搁在木垫梁（板）上，硬山做法。墙体内有些加木支撑垫梁（卧梁）。施工简单、平面灵活。

新疆维吾尔民居主要的建筑材料是生土和木材。和田地区宜烧砖土的不多，因含砂过多，缺少黏性，所以墙体以土做坯堆砌而成，或承重，或以树条编笆抹泥作墙，木柱承重框架结构。屋面是木料密肋、木椽、草泥平顶。喀什地区的民居建筑构造与和田大同小异。近年来用砖承重的日益增多。钢筋混凝土的楼板、挑梁也有使用。吐鲁番地区的民居以土坯墙承重和土坯拱屋顶（是不用模版的手工施工方法制作的，工艺独特，极其经济、实用）。近年来经济富裕了，此法已不多见，代之以砖墙，木梁木椽草泥屋顶。伊犁河谷雨水较多，屋面坡度升高，但是由于防水材料难求，仍以草泥防水为主。墙体有所改变，勒脚部分仍为防潮都砌砖墙。

另外，房子为平屋顶是维吾尔族民居的重要特点之一。由于少雨，没有排水的需要，周围则不设排水设施。

结语

民居的保护是现阶段建筑界比较"火"的课题。上面简单地介绍了维吾尔族民居的特点，我相信，在今后不断研究、学习、继承优秀的维吾尔族民居建筑文化艺术、遵循古今中外为我所用的方针，学习借鉴兄弟民族建筑艺术风格，结合地区特点和民族习惯，努力创造符合现代人们对物质、文化生活的需求，又能达到水平高、质量好、功能全、环境美、清新、舒适、优美的维吾尔民居新建筑是完全有可能的，传统的维吾尔民居必将得到充分的保护和应有的发展。

参考文献

[1] 陈震东. 新疆民居[M]. 北京：中国建筑工业出版社. 1995

[2] 王其钧. 图说民居[M]. 北京：中国建筑工业出版社. 1999.

[3] 王其钧. 中国民居三十讲[M]. 北京：中国建筑工业出版社. 2005.

[4] 黄浩. 中国传统民居与文化第四辑——中国民居第四次学术会议论文集[C]. 北京：中国建筑工业出版社. 1996.

[5] 李先逵. 中国传统民居与文化第五辑——中国民居第五次学术会议论文集[C]. 北京：中国建筑工业出版社. 1997.

作者简介

武栋，男，本科，山东省城乡规划设计研究院，工程师。

方健，男，本科，山东省城乡规划设计研究院，高级工程师。

浅议惠民古城保护与发展策略

马良梅

摘　要：随着惠民古城护城河水系的清淤，滨河绿化带的部分建成，古城遗址公园的建设，以及武定府衙的恢复建设，惠民古城全面的更新建设正逐步开展，古城的更新建设也给惠民古城的保护带来了契机。通过良好的规划控制与建设引导，可以防止人为的建设性破坏，使惠民古城真正体现"古城"的风貌特色，本文为古城的发展过程中面临的问题提出保护与发展策略。

关键词：惠民古城；文化；发展策略

1　惠民古城简介

惠民县历史悠久，惠民古城始建于宋崇宁元年（1102年），城墙南北长1900米，东西宽1100米，周长6000米，高13米，底宽26米。南北东西四门各设有瓮城和城门楼，城外护城河绕城一周，河宽27米，水深10.8米。随着历史的变迁，现今尚存残垣两段，城东北角、西北角各一段，护城河水系得到完整保留。

2　古城历史格局

古城总体建筑严格按照里坊制度建置，衢横有序、经渭分明。惠民古城的历史文化风貌主要体现在整体格局、街巷空间、水系空间、传统建筑等四个方面。

2.1　整体格局

古城区的护城河、海子水面、方格道路网使古城空间保留了传统格局的整体骨架。这种空间格局正是惠民古城最需要保留并保护的文化遗产。

2.2　街巷空间

古城内部的支路和巷道也是随历史发展逐步形成的，具有紧凑的空间特征，表现为狭窄的街廊比例和连续的街巷界面，体现出以人为主的步行空间尺度。

2.3　水系空间

保留完好的护城河水环是古城格局的结构性骨架，而海子水面的大量存在，使惠民古城风貌特色十分明显，展现了丰富的地域历史文化特色。

2.4　传统建筑

城内建筑排列有序，楼台、殿阁、庙宇遍布城内各个角落。主要有：

两府邸：明汉王朱高煦府邸、清李之芳阁老府邸。

两衙：府衙、县衙；三台：文台、武台、凤凰台；八阁：白衣阁、大士阁、玉皇阁、金星阁、九圣阁、魁星阁、北极阁、镇武阁；八景：圣殿松涛、凤台柳色、台星朗耀、魁阁晴辉、跸岭朝云、镜湖秋月、北泊秧歌、秦堤樵唱。

十二冲楼：东城门楼冲西城门楼、南城门楼冲鼓楼、北门城楼冲红楼、城隍庙内的钟楼冲鼓楼、城隍庙内的戏楼冲寝楼、关帝庙内的钟楼冲鼓楼。

十四名刹：文庙、许公祠、阁老祠、双忠祠、三学寺、关帝庙、宴公庙、三皇庙、药王庙、孙武庙、泰山行宫等。

3　惠民古城保护发展策略

旅游业是惠民发展的主导方向,惠民产业发展应将旅游业及其相关产业作为主导方向。首先,在鲁北同类近郊旅游景点中,文化资源独具特色,惠民孙子文化根深蒂固。其次,交通区位优势明显,惠民县是连接华东、华北的交通枢纽,境内有德龙烟铁路经过,距济南国际机场120公里,距天津240公里。境内220国道及省级干线公路纵横交错,交通运输四通八达。东临滨州港,北临黄骅港,境内建有三座黄河浮桥,到北京以及天津、青岛城市均可当日往返。再次,传统类型的第三产业机会较少,第二产业不具优势。

3.1　发展策略——文化

惠民旅游产业发展缘起文化,成功亦在文化。所以一定要确立文化立魂、强文兴产的核心发展理念。孙子兵法城是中国古代著名军事家"兵圣"孙武故里的实物见证,思考惠民的文化不能局限于惠民本体,必须要站到黄河三角洲农业文明发展的高度,这样惠民的文化才更具有地域代表性以及相应的历史文化深度和广度。

文化建设的三个核心要素:

文化特色:聚鲁北民俗文化精华于惠民,使之成为鲁北农耕文化的博物馆、体验区和民间艺术集聚地,确立惠民文化的特色和地位,这是横向外延拓展将文化"做大"。

文化情境:以惠民古城为基础框架,以古城遗址公园、武圣园、孙子故园、魁星阁为点缀,将惠民古城文化"做大"、"做实"。

文化体验:区内鲁北地方民居、方言、风俗习惯等,尤其是民间文化得到典型性的保护和再现,并与农家休闲产业相结合,使之成为鲜活的文化载体,为游客提供丰富的游览感受和与众不同的生活体验,真正将文化"做活"。

3.2　策略二——环境

创造一个促进旅游产业发展的城镇环境,是惠民旅游产业发展的基础条件之一。城市环境既包含硬环境,也包括软环境,即物质文明和精神文明的内外统一,应该从城镇规划、建设、管理和社会文明教育多方面入手。

环境建设的三个核心层次:

城镇风貌:惠民的城镇建设应该是传统文化继承和新农村现代生活的有机结合,针对建设规模有限的条件,能否通过有效的规划凝聚风貌特征是重点,力求达到"一房一物皆文化,一草一木尽乡土"。

城镇品质:如果说环境是印象,而品质才是感受,也是度假休闲产业持续发展的基础,加强城镇维护、管理水平打造"精致清洁、安全温馨"的度假胜地。

城镇精神:鲁北农耕文化最内在的精髓是民风的朴实、真诚,也是文化体验的本底。在城市环境建设的同时,惠民旅游产业的长期发展更在于能否形成"热情、好客、纯朴、诚信"的城镇精神。

3.3　策略三——生态

生态环保是休闲旅游产业的重要支撑,也是乡土文化的重要特色。因此惠民更要坚定建设生态低碳示范城镇的方向。黄河三角洲作为国家级的生态经济示范区具有良好的生态底色和政策导向,护城河与海子丰富的水资源为惠民建设生态城镇和生态产业提供了自然支撑。

生态型城镇的三个核心方面:

环境生态:在还原鲁北乡土魅力、打造原生态的镇区风貌的同时,积极推进绿色市政、绿色建筑、绿色交通理念在镇区规划建设中的应用,建设绿色惠民。

产业生态:旅游和生态农业发展的同时,第二产业也是惠民经济不可或缺的部分,但应坚决杜绝污染、高能效类型企业的进入,发展文化、环保、循环工业,打造以"无烟工业"核心的低碳惠民。

生活生态:发扬和倡导地方民居形成生态环保的生活习惯,深入到我们的农家院、旅游服务设施等生活细节,给游客一个真正的生态之旅,打造"养生长寿"的健康惠民。

3.4　策略四——机制

面对经济滞后、资源没有绝对优势的现状,机制创新也将是关键要素之一。城镇发展的体制、机制模式是源动力,遵循法律轨道既要灵活、高效,又要合理、公平,符合社会主义初级阶段发展的客观规律。

发展机制保障的三个核心环节:

经济机制:在对内搞活、对外吸引外来资本的同时,要合理配置公共资源,采用项目包、BOT等新型模式达到"平衡开发、互利共生"。

社会机制:党和国家和谐社会的发展总方针和村镇集体经济的客观背景,要求我们必须寻求一个合理的社会共同发展机制,保障建设的效率和效果的双赢,做到"社会参与、社会共享"。

管理机制:市场化、社会化的发展模式是我们实践总结的最佳方式,这就要求我们从县到镇各级政府摆正自己的角色,突出服务和监管职能,弱化经济职能,做到"政府搭台、企业唱戏"。

3.5　策略五——聚合

城市化是人类发展最高效的资源组合、利用模式。中小型产业城镇城市化水平的提升和城镇规模的聚合是当今新农村建设的主要方向。

集约型发展的三个核心支撑:

人气聚合:"人"既是生产的基本要素,也是消费的基本要素,通过迁村并点和吸引外来人口,并以经济发展为其创造就业、安居的环境,加速惠民的"集约发展"。

财气聚合:"聚财"包含了对外招商引资和对内集聚财力两个内涵。能否制定明确和科学的发展战略,将有限的资金合理运筹形成重点项目的"集中投入"。

势气聚合：兵之胜道既要修内功，亦要取外势，及时的发展成效既能鼓舞民心、也可获得更多的支持和认可。所以惠民的城市建设应该根据发展将文化"集中建设"。

3.6 策略六——持续

惠民的战略规划不仅仅要针对近期的发展需求，更要具有对未来持续发展的预见和指引。

今天的惠民战略要立足中国改革开放三十年的经验借鉴，更要放眼后改革时代的发展脉络，尤其在中国经济、社会大的转型阶段确立一个具有先进性的可持续发展模式。

可持续发展的三个核心部分：

产业持续：背靠滨城，逐步培养和确立以旅游产业为龙头，文化产业和环保产业为辅助，消费服务业和房地产业为纵深的"产业链和产业集群"。

环境持续：坚持以乡土魅力为核心的生态城镇建设理念，走集约化发展的建设模式，建设具有独特风格的新农村示范城镇，树立惠民的"生态品牌。"

社会持续：通过经济机制和建设模式创新，走社会共同发展的集体经济道路，探索城乡统筹的和谐模式，成为社会可持续发展的"城市化示范典型"。

作者简介

马良梅，女，本科，滨州市经济开发区高新设计有限公司，助理工程师。